WESTERN FASHION MULTI-CONTENTS
서양패션 멀티콘텐츠

서양패션

멀티

김민자 · 최현숙 · 김윤희 · 하지수 · 최수현 · 고현진 지음

WESTERN FASHION
MULTI-CONTENTS

콘텐츠

(주)교문사

머리말

패션은 가시적 조형물로서 인간의 생활문화를 형성함과 동시에 집단, 국가 혹은 과거, 현재, 미래의 시간성과 공간성에 대한 소통의 매개체이며, 언어이다.

우리나라는 5천여 년 역사의 전통복식 문화가 있음에도 불구하고 갑신정변(1884) 이후 개화 사상의 고취와 근대화의 영향으로 서양패션이 전통복식과 함께 일상생활 문화로 자리 잡기에 이르렀다. 해방 이후 서양패션 디자인은 복제 시기를 지나, 주체적이고 창의적인 한국적 패션 문화의 정립에 이르렀다. 한국적 패션디자인이란 전통의 변용과 창조, 대안적 발전을 모두 포함 하는 것으로 조선시대나 그 이전 시대의 조형으로 소급 또는 대체될 수 있는 것이 아니다. 어디 까지나 한국이라는 국민국가 안에서 수용, 변형, 창출된 것이어야 한다. 그러나 문화적 상대주 의로서 우리 문화의 우월성만 주장하는 것은 아니다. 다른 나라 문화도 존중하며 또 우리 문화 와의 융합으로 새롭게 창조하는 것이다. 따라서 현재 패션디자인의 원형적 토대인 서양패션사 를 파악하는 것은 창조적 근원과 발상의 밑거름이다.

이 책에서는 다양한 시각에서 창조적 발상의 근원으로서 서양패션의 흐름을 살펴보고 있다. 시간의 흐름으로 고대 그리스, 로마에서부터 비잔틴, 로마네스크, 고딕, 르네상스, 바로크, 로코 코, 신고전주의, 낭만주의, 19세기 후반기의 반 패션, 20세기로 나누어 옛 사람들이 입었던 의복 과 헤어스타일, 장신구 등을 고찰하였다. 이 시기의 구분은 미술 양식사의 기준을 따랐다. 이집 트, 메소포타미아, 헤브라이 복식은 고대 서양복식 형성에 지대한 영향을 미쳤기 때문에 첨가 되었다. 종래의 복식사 연구는 19세기 역사학 · 사회학 · 문화인류학 · 심리학과 같은 인문 · 사 회과학의 지배적인 이론인 진화론을 기초하여 복식의 형태변화의 기술적(記述的) 연구와 더불 어 복식사를 '사회 발전의 표현'으로 애매하게 정의해 왔다. 그러나 현재 패션은 '사회변천 의 반영', '문화 권력의 상징', '자아표현의 매체' 나아가 '취향의 언어' 등으로 인식되고 있 다. 따라서 이 책에서는 진화론을 바탕으로 전개된 서양복식 발전사의 연구에 대한 그릇된 편 견을 제거하고, 복식의 형태와 의미 변화에 좀 더 포괄적이며 총체적이며 다각적인 탐구를 제 시하고 있다.

복식사의 연구란 복식의 형태적 특성을 분석하고, 그것이 언제, 어디서, 누구에 의하여, 어떻 게 생성되었으며, 왜 변천하는지, 무엇이 그것을 가능하게 하였는지, 그 복식은 그 전대(前代)

의 복식과 어떠한 관계를 갖는지, 그 복식은 타 문화의 복식과 어떠한 관계를 갖는지 등의 복식을 둘러싼 그리고 복식을 통하여 본 여러 가지 역사적 현상을 밝히며, 복식의 본질과 기능에 대한 근원을 파헤치는 것이다. 이러한 복식현상에 영향을 미치는 동기와 계기를 구분하기 위하여 외부적인 요인, 즉 사회문화적 배경을 서술하였다. 복식은 유형의 형식을 빌려 무형의 시대정신 또는 인간의 내면적 가치, 정서, 정신 등을 표출한다. 따라서 이 책에서는 각 시대의 복식 형태를 서술하고 특징적인 복식미를 요약 정리하였다. 이는 복식사를 발전사로서 보기보다는 복식을 시대정신이나 미의식의 대상으로서 정립하고, 양식사로서 보는 관점으로 전개한 것이다. 그리고 과거 서양패션의 기록은 문화 권력의 상징으로서 왕이나 귀족, 혹은 상류층의 전유물에 대한 것이었다. 이러한 연유에서 각 장마다 패션의 리더로서 주요인물을 기술하였다. 또한 과거는 미래를 향한 가장 뛰어난 예언자이다. 과거 서양패션이 창조적 발상의 근원의 한 예로서, 현대 패션디자인에 응용된 디자인과 영화의상에 재현된 사례와 제작을 위해 패턴을 제시하였다.

21세기에 들어와 다양한 매체를 통한 신속한 패션 정보의 전달은 우리의 패션사를 양적·질적으로 크게 변화시키고 있다. 국내 의류학과 교수 6명을 집필진으로 하여 새롭고 다양한 자료를 소개하려고 노력하였으며, 사진은 될 수 있는 한 박물관 소장 자료로 제시하였다. 또한 본문 내용은 쉽고 명료하게 정리하고자 노력하였다. 따라서 이 책이 패션관련 학과 연구진을 비롯한 교수, 학생은 물론 패션문화에 관심 있는 전문가와 일반인 그리고 독창적인 한국 패션문화를 창조하고자 하는 모든 사람들에게 도움이 되었으면 하는 바람이다. 더불어 많은 독자들의 비판과 조언으로 이 책이 더욱 단단해지기를 바란다. 끝으로 이 책이 한국의 패션문화 연구와 향상에 조금이라도 기여할 수 있기를 바란다.

이 책이 나오기까지 항상 신뢰와 애정을 가지고 자료 정리에 참여하여 주신 대학원생들에게 감사하며, 출판을 맡아주신 (주)교문사의 류제동 사장님과 늘 끈질긴 편집 작업의 진행을 맡아주신 양계성 상무님과 직원 여러분께 감사의 마음을 표한다.

2010년 9월
대표저자 씀

차 례

PART 3 근세

PART 4 근대

PART 5 현대

Part 1
Ancient Ages

고 대

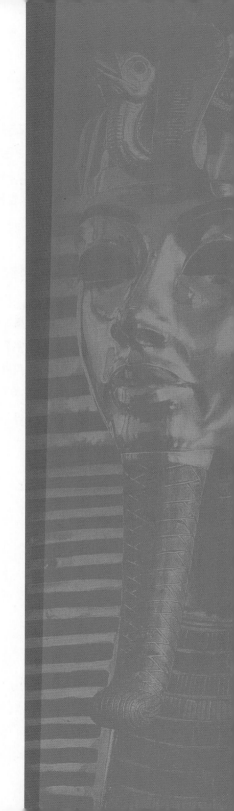

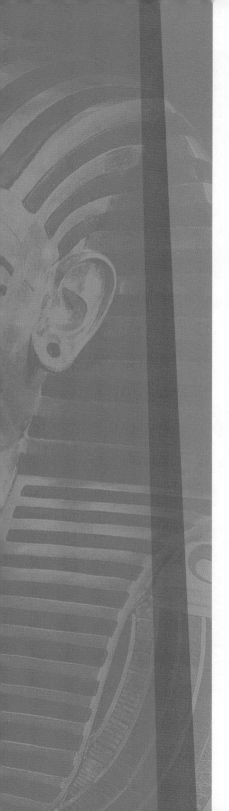

고대 이집트 문명과 메소포타미아 문명은 중국, 인도와 같이 하천 유역에서 발생한

가장 오래된 인류문명의 하나이다. 서양사의 첫 무대는 지중해 동남방 주변의 지역

으로 셈족(Semites)과 함족(Hamites)이 주로 주역이었으며, 크리스트의 탄생에 이

르기까지 수많은 국가들이 흥망하였으나, 고도의 문명을 발전시켜 서양사의 근간

인 그리스와 로마문명 형성에 지대한 영향을 미쳤다. 이러한 점에서 이집트나

메소포타미아의 복식은 서양복식 형성에 있어 근간을 이룬다.

Chapter 1

이집트

세계에서 가장 긴 나일강, 그 기슭에서 이집트의 문명은 꽃을 피웠다. 그리스의 역

사가 헤로도토스(Herodotus)가 이집트는 '나일강의 선물'이라 했을 만큼, 나일강

은 이집트의 정치 · 사회 · 종교 · 학문 · 예술 등 모든 분야에 많은 영향을 주었다.

이집트는 나일강을 중심으로 상(上) 이집트(계곡) · 하(下) 이집트(삼각주)로 나누어

지며, 주위가 사막으로 둘러싸여 있어, 외적의 침입이 어려웠기 때문에 폐쇄적인 정

치 · 경제 · 사회체제를 유지하였다. 또한 뜨겁고 건조한 아열대성 기후는 기록이나

유물 보존을 가능하게 하여, 이집트 문화나 복식 연구자료는 풍부한 편이다.

◀ 네바문의 고분벽화, 네바문이 그
의 아내와 딸, 고양이와 함께 창
으로 새를 사냥하고 있는 장면으
로 이 그림은 성적인 의미를 상징
적으로 표현하였고, 무질서에 대
한 질서의 승리를 표현하고 있다.

사회문화적 배경
기록문화의 형성과 상징적인 종교문화

기원전 6000년경 셈족에 속하는 민족이 건국한 이집트는 사냥기술과 석기기술을 가지고 나일강변의 비옥한 토지를 개발하였다. 기원전 3600년경부터는 석영으로 만든 무기로 사냥을 하고 그림이 그려진 토기를 생산했으며, 진흙과 갈대로 토착신들을 위한 사당을 세웠다. 이 토착신앙으로부터 복잡한 이집트의 다신교가 생겨났고, 최초의 이집트 문자가 생겨나 주로 소리글자인 상형문자로 발전했으며, 나르메르나 아하 같은 왕들의 이름이 기록되기 시작했다.

세습적인 파라오에 의한 제정일치(祭政一致)의 정치

이집트 정치의 특징은 세습적인 왕 파라오(Pharaoh ; 큰 집이라는 뜻)에 의한 절대적 전제군주제도이다. 이집트의 왕인 파라오는 바로 살아 있는 신이었다. 태양신(Ra)의 아들인 파라오는 매의 신 호루스의 인간화된 모습이며, 죽고 나면 저승의 제왕인 오시리스로 간주되었다. 파라오는 인간 세상과 신의 세상을 연결하며, 죽어서도 불멸의 미라(mummy)로 남았다. 머리에서 가슴까지 내려오는 네메스(nemes) 두건을 쓰고 의장용 턱수염을 달고 왕홀을 든 위풍당당한 파라오(그림 2)는 그 치적을 가려 수많은 사원에 세워졌고 피라미드는 파라오의 영원한 거처가 되었다. 이집트의 파라오는 전 국토를 소유하고 강력한 중앙집권과 관료(官僚)제도를 실시하였다. 이집트의 사회구조는 피라미드로 상징화되었고, 이러한 엄격한 신분은 복식에서 뚜렷하게 구분되었다. 왕, 여왕, 여신이 가장 높은 계층이었

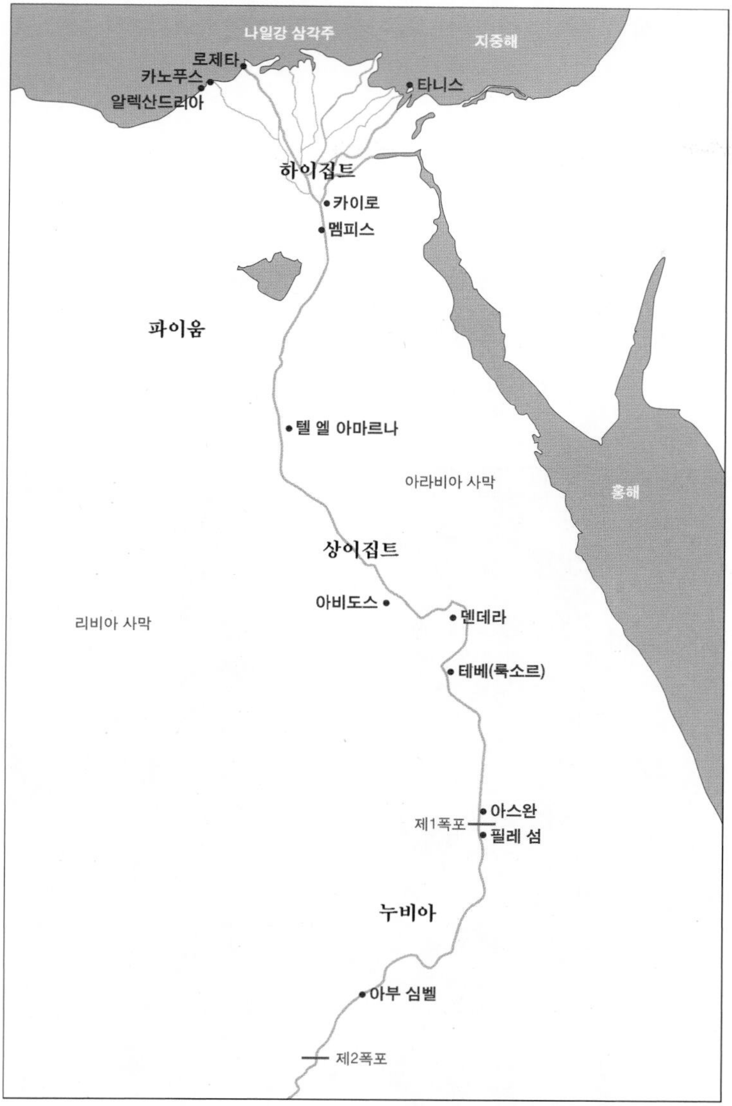
나일강 삼각주
지중해
로제타
카노푸스
알렉산드리아
타니스
하이집트
카이로
멤피스
파이윰
텔 엘 아마르나
아라비아 사막
홍해
상이집트
아비도스
덴데라
리비아 사막
테베(룩소르)
아스완
제1폭포
필레 섬
누비아
아부 심벨
제2폭포

01 ◀
고대 이집트 지도

으며, 그 다음 제관, 관리층과 군대 그리고 농경지를 소유하고 있는 영주들이 중간부를 형성하였으며, 농부, 장인, 노예들이 가장 밑바닥을 형성하였다.

02 ▲
투탄카문 왕의 황금가면으로 강한 태양으로부터 눈을 보호하기 위하여 눈 가장자리를 코올로 짙게 그리고 가짜수염과 우레우스로 장식한 피라미드 모양의 머릿수건인 네메스(nemes)를 쓰고 있다. 카이로박물관 소장

• 왕, 여왕, 여신 : 피라미드의 가장 정점, 상징적인 복식의 요소로 장식
• 귀족계급 : 사치스럽고 향락적인 생활, 미적 감각과 독창성을 발휘하여 화려하고 다양한 형태의 복식을 착용, 금속공예의 발달로 많은 장신구 착용, 동방과의 접촉으로 외래적인 복식요소를 도입
• 하층계급 : 비참한 생활, 거의 변함없는 기본적인 형의 천을 둘러 입는 소박한 형태, 대규모 노역사업이나 생산과 노동에 참여해야 하므로 활동이 편한 형태

03 ▶
투탄카문 왕과 왕비. 18대 왕조(BC 1350~1340), 왕은 센티 로인클로스를 입고 허리에 쉔도트를 둘렀다. 머리에는 가발을 쓰고 그 위에 우레우스로 장식된 관으로 장식하고 넓은 네크레이스와 팔찌로 장식하고 있다. 왕비는 주름이 잡힌, 흰색의 왕족 하이크(royal haik)를 입고 허리에 거들로 장식하고 있으며, 머리에는 가발과 그 위에 쇠뿔로 고정된 해 모양의 관을 쓰고 있다. 카이로박물관 소장

04 05 ◀

드로베티 컬렉션 중 이피의 비석 (제19대 왕조)과 고증. 투명한 얇은 리넨으로 된 한 장의 직사각형의 하이크를 입었다. 허리에 거들과 쉔도트(shendot)를 둘렀는데, 에이프런형의 쉔도트는 헝겊이나 가죽에 보석과 여러 가지 색조의 유리를 상감기법으로 세공하여 매우 정교하게 만들었다. 안크와 도리깨는 왕권을 의미한다.

06 07 ◀

네페르타리 왕비의 무덤 벽화, 제19대 왕조 람세스 2세의 부인과 고증. 직사각형의 반투명한 리넨천의 가운데에 목둘레선을 내고 옆선을 터놓았다. 뒷폭을 앞쪽으로 당겨 허리띠를 매어 착장했다. 허리띠에 장식된 연꽃 문양은 영원한 생명을 상징한다. 네페르타리는 독수리형 머리 장식을 하였는데, 이는 상 이집트의 여신인 네크베트의 상징으로 죽음의 땅에서 보호의 역할을 의미하며, 왕가의 상징이 되었다.

08 09 ▶
네페르타리 왕비의 무덤 벽화, 이
시스 여신과 고증. 비즈 장식을 한
시스드레스를 입고 안크를 들고
있다. 머리 위에는 태양과 달이 쇠
뿔에 받쳐 있으며, 여신의 지고성
을 상징한다. 우레우스는 태양신
라(Ra)의 적을 몰아낸다고 한다.

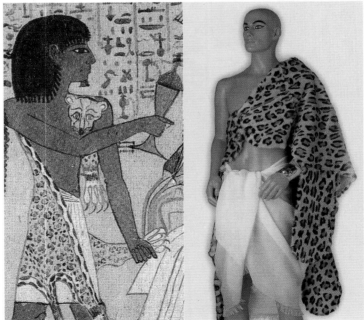

10 11 ▶
제사장, 제19대 왕조, 테베에 있
는 네바문의 무덤벽화로 로인 스
커트를 입고 표범가죽을 한쪽 어
깨에 둘렀는데, 이는 풍요의 신인
오시리스를 상징한다. 머리는 삭
발을 하거나 그 위에 가발을 쓰기
도 하였다.

영생불멸의 다신교

헤로도토스가 '이집트인은 세계에서 가장 종교적이다' 라고 할 만큼 종교는 이집트의 문화와 생활 전반에 강력한 영향력을 끼쳤다. 제정일치로 최고의 성직자는 왕이며, 사후 세계에 깊은 관심을 가져 독특한 미래관을 가졌다. 육체가 부패하지 않으면 영생불사한다고 믿어, 시체가 부패하지 않도록 보존한 미라 문화를 발현시키는 계기가 되었다. 미라는 죽은 이의 영혼인 '카'가 머물 수 있도록 시신을 보존하는 것이다(그림 12).

고대 이집트의 종교에는 수백에 이르는 신과 여신의 이름이 존재한다. 이 신들은 특정한 새나 동물의 형태를 취했는데, 독수리, 악어, 황소, 고양이 등 각기 다른 힘을 상징하는 수많은 동물신이 있는 만큼 자연 숭배사상이 있었다. 또한 인간의 모습을 가진 신도 있었다. 가장 중요한 신은 태양신으로 고대 이집트인들은 사막의 동쪽 언덕 위로 태양신이 떠오를 때면 기쁨에 싸이기도 하였다.

마스타바와 피라미드

고대 이집트 건축의 역사는 분묘의 역사이다. 마스타바(mastaba)라는 평탄한 형태에서 계단식 형을 거쳐 삼각형의 피라미드로 발전하였다. 고대 이집트의 분묘, 특히 피라미드(pyramid)는 왕들의 기록을 간직하며 분묘 속의 그림, 수공예품, 파

오시리스 신과 이시스 여신

신화에 의하면, 죽음 뒤의 환생을 보장하는 오시리스는 이집트 최초의 왕으로, 그를 질투하는 동생 세트에 의해 살해되지만, 아내 이시스 여신의 기적의 힘으로 오시리스를 지하세계에서 환생시키고 아들 호루스를 낳는다. 아들 호루스는 자라서 왕위를 다시 찬탈하고 지상 최고의 신이 되어 매의 모습으로 나타나며, 이시스는 보호의 여신으로 이집트뿐만 아니라 인근 국가에서도 널리 추앙되었다(그림 13, 14).

12 ▲
'불행의 미라' 라 불리는 미라 관, 제21대 왕조, 기원전 1050년경 나무로 만들었으며, 길이는 162cm이다. 매우 정교하게 그려진 이 미라 보드는 고위직 여성 미라를 덮었던 것으로 매우 큰 꽃문양의 옷자락 장식이 있고 그 중심에 손이 돌출되어 있다. 옷자락 장식 밑으로는 태양원반과 매, 날개를 가진 천공여신 너트(Nut), 새, 오시리스신의 표장 등 명부신들의 도상이 가득 배치되어 있다. 1889년 대영박물관이 이 작품을 입수한 이래, 이 미라 보드는 대영박물관에서 가장 유명한 소장품 중 하나가 되었다. 19세기 이 미라 보드를 이집트에서 운반한 영국인 네 명은 요절하거나 부상을 당했고, 그 외 많은 사람들에게도 이 같은 불행이 따랐다는 연유에서 '불행의 미라' 로 명명되었다. 대영박물관 소장

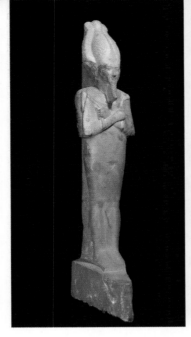

13 ▶
오시리스(Osiris) 상, 시기는 불명. 몸은 미라같이 딱 달라붙는 수의 같은 것에 싸여 있다. 머리에는 양 쪽에 타조의 깃을 단 높은 흰색 관을 쓰고 목에는 붉은 끈을 매고 있으며, 수의에서 나온 두 손은 가슴 위에서 X자로 교차하여 지고한 왕권의 상징물인 도리깨(flail)와 끝이 흰 갈고리 모양의 왕홀을 쥐고 있다. 턱에 매단 가짜 수염은 왕권을 상징한다. 카이로 박물관 소장

14 ▶▶
사이트시대의 호루스를 안은 이시스 여신상이다. 보호의 여신인 이시스는 음악과 즐거움의 여신 하토르(두 개의 쇠뿔 사이에 태양 원반이 위치한 머리 모습으로 상징됨) 여신과 연관되기도 한다. 12마리의 코브라가 둘러싼 왕관이 쇠뿔을 받치고 있으며, 아들 호루스(주로 매의 모습으로 세상을 지배하는 신)를 안고 있다. 카이로박물관 소장

피루스 문서, 로제타(Rosetta)석(石)은 이집트의 문명을 알려 주는 귀중한 자료이다. 부장품 중에서 부적이나 모형 배, 동물 및 시종들은 시신을 보호하기 위한 목적으로 매장된 것들이다.

사자의 서와 벽화의 인물 표현

파피루스지에 쓴 '사자의 서'는 죽은 이를 사후 세계에서 안내하고 보호하기 위한 마법 주문 및 설명서의 모음집이다. 벽화는 원시적인 형태로 사실화와 단순화의 경향이 있으며, 원근법이 무시되고 사람의 옆 얼굴만 그려 놓았다. 조각상으로는 스핑크스가 가장 위대하게 남아 있으며, 이외에 상아, 석회암, 목재 등 채색된 인물상이 남아 있다.

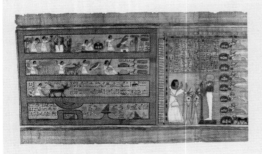

기원전 1250년경 제19대 왕조의 궁정기록관 아니를 위해 파피루스지에 쓴 사자의 서, 신왕국

복식미
불멸의 상징성과 기하학적 추상성

고대 이집트인들은 종교심이 강한 민족인 만큼, 영원불사에 대한 다양한 상징물
을 복식에 장식하거나, 복식의 형태에 그 의미를 부여하였다.

15 ◀
아케나톤 왕과 네퍼르티티, 18왕
조, 왕은 넓은 칼라형 목걸이를 두
르고 섬세한 흰색의 센티(shenti)
로인클로스를 입고 샌들을 신고
있다. 왕비는 넓은 칼라의 목걸이
와 하이크를 허리에서 거들로 고
정하고 있다. 우레우스로 장식된
챙이 없는 크라운을 삭발된 머리
위에 쓰고 샌들을 신고 있다. 루브
르박물관 소장

불멸의 상징성 이집트인들의 영생불멸에 대한 상징성은 복식에서
도 두드러진다. 태양신을 상징하는 원반이나, 태양신이 디자인되어
있는 왕관, 피라미드 형태의 트라이앵글러 에이프런(apron) 등이 있
다. 그림 15의 한쪽 끝에 햇살을 상징하는 주름, 왕의 권위에 대한 불
멸의 상징으로서 호루스(Horus ; 호루스 신의 눈, 그림 16)나 우레우
스가 장식되기도 하며, 도리깨나 앙크(ankh ; 영원한 젊음)를 들고
있기도 하였다. 파라오의 표현에 있어 눈과 어깨는 정면을 향하고,
머리와 다리는 측면을 향해 그려지는 방법은 시간을 초월한 의식들
을 표현하는 기법이다. 이들은 대상의 본질적인 특성을 제시함으로

16 ▼
웨드자트(wedjat)의 눈 부적, 제3
시대, BC 1068~661년경, 이집
트 부적의 가장 보편적인 형태로
매의 신 호루스(Horus)의 눈을 표
현했다. 혼돈의 신 세트에 의해 찢
겨졌으나 후에 호루스에 의하여
복원되는데, 그 결과 방어의 상
징으로 해석되고 있다. 대영박물
관 소장

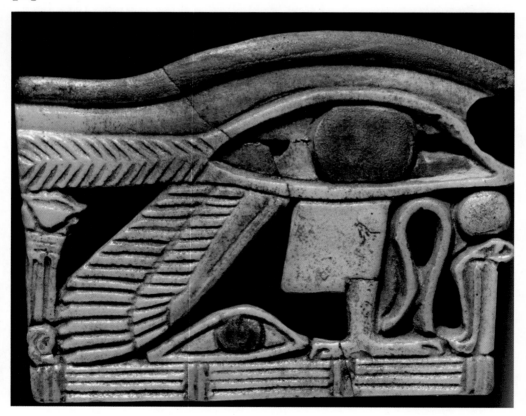

써 생생한 에너지, 생명을 느끼게 하는 방법이다. 그 외 사회계층의 징표, 군사적 업적의 과시물 또는 주술적 힘이 담긴 상징성이나 신비성이 있는 상징물은 다음과 같다.

불멸의 상징성

- 이시스 여신 : 두 개의 쇠뿔 사이와 원반, 모든 주문과 마술의 힘을 행할 수 있다고 믿었다.
- 하토르 여신 : 사랑, 음악, 즐거움의 여신
- 청동거울 : 사후세계에 대한 상징적 기능, 얼굴을 비추는 부분의 둥근 모양(생명을 만들어 내며, 죽은 자를 다시 살리는 태양의 힘과 연관), 손잡이의 여성몸매(출산으로 상징)
- 여인 머리의 파피루스 : 생명의 탄생
- 쇠똥구리 : 태양의 부활(그림 18)
- 연꽃 : 영원한 생명
- 타조 깃털 : 고귀함
- 독수리 : 전쟁 중의 왕의 보호, 용맹스러움
- 도리깨 : 풍작을 기원
- 지팡이 : 지배나 통치로서 권위를 상징
- 안크(ankh) : 생명이라는 의미의 상형문자(그림 16)

기하학적 추상성   고대 이집트인이나 메소포타미아인들은 단순한 삼각형, 사각형, 원 등의 형태를 애용하였다. 이는 본질적인 순수성을 추구하기 위해 기본적인 기하학적 형태를 고집한 것이다. 이러한 기하학적인 감각은 모든 선의 배열에 있어서도 뚜렷이 나타난다. 직선은 항상 동쪽에서 서쪽으로 일정하게 운행되는 태양의 궤도 또는 태양의 광선을 형상화한 것이며, 직선이 공간의 한계에 다달았을 때, 직각으로 발전하는 것이다. 따라서 이집트인들은 단순한 기하학

적인 형태를 선호하였을 뿐 아니라, 복식 내부에서는 무수한 직선의
핀터크(pin-tuck)나 플리츠(pleats)로 장식하였으며, 장신구인 독수
리나 매의 날개에서도 항상 직각이나 직선으로 표현하였다. 이러한
단순한 기하학적 평면형은 개인의 체형 특성에 따른 맞음새나 디자
인을 추구하는 개성화는 배제되고, 균일한 복식의 형태로 표준화된
양식을 추구하는 것이다.

복식의 종류와 형태
서양복식의 기본이 된 스커트와 시스드레스

이집트시대는 남녀가 공용으로 입은 복식의 형태가 많았다. 뜨겁고 건조한 아열
대성 기후에 적응하기 위해 통기성이 높은 리넨(linen)을 주로 사용하였으며, 한
겹 내지 두 겹의 옷을 입었다.

의 복

로인클로스

허리에 둘러 입는 가장 간단한 사각형의 옷이다. 이집트의 로인클로스(loin cloth)는 남녀가 입는 기본적인 옷으로, 바느질을 하지 않고 천을 그대로 허리에 둘러 그 끝을 허리에 끼워 넣거나, 거들(girdle ; 끈)로 천 위를 둘러매어 고정시켰다. 로인클로스는 주로 노동이나 무용 등 활동을 많이 할 때 애용되었으며, 그 형태도 다양하다. 길이가 길거나 짧은 것, 주름을 많이 잡아 드레이퍼리(drapery)가 있거나 주름이 없는 단순한 형 등이다. 주름이 없는 단순한 로인클로스는 로인 스커트로 표현되기도 하였다. 후에 로인클로스는 쉔티나 킬트로 발전해 갔다.

19 ▼
짧은 로인클로스와 그 위에 스커트를 입고 있는 이집트인, BC 3000~500

20 ▶

헤카이브(Hekaib)와 두 부인을 그
린 장례비석, 중왕국시대 제12대
왕조, 헤카이브라는 남자가 죽어
내세를 위해 제물을 바치는 장면,
남자는 가발과 넓은 목걸이(파시
움, passium), 그리고 로인클로스
를 입고, 여자는 가발과 어깨에 두
줄로 고정된 시스드레스를 입고,
손에는 연꽃을, 또 팔찌와 발찌로
장식하고 있다. 연꽃은 영원한 생
명을 뜻한다. 카이로박물관 소장

21 ▶

왕들의 골짜기(Valley of the Kings)
에서 발견된 양 가죽의 로인클로
스, 제18대 왕조, 보스턴 파인아
트미술관 소장

22 ◀

BC 2575~2450년 무덤 부조물,
제4대 왕조, 하 이집트, 기자, 사
카라(Saqqara)의 것으로 추정
되는데, 관료 아이리(Iry)의 묘에
서 나온 것으로 왕의 사제, 왕의
재산 관리자이다. 권위를 상징하
는 홀과 지팡이를 잡고 있다. 부
적을 단 목걸이와 짧은 로인클로
스를 입고 있다. 대영박물관 소장

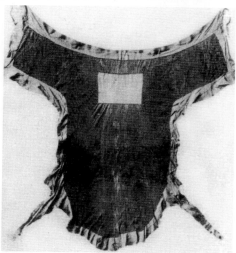

스커트

남녀가 입은 것으로 쉔티(schenti), 쉔트(shent 혹은 schent) 등으로 불리며, 일종의 둘러 입는 스커트(wrapped skirt)로, 길이, 넓이, 맞음새 등이 시대와 사회계층에 따라 다르다. 왕이나 귀족이 입는 스커트는 주름을 잡거나, 주름 없이 길게 하체를 스커트처럼 두르기도 하였다. 노동자계층의 쉔티는 무릎이나 그 위의 길이이다. 이 쉔티는 여러 가지 형태가 있다. 몸에 두를 때 시작되는 한쪽 끝과 끝나는 다른 한쪽 끝을 왼쪽 어깨에 잡아 맨 형태, 한쪽 어깨에만 끈을 단 형태가 있고, 끈 없이 허리에다 둘러 입기도 하였다. 후에 두 겹의 쉔티로 안은 불투명하며 겉은 비치게 하였다.

킬 트

킬트(kilt)는 신왕국 이후 남녀가 입은 로인클로스의 변형으로 긴 스커트형이며, 주로 앞자락에 주름을 잡은 것이다.

23 ◀
BC 1300년대의 벽화로 쉔티는 스커트로 변형되었다. 노블(Noble)의 무덤, 테베

파 뉴

파뉴(pagne)는 왕족의 남자들이 입었던 로인클로스, 쉔티, 킬트의 총칭으로, 왕을 상징하기 위하여 타셀(tassel)이나 우레우스(uraeus ; 뱀머리, 왕권의 상징)로 장식된 허리띠나 에이프런 형의 쉔도트(shen-dot)로 장식했다.

트라이앵글러 에이프런

태양의 햇살을 상징하는 주름이 삼각형 모양의 한쪽에 방사선으로 있는 트라이앵글러 에이프런(triangular apron)이다.

쉔도트

쉔디트(shendyt)라고도 하며 왕족의 남자들이 파뉴 위에 두르는 에이프런형의 장식 패널, 단순히 수평이나 수직의 핀터크(pin-tuck) 장식이거나, 유리상감으로 세공하여 입체감이 나는 것도 있다.

동물의 가죽

왕이나 제사장은 상의로 표범이나 사자의 가죽을 어깨에 휘두르기도 하였다(그림 10, 11).

시스드레스

일명 시스 스커트라고도 한다. 끈이 달린 긴 스커트로 일반 남녀가 다 입었으나 주로 여자가 착용하였다. 시스드레스(sheath dress) 재료는 주로 두꺼운 리넨이나, 울에 자수를 놓거나 구슬로 장식했으며, 가죽을 무늬대로 컷 아웃(cut out)하거나, 끈으로 그물처럼 엮어 짜 장식하기도 했다(그림 25~29).

24 ▲
BC 1150년경 이집트의 람세스 4세 석상, 신왕국시대, 제20대 왕조, 네메스라는 머리관을 쓰고 주름 잡힌 로인클로스와 거들을 매고 있다. 대영박물관 소장

25 ◄◄
세티(Seti) I세와 하토르(Hathor) 여신, 제19대 왕조, 왕은 트라이 앵글러 로인클로스와 거들, 여신 은 자수나 비즈, 보석으로 장식된 시스드레스를 입고 있다. 루브르 박물관 소장

26 ◄
시스드레스를 입고 있는 하녀, 다 양한 색상의 가죽을 잘라 그물처 럼 시스드레스 위를 장식하였다. 제11대 왕조, 메트로폴리탄박물 관 소장

27 ▶

울소재로 된 로인클로스와 시스
드레스

28 ▶

BC 2000년경의 아이보리 여인
조각상, 제12대 왕조, 가슴에 주
름을 잡거나 넓은 어깨끈으로 고
정된 흰색의 시스드레스, 루브르
박물관 소장

29 ▶▶

재물을 들고 있는 나무 여인 조각
상, 제11대 왕조, 여러 가지 색상
의 가죽을 잘라 그물(net)처럼 장
식한 시스드레스, 간혹 구슬 장식
으로 그물처럼 만든 것도 있다.
루브르박물관 소장

칼라시리스

직사각형의 반투명한 리넨의 가운데에 목둘레선을 내고 양 옆선을 앞으로 접거나, 앞자락을 뒤로 돌리고 뒷자락을 앞으로 돌린 후, 허리띠를 매거나 핀을 꽂아 입은 로브(robe)형, 왕족의 것은 넓고 풍성하며 형태도 다양하다. 투탄가문 왕가의 분묘의 벽화에서 칼라시리스(kalasiris)는 타셀로 장식된 것도 보인다(그림 30~32).

30 ▲
이집트의 로브, 투명한 천의 칼라시리스를 입고 있는 여인

31 ◀
신왕국시대 후기 작품으로, 칼라시리스를 넓은 거들로 묶은 것이다. 카이로박물관 소장

32 ▼
반투명의 칼라시리스를 입고 있는 셀키트(Selkit) 여신상, 죽은 자를 보호하는 여신이다. BC 1300년대, 카이로박물관 소장

33 ▲
수평으로 주름을 잡은 여성용 튜
닉, 제6대 왕조, 보스턴 파인아트
미술관 소장

하이크

몸에 걸치거나 두르는 식의 숄(shawl)형으로, 주로 왕족이 권위를
과시하기 위하여 입었다. 하이크(haik)는 입는 방식에 따라 다양한
연출을 할 수 있다. 케이프형으로 직사각형의 천으로 양 어깨에 두
르고 앞에서는 묶는 형태이다. 한쪽 어깨만을 감싸고 매듭을 반대쪽
가슴 아래에서 묶어 한쪽 유방이 노출되는 형태, 매듭의 위치를 달
리하여 유방이 노출되지 않는 형태 등 다양하다. 투명한 천의 시스
드레스나 칼라시리스를 이중으로 입기도 한다.

튜닉

신왕국시대에 동방의 영향으로 남녀가 다 함께 입은 T자 형의 긴 원
피스를 튜닉(tunic)이라 한다. 직사각형의 천을 어깨에서 접어 목둘
레를 T자로 자르거나, 원형으로 목둘레선을 만들고, 양쪽 진동선에
서부터 밑단까지 박은 원피스형, 후에 왼쪽 어깨만을 걸친 것도 있
다(그림 33).

34 ▼
네바문(Neb-Amon) 무덤의 벽
화, 제18대 왕조, 음악가와 무희
가 있는 연회 장면, 넓은 칼라 모
양의 목걸이와 얇고 투명한 리넨
의 튜닉 위에 숄을 둘렀으며, 앞
에 묶은 여인은 상류층이고, 노예
나 무희는 나체 위에 넓은 목걸이
와 거들을 두르고 있다. 대영박물
관 소장

헤어스타일과 머리 장식

머리 형태

남자와 여자는 대체로 청결의 이유로 삭발을 하였으며, 파라오는 가짜수염(postiche, 포스티시)을 권위와 성숙의 상징으로 만들어 달았다(그림 2).

가 발

대체로 이집트인은 삭발한 머리나 제 머리 위에 다양한 종류의 가발(wig)을 사용하였다. 가장 비싼 가발은 인간의 머리카락으로 만들어진 것이었고, 울이나 펠트, 종려나무로 만들어진 것이 싼 것이었다. 검정, 파랑, 갈색, 흰색 등 색도 다양하였다. 모양도 땋거나, 컬(curl)을 주거나 단순하게 하였다.

신 발

이집트인은 맨발로 다녔거나 지극히 간단한 샌들(sandals)을 신고 다녔다. 투탄카문의 무덤에서 나온 샌들은 금과 보석, 그리고 꽃무늬로 장식되어 있다. 그림 35의 샌들은 장례의식을 위한 것으로 평상시에는 사용하지 않았다.

장신구

장신구는 장식적인 동기뿐 아니라 주술적인 의미에서 발달되었다. 상징적인 의미가 담긴 독수리, 태양, 신성풍뎅이, 안크, 연꽃, 파피루스 등의 모티프를 애용하였으며, 장신구로 금, 은, 청동, 에메랄드, 자수정, 유리 등을 사용하였고, 왕관, 귀고리, 목걸이, 펜던트, 팔찌, 발찌, 반지 등이 있다.

35 ▼
장례용 샌들, 제3중간기 제22대 왕조(BC 890년경). 죽은 자를 자기발로 걸어 다니게 했으면 하는 염원에서 만든 것으로 부유함의 상징이기도 하다. 카이로박물관 소장

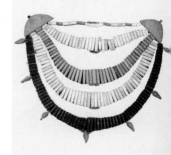

36 ▼
넓은 칼라의 목걸이, 제18대 왕조 후기, BC 2055~1989, 상 이집트, 유리를 끼운 구성, 이집트인들이 착용한 보석 유형의 가장 보편적인 형태이다. 대영박물관 소장

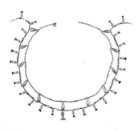

레드 크라운

레드 크라운(red crown)은 하 이집트를 통치하는 파라오를 상징한다.

화이트 크라운

화이트 크라운(white crown)은 상 이집트를 통치하는 파라오가 썼다.

다이어뎀

독수리 날개와 우레우스로 장식한 왕관이다. 여왕은 부재 중인 남
편의 안녕을 비는 뜻에서 다이어뎀(diadem) 왕관을 썼다. 우레우스
는 그리스어로 '일어서는 여자'라는 뜻이며 이집트 왕관의 앞 부분
에 독수리와 함께 부착된 코부라 장식을 지칭하는 말이다(그림 37).

활 콘

활콘(falcon)은 여왕이나 여신이 썼던 머리 장신구로 새의 형상을
하고 있으며, 얼굴 양옆 편으로 새의 날개가 늘어져 장식되어 있다
(그림 6, 7).

록 오브 유스

록 오브 유스(lock of youth)는 왕족 계층 자녀들의 머리 장식이다
(그림 40).

커치프

커치프(kerchief)는 두껍고 빳빳한 헝겊으로 만든 수건으로 피라미
드 모양으로 머리에 썼다(그림 41).

파시움

파시움(passium)은 넓은 칼라 모양의 목걸이이다.

화장 이집트인은 강한 태양으로부터 눈을 보호하기 위하여 코울(kohl)로 짙은 아이 라인을 그리고 입술연지와 볼연지를 하였다. 헤나(henna)라는 다홍색으로 손가락을 물들이기도 하였다.

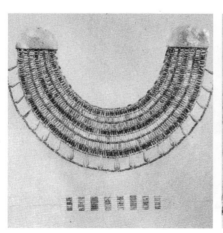

44 ▶
BC 1390년경, 제18대 왕조 아메
노피스 3세, 왕관(crown)을 쓴 두
상의 높이는 거의 3m나 된다.

45 ▶▶
이집트의 아마(flax), 신석기시대
의 조각, BC 5000

46 ▼
이집트인들의 세탁하는 장면, 로
인클로스를 거들로 고정하거나
두 개의 끈으로 고정시킨 것이 흥
미롭다. 아이를 업고 있는 사람
은 시스드레스를 입고 있다. 제
12대 왕조

이집트 복식의 착장법과 패턴

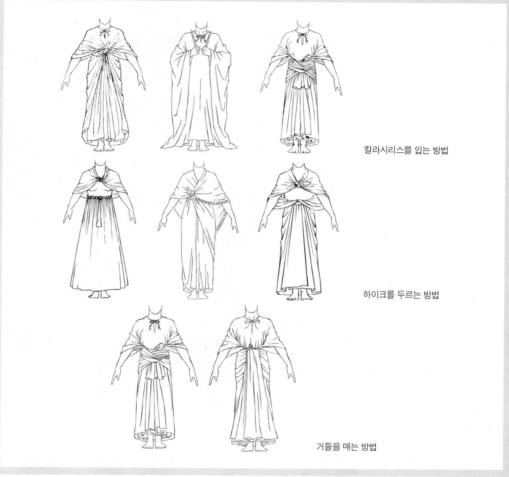

칼라시리스를 입는 방법

하이크를 두르는 방법

거들을 매는 방법

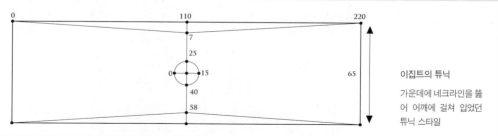

이집트의 튜닉

가운데에 네크라인을 뚫어 어깨에 걸쳐 입었던 튜닉 스타일

영화 속의 복식_〈클레오파트라〉

이집트의 마지막 통치자 클레오파
트라. 시스드레스와 독수리형 머리
장식(활콘) 및 가발은 여왕의 상징
이다.

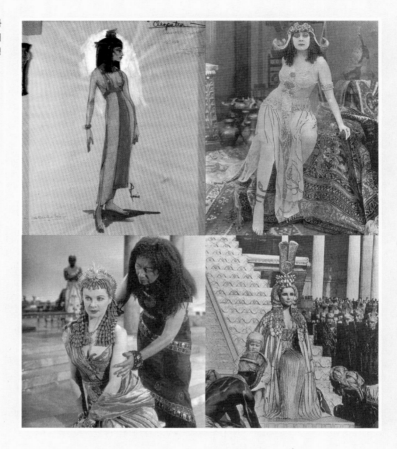

Historical Mode

넓은 칼라의 목걸이와 시스드레스,
한쪽 어깨를 드러내는 시스드레스,
이집트 미라(mummy)에서 영감을
얻은 현대 패션디자인이다.

주요 인물

투탄카문 Tutankhamen

이집트 신왕국 제18대 왕조의 왕이다. 아케타텐(Akhetaten)에서 아케나텐(Akhenaten)과 키야(Kiya) 사이에서 투탄카텐('아텐이 생명을 줌'이라는 뜻)으로 태어났다. 그러나 부친 아케나텐이 죽은 후 여덟 살 때 왕위에 올라 수도를 멤피스로 옮기고 자신의 이름도 아문신('보이지 않는 신'으로 원래 헤르모폴리스에서 형성된 네 쌍의 신들의 계보인 팔신계 중의 하나임)을 따 투탄카문('아문이 생명을 줌'이라는 뜻)이라고 이름을 고쳤다. 1922년 영국의 고고학자 카아터 등에 의하여 왕의 묘가 발굴되었다. 오늘날 그의 무덤의 화려한 부장품들로 인해 이집트의 대표적인 파라오로 인정받고 있다(그림 2).

네페르티티 Nefertiti

제18대 왕조 아케나톤(Akhenaton)왕의 왕비이며 왕과 똑같이 태양신을 유일신으로 숭배하고 아텐(태양원반을 의미)신앙을 찬미하였다. 네페르티티는 '미녀는 오다'라는 뜻이다(그림 44).

람세스 2세 Ramses II

기원전 1303년 귀족의 아들로 태어났다. 제18대 왕조의 마지막 왕 호렘헵이 후손 없이 죽자 재상이었던 그의 할아버지가 람세스 1세로 제19대 왕조를 세웠고, 손자인 그는 아버지 세티 1세의 뒤를 이어 람세스 2세로 즉위하였다. 구약성서 출애굽기에 나오는 히브리 인들의 이집트 탈출 당시의 파라오다.

클레오파트라 Cleopatra

이집트의 그리스시대의 마지막 통치자(기원전 51~30)로서 로마제국과의 끊임없는 대립과 갈등 속에서 정치생활을 이끌었다. 남동생인 프톨레마이오스 13세와 결혼하여 이집트를 공동 통치하였다. 로마의 폼페이우스 장군이 클레오파트라의 정치적 후견인이 되었고, 이집트에 원정와 있던 케사르를 유혹하여 다시 복위하다가, 케사르 암살 후 안토니우스와 다시 재혼하였으나, 기원전 31년 악티움 해전에서 옥타비우스에게 패한 후 알렉산드리아에서 안토니우스와 함께 자결하였다.

Chapter 2

메소포타미아 · 헤브라이

서양 고대 문명의 근원은 지중해 동남방 주변의 지역으로 메소포타미아(Mesopo-tamia ; 현재 이라크(Iraq)의 일부)와 이집트이다. 이들의 문명은 그리스와 로마의 종교와 철학, 정치, 예술의 기반을 형성하는 데 간접적 혹은 직접적으로 영향을 끼치면서 서방세계의 문명형성과 발전에 커다란 자극을 주었다. 특히, 서남아시아의 티그리스(Tigris)강과 유프라테스(Euphrates)강 사이의 메소포타미아 지역과 소아시아의 헤브라이(Hebrews), 그리스도교 문명에 크게 공헌한 동북 아프리카의 나일(Nile)강 지역은 다 같이 북위 50° 이남의 온난 다습한 하천유역으로서 일찍이 농경문화가 발달하였다. 또한 고대 동방문화의 가장 오래된 요람지이며, 오늘날 근동지방이나 동방의 고대사를 언급할 때도 이들 지역을 일컫는다.

◀ 네아부(Abu) 신과 여인상, 수메르, BC 3000 바그다드, 로인클로스는 스커트로 변형되었고 프린지로 끝장식을 하였다. 이라크박물관 소장

사회문화적 배경
이질적 요소의 혼합문화와 다신교의 메소포타미아

메소포타미아(meso는 사이, 중간을 의미하며, potam은 하천을 뜻함) 지역은 지리적으로 나일강 일대와 비슷한 점이 많다. 대하 유역이며 사막에 둘러싸여 있어 사람들이 일찍이 정착해서 살 수 있는 조건을 갖추고, 강력한 통제에 의한 중앙집권제 정치에 의해 운영되었다. 그러나 동서로 길게 사막으로 둘러싸인 나일강 지역은 외적의 침입이 어려워 정치적 역사는 일관성을 이룬 반면, 메소포타미아는 북부의 산악지방이나 남부 사막 유목민족의 침입으로 수많은 민족의 흥망과 여러 국가의 성패로 정치적 역사는 복잡하다. 결과적으로 이 지역은 여러 문화의 이질적 요소가 녹아 든 혼합문화의 성격을 띠고 있다.

세계 최초의 성문법과 교역의 발달
최초로 수메르(Sumer)인에 의해 설립된 고 바빌로니아 문명권에서는 조약돌이 깔린 거리와 다층의 건물(바벨 타워, the Tower of Babel), 관개수로가 있는 도시가 개발되었고 문자가 발명되었다. 이 문자는 서방세계에서 가장 초기의 성문법 제정에 기여하였다. 함무라비왕(King Hammurabi, BC 1792~1750)은 법전을 편찬하는 데 거의 일생을 보냈는데, 후에 이 법전은 모세의 율법과 중동 법전에 많은 영향을 주었다. 이 지역의 언어는 대체로 셈어족에 속하며 도시를 중심으로 한 국가를 형성하였는데, 바빌론은 이 지역의 주요 도시였으며, 정치적 중심이었다. 농업 이외에 다른 지역과 무역이 활발하여 인도와 시리아에서 목재(티크

와 삼나무), 아라비아에서 조미료, 페르시아에서 금속과 석재, 이집트에서 황금을 수입하였으며, 이 당시 국제무역의 중심지였다. 국제무역이 일찍이 이루어졌기 때문에 화폐가 유통되었으며, 세계 최초의 성문법이 체계화되었다.

종교 : 자연현상을 숭배하는 다신교

이집트와 마찬가지로 자연물과 자연현상을 숭배하는 다신교를 믿었다. 각 도시마다 독자적인 신을 믿었고, 바빌론의 신인 마르두크(Marduk)는 바빌로니아의 국가 신으로 숭상되었으며, 이집트와 마찬가지로 정치적인 통치자가 최고의 성직자를 겸한 신정정치였다. 이집트와 달리, 종교는 내세보다는 현세생활을 위한 것이었다. 따라서 종교는 영적이거나 윤리적인 측면보다는 점성술에 의한 운명을 예측하는 것이었으며, 현세의 복과 향락을 추구하는 측면이 강하여 장례식은 박절하였으므로 복식 연구 자료로 쓸 수 있는 유물이 많지 않아 제한된 자료를 바탕으로 당시의 복식을 추측할 수밖에 없다.

02 ▲

1920년대 영국의 레너드 울리 (Leonard Wolley)경에 의하여 발굴된 고대 도시 우르에서는 도시 주민 중에 지배층이 존재하였음을 보여 주는 호화로운 유물들이 출토되었다. 〈우르왕의 깃발〉은 역청에 조개껍질과 돌을 붙인 모자이크로 BC 2600년경, 원래는 목재 받침대 위에 붙어 있었다. 악기의 소리상자였을 가능성이 많은 이 물건은 '우르'의 왕릉에서 발굴된 많은 보물 중 하나이다. 카우나케스를 입거나, 튜닉 위에 모자를 쓰거나, 맨틀을 입고 있는 인물이 보인다. 대영박물관 소장

엄격한 사회적 구조

바빌로니아의 사회구조는 수메리안 문명과 비슷하였으며, 사회계층구분이 매우 엄격하였다. 사회계급으로 귀족, 평민, 노예 등이 있었으며, 귀족은 지배층인 관리와 군인이었고, 평민에는 중산층인 장인, 상인, 공무원, 농민 등이 속하였으며, 노예는 전쟁 포로이거나 채무자들이었다. 가부장제도의 가족체제를 유지하였고, 남자는 여러 명의 부인을 둘 수 있었으며, 여성은 남성에게 종속적이었다. 따라서 여신이나 여사제, 여왕을 표현한 그림이나 부장품은 아주 희귀하다.

농업, 기술, 예술

바빌로니아인들은 농사를 짓기 위해 태양과 달의 운행을 관측하고, 성좌의 이름을 붙이고, 태음력을 이용하였으며, 수레바퀴를 사용하였다. 60진법에 의하여 원주를 360도, 1분을 60초, 1시간을 60분, 1일을 24시간으로 정하고 해시계나 물시계에 의해서 시간을 예측하였다. 또한 1주를 7일로, 1년을 12개월로 하였다. 그들은 설형문자를 사용하였으며, 이 문자를 진흙 판에 각인한 것으로써 법률을 적고 문학을 썼다. 아시리아와 같은 산악지방의 문화를 제외하고는 석재를 사용한 유적이나 유물은 없고, 목재의 사용도 거의 드물었으며, 일광건조에 의한 토와(土瓦)를 사용하였다. 신

전이나 분묘(墳墓) 내부에 장식으로 부조한 조각물이 있고 수렵(狩獵)이나 궁정생활을 주제로 한 것이다. 그림은 사실을 중요시하려고 하였으나 원근법을 무시한 매우 단순한 것이었다. 금속세공의 기술이 능하였고 보석을 조각하는 기술이 우수하였다. 직물산업이 상당한 수준으로 발달되어 있었으며 모직을 주로 생산하고 사용하였다. 또한 복식연구에서 중요한 시각적 자료인 문장(seal)을 들 수 있는데, 여기에는 수메르의 신화의 장면이 새겨져 있다. 그 외 복식연구의 자료로 벽화의 그림이나 조각이 있다.

다윗과 솔로몬 전성시대의 헤브라이

기원전 1100년경을 전후하여 셈(Semites)족에 속한 헤브라이 민족이 아라비아 서부 지중해 연안 팔레스타인 지방에 정착하여 국가를 건설하였다. 이 헤브라이 민족은 원래 유목민이었으나 모세(Mose)의 영도하에 가나안 땅에 정착하여 사울(Saul)왕에 의해 국가 기초를 세우고, 다윗왕에 의해 세력을 형성하고 예루살렘에 수도를 정하였다. 솔로몬시대에 전성기를 이루었으나 신전과 궁전 건축에 많은 재력을 소모하여 부족의 반목으로, 기원전 10세기경에 왕국이 두 개로 분리되었다. 북부 10부족은 이스라엘 왕국(BC 933~722)을 세우고 남부 두 부족은 유다왕국(BC 933~586)을 세웠으나 각각 아시리아와 신 바빌로니아에 의해 멸망하게 되었다. 그 후 헤브라이 민족은 전 세계로 유랑생활을 하였으며, 제2차 세계대전 이후 다시 이스라엘을 설립하게 되었다. 헤브라이 민족은 원래 민족수호신인 여호와(Jahve, Jehovah)를 신앙으로 삼고 모세를 예언자로 믿었다. 이와 같은 일신교인 유태교(Judaism)는 기원전 6세기 중기 이후에 확립되고 그리스도교의 모태가 되었다.

복식미
메소포타미아의 비대칭적인 디자인과 장식적인 프린지

아시리아인의 복식의 조형은 어깨에 두르는 숄에서 나타나는 비대
칭적인 드레이퍼리이다. 특히, 이는 사막에서 오아시스를 찾으러 떠
나는 유목민들의 생활에서 중요한 천막에서부터 영감을 얻은 디자
인으로 주름의 유동성에서 신비감을 추구하고 있다. 또한 숄 가장자
리를 프린지로 장식하였는데, 이는 카우나케스의 변형된 모습이기
도 하며 현대 패션디자인에서 자주 응용되고 있는 디자인 요소이다.

헤브라이의 가톨릭 교황 복식의 근저

헤브라이 복식은 현재 가톨릭 신부나 교황의 복식 형성에 주요한 근저
를 이루며, 성경에 관한 영화 복식 제작에 있어 중요하다. 이 시대의 복
식 연구자료에 대하여 현존하는 것이 없으나, 성서를 근거하거나, 알제

출애굽기 28장으로 보는 헤브라이 복식

네 형 아론을 위하여 거룩한 옷을 지어서 영화롭고 아름답게 할지니 너는 무릇 마음에 지혜 있는 자 곧 내가 지혜로운 영
으로 채운 자들에게 말하여 아론의 옷을 지어 그를 거룩하게 하여 내게 제사장 직분을 행하게 하라. 그들의 지을 옷은 이
러하니 곧 흉패와 에봇과 겉옷과 반포 속옷과 관과 띠라. 그들이 네 형 아론과 그 아들들을 위하여 거룩한 옷을 지어 아론
으로 내게 제사장 직분을 행하게 할지며 그들의 쓸 것은 금실과 청색, 자색, 홍색실과 가늘게 꼰 베실이니라. 그들이 금실
과 청색, 자색, 홍색실과 가늘게 꼰 베실로 공교히 짜서 에봇을 짓되 그것에 견대 둘을 달아 그 두 끝을 연하게 하고 에봇
위에 매는 띠는 에봇 짜는 법으로 금실과 청색, 자색, 홍색실과 가늘게 꼰 베실로 에봇에 공교히 붙여 짤 것이며 호마노 두
개를 취하여 그 위에 이스라엘 아들들의 이름을 새기되 그들의 연치대로 여섯 이름을 한 보석에 나머지 여섯 이름은 다른
보석에 보석을 새기는 자가 인에 새김같이 너는 이스라엘 아들들의 이름을 그 두 보석에 새겨 금테에 물리고 그 두 보석을
에봇 견대에 붙여 이스라엘 아들들의 기념 보석을 삼되 아론이 여호와 앞에서 그들의 이름을 그 두 어깨에 메어서 기념이
되게 할지며 너는 금으로 테를 만들고 정금으로 노끈처럼 두 사슬을 땋고 그 땋은 사슬을 그 테에 달지니라. 너는 판결 흉
배를 에봇 짜는 법으로 금실과 청색, 자색, 홍색실과 가늘게 꼰 베실로 공교히 짜서 만들되…

리아나 모로코 복식을 바탕으로 연구되어 오고 있으며, 특히 출애굽기 28장이나 39장에서 대제사장의 복식에 대하여 상세히 기록되어 있다.

복식의 종류와 형태
프린지 장식의 초기 메소포타미아 (BC 3500~2500)

기원전 3000년경 메소포타미아 지역 북쪽에는 아카드인이, 남쪽에는 수메르인이 있었다. 수메르인이 보다 지배적인 위치에 있었던 것으로 보이며, 고도로 세련된 문명을 이룸으로써 메소포타미아 전체가 이들의 복식과 풍습을 받아들였다. 목축업을 주로 하고 있었기 때문에 양털 가죽이 주 소재였다.

의복
스커트

남녀와 지위 고하를 막론하고 수메르인들은 스커트(skirts)를 입었다. 왕족과 귀족은 긴 길이의 스커트를 입었으며, 군인과 노예 계층은 좀 더 짧은 스커트를 입었다. 스커트는 몸에 두르고 벨트로 고정을 했는데(그림 3, 4), 스커트 길이가 길면 스커트를 한쪽 어깨

03 ▼
여인상, 수메르, 라가시(Lagash) 왕국, BC 2500. 남부 이라크, 곱슬거리는 머리 위에 헤어밴드를 맨 여인으로 기도하는 모습이다. 한 장의 긴 천을 몸에 둘렀다.

04 ◀
라가시 왕국의 지배자 에난나툼(Enannatum, BC 2450~2300), 상반신은 전면으로 얼굴은 커다란 귀와 눈이 있는 옆모습으로 전형적인 부조의 양식이다. 왕은 삭발을 하고, 프린지로 장식된 스커트를 입고 있는 모습이다.

에 오도록 입기도 했다(그림 5). 처음에는 양털(fleece)이 그대로 붙어 있는 양가죽으로 만든 스커트(이를 카우나케스라고도 함)를 입었으나, 후에 직조된 직물로 보충되었으며, 스커트 끝단에 프린지(fringe)나 타셀(tassel) 장식을 하기도 하였다. 이러한 술 장식은 길이가 짧은 것에서부터 스커트 길이의 반을 넘는 것에 이르기까지다양하였다.

05 ▶
돌로 만든 기념비, 바빌로니아, BC 900∼800년경, 이라크 남부, 바빌론의 마르둑(Marduk)사원의 관리자를 기념하기 위한 비, 아버지와 아들은 머리 모양으로 보아 둘 다 성직자임을 알 수 있다. 두 성직자 위로 세 가지 신의 상징물이 있다. 태양신인 샤마스(Shamash)를 나타내는 날개가 달린 태양원판, 달의 신을 나타내는 초승달, 그리고 받침대가 있는 사자 얼굴을 한 철퇴이며 이 석비를 손상시키는 사람을 저주하는 글이 설형문자로 새겨져 있다. 두 성직자는 프린지로 장식되고 끈으로 어깨에 고정시킨 스커트를 입고 있다.

카우나케스

원래 그리스어로 양털이 그대로 붙어 있는 양가죽이거나 양털 모양의 직물을 언급하나, 양털 모양이 여러 층으로 늘어져 있는 직물의 복식형태를 카우나케스(kaunakes)라 하며, 그 구성방법에 대한 해석이 다양하다(그림 6, 7).

벨트

스커트를 고정하기 위해 허리에 벨트(belts)를 둘렀으며, 넓은 것과 패드를 댄 것이 있었다.

06 ▲
11세기 모자이크, The Monastery Church, 다프니, 수메르인의 카우나케스 리바이벌, 중세 전형적인 양치기의 모습

07 ◀
마리(Mari)에 있는 이스타르(Ishtar) 사원의 감독관 조각상으로 카우나케스를 입고 있다. 루브르박물관 소장

08 ▲◄
마리에서 발굴된 여인상, BC 28
세기, 카우나케스의 로브와 그 위
에 맨틀(mantle)을 입고 있다. 루
브르박물관 소장

09 ▲►
꽃병을 들고 있는 여인상, BC 28
세기, 카우나케스의 로브(robe)
위에 솔을 두르고 있다. 로브는 봉
제된 것이다. 루브르박물관 소장

10 ►
왕실 매장보석, BC 2600년경,
금, 라피스라줄리, 홍옥수로 만들
어진 보석들, 1920년대에 레너드
울리(Leonard Woolley)경에 의
해 우르에서 발굴되었다. 대영박
물관 소장

솔
남녀가 모두 솔(shawl)을 둘렀으며 솔의 중앙을 왼쪽 어깨에 두고
시작하여 오른쪽 엉덩이 뒷부분에서 묶고 상체를 덮게 입었다. 동물
가죽이나 펠트천이 사용되었다(그림 8, 9).

헤어스타일과 머리 장식 남자와 여자는 어깨까지 오는 긴 머리이
거나 쉬뇽(chignon)을 하였다. 남자는 또한 삭발을 하거나 수염을
기르기도 하였다. 이 당시 삭발은 이집트나 지중해 지역에서 덥고
습한 기후로부터 청결과 편리를 위한 관습이었다.

신 발 맨발이거나 샌들을 신었다.

장신구 왕족은 금 장식을 하였다. 그림 10은 기원전 2600년경 우르
(Ur) 왕족 묘지에서 나온 금, 은, 라피스라줄리, 홍옥수 등의 호화로
운 보석으로 만들어진 부장품이다. 라피스라줄리가 많이 사용되었
는데, 이는 당시는 물론 지금까지도 아프가니스탄 북부지역에서 채
광된다. 영국인 레너드 울리가 발굴했다.

남녀 성차가 뚜렷한 후기 메소포타미아 (BC 2500~1000)

전 시기와 비슷한 복식을 착용하였으나, 점차 남녀 간의 뚜렷한 성차가 나타나며, 좀 더 복잡하고 실용적인 측면의 복식 스타일이 나타났다. 이전 시대의 두꺼운 양가죽 대신 얇게 짠 직물이 등장하였으며, 훨씬 아열대성 기후에 적합해졌다.

11 ▲
이시타르 여신 앞의 경배자들, 구 바빌로니아시대, BC 1865, 쇠뿔 모양의 머리 장식, 주름치마 등에는 화살통과 측정막대, 신의 고리와 낫 모양의 칼을 들고 있는 여신 앞에 터번을 쓰고 있는 왕의 모습이다. 대영박물관 소장

여성 복식

카우나케스

이 카우나케스는 메소포타미아 지역에서 여성들에게 오래 입혔으나, 시간이 흐를수록 점차 여신, 여사제 등이 입는 종교적인 의미를 가지는 복식으로 변해 갔다. 그 형태도 시간에 따라 달라져 허리에 둘렀던 스커트에서 한쪽 어깨를 덮는 형태로, 그리고 몸 전체를 덮는 형태로 바뀌었다. 이 카우나케스의 입는 방법도 다양한데, 머리로 입는 짧은 케이프(cape)와 스커트를 입거나, 머리와 팔이 들어가도록 구성된 원피스형인 튜닉(tunic)이 있다.

한 장의 긴 천

그 외 여성의 복식으로 몸에 걸쳐 입도록 구성된 한 장의 긴 천을 다양한 스타일로 입었다.

남성 복식

스커트, 로인클로스

군인과 하류층의 기본 복식으로서 직조된 천이거나, 프린지 장식이 있다.

튜 닉

초기에는 수메르의 복식과 비슷하였으나 후에 바빌로니아인들은 독

자적인 스타일을 창조하였다. 원통형으로 몸에 꼭 맞고 짧은 소매가 달려 있으며, 대개 발목길이였다.

드레이프된 복식
귀족이나 신화적인 인물들의 조각상에서는 서민들에 비하여 좀 더 드레이프가 많은 옷(draped garment)을 볼 수 있는데, 약 300×142cm 정도의 사각형 천을 드레이프 되게 몸에 걸쳤다.

숄
스커트와 함께 걸쳤으며, 숄의 가운데가 왼쪽 어깨에서부터 가슴을 대각선으로 지나 오른쪽 엉덩이의 뒷부분에서 묶었다.

헤어스타일과 머리 장식
기원전 2300년까지는 면도를 하거나 턱수염을 길렀던 것으로 보이나, 그후 유물에 묘사된 남자들은 모두 턱수염을 길렀다. 여자들은 여전히 쉬넝 스타일을 하였는데, 망사로 그 모양을 고정하였다. 터번과 같은 머리에 꼭 맞는 모자를 쓰기도 하였다.

12 ▲
라가슈(Lagash)의 통치자 조각상, BC 2350, 프린지로 장식된 수메리안 숄, 왕족의 복식으로 드레이퍼리가 잘 표현되어 있다. 루브르박물관 소장

신 발
맨발이 대부분이었고, 샌들을 신기도 하였다.

장신구
원형의 금속줄이 여러 개 연결되어 있는 목에 딱 맞는 목 걸이였다.

13 ▶
구아디아(Guadea) 왕자의 머리상, BC 2350, 무늬가 있는 스카프로 된 터번(turban) 모양의 모자를 쓰고 있다. 루브르박물관 소장

비대칭적 프린지로 장식된 숄을 두른 아시리아
(BC 1000~600)

아시리아는 바빌로니아 스타일을 받아들였으나, 왕이나 관리들은 자수나 장식
을 덧붙임으로써 사치스러웠다. 외부와의 교역이 활발하였으나, 복식의 기본 재
료는 여전히 모직을 사용하였다.

14 ◀
사곤(Sargon)왕을 수행하고 있는
시종관들, BC 7세기, 좁고 팔꿈치
까지 오는 소매가 달린 긴 튜닉,
튜닉 위에 프린지로 장식된 숄을
두른 모습으로 엄지발가락에 링
으로 고정되고 굽이 있는 샌들을
신고 머리와 수염은 곱슬거렸으
며, 왕은 티아라(tiara)라는 모자
를 썼다. 루브르박물관 소장

15 ▶
아시리아의 병사들, 짧은 튜닉, 발드릭(baldrick ; 어깨에 비스듬히 걸어 허리에 칼을 차게 된 띠), 포인트가 있는 헬멧, 원형의 방패, 몸에 꼭 맞는 쇠사슬 갑옷을 짧은 튜닉 위에 입고, 쇠사슬로 된 다리보호대를 하기도 하였다. 대영박물관 소장

16 ▶
아시리안 드레스, 긴 언더 튜닉 위에 프린지로 장식된 숄을 둘렀다.

17 ▶
아슈르나시르팔(Ashurnasirpal) 2세 상, 아시리아, BC 883~859, 이라크 북부, 이시타르(Ishtar) 사원에 놓인 조각상, 왕의 머리카락과 수염은 당시 아시리아 왕실에 유행이었으며, 이집트인들과 마찬가지로 아시리아인들도 인조 머리카락과 인조수염을 사용했다는 설도 있다. 왕은 오른손에 낫을 들고 왼손에 있는 철퇴는 최고신 아슈르 신의 부섭정관으로서의 권위를 상징한다. 가슴에 새겨진 설형문자는 왕의 칭호와 가계를 나타내며, 지중해 서쪽으로 떠났던 원정에 대해 언급하고 있다. 소매가 달린 튜닉 위에 세로로 길게 접고 끝에 프린지로 장식한 숄을 스커트처럼 몸을 사선으로 비대칭적으로 감싸 어깨에 고정하고 있다. 대영박물관 소장

의 복

튜닉과 숄

아시리아의 대표적인 옷은 튜닉인데, 이 튜닉은 일반적으로 T자형으로 머리와 팔이 들어가도록 개구부가 있는 스타일을 통칭한다. 이 튜닉은 고대 모든 문명권에서 나타나는 기본적인 복식의 형태로 다양한 재단법과 길이, 맞음새, 소매가 없거나 있는 등 그 스타일이 다양하다. 이러한 튜닉을 캔디스(candys)라고 부르며, 남녀가 같이 입었는데, 귀족은 바닥까지 오는 캔디스에 프린지(fringe)로 장식하였다. 가끔 세트인 슬리브(set-in sleeve)가 있는 튜닉도 있었다. 이러한 튜닉, 캔디스 위에 프린지로 장식된 숄을 남녀가 같이 둘렀는데, 사선의 방향으로 둘러서, 입은 사람의 움직임이 자유로웠다. 여성의 튜닉과 숄은 더욱 풍성하며 드레이퍼리가 있었다.

헤어스타일과 머리 장식
남자들은 턱수염을 길렀는데, 끝을 네모형태로 깎았으며, 머리카락과 턱수염을 곱슬(curl) 모양으로 하였다. 노동계층 남자들은 머리카락과 턱수염을 상대적으로 짧게 하였다. 모자는 챙이 없고 관이 높은 원통형을 썼으며, 간혹 새 깃털로 장식하였다.

신 발
이전 시대와 달리 샌들 이외에 구두나 부츠를 신었다.

장신구
목걸이, 귀걸이, 팔찌, 암렛(armlet)을 착용하였다.

직 물
리넨이 사용되기도 하였으나 기본적으로 모직을 사용하였다. 정교한 장미문양을 자수로 놓기도 하였다. 타셀과 프린지로 장

식하였으며, 빨강, 초록, 파랑, 자주색을 선호하였다. 왕은 자주색 캔
디스에 금실로 자수를 놓았다.

바지를 착용한 페르시아 (BC 539~333)

페르시아인은 원래 메디아(Media)에 종속되어 있던 산악인으로, 기원전 5세기
말 메디아를 시작으로 점차 메소포타미아의 대부분을 정복하고 지배하기에 이
르렀다. 이들은 추운 기후에 대처하기 위해 신체에 밀착된 형태의 의복을 입었으
며, 말타기에 편리한 바지를 착용하기도 하였다. 따라서 그들이 메소포타미아를
정복한 후, 이러한 의복이 새로운 지역에 맞지 않았기 때문에 메디아인, 바빌로
니아인, 아시리아인의 복식 특징들을 절충시킨 새로운 복식을 발전시켰다. 이는
문화접변의 좋은 예라 하겠다. 특히, 그들은 몸에 맞게 재단된 의복을 제작한 것
으로 복식사적 의의를 가지며, 직물의 색채는 화려한 것으로 유명하다.

의 복
솔
튜닉과 함께 입었던 것으로 주로 상류층이 입었다.

튜 닉
기본 복식으로 목둘레가 파지지 않고 일직선이며 어깨까지 터져 있
어 단추로 잠그게 되어 있으며, 밑단에는 프린지가 달려 있다. 일반
적으로 남자보다 여자의 튜닉 길이가 더 길었다. 페르시아인의 튜닉
은 메디아의 국민복인 캔디스(candys)를 그대로 받아들인 것이었다.

코 트
턱시도 칼라와 세트인(set-in) 슬리브가 달려 있는데, 당시 몸에 맞

게 재단된 형태로 복식사적 의의를 갖
는다.

바 지
페르시아인은 재단된 바지 형태를 튜닉
과 함께 착용하였다. 윗부분이 넓고 발
목으로 갈수록 좁아지는 기능적인 형태
였다(그림 19).

헤어스타일과 머리 장식
머리와 수염
은 곱슬거리게 하였으며, 높은 지위의 관
리들은 보석 박힌 티아라(tiaras ; 두건 비
슷함)를 썼다. 여자들의 머리는 목까지
오며 장식 띠를 하였다.

신 발
샌들, 구두가 있었으며, 가죽, 직물 등을 사용하였다.

19 ▲
재단된 코트와 바지를 입고 있는
페르시안인

20 ◄
아시리아의 황제가 제사장, 시종
관들과 휴식을 취하는 장면, 왕은
티아라(tiara)라는 모자를 쓰고 프
린지로 장식된 긴 스커트 위에 클
로크(cloak)를 두르고 샌들을 신
고 있다. 귀걸이와 목걸이, 메달
이 있는 팔찌로 장식하고 있다.
제사장은 솔방울과 주전자를 들
고 있다. BC 885~856, 대영박
물관 소장

21 ▶
왕실의 활사수, BC 4세기 초, 여러 가지 색상의 꽃무늬로
장식되고, 소매통이 넓은 튜닉을 입고 있다. 곱슬거리는
머리 위에 코로넷(coronet)으로 장식하고, 곱슬거리는 수
염을 하고 있다. 루브르박물관 소장

장신구 금, 은, 보석으로 만든 목걸이, 귀걸이, 팔찌를 착용하였으며 양산, 부채가 있었다.

눈 우상

설화 석고, 시리아 북동부 텔 브라크 출토, 기원전 3500~3000년경, 눈의 형상이 새겨진 수백 개의 조각상이 출토되었다. 이 눈 우상 (eye idols) 조각은 숭배자들을 상징하며 공물로 바쳐진 것으로 보인다(그림 23).

가톨릭 교황 복식의 근저를 이룬 헤브라이 복식

남녀와 지위 고하를 막론하고 헤브라이 민족은 스커트를 입었다. 왕족과 귀족은 긴 길이의 스커트를 입었으며, 군인과 노예 계층은 좀 더 짧은 스커트를 입었다. 스커트는 몸에 두르고 벨트로 고정을 했는데, 스커트 길이가 길면 스커트를 한쪽 어깨에 오도록 입기도 했다. 처음에는 양털(fleece)이 그대로 붙어 있는 양가죽으로 만든 스커트(카우나케스)를 입었으나, 후에 직조된 직물로 보충되었으며, 스커트 끝단에 프린지(fringe)나 타셀(tassel) 장식을 하기도 하였다. 이러한 술 장식은 길이가 짧은 것에서부터 스커트 길이의 반을 넘는 것에 이르기까지 다양하였다.

의 복

여성 복식

튜 닉

일반 여자들은 남자들과 마찬가지로 소매가 짧거나 없으며, 발목까지 오는 단순하며 헐렁한 튜닉을 입었다. 실내에서는 몸에 꼭 끼는 튜닉 위에 허리에 거들(girdle)을 매었다. 목둘레선을 프린지나 자수로 장식하기도 하였다(그림 24, 25).

24 ▲
헤브라이 여인 복식 노즈링(nose
-ring)과 줄무늬의 튜닉을 입고
있다.

클로크

튜닉 위에 커다란 클로크를 입었는데, 앞이 트여져 있으며, 줄무늬로 장식되어 있다.

남성 복식

튜닉

일반 남자들은 대체로 소매가 짧고 발목까지 오는 튜닉 스타일을 입었다. 초기에는 이집트인이나 바빌로니아인들과 마찬가지로 허리에 두르는 로인클로스를 입었다.

브리치즈(breeches)

튜닉 밑에 섬세한 리넨으로 짜인 바지 형태이다.

클로크(cloak)

튜닉 위에 클로크를 입었는데, 이 클로크는 장방형의 숄로 왕이나 제사장은 프린지(fringe)로 장식하기도 하였다. 이 클로크보다 넓은 형태의 숄을 맨틀(mantle)이라고도 한다.

헤어스타일과 머리 장식 남자들은 기름을 바르거나 여러 갈래로 따서 늘어뜨리거나, 곱슬거리는 컬(curl)을 하기도 하였다. 그리고 이 위에 마이터(mitre)라는 뾰족한 모자나 캡을 썼다(그림 26). 바빌로니아인들과 마찬가지로 수염을 네모지게 잘랐다. 여자들은 머리를 정교하게 땋았으며, 외출 시 항상 베일로 감추었다. 간혹 금가루로 머리를 장식하기도 하였다.

25 ▲
클로크를 두르고 있는 헤브라이
여인

신 발 남녀가 맨발이거나 샌들을 신고 다녔다.

26 ◀
헤브라인 남성들의 다양한 머리
장식과 수염

장신구 금, 은, 에메랄드 등으로 만들어진 반지, 팔지, 귀고리, 코걸이, 목걸이 등을 하였다. 남성은 보통 보석 장식을 하지 않았다. 여성은 은이나 동으로 만들어진 거울을 사용하였다.

화 장 여성들은 눈썹과 눈썹 사이를 서로 맞닿게 그렸으며, 헤나(henna)로 손톱을 물들였고, 향수와 기름을 사용하기도 하였다.

리바이트(Levite) · 아론(제사장)의 복식

리바이트(Levite)란 유태신전에서 사제를 보좌했던 사람이다. 이들의 복식을 보면 보통 남자들과 비슷하게 기본적으로 튜닉을 입었으나, 좀 더 섬세하고 부드러운 소재의 튜닉으로 긴 소매이며, 발목까지의 길이이다. 이 위에 약 7m 길이, 폭 7.6cm인 거들을 허리에 매었는데, 파랑, 자주, 진분홍색으로 수가 정교하게 놓여졌다. 그리고 튜닉 밑에 브리치스를 입고 머리에는 흰색 리넨으로 된 모자를 썼다.

아론(제사장)은 소매가 길고, 발목길이의 기본적인 튜닉과 브리치스, 그 위에 진한 청색이나 보라색의 로브(robe)를 입었다. 밑단에 청색, 자색, 홍색으로 석류와 황금색 종을 수놓았다. 이 로브 위에 에봇(ephod), 일명 에이프런(가로 세로 25×76cm의 사각형 천, 청색, 자색, 홍색의 줄무늬가 있음)을 어깨에 고정시켰다. 이 에봇 위에 '심판의 흉배(breastplate of judgement)'를 장식하였는데, 이는 가로 세로 23×11cm의 천으로 이스라엘 12민족을 상징하는 12개의 보석으로 장식되었으며 금으로 된 링을 에봇 위에 고정하였다. 머리에는 챙이 없고 높게 올라간 마이터(miter)라는 모자를 썼는데, '여호와에게 영광을(Holyness to the Lord)' 이라고 새긴 양가죽으로 장식하였다. 신발은 샌들을 신었다.

리바이트의 복식

아론의 복식

영화 속의 복식_〈십계〉, 〈벤허〉

〈십계〉에서 나타나는 헤브라이 복식
으로 줄무늬가 특징이다. 〈벤허〉에서
는 엘리가 입었던 헤브라이 튜닉 스
타일의 의상과 여성의 헤브라이 튜
닉 스타일의 의상이 보인다.

십계

벤허

Historical Mode

카우나케스와 비대칭적인 디자인
요소를 활용하였다.

주요 인물

함무라비 왕 Hammurabi, BC 1792~1750

바빌로니아의 왕, 1901년 이란의 수사(Susa)에서 발견된 함무라비 법전이 새겨진 탑형 비문의 주인공이다. 위쪽 탑에는 함무라비가 정의의 신 샤마슈(Samas)로부터 법전을 수여받는 장면이 부조되었고, 하단에는 44단 3,000행의 총 282조의 조문이 조각되어 있다. 이 법전은 함무라비 왕이 즉위 38년에 반포하였으며, 같은 탑비를 주요 도시의 신전 입구에 건립하여 일반이 널리 알도록 하였다.

아슈르나시르팔 2세 Ashurnasirpal II, BC 883~859

아시리아의 왕. 여신 이시타르(Ishtar)에게 아슈르나시르팔 2세 왕의 신앙심을 상기시키기 위해 만들어진 조각상으로 유명하다. 마그네사이트로 만들었고 붉은 돌로 된 단 위에 서 있다. 왕의 머리카락과 수염은 당시 아시리아 왕실의 유행에 맞춰 길게 표현되었다. 이집트인들이 그랬듯이 아시리아인들도 인조머리카락과 인조수염을 사용했다는 설도 있다. 오른손에 낫을 들고 왼손에 있는 철퇴는 최고신 아슈르 신의 부섭정관으로서의 권위를 보여 준다. 가슴에 새겨진 설형문자는 왕의 칭호와 가계를 나타내며 지중해 서쪽으로 떠났던 원정에 대해 언급하고 있다(그림 17).

다윗 David, BC 1000~960

헤브라이 왕국의 2대왕, 베들레헴에서 태어나 40여 년간 이슬라엘을 통치한 왕. 사울왕의 시종무관으로 일을 했으며 거인 골리앗을 쓰러뜨리고 사울왕의 딸과 결혼하였다. 사울왕의 시기심으로 여러 해를 피해 다녔으며, 사울왕이 죽은 후 헤브라이를 통치하였다. 예루살렘을 정복하고 그곳을 수도로 정한 후 우리야의 아내 바세바와 결혼한 이야기는 유명하다. 바세바가 낳은 아들이 솔로몬이다.

솔로몬 BC 955~925

헤브라이 왕국의 3대왕, 예루살렘에서 태어나 다윗의 후계자가 되었다. 지혜의 왕으로 알려져 있으며, 예루살렘 궁전을 비롯하여 장대한 도시를 건설하는 등 왕국의 절정기를 이루었다. 후세에 '솔로몬의 영화'로 일컬어지는 융성을 구가하였으나 국내 부족 간 대립을 해소하지 못하여 결국 왕국이 남북으로 분열되는 원인을 자아내기도 하였다.

Chapter 3

크레타·그리스

지중해의 크레타 문명은 그리스 문명 이전의 에게 문명 전반부를 이루는 문명으로,

크레타인들의 발전된 기술과 생동감 있는 예술 표현, 복식의 정교한 형태와 선명

한 색채를 볼 수 있다. 크레타 문명은 유럽 땅에서 꽃핀 주요 고대 문명이라는 점에

서, 또 오리엔트와 그리스의 문화적 교량 역할을 하였다는 점에서 중요한 의미를

가진다. 또한 에게 문명 이후 그리스 본토를 중심으로 하여 발전한 그리스 문명은

서양 문명의 진정한 시작이라 할 수 있을 정도로, 사회, 문화, 예술 전반에서 발전

을 이루었고, 이러한 문화적 전통은 이후 로마로 이어지면서 더욱 꽃피게 되었다.

인간을 중심으로 하는 문화와 예술에서의 그리스 정신은 복식에도 반영되어, 자연

스러운 인체미를 추구하였고, 한 장의 천을 사람이 둘러 입음으로써 완성되는 의

복의 아름다움을 즐겼다.

◀ 거울과 화장품 상자를 들고 있는
여자로, 그리스의 대표적 복식인
키톤을 잘 보여 주고 있다. 도자기
의 일부, BC 420~410년경. 루브
르박물관 소장

사회문화적 배경
생동감 있는 문화의 고대 유럽 크레타

소아시아 지방에서 지중해 동쪽의 크레타섬으로 이주해 온 사람들이 이룬 크레타 문명은 기원전 2900년경에 시작되어, 기원전 1400년경 그리스 본토의 미케네인의 침입으로 멸망한 것으로 전해진다. 지리적으로 오리엔트 지역, 그리스 본토, 이집트의 가운데에 위치해 있고, 그리스에서 오리엔트로 나가는 교두보로서 유럽과 메소포타미아 및 이집트 문명의 첫 번째 접촉이 이루어졌던 곳이다. 19세기 말의 발굴로 크레타 문명의 전성기를 이루었던 미노스 왕의 왕궁이 드러났고, 그들의 발전된 기술과 생동감 있는 문화, 예술은 유럽 땅에서 꽃핀 주요 고대 문명이라는 점에서 그 의의를 갖는다.

지중해의 크레타 문명

메소포타미아와 이집트에 고대 문명이 발달하고 있었던 기원전 3000년 무렵에 유럽 지역에서는 또 다른 문명이 시작되고 있었다. 이는 에게해의 크레타(Crete) 섬, 키클라데스(Cyclades) 군도, 그리스 본토 그리고 트로이(Troy)를 포함한 소아시아 서부 지역을 잇는 삼각형 지역의 청동기 문명인 에게(Aege) 문명이다(그림 1). 에게 문명은 동지중해의 크레타섬을 중심으로 한 크레타 문명, 에게해의 키클라데스 군도의 키클라데스 문명, 그리스 본토의 미케네 지역을 중심으로 한 미케네 문명으로 나눌 수 있고, 각각 에게해를 중심으로 한 그리스 지역의 청동기 초기, 중기, 후기에 해당된다. 크레타 문명은 전설적인 미노스(Minos) 왕의 이름을 본따 미노아(Minoa) 문명이라고도 불리며, 미노스 왕의 통치기(기원전 1500년대로 추

지도상의 지명: 흑해, 그리스, 애게해, 트로이, 페르가몬, 소 아시아, 아테네, 올림피아, 미케네, 스파르타, 키클라데스 군도, 할리카르나소스, 크산소스, 안티오키아, 로도스, 키프러스, 크노소스, 크레타, 지중해, 키레네, 알렉산드리아, 나일강, 이집트, 홍해

정)를 정점으로, 기원전 2100~1500년까지를 전성기로 볼 수 있다. 기원전 3000년기에 오리엔트 지방에서 청동의 제조가 발달하기 시작하였고, 기원전 2000년기 동안 대부분의 유럽 지역은 주석이나 구리의 공급을 외부에 의존했기 때문에, 이 시기에 크레타섬은 그리스에서 오리엔트로 나아가는 일종의 교두보이자, 상업 중심지로 성장할 수 있었다. 크레타 문명은 크레타 섬의 온화한 기후와 비옥한 토양으로 가능했던 과수 재배와 해상 교역을 생활의 기반으로 삼아 안정된 부를 축적하였으나, 기원전 1400년경에 그리스 본토의 미케네인의 침입으로 멸망한 것으로 보인다.

소아시아 지방에서 이주해 온 것으로 짐작되는 크레타인들은 그

리스 본토보다는 오리엔트 지역과 더 밀접한 관련을 가지고 있었다. 그들의 문화도 오리엔트 문화와 비슷한 점이 더 많았으나, 독자적인 특징을 가지고 발전하면서, 후대에 유럽인이 갖게 된 것과 흡사한 가치관과 자질을 지니게 되었던 것으로 보인다.

19세기 말의 발굴로 드러난 고대 유럽 문명 시인 호머(Homer)
가 《일리아드(Iliad)》와 《오디세이(Odyssey)》에서 노래한 10년에 걸친 트로이전쟁(기원전 13세기경)은, 1871년경 독일의 은퇴한 사업가였던 하인리히 슐리만(Heinrich Schliemann)이 도시 트로이를 발굴하면서 실체로 드러나기 시작하였다. 그 후 1900년 영국의 고고학자였던 아서 에반스경(Sir Arthur Evans)이 크레타섬의 북부 해안에 위치한 크노소스(Knossos)의 왕궁터를 발굴하면서 크레타인들의 찬란했던 문명이 세상의 빛을 보게 되었다(그림 2, 3). 에반스의 발굴로 드러난 왕궁은 크레타를 지배했다는 전설의 미노스왕의 왕궁이었다. 크노소스 궁전은 기원전 1400년경에 지진 혹은 미케네

02 ▶
크노소스궁의 북쪽 입구 모습,
BC 1600~1400년

인의 침략으로 파괴되었다고 하는데, 교역과 공업생산을 통하여 획득한 부를 바탕으로 하고 있었던 미노스 왕의 재력과 크레타인들의 높은 생활수준을 보여 주며, 전설에 나오는 미노스의 미궁이 단순한 허구만은 아니었음을 말해 준다.

생동감 있는 예술

크레타인들의 생활 방식은 크노소스 궁전의 밝고 섬세한 색감과 생동감 넘치는 선의 프레스코 벽화에 드러나 있다. 그림에는 바다 생물, 원숭이, 들새 등을 그린 것도 있고, 조공행렬, 궁 안에서 노는 궁녀들, 거세게 날뛰는 소의 뿔을 쥐고, 소의 등 위에서 곡예를 하는 사람들을 그린 것도 있다(그림 4). 크레타의 예술은 오리엔트 예술과는 현저히 달랐으며, 오히려 후대의 유럽 양식에 더 가까웠던 것으로 보인다. 크레타인들은 춤, 달리기, 권투시합 등을 즐겼고, 역사상 처음으로 석조극장을 건립했을 정도로 공연과 음악을 즐겼다. 크레타의 아름다운 자연경관은 예술발전을 크게 자극했다. 그들은 안락함과 풍요로움, 즐거움을 추구하고 생에 대한 열정이 있었으며, 이것이 그들의 예술로 표현되었다.

모계 중심적 성격의 종교와 어머니 여신

크레타는 소아시아 여러 국가들과 비슷하여, 강력한 수령을 우두머리로 치밀하게 조직된 관료제 사회를 유지하였고, 사회적으로 지배 계급과 평민 계급만이 존재하였다. 정치적 지배자는 남자였지만, 여자와 남자는 가사나 공공행사에서 평등함을 누렸다.

크레타 여성의 높은 사회적 지위는 그들의 종교에서 잘 나타났다. 크레타 종교는 모계 중심적 성격을 띠고 있었으며, 남자 사제가 아닌 여자 사제가 종교의식을 주관했다. 최고신은 남신이 아닌 어머니 여신(mother goddess, 그림 5)으로, 그 여신은 우주 전체의 지배자였다. 또한 이들은 황소, 뱀, 비둘기, 신성한 나무를 숭배했고 번식을 상징하는 양날도끼, 기둥, 십자가를 숭배했다.

05 ▲
크노소스궁에서 출토된 뱀을 든 여신상. BC 1600년경. 헤라클리온박물관 소장

선문자 B의 해독과 미케네 문명

크레타인들은 기원전 3000년기 중엽에 청동기시대에 들어서, 이 후 1000년 동안, 신석기시대에서 금속기시대로의 이행과정을 거쳤고, 기원전 2000년경에 이르러 초기 형태의 문자인 선문자(線文字)를 발전시켰다. 선문자는 오래된 순서로 선문자 A, 선문자 B로 나누어지는데, 1952년 영국의 건축기술자 마이클 벤트리스(Michael Ventris)가 크레타의 선문자 B를 해독하여 크레타 문명의 일부나마 알게 되었지만, 선문자 A는 아직 해독이 되지 않은 상태이다. 따라서 이들이 체계적인 문학이나 철학을 갖고 있었는지, 과학적 업적이 있었는지에 대해서 온전히 밝혀진 바가 없다. 다만, 크레타섬에서 출토된 고고학적 발견물들을 통해 볼 때 이들이 쾌적한 실내 공간을 제공하는 실용적인 건물을 지을 수 있었으며, 포장 도로를 건설했을 정도로 발전된 기술을 가지고 있었음을 추측할 수 있다.

인간 중심의 문화를 이룬 그리스

에게 문명의 뒤를 이은 그리스 문명은 폴리스를 터전으로, 시민을 중심으로 하여 성장했고, 서양의 근본 정신을 가장 잘 보여 주는 진정한 서양 문명의 시작이라고 할 수 있다. 인간 중심으로 사고하는 그리스 문화는, 특히 페르시아 전쟁 후 그 절정에 도달하였고, 이후 알렉산드로스 대왕에 의해 오리엔트 세계에 전파되어 헬레니즘 문화를 낳았다.

진정한 서양 문명의 시작

그리스 문명은 기원전 1200~800년에 걸쳐 있었던 인도-유럽어족의 이동과 그리스 반도 정착으로 시작된 것으로 알려지고 있다. 이오니아(Ionia)인, 아케아(Achaea)인, 도리아(Doria)인 등이 그리스 종족으로, 아케아인이 미케네 문명에 흡수되면서 결국 그리스는 이오니아인과 도리아인의 두 종족을 중심으로 발전해 나갔다.

에게 문명을 한때 장악했던 그리스 본토의 미케네(Mycenae)인이 기원전 1100년경 철제 무기를 지닌 북부의 야만적 도리아인에게 굴복한 이후, 기원전 800년경까지 그리스 지역은 암흑기로 들어가게 되었다. 문화는 퇴보되었으며, 많은 문화적 자료들이 소실되었다. 이후 점차 암흑기에서 벗어나면서 이들이 이루었던 그리스 문명은 아카익시대(Archaic, 기원전 800~500), 고전시대(Classical, 기원전 500~323), 헬레니스틱시대(Hellenistic, 기원전 323~146)의 세 시기로 구분된다. 아카익시대 후기부터 고전시대에 이르는, 약 400년에 걸친 진보의 시기에 그리스는 경제강국이자, 문화 중심지로서 입지를 굳혔다. 유럽 전체에 영향을 미치는 독특한 그리스식의 정치제도와 문화적 전통을 만들었고, 이어 인구의 증가와 함께 새로운 도시와

06 ▲
마라톤하는 청년, BC 340~330년
청동, 아테네 국립고학박물관 소장

07 ▶
아테네의 수호신인 아테나 여신에게 바친 파르테논(Parthenon) 신전으로, 아테네의 아크로폴리스 중심에 위치해 있다. 아테네인들이 지었으나, 도리아식 건축물의 걸작으로 평가되고 있다. BC 447~438년에 건축되었다.

08 ▶▶
아테네의 아크로폴리스 서쪽에 있는 아테나 니케(Athena Nike) 여신을 모시는 소신전으로 아테네의 많은 건축물들 가운데, 처음으로 이오니아식으로 지어진 것이다. BC 421년경에 지어졌다.

식민지를 건설하였다. 식민지는 그리스인들의 농업·상업 식민지 역할을 하였으며, 또한 그리스 사회 내부의 귀족과 민중 간의 갈등의 해소책이 되었다. 특히, 페르시아전쟁(기원전 490~450) 후 그 절정에 달한 그리스 문화는 마케도니아의 알렉산드로스 대왕에 의해 오리엔트 세계에 전파, 융합되어 이른바 헬레니즘 문화를 낳았고, 그 후 로마는 그것을 바탕으로 하여 고대의 여러 문명을 종합하여 지중해 세계의 문명을 이룩하고 다시 이것을 유럽 여러 나라에 전파하였다.

인간을 탐구하는 그리스 문화와 예술

그리스의 예술은 인간적 이상을 가시적으로 드러내기 위한 매개물로, 인간 중심의 그리스 문화를 상징하고 있다. 그리스인은 우주 만물 중에 가장 중요한 존재로서 인간을 찬양하였으며, 예술에서 묘사되고 있는 신들의 모습조차 인간을 위해 존재하는 것이었다. 인체가 모든 비례의 기준이 된다고 생각하였고, 그리스인의 이상적인 인체 형태와 비례 그리고 아름다움에 대한 연구는 당시의 조각 작품에 반영되었다(그림 6). 그리스인들은 조각과 마찬가지로 건축에서도 균형, 조화, 질서, 중용 등의 이상을 구현하고자 하였으며, 그리스의 신전 건축이 대표적인 예가 된다(그림 7, 8). 특히, 기원전 5세기의 그리스 건축과 조각은 철저히 이상주의적이었으며, 그리스 양식의 전형을 보여 준다.

고대 그리스 신화 속의 신들

고대 그리스의 종교는 철저한 다신교로, 악마의 존재가 없었으므로, 모든 신들은 선행뿐만 아니라 악행도 할 수 있는, 인간과 동일한 외형과 속성을 지닌 존재로, 죽지 않는다는 점만 다르다고 여겼다. 고대 그리스의 주요 신으로, 올림포스 산 정상에 살고 있다는 12신을 들 수 있다. 신들의 왕이자 올림포스 산의 지배자이며, 하늘의 신으로서 번개를 만들어 내는 제우스(Zeus), 신들과 하늘의 여왕이자, 여성과 결혼, 양육의 여신인 헤라(Hera), 바다의 신인 포세이돈(Poseidon), 풍요와 농업, 자연, 계절의 여신인 데메테르(Demeter), 화덕과 가정의 여신인 헤스티아(Hestia), 사랑의 여신인 아프로디테(Aphrodite), 태양의 신인 아폴론(Apollo), 전쟁과 격분, 증오와 유혈의 신인 아레스(Ares), 사냥과 처녀, 달의 여신인 아르테미스(Artemis), 전쟁과 지혜의 여신이자 장인들의 수호신인 아테나(Athena), 불과 대장간의 신인 헤파이스토스(Hephaestus), 상업과 체육, 도둑, 목동, 나그네의 신인 헤르메스(Hermes)가 그들이다. 그리스인들의 신에 대한 생각은 그리스 신화에 그대로 녹아 있으며, 신을 표현한 수많은 예술품에서 볼 수 있다.

시프노스(Siphnos)의 봉헌 건축물 동쪽면의 아프로디테, 아르테미스, 아폴로 신의 부조, 대리석, BC 525년

그리스인들에게는 무한과 영원의 관념이 없었고, 본질적으로 세속적이면서 합리적이었다. 신앙보다 지식을 우월하게 여겼고, 인간이 생각할 수 있는 모든 문제에 대하여 이성에 의한 논리적인 설명을 시도하여, 한층 포괄적인 방식으로 철학을 발전시켜 오늘날 서양철학의 근간을 이루게 되었다.

도시국가 : 아테네와 스파르타

아테네, 스파르타, 코린트 등의 세 도시국가(polis)가 그리스 문명의 중심을 이루었다. 그 가운데 아테네와 스파르타는 가장 세력이 강한 나라였다. 펠로폰네소스 반도의 스파르타에 거주하던 도리아인과 아티카 반도의 아테네에 거주하던 이오니아인의 환경적 · 기질적 차이로 이들의 문화는 많은 차이점을 가지게 되었다.

먼저, 아티카 반도는 군사적인 침략도 없었고, 내분도 없었다. 더욱이 비옥한 농업 자원과 풍부한 지하 자원 및 훌륭한 항구를 갖추고 있어서 아테네는 농업 국가에서 더 나아가 상업 국가로 발전하였다. 아테네의 이오니아인들은 섬세하고, 융화적인 성격으로, 모든 주민

아테네와 스파르타의 비교

도시 국가	아테네	스파르타
지리적 위치	아티카 반도	펠로폰네소스 반도
사용 언어	이오니아 방언	도리아 방언
역사상 의의	고대 민주정 발전 높은 수준의 문화 예술 발전	국가에 의한 공교육의 창시와 애국심 고취 소박한 생활 방식
정 치	귀족정치에서 민주정치로 발전	초기 귀족정치 형태에 머무름(이왕제(二王制))
경 제	상업	농업
학문 및 교육	인문학 중심 연구, 뛰어난 문화적 · 예술적 성취	교육을 훈련이라고 생각, 육체적 훈련과 함께 국가에 대한 충성심의 함양 중시
여성의 위치	공적 영역의 활동에서 배제 사적 영역에서도 남자의 보호와 통제하에 존재	남자들과 자유롭게 어울릴 수 있었고, 정숙하고, 고상함과 동시에 용감한 기상을 지니도록 교육받음
수호신	아테나	아르테미스

출처 : 윤진, 아테네인, 스파르타인, 살림, 2005 참조 ; C. M. 바우라 지음, 이창대 옮김, 그리스 문화 예술의 이해, 철학과 현실사, 2006 참조 ;
E. M. 번즈, R. 러너, S. 미첨 지음, 박상익 옮김, 서양문명의 역사 I, 소나무, 2006, pp. 134-146 참조

이 사회 경제적으로 평등할 수 있는 민주주의를 발전시켰고, 철학의 체계화와 역사 서술, 인문학 체계의 기초를 만들었다. 그리고 그들이 쌓아 올린 기초 위에서 아테네를 중심으로 스파르타를 제외한 그리스 전체에 교육체계가 발전되어 퍼져 나갔다.

도리아인들은 이오니아인들과는 달리 여러 면에서 기원전 6세기 이후로 정체상태를 벗어나지 못했는데, 스파르타의 북동부와 서부가 산맥으로 둘러싸여 있고, 좋은 항구를 갖지 못했기 때문에 외부 세계의 진보적 영향을 받을 기회가 거의 없었다는 점에서 원인의 일부를 들 수 있다. 그들은 스파르타의 전체 시민들을 전사화, 병영 생활화하려 했었다고 해도 과언이 아니며, 군국주의적 사회체제를 비교적 오래 유지하였고, 교육에 있어서도 국가에 대한 충성심의 함양을 매우 중시하였다.

종속적인 아테네 여성과 용감한 스파르타 여성

그리스 사회도 역시 대부분의 다른 역사 시기와 마찬가지로 남성 중심사회였으며, 아테네에서도 마찬가지였다. 여러 자료에서 볼 때 여성은 공적 영역의 활동에서 배제되어 있었다. 투표권도 가질 수 없었고, 민회에 참석할 수도 없었으며, 공직에 나가거나, 그 밖에 어떤 식으로든 직접적으로는 정치에 전혀 참여할 수 없었다. 사적 영역에서도 여성은 아버지나 남편, 그도 아닐 경우는 다른 친척 남성의 보호와 통제 아래 있어야 했다. 여성은 남성에 비해 이른 나이에 결혼을 해야 했고, 대부분의 고대사회에서 그랬듯이 아테네 기혼 여성의 가장 중요한 임무는 가문을 이어나갈 아들을 낳는 것이었다. 또, 가내수공업 사회인 아테네에서 여성들의 교육은 실 잣기, 직물 짜기, 바느질 등의 당시 여성 고유의 수작업 기술, 집안 관리 그리고 읽기, 쓰기, 셈하기를 어머니에게서 배우는 것이 전부였다. 아테네 여성들은 가정에서 주로 여성 가내 노예들과 함께 활동하였다. 반면, 스파르타에서의 여성 지위는 비교적 남성과 동등하였던 것으로 보인다. 스파르타 여성들은 남자들과 자유롭게 어울리고 운동을 함께 하였으며, 남성 못지 않게 용감했다고 한다.

복식미
인체의 형태를 강조하는 크레타 의복의 조형

마르고 부드러운 곡선의 인체미
이집트 고분벽화 속의 인물이 가늘고, 딱딱한 자세, 넓은 어깨, 직선적인 다리, 좁은 엉덩이로 그려져 있다면, 크레타의 크노소스궁 벽화 속의 인물들은 길고 부드러운 곡선의 팔다리, 가는 허리, 약간 뒤로 젖혀진 마른 상체를 가지고 있다. 크레타 인물상에서의 독특한 점은 남자와 여자 모두 가는 허리를 지니고 있다는 점과, 여자들이 가슴을 노출하고 있다는 점이다. 크레타인들이 운동을 좋아했던 관습이 남자의 역동적이고 날렵한 인물 표현에 반영되었던 것으로 보이며, 여신상의 가슴 노출은 뱀을 들고 있거나, 여신상 몸 전체를 뱀이 감고 있는 모습과 더불

09 ▶
크노소스 궁에서 출토된 여신상의 앞, 뒤, 옆 모습, BC 1600년경, 헤라클이온박물관 소장

어 다산을 상징하고 있다. 크레타인의 인체 노출은 크레타섬의 따뜻한 지중해성 기후에 따라 복식 발달에 있어서 기후로 인한 제약을 받지 않아도 되었기 때문에 가능했던 것으로 보이며, 복식은 드러난 인체의 형태를 강조하고, 인체의 형태와 조화를 이루는 방향으로 발전하였다(그림 9).

가는 허리, 드러난 유방과 몸에 맞게 재단된 의복 크레타 복식은 인체의 일부를 노출하면서, 인체에 맞게 재단되고, 봉제되어 입체적인 형태를 보여 주었다. 남자들도 로인 클로스와 벨트를 입어 가는 허리를 강조하고 있으며, 특히 여자들은 허리는 조이고 엉덩이는 풍만하게 표현하는 스커트와 가슴 부분을 노출하고 몸에 맞게 구성된 재킷을 입고 있다. 이와 같이 조인 허리를 중심으로 상의는 잘 맞게 하고, 스커트를 부풀리는 형태는 크레타의 고도로 발달된 재단과 봉제 기술을 보여 주고 있으며, 중세 이후 서양 여성복의 기본 실루엣과 일치한다.

선명한 색채의 사용 모, 마직물을 생산하고 있었는데, 가내수공의 방식으로 방적과 직조, 염색이 이루어졌으며 자수도 하였다. 빨강, 노랑, 파랑, 보라와 같은 선명한 색채를 많이 사용하였다.

전체적인 조화를 중시한 인간 중심의 그리스 복식

직사각형의 천으로 만드는 다양한 형태의 복식 그리스의 건조하고 온화한 지중해성 기후와, 그리스인의 인체에 대한 찬양으로 인하여 그리스 복식은 재단이나 바느질을 하지 않고 옷감 그대로를 걸

10 ▼
한 장의 천으로 만드는 다양한 형태의 그리스 복식, BC 5세기

치거나 두름으로써 인체의 율동미와 곡선미가 드러나는 형태였다. 인체에 맞게 재단되었던 크레타 의복과는 달리, 그리스의 대표적인 복식인 키톤과 히마티온은 직사각형의 천을 다양한 방법으로 몸에 둘러 인체의 형태와 움직임에 따라 변하는 생동감 있는 복식미를 연출해 냈다. 이는 그리스 예술의 조형적인 특성, 즉 여러 세기를 통하여 규범을 고수하고, 그 안에서 자유로운 방식으로 균형을 이루도록 하는 특성이 드러나는 것으로, 기본적인 형태는 고수하면서 각자의 개성을 살려 다양한 방식으로 둘러 입는 특징을 보여 주고 있다.

남녀, 계급 간의 구별이 없는 만인을 위한 복식 그리스 복식은 인체에 입혀진 후 형태가 만들어지는 것으로, 때문에 남녀 복식의 형태 자체에 구별이 없었다. 또한 그리스는 비교적 계급 구별이 없는 사회였기 때문에 복식에서도 계급을 상징하기 위한 과시적인 형태나 장식이 발달하지 않았고, 의복 각 부분의 비례와 균형, 조화로운 아름다움을 보여 준다.

다양한 재료와 소박한 색채 감각 그리스 복식은 대체로 모나 마를 재료로 하였는데, 그리스 반도의 산악지대에서 양을 키우기 시작하면서 모직을 의복 재료로 사용하게 되었으며, 마는 중동지방이나 이집트에서, 실크는 대부분 중국에서 수입하여 사용하였다. 복식의 색채로는 흰색을 주로 사용했던 키톤에 비해 겉옷인 히마티온과 클라미스는 다양한 색을 사용하였다. 그리스의 건축물에 있던 그림들이 소멸되고, 대리석 상들이 순백이어서 그리스인의 색채 감각에 대해서는 뚜렷이 알 수 없지만, 염색된 의상을 입고 극장이나, 공공 장소에 나오는 것을 금지했던 아테네의 법령이 있었던 것으로 미루어

볼 때 직물을 염색하는 것에 대해 긍정적이지는 않았던 것으로 보인다. 다만, 하류층의 사람들은 식물, 광물, 조개껍질 등을 사용하여 그들의 복식을 염색했다는 기록이 있다.

11 ▲
크노소스궁의 프레스코 벽화로, 제물을 나르고 있는 사람들을 그린 것이다.

12 ▼
크노소스궁의 벽화로, '백합왕자'라는 별명이 붙어 있다. 공작새의 깃털을 꽂은 관을 쓰고, 백합을 엮은 목걸이를 하고 있으며, 그림에서는 보이지 않지만, 뒤에 제사에 바칠 희생제물을 끌고 가고 있다.

복식의 종류와 형태
인체에 맞게 재단, 봉제한 크레타의 입체적 복식

남자 복식은 로인 클로스와 벨트를 입어 가는 허리를 강조하고 있으며 여자 복식은 유방을 드러내는 재킷과 티어드 스커트를 입고, 풍만한 엉덩이를 강조하고 있다. 크레타인은 고도로 발달된 재단방법과 봉제 기법으로 의복을 제작하여 착용하였으며, 크레타 의복의 실루엣은 중세 이후 서양 의복의 전형적인 실루엣과 흡사하다.

의 복

로인 클로스와 벨트

로인 클로스(loin cloth)는 천을 허리에 묶어 하체를 가리는 일종의 치마와 같은 옷으로, 크레타 남성들의 기본 복식에 해당한다. 로인 클로스는 다양한 형태가 있었는데, 가장 일반적인 것은 허벅지 위에 오는 짧은 길이의 삼각형 천을 허리에 둘러 몸을 감싸는 모양이었다. 삼각형 천의 꼭지점이 앞 또는 뒤로 오도록 입었으며, 꼭지점 부분에 태슬을 달기도 하였고, 무늬가 있는 천으로 만들기도 하였다(그림 11). 또, 조금 더 긴 길이로 무릎이나 발목까지 오는 길이의 로인 클로스도 있었으며, 두 개의 삼각형 천을 앞뒤로 하나씩 둘러 입는 더블 로인 스커트도 있었다.

그림 12는 크노소스궁의 벽화에 있는 사제왕의 모습으로, 로인 클로스를 허리에서 묶고 넓은 벨트로 고정하였는데, 벨트로 허리를

13 ▲
상의로는 가슴을 드러낸 반팔재
킷을 입고, 하의로는 러플이 달린
긴 스커트에 짧은 스커트를 겹쳐
입은 여신, BC 1700년경

조여 맴으로써 마치 코르셋을 입은 것과 같이 엉덩이는 크고 허리는 매우 가늘게 표현되어 있다. 넓은 벨트는 보통 가죽으로 되어 있었으며, 양 끝에 심을 대어 딱딱하게 만들었고, 쇠로 장식된 천이나, 혹은 전체가 금, 은, 동의 금속으로 되어 있었다. 크레타의 벽화에서 볼 수 있는 남녀의 허리가 매우 가는 것으로 미루어, 어렸을 때부터 벨트를 하였음을 짐작할 수 있다.

티어드 스커트와 재킷

종 모양의 티어드 스커트(tiered skirt)와 허리 부분이 조이게 맞는 재킷이 크레타 여성의 기본 복식이다(그림 13). 여성들의 경우에도 벨트를 함으로써 날씬한 허리를 강조하였고, 후기 크레타시대에는 벨트가 아닌 코르셋도 있었던 것으로 보인다.

스커트는 허리에 꼭 맞았으며, 엉덩이 부분도 잘 맞았다. 스커트의 종 모양은 크레타 후기로 갈수록 점차 좁아졌고, 스커트 장식은 기하학적이었으며, 봉제된 트리밍이나 플라운스 등을 덧 붙였다. 상의 재킷의 경우, 유방을 드러내고, 가슴 아래에서 끈으로 묶거나 여미는 형태의 보디스로, 보통 몸에 딱 맞는 소매나 작은 퍼프 소매가 달려 있었다(그림 14). 크레타의 모든 여성들이 유방을 드러내는 차림을 했는지에 대해서는 논란이 있지만 적어도 여자 사제는 유방이 드러나는 상의를 착용했던 것으로 보이고, 일반 여성들은 얇은 천으로 가슴 부분을 가렸다고 추정하기도 한다.

클로크, 숄

남자들은 판초(poncho)와 비슷한 클로크(cloak)를 로인 클로스와 함께 입었다. 클로크는 직사각형의 천을 반으로 접은 형태로, 머리를 넣고 뺄 수 있는 트임이 있었다.

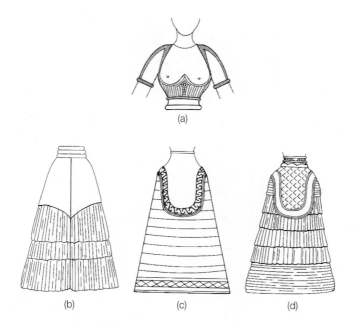

14 ◀

크레타 여성들의 복식

(a) 상의 재킷의 경우에는 가슴 아래에서 끈으로 묶거나 여미는 형태의 보디스

(b) 종종 치마바지로 해석되기도 하는 형태

(c) 수평의 장식단이 있는 플레어 스커트

(d) 러플이 달린 스커트로 티어드 스커트에 에이프런을 두르기도 하였다.

날씨가 추울 때에는 남녀 모두 숄(shawl) 형태의 동물 가죽이나 두꺼운 모직을 몸에 둘렀다. 뻣뻣한 직물로 된 숄을 상체에 두르고 그 양 끝을 스커트 허리 속에 집어 넣어 입었기 때문에 숄이 위를 향해 밖으로 퍼졌는데, 팔은 덮었지만 가슴은 드러났다.

튜닉

남녀가 T자형의 원피스 드레스인 튜닉(tunic)을 입었다. 소매의 길이와 치마의 길이가 긴 것도 있었고, 짧은 것도 있었다. 튜닉의 어깨선, 옆선, 밑단선을 따라 천을 대어 장식하였는데, 이때 무늬가 있는 띠나, 자수천을 사용하였다(그림 15).

헤어스타일과 머리 장식

남자들의 머리 모양은 길거나 짧고, 컬이 있었으며, 머리가 길 경우 뒤에서 끈으로 묶었다. 일반적으로 모

15 ▼

튜닉을 입은 크레타 여성들, 석관의 그림 가운데 일부, 후기 크레타, 헤라클리온박물관 소장

16 ▶
파리의 여인(the Parisienne)이라
는 별명이 붙어 있는 크노소스궁
의 프레스코화로, 당시 여성들의
화장과 머리 모양, 장신구 착용을
볼 수 있다. BC 1500~1450년
경, 헤라클리온박물관 소장

자를 쓰지 않는 경우가 더 많았고, 높고 둥근 모자, 터번, 작은 캡 등
을 종종 착용하였다. 여자들은 물결치는 긴 머리를 가꾸었고 가는
끈이나 보석을 붙인 밴드로 묶기도 했다(그림 16). 여자들의 모자
는 매우 장식적이었는데, 높고 챙 없는 모자에서부터 베레모와 같

은 것까지 다양하였다. 높은 모자는 금 모자핀으로 머리에 고정하여 착용하였다.

신 발 크레타 사람들은 실내에서는 맨발로 생활하다가 밖에 나갈 때에만 신발을 신었는데, 샌들이나 발목까지 오는 신발을 신었다. 남자들은 종아리까지 오는 길이의 반부츠를 신기도 했고, 흰색 가죽이나, 빨간색 가죽으로 만들어 색깔이 화려한 경우도 있었다. 신발은 정교하게 만들어졌고, 앞코가 뾰족한 형태도 있었다.

장신구 크레타의 분묘에서 출토된 반지, 목걸이, 팔찌와 같은 화려한 장신구와 보석들, 그리고 크노소스궁의 프레스코화를 볼 때 크레타인들은 화려한 장신구와 보석을 착용하였고, 특히 부유한 계층에서는 다양한 유색 보석 구슬로 만든 장신구를 즐겨 착용하였던 것으로 보인다. 동물, 새 모티프를 많이 사용하였고, 머리핀은 동이나 금으로 만들어졌으며, 펜던트와 귀걸이는 크레타에서 아주 많이 착용되어 나선으로 감은 가는 금속줄의 모양에서 장미 모양의 장식을 단 금속판에 이르기까지 다양하였다(그림 17).

화 장 기록에 의하면 크레타 여자들은 가장 멋지게 차려 입은 여성이라는 이름을 얻기 위하여 자신을 꾸미는 데 여러 시간을 보냈다고 하는데, 눈과 입술에 화장을 했던 것으로 보인다. 남자들 또한 면도를 깨끗하게 하였다.

17 ◄
크레타의 장신구, BC 1700~1550
년경, 헤라클리온박물관·대영박
물관 소장

자연스러운 인체미를 드러내는 그리스의 드레이퍼리형 복식

그리스 복식은 한 장의 천을 인체에 둘러 입는 방식의 대표적인 드레이퍼리형 복식이다. 직사각형의 옷감을 다양한 방법으로 인체에 걸치거나 둘러 입었고, 인체에 걸친 후 형태를 만들고, 핀을 이용하여 형태를 고정하는 것으로, 사람이 입은 후에야 형태가 완성되는 것이었다. 따라서 복식 형태 자체에 남녀 구별은 없었으며, 과시적인 장식보다는 전체적인 비례와 균형, 조화를 중시하였다.

의 복

키 톤

키톤(chiton)은 그리스의 기본 복식으로 도릭 키톤과 이오닉 키톤으로 구별된다.

?! 그리스 복식의 패턴

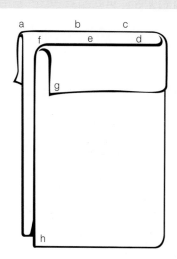

도릭 키톤을 사람이 입기 전 천의 모양으로, a에서부터 f까지는 착용자가 양팔을 벌렸을 때, 팔꿈치에서 팔꿈치까지 길이의 약 두 배이다. g에서 h까지의 길이는 바닥에서 착용자의 어깨까지의 높이보다 30~38cm 정도 더 길다. (착장 모습은 그림 18 참고)

도릭 키톤

도릭 키톤(Doric chiton)은 아카익시대에 도리아의 남녀가 입기 시작한 키톤으로 페플로스(peplos)라고도 한다(그림 18~20). 입는 이의 키보다 길고, 폭이 넓은 직사각형의 모직을 반 접어 몸에 두르고 발목에서 어깨까지의 길이에서 남은 천을 어깨높이에서 밖으로 접어 앞뒤 네 겹의 천을 피뷸라(fibula)라는 핀으로 꽂아 고정하였다. 이때 밖으로 접어 내려뜨려진 천을 아포티그마(apotigma)라고 하였으며, 이것이 도릭 키톤의 특징이 된다. 초기의 도릭 키톤은 이오닉 키톤에 비하여 주름이 적었으나 후기로 가면서 더 얇은 천으로 만들어졌고, 이오닉 키톤과 같이 주름이 많은 디자인으로 바뀌게 되었다(그림 18).

18 ◀
도릭 키톤의 예로, 아포티그마를 볼 수 있다. 청동 거울상의 일부, BC 5세기 중반, 메트로폴리탄 박물관 소장

19 ◀
도릭 키톤의 예로 아포티그마를 볼 수 있고, 허리에 벨트를 하고 있는 모습이다. 헤르클라네움의 춤추는 소녀, BC 480~450년경, 나폴리국립박물관 소장

이오닉 키톤

이오닉 키톤(Ionic chiton)은 이오니아의 남녀가 입었던 키톤으로,
후에 그리스 전체로 퍼져서 도릭 키톤을 대신하게 되었다. 주로 리
넨으로 만들어졌고, 아포티그마가 없으며, 땅에 끌리거나 발목까지
오는 길이에 도릭 키톤보다 폭이 넓었기 때문에 앞뒤 두 겹의 천을
어깨에서 10개 이상의 피뷸라나 단추, 브로치로 고정시키거나, 함께

봉제하였다(그림 21). 허리에 벨트를 하고 천을 끌어 올려 벨트 위로 늘어뜨림으로써 블라우스를 입은 것 같은 효과를 내기도 하였는데, 이 늘어뜨려진 부분을 콜포스(kolpos)라고 하였다(그림 22). 폭이 넓어서 주름이 더 많이 잡혔고, 다양한 방법으로 끈을 둘러 허리에 벨트와 같이 묶고, 소매 형태도 만들었다(그림 23). 그리스 후기의 여성들은 더 풍성하고, 더 긴 주름이 잡히는 키톤을 선호하였다. 여성들의 키톤의 재단과 봉제는 점차 정교해져서 목에 바인딩을 하기도 하고, 소매나 어깨 아래로 주름을 잡은 솔기도 있었다. 그리고 후기로 가면서 허리띠는 점차 복잡해져서 띠가 진동둘레 앞쪽을 지나거나, 가슴을 가로질렀으며, 띠로 묶은 허리선은 점차 위로 올라 갔다(그림 24). 띠는 기능뿐만 아니라 장식 역할도 하게 되었고, 피 불라 대신 꼰 끈으로 앞뒤 어깨 부분을 연결하기도 하였다. 더 가벼운 직물을 사용하게 되었고, 무늬가 있는 직물을 사용하는 경우도 있었다. 키톤이 가로세로 244×183cm가 될 정도로 점차 커지고, 고급스러워짐에 따라 복식 금제령이 내려지기도 하였다.

그리스 남자들은 여자들과 같이 땅에 끌리거나 발목길이의 키톤을 입었으나, 대신 허리띠를 하지 않았다. 활동적인 일을 하는 남자들이 입었던 키톤인, 왼쪽 어깨에만 걸치는 엑조미스(exomis), 무릎길이의 콜로보스(kolobos)가 있었으며 그리스 후기의 남성 키톤

23 ▲
델피의 마차를 모는 사람(Charioteer of Delphi)으로, 남자가 소매가 있는 길고 주름이 잡힌 이오닉 키톤을 입고 있다. 청동, BC 475년경, 델피 고고학박물관 소장

24 ◀
이오닉 키톤에 벨트를 매는 다양한 방법

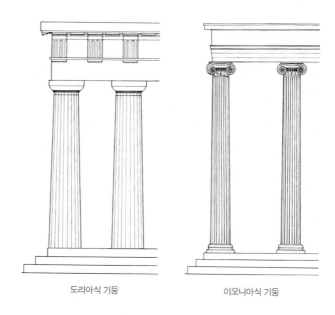

25 ▶
도리아식 기둥과 이오니아식 기둥의 비교

도리아식 기둥   이오니아식 기둥

26 ▼
키톤 위에 히마티온을 입은 그리스 여자의 모습, BC 5세기경

은 길이가 길어지고, 주름이 사라졌으며, 소매는 상완 중간 부위까지 내려왔다.

그리스시대의 대표적인 의복으로서 도릭 키톤과 이오닉 키톤은 도리아 건축물과 이오니아 건축물의 원주와 종종 비교된다. 도리아 건축물의 예리한 세로홈이 새겨진 육중한 원주와 그 위의 평평한 주두, 이오니아 건축물의 얇은 세로홈이 새겨진 가늘고 우아한 원주와 소용돌이 모양으로 장식된 주두에서 발견할 수 있는 차이는 도릭 키톤과 이오닉 키톤에서 볼 수 있는 주름의 굵기나 복식의 전체적 느낌의 차이와 비슷하다(그림 25).

히마티온

기원전 6, 7세기에 그리스에서 입었던 외의로 히마티온(himation)과 클라미스를 들 수 있는데, 히마티온이 더 기본적인 것이다(그림 26). 히마티온은 몸을 충분히 감쌀 정도의 직사각형의 천으로, 천

을 두르는 방법에 따라 다양한 모습으로 연출되
었다. 대표적으로 입는 방법은 왼쪽 어깨에서 시
작하여 등 부분으로 돌아 오른쪽 팔 밑을 지나
왼쪽 어깨에 걸치거나 왼쪽 팔에 두르는
것이다(그림 27). 주로 키톤 위에 겉옷으
로 입었으며 철학자들은 청빈함을 나타내
기 위해 속옷을 입지 않고 히마티온만 둘
렀다고 한다. 그리스 후기로 갈수록 크기
가 커졌으며, 히마티온을 능숙하게 둘러
입는 것은 사회적 위치를 표시하는 것이
었다고 한다.

클라미스

클라미스(chlamys)는 히마티온보다 작
은 직사각형의 천을 둘러 입는 방한용 의
류로 모직이나 가죽으로 만들었다. 주로
여행자나 군인들이 착용하였으며, 남자
들이 많이 입었다. 키톤 위에 혹은 키톤
을 입지 않고 클라미스만을 입기도 하였
다. 왼쪽이나 오른쪽 어깨에 핀을 꽂아
고정하거나, 목에서 천의 양 끝을 묶어
입었다(그림 28).

27 ◀
그리스의 정치가요, 웅변가였던
데모스테네스(Demosthenes,
BC 384~322)의 인물상으로 히
마티온을 입고 있다. 대리석, BC
280년경, 코펜하겐 칼스버그미
술관 소장

28 ▶
클라미스와 페타소스, 나이든 남자
는 턱수염을 길렀고, 젊은이는 깔
끔하게 면도를 한 모습이다. 도자
기의 일부, BC 460년경, 메트로폴
리탄박물관 소장

디플랙스

디플랙스(diplax)는 여자들이 입었던 작은 직사각형의 천으로, 이오
닉 키톤 위에 히마티온과 유사한 방법으로 둘러 입었다.

클라미동

클라미동(chlamydon)은 디플렉스보다 더 복잡한 형태로, 주름 잡
은 천을 천으로 된 띠에 연결한 모양이다.

페리조마

페리조마(perizoma)는 로인클로스와 같은 형태로, 남성들이 속옷이
나, 운동용으로 입었던 옷이다.

군인들의 옷

그리스의 병사들은 가죽으로 된 갑옷 형태의 튜닉과 금속 벨트, 다
리 보호대를 착용하고, 머리에는 헬멧을 썼으며, 철제 방패를 가지

29 ◀
그리스 군인들의 갑옷과 투구, 도
자기의 일부, BC 480년경, 나폴
리 국립고고학박물관 소장

고 전장에 나갔다. 또, 가죽이나 철제로 된 판과 가죽을 함께 사용
하여 만든 치마 형태의 갑옷을 허리에 별도로 착용하였다(그림 29).

헤어스타일과 머리 장식 아카익시대의 그리스 남자들에게 길거

30 ◀
젊은 남자의 머리 모양, 대리석,
BC 5세기, 메트로폴리탄박물관
소장

나 중간 길이 정도의 머리와 턱수염이 유행하였다. 고전시대에 와
서는 나이가 든 남자들만이 긴 머리와 턱수염을 길렀고, 젊은이들
은 깨끗하게 면도를 하였다(그림 28, 30). 아카익시대 그리스 여자
들은 컬이 있는 머리를 땋고 얼굴 주변에는 작은 컬의 머리를 약간
늘어뜨렸다(그림 31).

고전시대의 여자들은 머리를 뒤에서 묶거나 시뇽(chignon) 스타
일로 틀어올리고, 가는 끈, 스카프, 리본, 캡 모양의 머리쓰개로 장
식하였다(그림 32). 여성들은 화장을 하였던 것으로 추정되며, 귀
족 여성들은 본래의 짙은 갈색머리를 표백하여 황금색으로 염색한
후 꽃, 리본, 머리핀으로 장식하고 향수와 장미기름으로 다듬었다.

그리스 남자의 모자는 필로스(pilos)와 페타소스(petasos)의 두 가
지 종류로 나눌 수 있다. 필로스는 뾰족한 관에 챙이 좁거나 챙이 없
기도 한 형태로, 필로스는 펠트 모를 사용해서 손으로 만들었던 것
으로 추정되며, 남녀가 모두 착용하였다(그림 33). 페타소스는 챙이
넓고, 높이가 낮은 모자로, 햇볕이나 비를 막을 수 있었다(그림 34).
이 외에 머리에 맞는 캡(cap), 챙이 없고 모자 꼭대기가 뾰족한 피
리지안 보닛(Phrygian bonnet)이라는 모자도 착용하였다(그림 35).

34 ▲
페타소스를 쓴 남자

35 ▲
피리지안 보닛

신 발

초기에는 신발을 거의 신지 않았으며, 실내에서는 맨발로 다니는 것이 관습이었다. 하류층은 밖에 다닐 때에도 신발을 신지 않았다. 일반적으로 그리스 신발은 샌들과 슈즈, 부츠로 분류할 수 있고, 과장된 형태보다는 따뜻하고 온화한 그리스 지역의 기후에 맞게 끈이 있는 샌들을 많이 신었다(그림 36). 초기 샌들은 발 모양으로 잘라진 하나의 가죽 바닥과 그 옆에서 나온 끈들로 발목에 묶는 간단한 형태였고, 고전시대가 되자 그리스식 샌들의 정교한 형태가 보이기 시작하였다. 발을 보호하는 막힌 신발이나, 막힌 신발과 트인 샌들을 합친 모양의 신발이 있었는데, 신발의 등은 가죽끈으로 짜거나 한 조각의 가죽에 구멍을 뚫고 끈을 엮어 만든 격자 모양 디자인으로 되어 있었다. 가죽끈으로 만든 고리 사이로 끈을 넣어 신발을 고정하기도 했다. 남자들은 샌들 외에 발목이나 종아리 길이의 막힌 신발과 가죽 부츠를 신었다. 여자들은 대부분 맨발로 다녔지만, 가볍고 트임이 있는 샌들을 신기도 하였다.

장신구

피불라는 클라미스와 키톤을 고정하는 데 필수적이었고(그림 37), 여자들은 목걸이, 귀걸이(그림 38), 반지, 브로치, 피불라, 장식관 및 상아, 금제 머리핀을 하였다. 그러나 그리스의 남자 복식에서는 보석류를 거의 찾아볼 수 없으며, 보석 사용을 절제하였던 것으로 보인다.

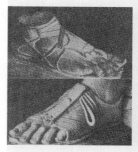

36 ▲
샌들

37 ▲
그리스의 피불라

38 ◀
BC 850년경, 3~4세기에 사용했던 그리스의 금귀걸이, 고대 아고라박물관·블로스박물관 소장

영화 속의 복식_〈알렉산더 대왕〉, 〈알렉산더〉, 〈트로이〉

〈알렉산더 대왕〉(1956), 〈알렉산더〉
(2004), 〈트로이〉(2004) 영화에서
그려지고 있는 크레타·그리스시대
의 복식으로 로인 클로스에서부터
키톤, 갑옷, 장신구에 이르기까지
당시 왕족과 귀족의 우아하면서도
화려한 의생활을 보여 주고 있다.

알렉산더

알렉산더 대왕

트로이

Historical Mode

천 하나를 둘러 입은 듯이 몸 전체
에 걸쳐 떨어지는 드레이퍼리 의상
으로, 그리스시대의 복식에서 영감
을 얻은 현대 패션 디자인의 최근
의 예이다.

미노스 왕 Minos

그리스의 신화에 등장하는 전설적인 크레타의 왕으로 그의 이름을 따서 크레타 문명을 미노아 문명
이라고 부르기도 한다. 크레타섬의 크노소스에 있는 미노스 왕의 궁전, 즉 크노소스 궁이라고도 불
리는 그의 궁전의 규모와 화려함은 미노스 왕이 얼마나 부강했으며 그들의 생활 수준이 얼마나 높았
는가를 잘 보여 준다. 미노스 왕은 이집트의 파라오와 마찬가지로 강력한 지배자로 군림하였으나 군
사적 정복자는 아니었다. 국왕은 오히려 당시 크레타 최대의 자본가요 사업가로서 그의 권력은 공업
생산과 교역을 통해서 획득한 부를 바탕으로 하고 있었다. 크고 복잡하며 화려하고 편리한 이 궁전
은 전설에 나오는 미노스 왕이 실재했음을 말해 준다.

알렉산드로스 대왕 Alexandros the Great : 기원전 356~323년

흔히 '알렉산더 대왕(Alexander the Great)' 이라고 부르며, 알렉산드로스 제국을 세운 그리스 북방
마케도니아 왕국의 왕이다. 부왕 필리포스 2세가 암살되자 그 뒤를 이어 기원전 336년에 20세의
나이로 왕위에 올랐으며, 13년 뒤인 기원전 323년, 32세에 죽음을 맞이했다. 마케도니아는 혈통상
그리스에 속하면서도 문화나 기풍 면에서는 그리스와 차이가 있었고, 당시 마케도니아와 그리스의
도시국가들은 사이가 좋지 않았다. 부친 필리포스 2세 때 그리스 도시 국가연합을 점령한 후 아들
인 알렉산드로스는 아케메네스 전투에서 승리해, 순식간에 거대 제국을 세울 수 있었다. 이후 알렉
산드로스는 10년에 걸친 전쟁으로 페르시아제국을 완전히 정복하였고, 이후 이집트도 정복하였으
나, 기원전 323년에 바빌론에서 죽었다. 알렉산드로스의 전쟁으로 그리스의 문화가 동방에 유입되
어 새로운 헬레니즘 문화가 발생하였다.

호머 Homer

고대 그리스의 시인으로, 10년에 걸친 트로이전쟁을 소재로 한 유럽문학 최고최대(最古最大)의 서
사시인 《일리아드(Iliad)》와 《오디세이(Odyssey)》의 작자라고 전해지고 있다. 그의 출생지나 활동
에 대해서는 일치되는 자료를 찾기 어렵지만, 작품에 구사된 언어나 작품 중의 여러 가지 사실로 미
루어 보아 두 작품은 기원전 800~750년 사이에 쓰인 것으로 보는 의견이 많다.

Chapter 4

에트루리아 · 로마

에트루리아 문명은 로마 문명이 융성하기 전인 기원전 8세기경에 이탈리아 반도에 정착하였고, 기원전 6세기 초에는 로마를 비롯한 이탈리아 반도의 대부분을 장악했던 에트루리아인이 이룬 문명이다. 에트루리아인들은 오리엔트 지역과 그리스의 여러 도시들과 영향을 주고받으며 그들만의 화려하고 변화가 많은 문화적 색채를 보여 주었으며, 이후 로마를 정복 통치하여, 결과적으로 그리스의 문화를 로마로 전달하는 문화전달자로서의 역할을 하였다. 한편, 로마는 기원전 6세기 후반 에트루리아인들을 물리치고, 기원전 8세기 중반 건국, 그리고 4세기 후반 두 개의 로마로 분리될 때까지 1200년의 역사 동안 수많은 정복전쟁으로 광대한 영토를 갖게 되었고, 그리스의 문화에 에트루리아 및 여러 정복지들의 문화가 더해진 보다 복합적이고 체계적이며 실용적인 성격의 문화를 보여 주었다. 로마 후기로 가면서 정복지 자원의 획득과 상공업 발달로 점차 부유해진 로마의 상류 계급의 복식, 주택, 식생활을 비롯한 문화 전반에 과시적인 성향이 나타났다. 그리스도교의 공인 이후, 4세기 말 로마제국은 둘로 나뉘어져, 서로마는 게르만족의 공격으로 멸망하였고, 이후 동로마제국은 비잔틴제국으로 번성하게 된다.

◀ 로마 칸셀레리아 궁(palazzo della Cancelleria)의 부조 일부, 93~95년경, 바티칸박물관 소장

사회문화적 배경
에트루리아, 화려하고 역동적인 문화의 전달자

에트루리아(Etruria) 문명은 기원전 8세기경 이탈리아 반도로 이주해 온 에트루리아인들이 이룬 문명으로, 오리엔트 문명과 그리스 문명의 영향을 받았다. 그리스 · 로마 문명과 유사한 시기에 이탈리아 반도에 존재하였으며, 기원전 6세기 초에는 에트루리아가 로마를 정복, 통치하였다. 지중해 무역을 통하여 부를 쌓았고, 화려하고 역동적인 문화를 보여 주었으며, 결과적으로 그리스의 문화를 로마로 전달하는 역할을 하게 된다.

이탈리아 반도의 문화 전달자

로마 문명 이전, 기원전 8세기경에 이탈리아 반도로 이주해, 반도 북쪽에 거주하게 된 종족이 에트루리아인이다. 에트루리아인들이 어디에서 왔는지는 잘 알려져 있지 않으며, 소아시아에서 이주해 왔거나, 이탈리아 반도의 토착민이었을 것으로 보고 있다. 에트루리아인들이 정착한 곳은 중앙 이탈리아의 북서부로 티베르(Tiber) 강과 아르노(Arno) 강으로 구획된 지역이었다. 로마인들은 이 지역을 에트루리아, 그곳에 거주한 민족을 에트루스키라고 불렀다. 에트루리아인들은 그들 전체를 통합시킨 통일국가를 만들진 못했지만, 베이이(Veii), 카이레(Caere), 베로나(Verona) 등의 주요 12개의 도시국가들로 연합체를 구성하고 있었다. 이 연합체는 단지 종교적 성격만을 지닌 결합체로, 정치 · 군사적인 단체 행동을 취했던 경우는 거의 없었다.

이들은 기원전 7세기 동안에 이탈리아 반도를 남하했으

며, 기원전 6세기 초에는 이탈리아 반도의 대부분을 장악하고, 로마를 정복하여 통치하였다. 이후 약 100년 이상 동안 지속되다가 그들의 12개 도시 국가 가운데 북쪽에 있는 도시들은 켈트인들에게, 남쪽의 도시들은 로마인들에게 궤멸당하여 사라졌다.

에트루리아인들은 지중해 지역에서 무역을 하여 부를 쌓았으며, 지중해 문화를 발전시키고 펼쳐나가는 데 중요한 역할을 하였다. 당시 그리스의 여러 도시, 오리엔트 지역과 영향을 주고받으며, 또 로마인들의 생활 전반에도 많은 도움을 주었다. 이들은 경작지를 개간하고 포도와 올리브 과수원을 가꾸었고 오리엔트의 영향을 받아 많은 신들을 숭배하였다. 아치형 건축기법으로 신전과 교량을 지었고, 건물을 견고한 성벽으로 에워싸는 기법으로 도시 건물을 건축했다.

에트루리아의 화려한 색채와 문양

최근 에트루리아인들의 조각과 벽화, 부장품 등이 발견됨으로써 그들의 생활을 이해할 수 있게 되었으나, 그들의 그리스어에 바탕을 둔 알파벳 문자가 아직 완전히 해독되지 않고 있어 그 문화를 모두 다 이해하기에는 부족한 점이 있다. 기원전 700~300년 사이에 지어진 코네토(Corneto), 치우시(Chiusi), 오비에토(Orvieto) 등의 지역에 있는 지하 무덤에서 발견된 화려하게 채색된 프레스코벽화와 장식단지에 그려진 그림에는 그들의 잔치음식, 운동경기, 전차 경주, 춤이 유쾌하게 묘사되어 있다. 이것들을 통해 에트루리아인이 사용했던 화려한 색채와 문양 등을 볼 수 있다. 또한 에트루리아인들은 철을 채굴하고 제련하는 법을 알았으며, 철과 동, 청동과 점토를 이용한 세공술에서도 탁월한 능력을 발휘하여 정교한 금속제품을 다수 남겨놓았다(그림 1).

01 ▲
에트루리아인들의 뛰어난 금속 세공 기술을 보여주는 장신구와 동물과 여자주인, 그리고 동양적 문양이 새겨져 있는 금으로 된 장식고리, BC 7세기 초, 바티칸시 소장

02 ▲
석관 뚜껑에 조각되어 있는 에트
루리아의 남편과 아내의 모습,
BC 330~300년경, 개인 소장

여성에 대한 존경의 표시 에트루리아의 뚜렷한 특징 가운데 하나는 그들이 일종의 모계사회를 유지하면서 여성에 대해 비교적 깊은 존경심을 표했다는 점이다. 에트루리아의 아내들은 동시대 그리스나 로마의 여성들이 일생을 집안에 머물며 남자들에게 종속되었던 것과 달리 남자와 함께 연회와 강연회에 출석할 수 있었다. 그들은 참정권을 가지고 있지는 못했지만, 밖으로 나가 거리낌 없이 생활하는 등 그리스와 로마에 비해 사회적 지위가 높은 편이었다. 에트루리아의 무덤 벽화에서도 가정에서 여성이 신임과 존경을 받는 위치에 있었던 것이 드러나며, 사후에도 가족 무덤에서 남편의 석관 바로 옆 자리를 차지하였다(그림 2).

1200년 역사의 절충적이고 실용적인 로마

로마 문화는 그리스 문화를 근간으로 하고, 여기에 외부 문화를 더하여 체계화시킨 절충적이며 실용적인 문화로, 법률, 수사, 역사, 토목, 건축 등이 발달하였다. 정복전쟁을 통하여 영토를 넓혔으며, 화폐와 로마법을 만들고, 정복지에 도로, 교량, 수로를 건설하고, 기념비적인 건축물을 건립하였다. 엄격한 사회 계급이 존재하였고, 로마 후기로 가면서 정복지 자원의 획득과 상공업의 발달로 점차 부유해진 로마 귀족 계급의 과시적인 성향이 문화 전반에 드러나게 되었다. 점차 세력을 늘려간 그리스도교를 국교로 공인하게 되었으며, 결국 로마제국은 둘로 나뉘어져, 서로마는 게르만족의 공격으로 멸망하였고, 동로마제국은 이후 비잔틴제국으로 번성하게 된다.

로마 역사의 시작과 진행 서양 고대사가 그리스로부터 본격적으로 시작되었다면, 그 뒤를 이어받은 문명은 로마였다. 기원전 8세기

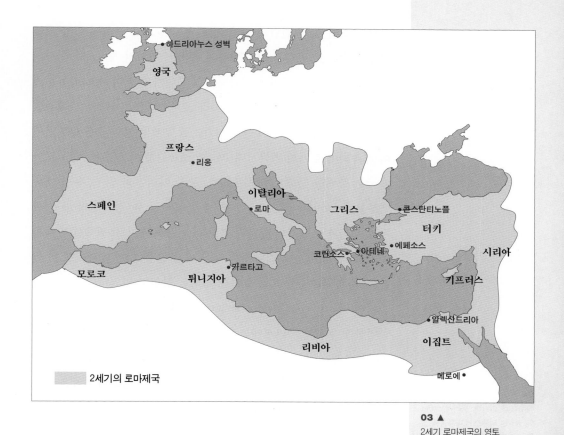

맵 레이블:
하드리아누스 성벽
영국
프랑스
리옹
이탈리아
스페인
로마
그리스
콘스탄티노플
터키
코린소스
아테네
에페소스
시리아
모로코
카르타고
튀니지아
키프러스
알렉산드리아
이집트
리비아
메로에

2세기의 로마제국

03 ▲
2세기 로마제국의 영토

경에 인도-유럽어계에 속하는 이탈리아인의 일파인 라틴족이 티베르 강 남쪽의 라티움에 정착하면서 시작된 로마의 역사는 이후 기원전 4세기경에 자신들을 지배하던 에트루리아의 왕을 내쫓고, 독립된 공화국을 세움으로써 5세기 후반에 이르기까지 약 1200년에 걸쳐 이어졌다.

　로마의 역사는 왕정(The Kingdom, 기원전 750~509년), 공화정(The Republic, 기원전 509~27년), 제정(The Empire, 기원전 27년~기원후 476년)의 시기로 구분된다. 초기 왕정의 시대를 지나, 기원전 509년 공화정의 수립으로 권력의 상대적 분리와 정부기관들의 상호통제에 토대를 둔 제도들이 만들어졌으나, 로마제국의 성장에 따른 부의 편중과 빈민의 증가, 상인과 금융가로 구성된 기사 계급의 발달 등으로 공화정 제도는 붕괴되었다. 정치적 개혁가들의 시대는 가고, 전쟁에서 돌아온 정복자들의 시대가 왔으며, 옥타비아누스(Octavianus)가 황제의 자리에 올라 로마 제정의 시대가 도래하였다. 이후 이어진 약 200여 년의 시기는 로마제국 전역에 평화와 번영이 계속되어 로마의 평화시대(Pax Romana)를 이루었다. 이후 로마제국은 강력한 군대로 북아프리카, 중앙 아시아의 일부, 유럽 대륙 대부분을 차지할 정도로 영토를 넓혔고(그림 3), 정복지의 자원 획득과 무역과 상공업의 발달 등으로 더욱 부유해지고, 귀족들의 사치는 더욱 심해졌다. 그러나 이후 권력의 불안정, 노예의 부족으로 인한 경제적 어려움 등으로 로마는 멸망을 향하고 있었다.

이어 콘스탄티누스(Constantinus) 대제가 313년에 그리스도교를 공인하게 되고, 330년경에는 동로마의 새 수도, 콘스탄티노플(Constantinople)로 천도하였다. 결국 로마제국은 둘로 나뉘어졌다. 서로마는 476년경 게르만족의 공격으로 멸망하였고, 동로마제국은 이후 비잔틴제국으로 번성하였다.

밖으로 열린 로마 문화

로마는 근본적으로는 그리스의 문화를 계승하고 있다고 할 수 있다. 그러나 에트루리아(Etururia)인이 그리스 문화를 계승, 로마로 전달하는 과정을 거쳤고, 또한 로마제국 자체가 무수한 전쟁을 통해, 외부로 뻗어나가는 것을 이념으로 하였기 때문에 그리스 문화에 외부 문화가 더해진, 한층 종합적이며 보편적인 형태로 발전하였다. 로마인들은 화폐와 로마법을 만들고, 정복지에 도로, 교량, 수로를 건설하고, 힘과 위엄을 드러내기 위한 기념비적인 건축물을 건립하였다(그림 4). 건축물들은 아치, 볼트, 돔을 주요 구성요소로 하고 있었고, 벽돌과 사각형 석재, 그리고 로마인의

04 ▼
티투스의 아치라 불리며, 70년에 있었던 티투스의 예루살렘 전투 승리를 기념하여 세워진 개선문으로, 로마 광장의 가장 동쪽에 있다. 81년경 건설.

발명품인 콘크리트를 재료로 사용하였다. 로마 예술 역시 그리스의 영향을 강하게 받아 그리스 예술품을 그대로 모방하거나, 동방으로 부터 수입해온 것들을 복제하였다. 또한 헬레니즘 문화의 영향이 로마 말기까지 계속 남아 있었다.

흔히들 로마 문화에 대해 원천적 창조성이 결핍되어 있다고 하지만 그리스 문화를 유럽 문명의 기초가 되도록 체계를 부여한 점에서 문화사적으로 확고한 위치를 차지하고 있다고 할 수 있다.

로마의 그리스도교

로마의 종교 역시 그리스의 종교와 비슷했다. 두 나라의 종교에 등장하는 신들은 비슷한 역할을 수행했다. 예를 들면, 로마의 유피테르는 그리스 신화의 제우스에 해당했고, 미네르바는 아테나에, 비너스는 아프로디테에, 그리고 넵투누스는 포세이돈에 해당되었다. 그러나 다른 점은 로마의 종교는 국가의 힘과 번영을 증대하고자 하는 정치적인 목적이 뚜렷했다는 점이다. 로마가 그리스도교를 박해하게 된 것 역시 정치적인 이유에서였다. 로마는 황제에 대한 숭배를 시작하고 있었는데, 그리스도교도들은 이를 우상 숭배라 하여 거절했고, 네로 황제 이래 박해를 받게 되었다. 그러나 오히려 박해를 통해서 그리스도교는 더욱 널리 퍼졌고, 결국 4세기 말 로마는 그리스도교를 국교로 삼아 다른 종교를 금하기에 이르렀다. 그리스도교는 로마 세계를 통해 유럽 전역에 퍼지게 되었는데, 그리스도교 정신(헤브라이즘)은 그리스 정신(광의의 헬레니즘)과 더불어 서양 문화의 밑바닥을 흐르는 2대 조류로서 이후 유럽 역사를 관통하게 되었다.

로마시민

로마는 건국 당시 로마시민이었던 로마의 주 종족인 라틴족과 몇몇 기타 족속들, 그리고 정복에 의해 영토를 확장해 가면서 로마에 흡수된 이민족들로 이루어졌다. 제정 초기에 로마시의 인

05 ▲
폼페이에 있는 베티 주택(House of the Vettii)의 아트리움으로, 당시 로마 상류 계급의 주택을 볼 수 있다. BC 1세기에 건축, 서기 1세기 중반에 재건축

구는 대략 100만 명 이상 되었을 것으로 추정되는데, 로마시민과 그들의 가족, 그들의 노예 그리고 외국인으로 구성되었다. 오직 남자만이 로마시민이 될 수 있었으며, 경제적 수준과는 관계가 없었다. 2세기경에는 로마시 거주인의 90% 정도가 외국계 사람들이었는데, 외국인들은 로마시민이 될 수 없었다. 로마 사회 내의 근본적인 구별은 로마시민과 비시민이었으며, 더 나아가 시민권의 유무, 사유재산의 허용 유무 등에서 차이를 두는 귀족, 평민, 기타 노예 등의 사회 계급제도가 있었다. 그 가운데 최상급은 역시 귀족이었다. 이들은 로마 정치제도가 왕정에서 공화정, 제정으로 이어지는 동안 왕을 선출하는 등의 공공문제를 처리하는 정치상의 권리를 가졌을 뿐만 아니라 사유재산권도 가지고 있었기 때문에 이들 중에는 막대한 부와 권력을 누렸던 가문도 있었다. 상류계층은 이들 귀족들과 황제의 행동과 관습을 모방하였으며, 이러한 사회계급의 존재는 로마 건축이나 로마 복식 등 로마 문화 전반에서 다소 과시적인 현상이 나타나는 데 근본적 이유를 제공하였을 것이다(그림 5).

가부장제와 로마 여성

로마는 가족 가운데 가장 나이가 많은 남자가 이끄는 가부장제를 따랐는데, 그의 자녀뿐 아니라 손자 손녀까지도 그에게 종속되어 있었다. 로마의 여성은 가정의 주인이 될 수 없었고 항상 아버지나 남편의 후견이 있어야 했다. 로마의 여성들은 자신의 이름도 갖지 못하고 단지 자신의 성에다 여성 어미를 붙여 이름으로 대용했다. 조혼 풍습이 있던 로마에서 결혼 전의 여성들은 외부와 격리된 생활을 하였다.

반면에 결혼 후에는 생활과 행동에서 비교적 자유로왔으며, 그리스 여성들보다는 나은 대우를 받았다. 로마인들은 가정생활을 중시하여 부인은 남편의 동반자요, 협조자로 인정받았다. 로마의 기혼여성은 사회적 활동은 할 수 없었으나, 자유롭게 외출했으며, 저녁에는 동반 연회에도 참석할 수 있었다. 특히, 부유한 가정의 여성들은 경제적인 면에서 남편으로부터 어느 정도 독립적인 경우도 있었다. 여성에 대한 사회적 지위는 로마 후기로 가면서 점차 존중되었고, 상대적인 자유도 신장되었다(그림 6).

06 ▲
그리스인들이 연극 보는 것을 즐겼던 것에 비해, 로마인들은 남녀 불문하고 검투 경기 관람을 즐겼다. 지위가 낮은 여성들도 검투 경기를 볼 수 있었으며, 그 가운데 가장 인기가 있었던 것은 수천명 수용 규모의 원형 경기장에서 벌어지는 맹수와 검투사의 싸움이었다. 70년경 건설.

직물생산의 전문화 대부분의 로마 여성들이 가족이 입을 천을 직접 짜는 것이 일반적이었지만, 그리스와 같이 가내수공업 형태가 아닌 50~100명 정도의 인력을 고용하여 직조, 염색, 후처리까지 하는 생산공장과 같은 곳에서 직물이 만들어지는 경우도 많았다. 염색용 재료가 풍부한 지역에서는 특화된 상품을 생산하기도 하였는데, 에스파냐의 모직 외투, 프랑스 남서부 메디올라눔 산토눔(오늘날의 생트)의 특산물인 두건 달린 외투의 제조업이 유명했다. 그렇지만 가장 큰 직물 제조 중심지는 오리엔트에 있었다. 1세기경에는 중국과의 본격적인 실크 교역이 있었고, 인도로부터 면을 수입하였다. 모직과 마는 상대적으로 사용이 적어 수입도 적었다.

부유한 집안에서는 자신들의 노예를 시켜, 가족들의 의류를 자급자족했던 것으로 추정되는데, 로마 후기의 부자들은 화려한 주택에 살면서, 다종다양한 요리와 은제 식기를 즐겼고, 값비싼 직물로 직조된 의복을 입었고, 여기에 귀중한 보석들로 장식하였다.

07 ▼
아구르(Augurs) 무덤 벽화의 에트루리아 남자 모습으로, 튜닉과 반원형의 테베나를 입고, 앞코가 뾰족한 신발을 신고 있다. BC 540~530년경

복식미
에트루리아의 드레이퍼리가 있는 봉제된 복식

에트루리아의 복식은 봉제된 것도 있고, 드레이퍼리가 있는 것도 있으며, 독특한 조형 감각과 많은 변화를 보여 준다. 이집트, 오리엔트, 크레타, 그리스 복식의 특

징이 모두 녹아 있는 형태로, 에트루리아를 통하여 이들의 복식 특징이 로마의 복식 문화로 계승되었다.

기하학적 조형

에트루리아 복식의 특징적 조형은 로브 위에 입는 클로크로 대표적인 테베나에서 볼 수 있다. 테베나는 반원형 혹은 타원형 모양의 천으로, 의복의 둥근 끝선이 특징적이다. 에트루리아의 무덤 벽화에 묘사된 테베나의 모습을 볼 때, 몸에 테베나를 걸치는 방법이 다양하여, 입었을 때 의복의 둥근 선과 직선이 만나 만들어 내는 다양한 둥글고 뾰족한 조형을 보여 준다. 또한 그들의 끝이 뾰족한 신발과 모자도 특징적인 형태이다.

08 ▲
로마의 복식은 그리스 복식 형태를 이어받은 드레이퍼리형으로, 남녀 복식의 기본적인 형태는 같고, 여자 복식의 재료가 더 가볍고, 부드러웠다.

화려한 색채와 장식의 변화가 많은 복식

에트루리아 남녀 모두 몸치장에 큰 관심을 가지고 있었던 데다가 그들의 다분히 변덕스러운 기질이 복식에 반영되어 새로운 패션은 빨리 받아들여졌으며, 화려한 색채와 장식의 복식이 착용되었다. 테베나와 튜닉의 목둘레, 옆솔기, 소매 끝 그리고 아랫단 부분에 가장자리 장식을 했다.

로마의 사회계급을 드러내는 과시적 드레이퍼리 복식

로마의 복식은 그리스의 복식과 마찬가지로 드레이퍼리형 복식이다. 그러나 그리스의 복식 특징 뿐만 아니라, 주변 문화의 복식 특징이 복합적으로 계승되면서, 로마의 복식은 보다 웅장하고, 정교한 형태로 변해갔다.

로마인의 복식, 토가

로마의 복식은 사회계급이 중시되었던 로마

사회를 잘 반영하고 있다. 사회 계급에 따른 차이를 거의 모든 의복의 형태, 재료, 색, 장식 등에서 볼 수 있었으며, 복식은 점차 화려하고 과시적으로 변했다. 토가는 로마의 대표적인 복식으로 그리스와 주변 다른 문화의 복식미를 받아들여 로마다운 새로운 아름다움으로 표현한 것이었다. 로마 초기 토가에는 남녀뿐만 아니라, 계급 간의 차이가 거의 없었다. 그러나 후기로 가면서 로마가 강대해지고, 로마 상류 계급이 부유해지자, 계급의 차이를 복식에서 과시적으로 드러내고자, 토가의 재료와 장식에서 새로운 것들이 계속 추가되었고, 로마시민만이 입을 수 있는 복식이 되었다.

그리스 드레이퍼리형 복식의 승계 그리스 복식을 승계한 드레이퍼리형 복식을 로마 복식의 기본으로 착용하였다. 여자들은 그리스의 키톤과 히마티온을 스톨라와 팔라로 계승하여 착용하였고, 남자들도 그리스의 히마티온을 팔리움으로, 클라미스를 팔루다멘툼으로 이어갔다.

복식의 종류와 형태
화려하고 변화가 많은 에트루리아 복식

에트루리아의 복식은 클로크와 튜닉으로 나누어지며, 안에 튜닉을 입고, 겉에 클로크를 걸쳐 입었다. 클로크 가운데 에트루리아인의 특징적인 조형감이 잘 드러나는 옷으로, 테베나가 있다. 테베나는 반원형 혹은 타원형의 천으로, 몸에 걸치거나 둘러 입었으며, 그 안에 소매가 있는 원피스 드레스인 튜닉을 입었다. 에트루리아의 고유한 모자인 원추형의 투투루스를 썼고, 앞코가 올라가고 신발의 뒤가 긴 부츠를 신었다. 그리고 그들의 뛰어난 금속세공술로 만든 정교한 장신구를 즐겨 착용하였다.

치우시 지역에서 발견된 뼈항아
리에 새겨진 부조로 춤추는 여
자들을 묘사하고 있다. BC 6세
기 말 또는 5세기 초, 치우시박물
관 소장

의복

테베나

에트루리아인은 몇 가지 종류의 클로크(cloak)를 발달시켰으며, 이
는 대개 튜닉 위에 입는 옷이었다. 그 중 로마 토가의 기원이 된 테베
나(tebenna)가 대표적이다. 테베나는 반원형 혹은 타원형의 천으로
된 클로크로서, 왕이나 권력 있는 시민 계층의 남녀가 입었다. 천의
둥근 끝선으로 인해 테베나를 착용했을 때 그리스의 키톤이나 히마
티온과는 다른 드레이퍼리를 볼 수 있었다. 처음에는 짧은 길이로,
튜닉 위에 입다가 나중에는 무릎 길이가 되었고 결국은 땅까지 닿
는 길이가 되었다. 보라색이거나 흰색 또는 검은색(장례용)이었다.
  에트루리아인들의 클로크를 입는 방법에는 다음과 같은 몇 가지
가 있다. 먼저 케이프와 같은 모양으로, 뒤로는 무릎까지 오는 길이이고
앞으로는 두 개의 긴 천이 허리 정도까지 내려오도록 입는 방법(그림

10 ▶
테베나를 착용하고 있는 에트루
리아 남자들. BC 5세기 초

9), 다음으로는 천의 둥근 끝을 앞으로 늘어뜨리고 천의 양 끝을 어깨 너머 뒤로 넘겨 입는 방법(그림 10의 왼쪽 남자) 그리고 그리스의 히마티온과 같이 한쪽 어깨 위에서 고정시켜 입는 방법이 있다(그림 10의 오른쪽 남자). 이 가운데 테베나는 두 번째, 세 번째 방법을 많이 이용하여 착용했던 것으로 보인다.

튜닉

에트루리아의 남녀 모두 입었던 대표적인 의상으로 원피스 드레스 형태의 튜닉이 있다. 옷의 길이나, 맞음새, 소매 길이 등이 다양하였으나, 그리스의 키톤에 비하면 대개 길이가 더 짧고 품이 넉넉하지 않아 몸에 잘 맞았고, 튜닉 위에 테베나와 같은 클로크를 입기도 하였다(그림 11). 초기에는 여유분이 많은 형태이다가 점차 몸에 맞는 형태가 되었고, 상체 부분이 헐렁한 경우 허리띠를 했다. 기원전

11 ▲
튜닉을 입고 머리 위로 클로크를 쓰고 있으며 앞코가 뾰족한 신발을 신고 있다. BC 550년

?! 에트루리아 복식의 패턴

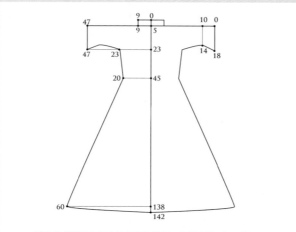

반팔 소매와 종 모양의 치마를 보여 주는 여자 튜닉(그림 12 참고)

12 ▲
튜닉을 입고 있는 에트루리아의
여자 무희. BC 6세기 말

13 ▼
에트루리아 여성의 머리 모양, 테
라코타, BC 530~520년

14 ▼
투투루스를 쓴 여인의 두상. BC

700~575년 사이의 튜닉은 주로 반소매였고, 뒤에 트림이 있기도 했으며 머리 위에서부터 내려 입었다. 이때, 반소매는 기모노 소매와 같은 구성법이었던 것으로 보이고, 튜닉의 치마 부분이 밑으로 내려올수록 넓어져서 종 모양을 이루는 것도 있었다(그림 12). 남자들이 입었던 튜닉의 일반적인 길이는 허벅지까지 오는 것이었고, 그리스의 예식용 키톤과 같이 긴 것도 있었다. 여자들은 남자들에 비해 더 길게, 종아리나 발목까지 오는 길이의 튜닉을 입었으며, 특히 에트루리아 상류층 여성들은 튜닉을 입고 어깨의 앞과 뒤에 프린지나 태슬을 늘어뜨리는 것을 하나의 지위 상징으로 삼았다고 한다.

페리조마

로인 클로스로서, 노동계층에서는 페리조마(perizoma)만, 혹은 셔츠와 비슷한 짧은 튜닉과 함께 입었다.

헤어스타일과 머리 장식   머리 모양은 변화가 많아서 에트루리아인들의 기질을 그대로 나타내고 있다고 할 수 있다. 여자들은 보통 머리카락을 탈색한 후에 뒤에서 한 가닥으로 땋거나 여러 가닥으로 길게 땋아서 어깨 위에 늘어뜨렸다. 가장 멋을 낸 머리는 '바람머리(wind-swept)'였는데, 가운데 가르마를 타고 얼굴의 양쪽으로 머리를 물결지게 내리는 것이었다. 귀 옆으로 구불거리는 머리카락을 늘어뜨리고는 청동이나 금으로 된 핀으로 장식하고, 다시 머리에 딱 맞는 형태의 모자를 관자놀이나 이마에 붙여 쓰기도 했다(그림 13). 남자들은 중간 길이 머리에 뾰족한 형태의 턱수염을 기르다가, 기원전 5세기부터는 머리를 짧게 자르고, 턱수염을 깨끗하게 면도했다. 모자를 일상적으로 쓰고 다닌 것은 아니었지만, 모자 형태는 다양하였다. 대표적으로 에트루리아의 고유한 모자라고 할 수 있는 원뿔 모양인 투투루스(tutulus)가 있었으며(그림 14), 모자의 관이 편평하고 챙이 넓은 그리스의 페타소스와 유사한 형태의 모자도 썼다. 남자들은 보통 관이 뾰족한 형태의 모자를 썼고, 여자들은 주로 관이 둥근 모양의 모자를 썼다. 축제 때에는 남녀 모두 챙이 없는 높은 모자를 썼다.

신 발

에트루리아 복식 중 가장 독특한 것은 신발이다. 기원전 7세기에 에트루리아 인들은 맨발로 다녔지만, 기원전 5세기경 그리스의 영향으로 샌들을 신기 전까지 에트루리아인들의 신발은 소아시아 지역에서 온 것으로 추정되는, 앞코가 올라가고 신발의 뒤가 장딴지까지 올라가 있는, 끈으로 묶는 부츠였다(그림 15). 이 신발은 끝이 뾰족한 모자인 투투루스(tutulus)와 함께 착용되었는데, 복식사학자 한센(Henry Harald Hansen)에 따르면 에트루리아와 고딕시대의 복식에서 볼 수 있듯이, 신발의 길이가 길게 연장된 신발은 높이가 높은 모자와 함께 착용되는 경우가 많다고 하였다. 부츠의 길이는 다양하였으며 앞이 터져 있는 것도 있었다. 샌들과 슬리퍼도 착용되었으며 샌들은 남녀 모두가 신었던 것으로 보이는데, 발목까지 오는 길이, 앞코가 연장되어 위쪽으로 휜 모양의 것도 있었다. 신발은 보통 붉은색, 푸른색, 검은색을 번갈아가며 사용했다. 에트루리아인들의 신발은 아름답기로 유명하여 로마에서도 유행하였다고 한다.

장신구

에트루리아인들은 장신구를 즐겨 착용하였던 것으로 보인다. 장신구 제작 기술도 매우 발달하여 오늘날 제작기술을 밝혀낼 수 없는 것도 있다. 다양한 종류의 목걸이, 귀걸이, 브로치, 피뷸라 등을 착용했으며 수입품도 많이 사용했다. 동물을 새겨 넣은 보석이

15 ▲
바커스신의 여사제로 에트루리아의 전형적인 복식을 잘 보여 주고 있다. 재단된 소매와 동시기의 그리스 복식보다 몸에 더 잘 맞는 실루엣, 관이 높은 모자인 투투루스와 앞코가 뾰족한 신을 신고 있다. 기원전 6세기 말

16 ◀

BC 4세기경의 부유한 에트루리
아 여인의 머리 모양과 장신구 착
용을 보여 주는 그림이다. 귀 옆
으로 구불거리는 머리카락을 늘
어뜨리고, 무늬가 있는 머리망으
로 머리를 뒤에서 고정시켰으며,
금색 나뭇잎이 달린 관으로 장식
했다. 또한 구슬 목걸이를 두 개
하고 있다.

17 ◀◀

동양적 장식의 원반 모양의 금 피
불라, BC 7세기 중반

많으며, 길이가 7.5cm나 되는 귀걸이도 있었다. 짧은 머리에 리본과
깃털 장식을 한 경우도 볼 수 있다(그림 16, 17).

복합적인 문화 특징을 보여 주는 로마 복식

로마의 복식은 그리스의 복식을 계승하면서, 에트루리아를 비롯한 기타 다른 문화의
복식특징을 받아들여 로마답게 발전시킨 것으로, 밖으로 열린, 복합적이고 절충적인
로마 문화의 성격을 보여 주고 있다. 로마 남자들은 튜니카와 그리스의 히마티온과
에트루리아의 테베나의 영향을 받은 토가, 그리스의 히마티온을 계승한 팔리움, 그리
고 그리스의 클라미스를 이어받은 팔루다멘툼을 입었고, 여자들은 그리스의 키톤을
계승한 스톨라, 그리스의 히마티온을 계승한 팔라를 입었다. 로마 복식은 이렇듯, 그
리스의 기본복식을 이어받으면서, 로마의 긴 역사를 통하여 점차 뚜렷해진 사회 계
급의 차이와 부유해진 지배 계층의 과시적인 문화, 그리고 많은 식민지를 통한 외부
문화와의 융합적 특징을 반영하듯, 더욱 복잡해지고, 더욱 과시적으로 변화하였다.

의 복

토 가

토가는 로마 남자 시민의 전형적인 의복으로 초기에는 남녀노소 모두 착용하다가 제정시대부터는 남자 시민만이 토가를 입을 수 있었고, 노예, 외국인, 여자는 토가를 입을 수 없었다. 토가는 그리스 히마티온의 드레이퍼리를 둘러 입는 방식에 에트루리아 테베나의 천의 끝이 둥글게 잘린 조형적 특성이 합쳐진 데에다 로마인들만의 특성을 부여, 발전시킨 것이다. 토가는 튜니카 위에 걸쳐 입었으며, 복식의 형태와 장식, 색채, 입는 방법 등이 다양하였다. 그 크기가 매우 커서, 폭으로는 착용자 키의 약 세 배, 높이로는 착용자 키의 약 두 배에 달할 때도 있었다. 초기 토가는 흰색 모직의 긴 천으로 반원형이었으며, 둥근 끝단을 따라 선을 댄 것으로 비교적 간단한 방법으로 둘러 입었다(그림 18). 그러다가 제정시기가 되어 형태가 달라지고, 부피가 커지면서(그림 19) 두르는 방법이 좀 더 복잡해졌다. 제정 말기에는 천이 길어지면서 몸의 앞뒤로 여러 번 둘러 입었고, 가슴에서 어깨까지의 부위에 대각선의 주름이 여러 겹 생기게 되었다(그림 20, 21). 토가는 색과 장식에 따라 입는 이의 계급을 표시해 주

18 ▲
초기 토가를 입는 방법. 먼저 그림 19의 ①을 무릎 아래에 놓고 ②를 왼쪽 어깨를 지나 뒤 오른쪽 무릎 아래로 떨어뜨린다. 다음은 ③을 오른쪽 겨드랑이 밑과 왼쪽 어깨 위를 지나게 하고 다시 뒤로 넘긴다.

19 ▼
제정시대의 토가는 초기 토가와 기본적으로는 같았으나, 접는 분량을 더 넣고, 그 분량을 접음으로써 더 풍성한 주름을 만들었다.

초기 토가

제정시기의 토가

제정시기의 토가(접은 상태)

20 ▶
티베리우스(Tiberius)상. 루브르
박물관 소장

21 ▼
로마 제정 말기의 토가, 3세기. 로
마, 콘세르바토리박물관 소장

었는데, 다음과 같은 것들이 있었다. 황제나 개선 장군만이 입을 수 있었던 보라색의 토가 픽타(Toga Picta), 황제, 성직자, 집정관 등이 입었던 흰색의 모직에 보라색으로 가장자리에 선 장식을 한 토가 프라에텍스타(toga praetexta), 선 장식 없이 일반 남자들이 평상복으로 착용했던 토가 푸라(toga pura) 등이다. 이처럼 로마시대의 토가는 나중에는 그 어휘 자체가 '로마 시민'이라는 의미를 갖게 될 정도로 로마인의 대표적인 복식이 되었다.

팔라, 팔리움
그리스의 히마티온에 해당하는 것으로 스톨라 위에 착용하였다(그림 22). 드레이프되는 숄의 형태였는데, 여자가 입는 것을 팔라(palla), 남자가 입는 것을 팔리움(pallium)이라 했다. 여자들은 팔라를 입을

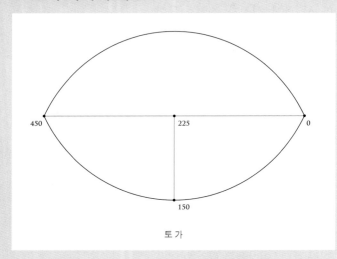

450   225   0

150

토 가

23 ▼
튜니카와 넓은 클라비를 댄 토가
프라에텍스타를 입은 로마인. 폼
페이 베티 하우스(House of Vetti)
의 벽화 중 일부, 1세기

때 토가와 유사한 모양이 되도록 둘러 입거나, 어깨에 편하게 얹거나, 베일처럼 머리에 쓰기도 하였다. 초기에는 남자의 토가와 비슷했으나, 후기로 가면서 형태와 재료가 바뀌어 풍성해졌고, 직사각형이나 타원형이었다. 팔라는 고상한 부인들의 의상으로, 이것을 입지 않고는 대중 앞에 나서지 않았다고 한다.

튜니카

튜니카(tunica)는 T자형의 천 두 장을 앞판, 뒤판으로 하여 꿰맨 간단한 형태의 평면적인 의복을 말한다. 초기 로마에는 두 개의 사각형 천을 목과 팔이 나오도록 구멍을 남겨 놓고 어깨 부분과 옆선 아래를 꿰맨 간단한 형태였다가, 일자형 천에 소매를 달아서 입었으며, 점차 소매 부분이 넓어지고 길어졌다. 옷의 길이는 보통 무릎 아래까지 오는 것이 일반적이나, 발목까지 오게 입기도 했고, 뒷면보다 앞면이 짧은 형태도 있었다. 면, 모 외에 다른 재료들도 쓰였다.

튜니카는 일반적으로 상류층 남자의 속옷이나 잠옷 혹은 하류층 남자들의 일상복이었으며, 입는 계급에 따라서 장식이 더해지기도 하였다. 공식적인 경우에 길고 장식이 많은 튜니카를 입고 그 위에 토가를 걸치기도 하였다. 튜니카의 어깨에서 아랫단까지 댄 색 있는 장식선인 클라비(clavi)는 계급 표시에 중요한 역할을 했지만, 이런 구분은 제정 초기에 사라졌다. 제정시기의 튜니카는 길이가 길어지고, 소매가 달렸으며, 클라비는 단지 장식으로 변했고, 다른 장식이 더해졌다. 노동자들은 길이가 짧은 튜니카를 착용하였다.

여자들의 튜니카는 기본 복식 역할을 하였으며, 실내복으로 많이 입었고, 남자들의 것보다 길었다. 팔꿈치까지 오는 길이와 넓은 품의 소매가 달린 것은 달마티카(dalmatica)라 한다(그림 25).

추운 날씨에는 여러 겹의 튜니카를 겹쳐 입기도 하였다. 겹쳐 입을 때에는 겉에 입는 튜니카의 길이가 더 길도록 입었다. 스톨라 안

24 ▲
무릎 위 길이의 튜니카를 입고 있는 로마의 남자

⁈ 로마 복식의 패턴 2

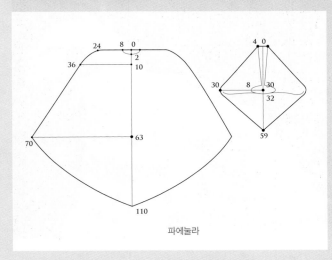

파에눌라

25 ▲
달마티카를 입고 있는 초기 기독
교인, 4세기 말

에 속옷처럼 입은 튜니카 인테리어(tunica interior, 혹은 intima)는, 발까지 오는 길이에 주로 반팔이었다. 초기에는 모직으로, 이후 면과 실크로, 제정시에는 속이 비치는 재료로까지 만들어졌다.

스톨라

남자들이 주로 튜니카를 입었다면 여자들은 스톨라(stola)를 입었다. 스톨라는 튜니카보다 폭이 넓고 길이가 길며, 소매는 더 짧은 로브로, 허리띠를 한 개 내지 두 개 하였다. 그림 26의 스톨라는 그리스의 키톤이 변형, 발전된 것이다. 한 장의 넓은 천을 끌어 올린 후 어깨 부분에서 접어 내려 천의 끝이 허리선까지 내려오도록 한 접힘 부분이 있고, 접혀 떨어지는 천의 앞뒤판을 어깨선에서 수많은 단추로 고정한 것으로 도리아식 키톤 디자인과 이오니아식 키톤 디자인이 결합된 형태이다. 로마의 스톨라 가운데 이오닉 키톤과 유사한 형태의 경우 얇은 직물로 그리스시대보다 더 풍성하게 재단되었기

26 ▶
스톨라를 입고 있는 게르마니쿠스의 아내 대(大)아그리피나, 1세기, 로마 캄피도글리오박물관 소장

때문에 인체에 걸쳐졌을 때 주름이 많이 잡히면서 인체의 형태를 그대로 드러내었다. 스톨라의 밑단에 플라운스, 러플과 같은 주름 장식이 있는 단이 표현되어 있는 조각상들이 많은데, 구체적으로 그 부분이 어떻게 만들어졌는지에 대해서는 알려진 바가 없다(그림 26). 스톨라는 허리에 끈을 묶었을 때 끈이 드러났고 끈에 화려한 브레이드나 보석 장식을 덧붙였다. 스톨라의 끝단에 진주, 금, 스팽글을 달고, 앞트임이 있는 네크라인과 소매 끝에 브레이드를 대어 장식하였다. 로마의 문헌 자료에 의하면 스톨라는 주로 결혼한 여성들을 위한 옷이었으며, 소녀들은 허벅지 중간에 오는 길이의 스톨라와 비슷한 의복을 허리끈을 하지 않고 입었다.

클로크

로마는 그리스보다 추운 날씨로 인하여 클로크가 많이 발달하였다. 후드가 있는 것도 있었다.

파에눌라(paenula)

방한 목적으로 주로 입었으며 반원형의 두꺼운 모직으로 되어 있다. 앞트임과 후드가 있다. 입으면 종 모양이 되었고, 앞트임을 핀으로 여며 입었다. 보통 남자들이 입는 것은 회색, 갈색, 검은색으로, 무겁고 소박한 모직물로 만들어졌다. 클로크 중에서 로마인들이 가장 즐겨 입었던 것으로 보인다.

라세르나(lacerna)

직사각형으로 모서리를 둥글게 했으며 후드가 있다. 라에나보다 더 자주 착용되었다. 흰색에서 자주색에 이르기까지 다양한 색상의 직물로 만들었으며, 비가 올 때나 보온을 위해 토가 위에 입어 보호하는 싸개의 역할을 했다. 길이가 다양하였고, 기원전 1세기부터 제정 시기까지 계속 애용되었다(그림 27).

27 ▼
라세르나를 입은 로마 남성, 2세기 초

라에나(laena)

원형의 천을 반으로 접어 어깨에 걸치고 앞에서 핀으로 여미는 형태이다. 크고 무거우며, 화려한 색상으로 되어 있었다.

비루스(birrus)

현대의 후드 달린 판초와 유사한 형태로 머리 위로 껴입었다.

팔루다멘툼(paludamentum)

흰색, 보라색의 큰 클로크로 오른쪽 어깨에 고정시켜 입었으며, 그리스의 클라미스와 비슷하다. 공화정시기의 장군의 외투였고, 제정시기에는 황제나 장군이 입었다.

군인들의 옷

로마의 군인들은 튜니카 위에 갑옷(body armor)을 입었다. 이것은 가죽띠나 금속판을 직물, 가죽에 붙여 몸판을 만들고 어깨 부분에는 큰 금속판을 달아 몸에 맞게 만든 것이다. 또 직사각형의 가죽판 여러 개를 연결한 넓은 띠를 허리에 걸쳐 몸통 아래 부분을 보호하였다. 다리 부분도 보호대를 착용하였으며, 헬멧을 썼다(그림 28, 29). 추운 기후를 이기기 위해 다리 부분을 천으로 싸매거나, 종아리까지 오는 바지

28 ▼
갑옷을 입고 있는 율리우스 케사르, BC 19년경, 바티칸박물관 소장

29 ▶
로마군인의 갑옷과 헬멧

를 입기도 했다.

로인 클로스
로인 클로스(loin cloth)는 그리스의 페리조마(perizoma)에 해당하는 옷으로, 중상류층 이상 남녀의 속옷이다. 노예들이 일을 할 때도 입었다.

마밀라레어
로인 클로스 외에 여자들이 가슴을 보호하기 위해 착용하던 속옷이 마밀라레어(mamillare)이다. 스트로피움(strophium)이라고 하기도 하며, 운동복으로 착용하기도 하였다(그림 30). 이 외에 로마 여자들의 속옷으로, 안에 입는 튜니카와 짧은 카미시아(슈미즈)가 있었다.

헤어스타일과 머리 장식
로마 남자의 머리 모양은 로마 역사를 통해서 거의 변함이 없었다. 왕정시대에는 머리가 조금 더 길었으나, 대부분의 시기에 남자들은 머리를 짧게 잘랐으며, 공화정시기에는 턱수염이 일반적이었고 제정 시기에는 면도하는 것이 유행하였다(그림 31). 공화정 시기 동안 여자들은 부드럽게 구불거리는 머리 모양을 선호하였으나, 1세기 말이 되자 구불거리거나 땋은 머리, 가짜 머리 등을 올려 세운 머리가 유행하였다(그림 32). 금발이 유행하였는데, 로마인들의 대부분이 짙은색의 머리카락을 가지고 있었기 때문에

32 ▶
1세기말경의 로마 여인의 장식적
인 머리 모양

33 ▼
로마 여인의 머리 모양, 대리석,
90년경, 로마 카피톨리노박물관
소장

탈색하거나 북구인들의 밝은색 머리카락으로 만든 가발을 썼다. 제
정시대 말에는 머리를 땋거나 뒤에서 두 층으로 쌓아 올렸다. 그림
33은 앞머리는 작은 컬이 있는 머리카락을 높게 솟아 오르게 하고,
뒷머리는 위로 둥글게 말아 쌓아 올린 스타일로, 당시의 머리 형태
를 잘 보여 주고 있다.

남자들은 머리에 무엇을 쓰지 않는 것이 일반적이었으나 모자를
쓸 경우에는 페타소스, 후드, 캡을 썼다. 날씨가 좋지 않으면, 토가
를 당겨 썼고 밖에서 일을 하는 남자들은 가죽으로 된 캡이나, 밀짚
모자를 썼다. 반면 로마 여자들은 외출 시에 모자를 쓰는 대신 팔라
나 베일을 머리 위로 둘러썼다(그림 34). 가는 끈이나 귀금속이 박
힌 관을 쓰기도 했다.

신 발 신발은 로마인이 옷을 입을 때 아주 중요한 부분이었다.
아주 간단한 샌들에서 무릎까지 오는 길이의 부츠까지 종류도 매
우 다양하였고, 재료와 색채 또한 다양하였다. 샌들(sandal), 슈즈
(shoes), 이 두 가지의 중간 형태, 높게 끈으로 매는 부츠로 나눌 수

34 ◀
베일을 쓴 로마 여인, 대리석

있다. 남녀 모두 매우 간단한 형태의 샌들을 신는 것이 일반적이었고, 부츠도 착용하였다(그림 35). 여자들의 신발이 남자들보다 더 종류가 적었는데, 여자들은 발목 위로 올라가는 높이의 신을 신지 않았다. 여자들은 금, 진주, 자수 장식이 있는 화려한 신발을 신었고, 실내에서는 문양이 있기도 한 다양한 색상의 슬리퍼를 신었다.

장신구

공화정시대의 남자들은 피불라를 제외한 장신구를 잘 착용하지 않았고, 반지가 남자들의 유일한 장식품이었다. 로마 후기로 가면서 점차 남자들이 여러 개의 반지를 끼거나, 팔찌를 하기도 하였으나, 전형적인 경우는 아니었다. 여자들은 손수건을 가지고 다녔으며, 햇빛을 피하기 위하여 챙이 넓은 모자와 양산을 사용하였다. 여러 가지 장신구 중에서 반지가 가장 많이 착용되었다. 로마 후기로 가면서 로마가 정복한 나라들의 재화가 로마로 쏟아져 들어왔기 때문에 보석은 풍부했고, 심지어 발가락에도 반지를 끼었다. 그 외에도 여자들은 팔찌, 발찌, 목걸이, 귀걸이를 하였다(그림 36). 음각과 양각으로 유명했던 보석 세공기술로 훌륭한 보석 장신구를 많이 남겼다.

36 ▼
로마의 장신구들

T자형의 피불라

브로치(2세기)

팔찌

버클(1~2세기)

피불라(초기)

피불라(3세기)

화 장

남녀 모두 과도하다 할 정도로 사치스럽게 향수를 사용하였다. 납으로 피부미백을 하고, 입술은 붉게, 눈썹은 더 진하게 화장하였다.

귀걸이   훅 앤 아이

피불라(4세기)

영화 속의 복식_〈로브〉, 〈글라디에이터〉

오랜 기간 치렀던 로마의 정복전쟁으로 로마의 많은 군인들이 입었을 갑옷과 왕과 귀족 계급의 토가를 보여 준다. 토가의 천 끝을 따라 색이 있는 선이 둘러져 있다.

로브

글라디에이터

Historical Mode

선이 둘러져 있는 로마의 토가나, 로마 군인의 갑옷의 이미지를 표현하고 있는 현대 패션

주요 인물

율리우스 카이사르 Julius Caesar : 기원전 100~44년

영어로 '시저'라고도 읽으며, 로마의 귀족 가문 출신으로 정치가이자 장군이었으며, 무수한 정복 전쟁을 승리로 이끌어 로마제국의 힘에 의한 세계 평화, 이른바 로마의 평화시대(Pax Romana)의 기초를 마련하였다. "주사위는 던져졌다", "왔노라, 보았노라, 이겼노라"라는 유명한 말을 남겼으며, 정치적 다툼 속에서 왕위를 탐내는 자로 오인받아, 원로원의 공화정 옹호파에게 암살당하면서 "브루투스, 너마저도!"라는 말을 남긴 사건으로 더 유명하기도 하다.

아우구스투스 Augustus : 기원전 63~14년

본명은 옥타비아누스(Octavianus)로, 카이사르의 조카이자, 양자였다. 율리우스 카이사르의 암살 사건 이후 기원전 27년 원로원으로부터 '존엄한 자'라는 의미의 '아우구스투스(Augustus)'로 불리며, 황제의 자리에 올라 고대 로마의 초대 황제가 되었다. 내정의 충실을 기함으로써 41년간의 통치기간 중에 로마의 평화시대(Pax Romana)가 시작되었으며, 이후 약 200년간 로마의 번영이 이어졌다.

칼리굴라 Caligula : 12~41년

로마제국 제3대 황제(재위 37~41년)로 본명은 가이우스 카이사르(Gaius Caesar)이다. 칼리굴라는 그가 어렸을 때 신었던 군화식으로 만든 유아용 구두의 명칭에서 딴 별명이다. 또한 로마 군인들이 신고 다니는 신발 이름이기도 하다. 독재정치로 악명이 높았으며 낭비와 증여로 로마 재정을 파탄에 이르게 하였다. 근위병의 한 장교에 의해 암살되었다고 한다.

네로 Nero : 37~68년

로마의 제5대 황제(재위 54~68년)로 본명은 루키우스 도미티우스 아헤노 바르부스(Lucius Domitius Aheno-barbus)이다. 그의 치세 초기에는 로마의 문화를 크게 발전시켰으나 치세 후기로 가면서 이복동생, 친어머니 등을 살해하고, 그리스도교도들을 향해 대학살을 행하는 등 폭정을 보여 주었다.

Part 2
Medieval Ages

중 세

서양문화의 역사에 있어 중세(medieval ages)는 서로마제국 멸망 후 약 1000년의 시기이다. 복식사에 있어서 중세의 시기 구분은 일반적으로 예술사에서 중세의 예술 양식을 고찰하는 방식에 준거하여, 동방의 지역성에 따라 다른 문화를 형성했던 동로마제국의 비잔틴 복식 양식과 서로마제국 멸망 후 서유럽의 로마네스크 · 고딕 복식 양식으로 나누어진다. 세 양식 모두 공통적으로 기독교 이데올로기를 중심으로 하고 있으나, 비잔틴 양식은 황권과 신권이 결합된 절대적 권력의 황제교황주의 특징을 갖고 있고, 로마네스크 양식은 폐쇄적인 봉건사회와 수도원이 배경이 되었으며, 고딕 양식은 왕권 중심의 사회, 도시와 상인의 출현이 토대가 되어 보다 세속적 특성을 갖게 되는 등 각각 다른 성격을 가진 문화로 나타났다.

Chapter 5

비잔틴

비잔틴 제국은 5～15세기까지 약 1000년에 걸쳐 존재한, 고대 그리스의 도시 비잔

티움을 중심으로 형성된 동로마제국이다. 이는 고대 그리스 · 로마 문화를 계승한

찬란한 문명을 보이고, 동방과 서방을 연결하는 복합적 문화를 형성하며 서유럽의

경제적 성장 이전의 시기에 서방의 중세 문화의 기반을 단단히 다져주는 영향력 있

는 문화로 자리매김하게 된다.

　비잔틴 복식은 형태상 두 겹의 튜닉(tunic)형과 망토(cloak)형의 과거 로마 복식에

서 크게 벗어나지 않고 지속되었으며, 단지 화려하게 빛나는 고급 직물과 트리밍에

있어 큰 차이를 보인다. 무엇보다 기독교 이데올로기의 영향으로 인해 신체 은폐의

추상적이고 정적인 조형과 빛의 미학을 통해 초월적인 순수한 정신성을 구현하고

자 하였던 점이 비잔틴 복식의 가장 뚜렷한 특징이라 할 수 있다. 특히, 비잔틴 복식

의 풍부한 색감과 화려한 소재 사용은 서유럽 중세 복식에 지속적인 영향을 주었다.

◀ 12세기 전반 그리스도 아이콘 모
자이크

사회문화적 배경
비잔티움, 동방의 고대 그리스 · 로마 문화유산

서양 문화의 역사에 있어 중세는 서로마제국 멸망 후 약 1000년의 시기이다. 395년 양분된 로마제국 중 1453년까지 지속된 비잔티움을 중심으로 한 동로마제국은 서로마제국 멸망 이후 혼란기에 있던 서유럽 지역에 비해, 로마제국의 계승자로서 발달된 문명의 통합된 제국의 형태로 명맥을 유지했다. 그러나 이들이 속한 영토가 모두 동방지역에 속한 곳이어서 서서히 동방과 이슬람의 영향을 받은 문화로 바뀌어 간다.

고대 그리스 · 로마 문화의 계승 및 전달

비잔틴제국은 로마제국이 동 · 서의 두 제국으로 분리되면서 고대 그리스의 도시 비잔티움(Byzantium ; 콘스탄티누스 대제의 이름을 따서 콘스탄티노플, 후에 이스탄불로 변화)을 중심으로 형성된 동로마제국을 뜻한다. 330년 콘스탄티누스 대제에 의해 기독교를 공식 종교로 공인하였으며 유스티니아누스대제(AD 527~565) 때 전성기를 구가하다가, 1453년 투르크에 의해 멸망할 때까지 약 1000년간 지속되었다. 특히, 유스티니아누스 대제 시대에는 대제국을 형성하였는데, 당시 비잔틴제국의 영토는 발칸반도에서 다뉴브 강, 남 스페인에 이르는 유럽과 소아시아, 시리아, 팔레스타인 그리고 이집트, 북아프리카에 달하는 광대한 지역까지 이르렀다(그림 1).

당시 서로마제국의 멸망과 게르만족의 대이동에 따른 서유럽 지역의 혼란에 비하여 비잔틴제국은 지중해 유역에 위

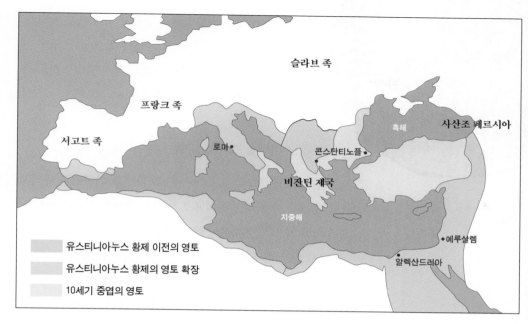

범례:
유스티니아누스 황제 이전의 영토
유스티니아누스 황제의 영토 확장
10세기 중엽의 영토

01 ▲
AD 6세기 유스티니아누스 대제
하의 비잔틴 제국의 영토

치해 있는 유일한 국가체제를 갖추고 있는 제국이었다.

호전적이었던 게르만의 원시적 문화에 비하여, 경제적 부국이었던 동로마제국의 발전된 문명은 서유럽 문화의 경제적 성장 이전의 암흑기인 중세 초·중기에 전 유럽에 걸쳐 서방 중세 문화의 기반을 단단히 다져주는 지배적인 문화로 자리매김하게 된다.

동로마제국 비잔틴의 콘스탄티누스 대제와 그 후계자들은 자신들을 비잔틴 황제로만 여기지 않고 '로마인의 황제'로 자처하면서, 동방에서 로마제국을 계승한다고 생각하였다. 따라서 비잔틴제국에서는 고대 지중해 세계에서 중요한 언어로 자리매김하고 있던 라틴어, 그리스어를 공통 언어로 사용하였으며, 콘스탄티노플 대학에서는 고대 문화유산을 존중하는 현학적인 분위기가 조성되었다. 비록 투르크족과의 전쟁, 십자군 원정에 의해 많은 서적과 예술 작품들이 파괴되기는 했지만, 비잔틴의 석학과 필경사들의 노력에 의해

02 ▲
파리국립도서관에 전시되어 있
는 레오 3세의 금화

비잔틴은 고대 그리스·로마 문화를 계승하는 유럽 문
명사의 중요한 고리가 되었고, 나아가 아랍 회교도 세
계에 전파되는 그리스 라틴 유산의 역사에 있어서도 중
요한 위치를 차지하게 되었다.

기독교 이데올로기의 지배
콘스탄티누스 대제가 330년
기독교를 공식 종교화한 이후 비잔틴 사회에서 기독교는 공식적
인 만인의 종교로서 지배적 이데올로기였다. 황제는 신이 선택한 인
물로서 정치와 종교 양면에서 숭배의 대상이었다. 이는 교회를 관장
하는 것 역시 바로 황권의 본질이라는 황제-교황주의를 뜻하였다.
비잔틴 문화의 특이한 국가체제, 즉 절대적 성격의 황제의 위상이
핵심이 되는 체제에 의해 종교는 국가 체제의 일부가 되었으므로 나
라와 종교, 세속과 신앙 사이의 구별이 없었다. 당시 금화는 군주의
절대권을 나타내는 중요한 상징물로 사용되었는데, 금화의 뒷면에
는 당대를 지배하는 황제가, 앞면에는 십자가, 성모, 그리스도가 새
겨져 있는 것을 보아서도 그 사실이 입증된다(그림 2, 3).
한편, 예술에 있어서는 기독교 이데올로기에 따라 하늘과 땅, 정
신과 물질이 대립하는 이원적인 세계관이 형성되었고, 정신을 표상
하는 성화상 아이콘(icon)은 물질을 묘사하는 조형적인 사실성을
멀리한 새로운 장식개념에 맞추어 제작되었다. 따라서 비잔틴 예술
은 물질을 우상으로 간주할 수 없도록 평면적인 경향과 화려한 색채
와 금박의 장식적 성향을 지닌다.

03 ▲
유스티니아노스 2세 주화로 한
쪽 면에는 그리스도, 다른 면에
는 황제의 형상이 있다. 이때는
황제를 지상의 그리스도로 간주
하였다.

유럽과 아시아의 교차로로서 복합적 문화의 발달
비잔틴제국은
마르마라해와 흑해를 가르는 해협 보스포루스의 서안 입구, 즉 동

양과 지중해 사이의 해상로와 유럽과 아시아 사이의 육상로의 교차로에 위치하고 있어, 페르시아, 아랍, 불가리아, 투르크 등의 외침이 항상 끊이지 않았다. 반면에 지정학적 이점에 따라 1200년까지 지중해 경제 무역의 중심지로서 자리매김하였으며, 교역을 통해 국부 신장을 이루었다. 극동에서는 진주, 실크, 향료, 시리아에서는 양탄자, 포도주, 비단, 러시아 남부에서는 밀, 건어물, 꿀, 모피류 그리고 이탈리아·유럽에서는 금속, 술, 직물 등이 유입되었다.

한편, 교차로의 특성상 주변 문화의 영향 역시 받게 되어, 당시 교세를 확장하고 있던 동방의 이슬람 문화로부터 영향을 받게 되었다. 이슬람 문화는 그리스, 시리아, 페르시아, 인도의 전통을 종합하였고, 특히 의학, 천문학, 항해술, 수학은 최고의 수준을 자랑하였으며 미술과 건축에 있어서도 수준 높은 문화가 발달하고 있었다. 예술적 업적은 특정 민족이나 국가 차원에서는 거둘 수 없는 수준으로서, 종교를 통해 하나로 묶이고 다듬어진 정도였는데, 특히 장식미술이 크게 발달하였다. 비잔틴의 예술은 기독교 이데올로기를 반영함과 동시에 이러한 이슬람 예술의 영향도 지속적으로 받게 되었다. 따라서 비잔틴의 예술 문화는 그리스·로마 문화를 기조로 하고, 여기에 기독교 이데올로기, 동방적인 문화가 가미된 복합적 성향을 지닌다. 6세기 유스티니아누스 황제가 지은, 하기아 소피아(Hagia Sophia) 성당은 금색 잎사귀 장식, 유색 대리석, 유리 모자이크 등의 화려한 내부 장식과 함께 둥근 아치, 돔으로 이루어져 있는데, 이러한 비잔틴 문화의 복합적 성향을 잘 반영한다.

장식미술의 발달

비잔틴의 예술은 기독교, 이슬람, 동방의 영향으로, 고대 그리스의 순수 조형미를 상실하고 그 대신 표면, 배경에 패턴물을 사용하는 등 호화로운 경향을 보인다. 비잔틴 미술의 특색을

04 ▲
939개의 진주와 67개의 보석으로
장식한 붉은 벨벳의 기록판(Dip-
tych, 1382~1384)의 안과 겉

가장 잘 표현하고 있는 분야는 화려한 장식미술이다(그림 4).

비잔틴의 궁전과 성당 내부는 대리석 및 모자이크, 칠보 등으로
다채롭게 장식되어 있어 화려함의 극치를 잘 보여 준다. 또한 금은
세공품, 비단, 부조된 상아제품, 채색·세밀·삽화·필사본 등도 비
잔틴 미술의 화려함을 보여 주는 예술품들이다. 특히, 비잔틴 미술
세계에서 건축 양식과 일체를 이루면서 성당을 아름답게 장식해 줄
뿐만 아니라 종교적 의의를 드높여 주는 것은 바로 모자이크이다.
모자이크는 사방으로 빛을 발산하여 천상의 빛이 비추는 것처럼 어
두운 성당 내부를 환하게 만들어 주며 빛의 미학의 비잔틴 예술을 대
표적으로 잘 나타내 준다.

복식미
기독교 이상을 담은 딱딱하고 빛나는 조형

비잔틴 복식은 인체의 움직임과 옷감의 흐름에 따라 자연스러운 인체미를 표현하던
그리스·로마 복식에 비하여, 머리부터 발끝까지 신체를 은폐할 뿐 아니라 신체의 라
인을 인식할 수 없는 딱딱한 형태, 황금과 보석의 화려하고 빛나는 색채와 소재, 상징
적 도상의 문양 등을 통해 기독교 이데올로기를 강하게 표현하는 복식미를 보여 준다.

신체 은폐의 추상적이고 정적인 조형 인체와 의복의 조화를 추구
하는 이전 시대의 복식과는 달리 비잔틴 복식은 기독교의 영향으로 신체
를 은폐하는 복식미를 추구하였으며 드레이퍼리 양감에 의한 입체적인
표현보다는 추상적이고 정적인 조형의 흐름으로써 형태감을 나타냈다.

비잔틴 의상은 단순한 재단선을 갖고 있어 그 패턴은 간단하지만, 그
렇다고 해서 의상제작이 용이했음을 의미하는 것은 아니다. 비잔틴 의
상의 매력은 사용된 직물, 색상, 장식에 있어서의 화려한 기교이다. 황
실과 궁정, 교회 권위자들의 의상에 두껍고 무거운 실크와 자수, 보석
장식을 사용함으로써, 드레이퍼리의 부드러움을 상실하고 딱딱한 형
태, 다채로운 색상과 반짝거리는 장식, 장식적 모티프의 특징을 갖는다.

빛의 미학 중세인들은 흔히 신을 빛의 관점에서 생각하곤 했다. 임
영방에 의하면 비잔틴 미학은 정신주의적·상징적 성격, 비가시적인
것을 보도록 하고 더 나아가 제작된 종교적 영상이 보이지 않는 것의
영상임을 이해시켜야 했다. 이를 돕기 위해 특수한 표식으로 고안해
낸 방법이 신을 광채 속에 나타내어 보여 주는 것이었다. 비잔틴 복식
의 찬란한 빛의 미학은 이러한 시각에 기인한 것이었다. 이는 독특하
고 화려한 장식의 비잔틴 실크에 의해 잘 표현되었다. 실크는 550년
페르시안 수도승에 의해 대나무 관 안에 넣어 밀수되었으며 이후 콘
스탄티노플의 수공업에서 가장 중요한 산업이 되었다. 비잔틴 실크의
특징은 단독적으로 실크 자체로만 이루어진 것보다는 금사와 실크가
혼합된 것이라 할 수 있다. 즉, 그리스·로마에서는 무지 실크를 사용
한 것에 반해, 비잔틴에서는 금직, 자수, 반짝거리는 디테일의 진주,
보석, 금속판 장식을 사용하며 찬란한 조형적 효과를 주었다. 비잔틴
실크는 왕의 하사, 십자군에 의한 확산 등을 통해 서유럽에 영향을 주
어, 교회의 성물 포장, 종교의상, 또 일부 상류층 의상에 도입되었다.

기독교적 도상의 상징성 비잔틴 복식은 기독교의 영향으로 신체를 은폐하는 복식미를 추구하며, 아울러 원(영원한 평안 상징), 양(그리스도), 비둘기(성령), 십자(기독교 신앙), 성화의 장면 같은 기독교의 상징 문양들을 사용하였다. 아마시스(Amassis)의 아스테리오스(Asterios)에 따르면 그 당시 그리스도의 일상을 담은 자수로 된 의상을 입고 다니는 부유한 사람들에 대해 '걸어 다니는 벽화(walking wall-painting)'라고 했을 정도이다.

비잔틴 복식의 상징적 도상들은 카타콤바(catacomba)의 벽화, 즉 초기 기독교 미술에 근원한다. 카타콤바 벽화에서의 모든 그림들은 그리스도교를 알려 주는 상징표시이다. 예를 들어, 물고기 형상은 인간을 구원해 주는 예수 그리스도를 상징하는 것으로 풀이된다. 이로 인해 그리스도교 박해시대에 물고기 형상은 신자들 간에만 소통되는 비밀스러운 암호였고 또한 성체 성사의 상징이었다. 비둘기에 대해서는 몇 가지 의미가 있었다. 대홍수 후에 노아에게 돌아온 비둘기는 평화의 상징, 예수가 세례 후 나타나는 비둘기는 하느님의 사랑을 표시하는 상징이었다. 닻은 위험 속에 희망과 구원을 상징하는 것과 같이 하느님이 인간을 구원해 주신다는 소망으로 받아들여졌고 어린 양은 구원자로서의 양을, 양들의 무리는 그리스도교 신자들을 상징했다.

복식의 종류와 형태
화려한 표면 장식의 두 겹 복식

비잔틴 복식의 자료는 고대유물의 보존지인 콘스탄티노플, 라베나 등의 성당의 모자이크, 동판, 상아 조각, 필사본 등에서 잘 나타난다. 유럽 패션의 중재자의 역할을 하여 바튼(Barton)에 의해 '중세의 파리'라고 일컬어진 비잔틴 복식의 전반적 특징을 살펴보면, 두 겹의 튜닉형과 망토형으로 과거 로마 복식의 형태에서 크게 벗어나지 않고 지속되었으며, 단지 화려하게 빛나는 고급 직물과 트리밍에 있어 큰 차이를 보인다. 비잔틴시대 역시 고대 복식과 마찬가지로 남녀 공용으로 입은 복식의 형태가 많았다. 그러나 기독교의 영향으로 그리스 · 로마보다는 신체, 사지, 머리를 보다 많이 은폐하는 형태가 많았으며, 금 · 은, 진주, 보석 장식의 동방적 특징을 볼 수 있다.

의 복

언더 튜닉

비잔틴시대에는 주로 두 겹의 튜닉을 겹쳐 입는 더블-레이어드 튜닉(double-layered tunics) 경향이 있었다. 이 중 언더 튜닉(under-tunic)은 안에 입는 몸에 맞는 긴 소매의 튜닉으로, 후에 셔츠(shirt), 슈미즈(chemise)로 변화하였다.

튜 닉

튜닉(tunic)은 가장 기본적인 의상으로 낮은 계층에게 있어서는 일상 의상, 상류계층에 있어서는 화려한 의상으로 나타나고 있다. 후기 로마 남자의 튜니카(tunica), 여자의 스톨라(stola)와 유사한 형태이며, 그렇게 불리기도 했다(그림 5). 무릎 바로 아래부터 발목까지

05 ◀
6세기 흰색 언더 튜닉 위에 짧은 소매의 장식적인 스톨라와 어깨에 흰색 팔라를 두르고 있는 성녀들의 모습(라베나 성 아폴리나르 교회 모자이크)

길이가 다양했으며, 언더 튜닉에 비해 좀 더 짧고 풍성한 소매를 가진 겉옷으로 입혀졌다. AD 1000년경 이후에는 좀 더 몸에 맞는 형태로 실루엣이 변화하였으며 장식성이 증가했고, 소매 형태의 다양화로 가짜 장식 소매인 헹잉 슬리브(hanging sleeve), 끝으로 갈수록 넓어지는 깔때기 형태의 소매가 나타나기도 했다.

비잔틴 튜닉의 특징은 자수, 아플리케, 태피스트리, 보석의 선 장식인 클라비(clavi)나, 장식보인 라운델(roundel), 타블리온(tablion)의 트리밍 등으로 화려해졌다는 것과 AD 1000년경 이후에는 전면적인 화려한 패턴물이 사용되었다는 점이다(그림 6).

06 ▶
11세기 꼭 맞는 소매의 언더 튜닉, 그 위에 장식적 요크, 보석 밑단 장식이 있는 전면적 무늬의 겉 튜닉을 착용하고 있다. 비잔틴 후반으로 갈수록 동방의 영향으로 전면적인 무늬가 있는 직물이 많이 나타났다.

07 ▶▶
클라비가 있는 달마티카를 입고 있는 마태 아이콘. 오흐리드 아이콘 갤러리 소장

08 ▲
14세기 바티칸 사제의 달마티카
의 앞뒤. 이러한 화려한 달마티카
는 축제 때 착용되었으며, 예수와
제자 이야기를 담고 있다. 오랫동
안 샤를마뉴 대제의 달마티카로
알려져 있었다고 한다.

달마티카

달마티카(dalmatica)는 로마의 달마티카 지역에서 3세기경에 들어
온 소매 달린 튜닉의 일종이었다. 원래 기독교인들의 상징적 의상으
로서 모자이크 성자 복식에서 많이 등장했다. 벨트 없이 입는 드레
이퍼리가 많은 풍성한 의상이며 수평적 보트 네크라인과 클라비, 소
맷단과 옆트임 등의 선 장식이 특징이었다(그림 7). 이후 차차 사제,
왕의 복식으로 착용되면서 화려해졌다(그림 8).

바 지

다리를 감싸는 형태의 하의로 페르시아, 메데 등의 동방 지역, 훈족
등 북방계 야만인의 의상에서 유래되었다고 한다(그림 9). 브리치즈
(breeches)와 호즈(hose)의 두 가지 형태로 나타난다.

　브리치즈는 무릎 아래 부분이 좀 더 풍성한 바지 형태로 튜닉 아
래에 입었고, 켈트 족의 용어로는 브라코(bracco), 프랑코족 같은 경
우 이를 브레(braies)라고 불렀다.

　이에 비해, 호즈(hose)는 현대의 스타킹처럼 몸에 꼭 맞게 만들어

9 ▶
6세기 비잔틴 남성의 브리치즈, 페
르시아의 바지와 유사하며 화려한
패턴물, 자수를 사용하였다.

진 양말로, 기하학적 패턴물이 많았는데, 라틴계, 튜톤족의 경우 이를 호사(hosa)라고 불렀다.

바지와 관련된 새롭고 기이한 하위 문화 패션으로, 4세기 말~5세기 초에 로마, 콘스탄티노플에서 일부 퇴폐적인 댄디들에 의해 튜톤족의 의상을 모방하여 털 장식의 튜니카, 헐렁한 브리치즈, 긴 머리, 야만적 장식품들이 잠시 유행했다고 한다.

팔루다멘툼

상류층 남자, 황비가 입는 남녀 공통의 망토형 의복으로 실내·외 모두에서 착용되었다. 오른쪽 어깨에 큰 장식의 브로치로 고정하였는데, 후에 중심을 고정하는 반원의 망토형으로 대체되었다. 팔루다멘툼(paludamentum)에는 커다란 사각형의 타블리온 장식이 많이 사용되었는데, 이는 대비되는 색상, 원단, 보석 자수 장식 혹은 브로케이드로 만들어진 일종의 동방의 흉배와 같은 장식으로 황실, 고위귀족에게만 사용되었다.

팔리움, 팔라

로마시대 남자의 팔리움(pallium), 여자의 팔라(palla)와 유사하지만, 이전보다 뻣뻣한 소재에 안감을 넣어 만들었다. 후기로 가면서 반원형의 네크라인에, 가운데 부분에 브로치로 고정하는 방식으로 바뀌었다.

로 룸

로룸(lorum)은 로마 토가(toga)에서 유래된 관리, 황제, 황비의 공식적 상징물로 상당량의 진주와 순금, 보석 장식이 있는 길고 좁은 스카프 형태였다. 초기에는 앞 중심에서 시작해서 어깨를 감싸는 형

10 ▲
니케포루스 포카스 황제의 장식적인 비잔틴 튜닉과 로룸

11 ▼
10~12세기로 추정되는 비잔틴 스타일의 성 미카엘 천사의 동판화. 소매와 밑단에 선 장식이 있는 발목길이의 튜닉 위에 보석 장식의 로룸을 두르고, 호즈를 입고 있는 모습이다.

🢖 비잔틴 복식의 착장법과 패턴

로룸을 입는 방법
A → B → C에서 매듭을 걸어 D → C 매듭 사이를 통과한 다음 E → F → G 순서로 착용을 한다.

A 개더

브리치즈
(2장 재단)

B

C

브리치즈 패턴

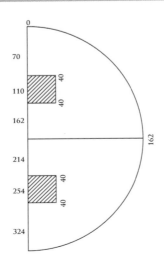

타블리온 장식이 있는 팔루다멘툼 패턴

이다가 서서히 머리 부분의 오프닝을 가진 칼라처럼 보이는 구조의 단순한 패널로 바뀌었다. 폭은 약 9~12인치 정도였고 길이는 5.5m 정도로, 특히 8~12세기에 많이 착용되었다고 한다(그림 10~11).

샤쥐블

원래 로마인이 여행 시 착용했던 후드 달린 망토인 페누라(paenula) 의 일종에서 기원을 찾을 수 있다. 하지만 샤쥐블(chasuble)은 후드 의 크기가 줄고 방패형의 자수 있는 형태로 바뀌다가, 후에 울 밴드 의 십자가 장식이 있는 형태로 변화하였다. 처음에는 주름이 많다가 서서히 정형화된 형태를 갖추게 되었다(그림 16).

12 ▲
5세기 비잔틴 귀족여인의 흉상. 클로이스터 박물관 소장(할렘의 클로이스터는 메트로폴리탄 박물관의 분관으로 중세식의 건축물 안에 중세의 예술품만을 소장한 컬렉션으로 유명하다)

헤어스타일과 머리 장식

비잔틴시대에는 터번, 관, 베일 등을 머리에 쓰는 것이 유행하여, 헤어스타일이 잘 드러나지 않는다. 남자는 로마식의 앞머리가 짧은 단발형에 깨끗하게 면도했는데, 후기에 가면 턱수염을 기르기도 했다. 여자는 로마처럼 땋아서 묶거나 올린 형이었는데, 여자의 경우 특히 머리 장식으로 은폐하는 경향이 강했다.

황실에서는 스테파노스(stephanos, 그림 16, 17), 타이어형의 밴드 왕관 등을 많이 착용하였다. 스테파노스는 동방적 모드의 영향을 받은 진주 면류가 있는 보석 왕관으로 스테마(stemma)라고도 불렀다. 그 밖에 남자의 경우 이전 시대의 페타소스(petasos), 쿠쿨루스(cucculus), 피리지언 캡(phrygian cap) 등을, 여자의 경우는 터번(그림 12)이나 베일을 착용하였다.

신 발

비잔틴의 신발은 샌들, 슈즈, 부츠형이 있었고 로마의 것보

13 ▲
12세기 세공 금반지(키에프(Kiev)
발굴지)

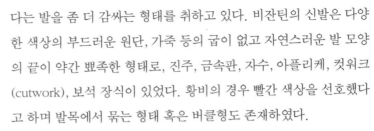

다는 발을 좀 더 감싸는 형태를 취하고 있다. 비잔틴의 신발은 다양한 색상의 부드러운 원단, 가죽 등의 굽이 없고 자연스러운 발 모양의 끝이 약간 뾰족한 형태로, 진주, 금속판, 자수, 아플리케, 컷워크(cutwork), 보석 장식이 있었다. 황비의 경우 빨간 색상을 선호했다고 하며 발목에서 묶는 형태 혹은 버클형도 존재하였다.

장신구

비잔틴시대의 장신구는 부속물로서가 아니라 옷의 일부로 중요했다. 특히, 황금이 중요했으며 선호된 보석은 에메랄드, 사파이어, 루비, 다이아몬드였고 그 외에 진주가 다량으로 사용되었다. 특히, 세공의 발달로 모자이크 기법이나 구리를 같이 사용한 세공기법 등이 많이 사용되었다(그림 13). 비잔틴시대의 장신구에는 왕관, 슈퍼 휴메랄(superhumeral), 귀걸이, 팔지, 반지(그림 14), 피블라, 브로치, 허리띠, 홀 등이 있다.

14 ◀
14세기 비잔틴 황실과 비잔티움의 상징 독수리 문양의 테오도라 여왕 반지, 황실의 정통성 확인과 보호의 목적으로 사용되었다.

렐리쿼리
성물로서 중요한 의미가 있는 보석 장식의 비잔틴의 십자가를 렐리쿼리(reliquary)라 한다(그림 15).

슈퍼휴메랄
페르시아의 영향을 받아 어깨를 덮는 넓은 칼라 모양의 보석 장식 목걸이로 마니아키스(maniakis)라고도 불리는데, 이는 이집트의 파시움(passium)과 유사해 보인다(그림 16, 17).

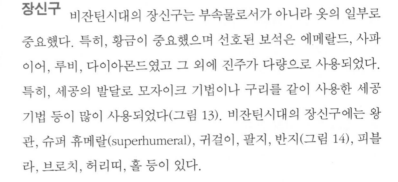

15 ◀
보석과 다색 에나멜 장식의 금 십자가 가슴 장식(pectoral), 모스크바 아모리(Armory) 컬렉션

16 ◀
성 비탈레 성당의 모자이크로 왼쪽부터 황제 근위병, 튜닉, 장식 없는 타블리온이 패치된 팔리움 차림의 두 명의 귀족, 스테파노스, 튜닉과 팔루다멘툼 차림의 유스티니아누스 황제, 그 옆에는 달마티카와 샤쥐블을 입고 있는 두 명의 사제들이 표현되어 있다. 특히, 교회에 봉헌물을 헌납하는 대제의 복식은 공식 복장이다. 흰색의 진주, 빨간 원 안에 파란 오리의 실크패널의 자수 장식의 비잔틴 튜닉, 자주색의 팔루다멘툼, 자주색 실크 호즈 차림을 하고 있다.

17 ◀
성 비탈레 성당의 모자이크로 왼쪽부터 튜닉, 타블리온이 있는 팔리움을 입은 두 명의 환관, 스테파노스, 슈퍼휴메랄, 스톨라에 팔루다멘툼 차림의 테오도라 황비, 장식적인 스톨라, 팔라를 입고 있는 네 명의 궁중여인들이 표현되어 있다. 황비는 실크 스톨라, 자수(점성가들이 선물을 헌납하는 장면)가 있고 안감이 푸른색인 자주색 팔루다멘툼, 보석 장식의 빨간 슈즈 차림을 하고 있다.

18 ◀
하기아 소피아 성당의 모자이크로 오른쪽이 스테파노스, 화려한 두겹의 튜닉, 로룸을 걸치고 있는 조에 황비(1042~1055)를 담고 있다.

화 장 회화를 통해 볼 때, 비잔틴의 이상적인 얼굴은 긴 타원형의 얼굴, 커다란 눈, 둥근 눈썹이었다. 비잔틴의 경우 미에 대한 관심이 상당해서, 미인대회를 통해 황비를 간택했었다고 하며, 비잔틴 여성들은 포마드와 온갖 종류의 화장품을 사용했다고 한다. 특히, 조에 (Zoe)황비(그림 18)의 경우 에디오피아, 인디아에서 젊음과 날씬함을 유지하는 묘약을 수입하여 50세에도 30대로 보이는 영원한 젊음을 구가했고, 피부보호를 위해 외출을 삼갔다는 기록이 있다.

Historical Mode

현대 패션디자인에 있어서는 비잔틴 복식의 화려한 표면 장식, 렐리쿼리, 스테파노스, 성화를 이용한 디자인 디테일이 활용되고 있다.

주요 인물

유스티니아누스 대제 Justinian

비잔틴제국의 위대한 황제로 평가되는 유스티니아누스 1세는 옛 로마제국의 재건과 그 정통성을 계승하고자 하였으며, 기독교를 널리 확산하고자 노력하였다. 6세기 다뉴브 강, 남 스페인에 이르는 유럽과 소아시아, 그리고 북아프리카에 달하는 광대한 지역에 영토 확장을 통해 비잔틴제국의 전성기를 이루어 냈다. 이 외에 로마법을 성문화하여 체계적으로 정리하였으며 도로, 의료시설, 성당 등의 건설, 문화진흥에도 힘써 당대에 큰 영향력을 끼치게 된다. 특히, 성 소피아 성당을 재건한 업적으로 유명하다.

유스티니아누스 대제의 스테파노스,
여기서 후광은 천구(天球)를 상징한다.

테오도라 황비 Theodora

테오도라 황비는 곰 사육사의 딸이자 누드 댄서였는데, 뛰어난 미모의 소유자였다고 한다. 신분 차에도 불구하고 유스티니아누스대제에게 법을 수정하도록 하여 황비에 등극했다. 테오도라 황비는 황제의 분신으로 왕성한 활동을 보였으며 비천한 신분에도 불구하고 532년 니키의 반란 중에 "자줏빛은 아름다운 수의다" 라는 구호하에 대제를 구명하였으며, 비잔틴 실크 제조에 일익을 담당하는 등 황비로서 당당히 자리매김을 했다.

스테파노스, 슈퍼휴메랄, 펜던트 귀걸이의 테오도라 황비

Chapter 6

로마네스크

로마네스크 복식 양식은 게르만의 대이동과 서로마제국의 와해 이후 서유럽의 새

로운 문화의 기틀이 성립되는 900~1200년 사이의 양식이며 로마 양식에서 유래

됨을 의미한다. 중세 서유럽은 동방의 이슬람과 동로마제국 비잔티움으로부터의

영향과 동시에 그리스, 로마, 그리스도교 그리고 여기에 게르만 전통이 독특하게

융합된 문화를 발전시켰다. 따라서 복식 양식에 있어서도 이러한 다양한 이질적 문

화 융합의 특성이 반영되어 나타났다.

로마네스크 복식은 그리스 · 로마 복식과 게르만 복식의 결합, 그리고 비잔틴, 동

방 영향의 복합적 성향을 갖는다. 남쪽 그리스 · 로마의 부드러운 드레이퍼리형의

복식에 북쪽 게르만족의 신체밀착형 바지, 털 장식, 레이어링 착장기법이 결합되어

나타났고 여기에 교역을 통한 비잔틴, 동방의 영향이 접목되었다.

◀ 구약 장면을 당대 복식으로 묘사
한 13세기 필사본

사회문화적 배경
서유럽 문명의 본격적 태동

서유럽의 중세는 게르만의 대이동과 서로마제국의 와해로부터 시작된다. 소왕국이 형성되면서 새로운 문화의 기틀이 설립되는 9세기까지는 소위 문화의 암흑기로 간주된다. 이에 본 장에서는 이 부분에 대해 앞서 간략하게 다룬 다음 10세기 이후 안정된 서유럽 문명의 본격적 시작, 특히 예술 양식과 연계되어 설명되는 개념인 로마네스크 양식에 대하여 살펴보고자 한다.

게르만족의 대이동과 소왕국 형성

2000여 년 전 북부 추운 지방에 거주했던 게르만족들은 로마제국과 지중해의 따뜻한 남쪽 삶을 동경하며 점차 남하하였다. 수세기에 걸친 게르만의 대이동에 따라 서로마제국이 멸망하고, 유럽은 여러 민족들에 의한 소왕국 성립의 혼란기를 거치면서 점점 중세 서유럽 국가 체제로 편성된다(그림 1). 게르만인들은 토착민과 함께 정착하면서 기독교로 개종하여 기독교 왕국을 성립하였고 점차 동로마제국과 따로 유리되어 다른 정치·사회·문화 체계를 전개한다. 그 중 프랑크족의 왕조인 메로빙(Meroving) 왕조, 뒤를 이은 카롤링(Carolingian) 왕조의 샤를마뉴(Charlemagne) 대제 통치 시기에 와서야 비로소 서유럽은 비교적 안정기를 맞이하게 된다. 샤를마뉴 대제 집권 말기 프랑크 왕국은 오늘날의 프랑스와 베네룩스 3국, 독일의 대부분과 오스트리아, 스위스, 이탈리아 북부와 중부 및 스페인 북동부 지방에 이르렀다. 그러나 프랑크 왕국은 초기부터 로마제국처럼 조직

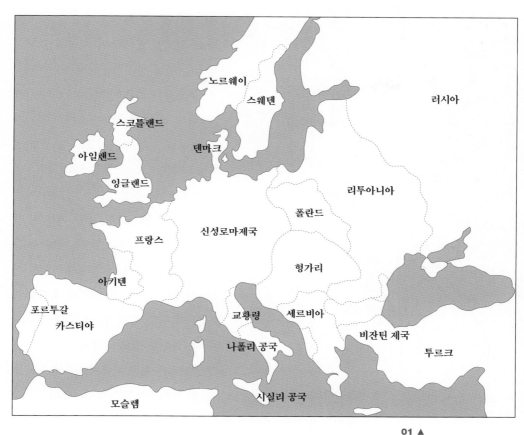

01 ▲
14세기 중반까지 편성된 서유럽
국가의 주요한 정치적 경계선

체계와 군사 기구를 체계적으로 발전시키지는 못했다. 카롤링 왕조
가 바이킹, 사라센의 공격에 의해 붕괴되자, 중앙 통제의 정부, 법,
질서가 사라지게 됨에 따라 군사력에 의한 통제의 필요에서 출발한
사회통제시스템인 봉건제가 대두된다.

중세의 사회 · 통치 구조 : 봉건제와 장원제 시스템 봉건제는 군

주와 봉신 사이에 성립된 주종의 제휴 관계에 기초한 것이다. 중세
의 군주는 하나의 왕국으로 결집할 강성한 경제, 군사력이 없었으므

02 ▲
중세 장원 도면

로 귀족들, 즉 봉신에게 충성 맹세를 받고 영토를 분배하여 지엽적인 통치 방식을 통해 지배력을 구축했다.

봉건제와 공존한 것은 장원제인데(그림 2), 이는 하나의 마을에서 펼쳐지던 일종의 생활 양식이었다. 중세의 시골 공동체는 이러한 장원제의 틀에서 움직였다. 이는 신앙생활을 이끄는 마을 중심에 위치한 교회, 공동 제분소, 양조장 등과 농지와 목초지, 공동 숲 등으로 구성되었다. 장원제의 틀에서 신분체계는 확고하게 뿌리내리고 있었고 신분에 따라 주어지는 권리와 의무도 각기 달랐다. 영주는 영토 내에서 절대 권력자였으며 그 아래 군사적 통치를 위해 기사(knight), 노역과 충성을 제공하는 농노가 하위 사회구성원을 형성하였다.

훈련된 군인인 기사는 상류층 출신으로서 말, 병기를 다루는 법뿐 아니라 체스, 문학 등의 교육을 받았다. 이들은 20세에 예식을 거쳐 훈련받은 엘리트 군사 전문가이자 봉건 영주하의 신하가 되었으며 충성의 대가로 봉토를 얻었다. 기사는 뛰어난 전사일 뿐 아니라 이상적인 가치들도 함께 전달해 줄 수 있는 특별한 기사도 정신을 내면화해야 했다. 기사도 정신에는 용맹과 신의를 지키려는 충성심, 약자를 보호하고 여성을 배려하는 자세도 포함되어 있었다. 이는 십자군 사상에 의해 신과 신앙을 수호하는 기독교 전사라는 이상적인 인물상에 바탕을 둔 것이다. 기사도 정신을 통해 투쟁의 윤리가 세련되고 예절바른 행동 기준으로 변하게 되면서 이는 유럽을 문명화시키는 과정에 기여하게 된다.

서방 교황청을 중심으로 한 기독교 이데올로기   로마의 교황청

을 중심으로 서유럽의 기독교는 동방의 비잔틴과는 분리되어 독립
적인 시스템을 형성하였다. 비잔틴 왕국에서와 마찬가지로 서유럽
에서도 기독교는 중세 사회, 문화 전반에 걸쳐 절대적인 이데올로기
로서 작용하게 된다.

    그러나 최후의 심판에 대한 불안감에서 벗어난 1000년을 기준으
로 사람들의 사고는 엄청난 변화를 갖게 된다. 기독교가 여전히 삶
의 중심에 있었으나 서서히 세속적인 인간 중심의 사고방식으로 전
환하는 과정을 겪는다.

문화의 융합   루이스 멈포트는 육체보다는 정신에 우위를 두는 그

리스·로마 민족과, 육체적인 것에 낙관적이며 모험과 용기의 역동
적이고 활기찬 영웅의 세계로 가득찬 게르만 민족의 특성을 비교한
다. 10세기 이후 이와 같이 이질적 성격의, 세련되고 균형 잡힌 지적
인 남부의 그리스·로마 문화와 원시적이고 거칠지만 역동적인 북
부 게르만 문화가 융합되어 서유럽의 중세 문화를 형성하게 되었다.

    한편, 동방의 이슬람 세력의 확장에 따라, 사도정신의 부활로서
11세기 말에서 13세기 말까지 계속된 십자군전쟁은 중세 전기의 사
회, 문화에 큰 영향을 끼친다. 십자군 원정을 통해 유럽인은 이슬람
의 화려한 문명과 더불어 고대 그리스 문화가 그곳에 보존되어 있었
다는 사실을 알게 되었다. 이후 중세의 서유럽은 이슬람과 비잔티움
의 영향을 강하게 받으면서 그리스, 로마, 기독교 그리고 여기에 게
르만 전통이 독특하게 융합된 문화를 발전시켰다.

03 ▲
10세기 중세의 성. 성은 영지 구성의 기초가 되었다. 시에나(si-ena) 시청의 프레스코 벽화

04 ▲
프랑스 툴루즈(Toulouse)의 생 세르넹(St Sernin)사원, 둥근 아치의 로마네스크 인테리어

성, 수도원 중심의 로마네스크 양식

중세 마을의 중심에는 성(castle, 그림 3)과 수도원이 있었다. 세기말 불안의 1000년이 지나고 10세기 말부터 11세기 초에 이르러 수도원과 거기에 딸린 성당이 새롭게 건축되기 시작하면서 등장한 새로운 건축 양식이 로마네스크 양식이었다. 이는 12세기 초에 유럽 전역에 널리 전파되며 전성기를 이루었는데, 이탈리아, 독일, 프랑스, 스페인, 영국 등지에서 각각의 지역성이 첨가되어 약간씩 다른 양상으로 나타났다.

서방의 기독교 예술을 배경으로 유럽의 사회적 안정 속에 발달한 로마네스크 건축 양식의 주요 특징은 소아시아에서 영향을 받은 로마인들의 둥근 아치와 십자형의 건물 배열, 두꺼운 벽, 작은 창문이 특징이다(그림 4). 로마네스크 건축 양식은 조각, 벽화, 공예품 등에 지배적인 예술 양식으로 전개되어 나아갔으며, 점차 동방의 비잔틴과는 독립적인 경향을 성취해 갔다. '로마네스크'라는 용어를 사용한 배경에는 고대 로마 양식이 로마네스크로 연결되어 계승되고 있음을 말해 주는 것이다.

복식미
다문화의 융합, 평면에서 입체로의 전환

서유럽 중세 복식의 형성기인 로마네스크 복식은 북방의 밀착형 게르만 복식과 남방의 그리스·로마의 드레이퍼리 복식, 동방의 비잔틴, 이슬람의 화려한 색감과 장식의 복식이 결합된 다문화 융합의 복식이며, 이후 서유럽 복식의 주요 특징 중 하나인 신체의 라인을 입체적으로 표현하는 조형이 시작되는 과도기적 복식미를 보여 준다.

복합적 지역성의 반영

로마네스크 복식은 그리스·로마 복식과 게르만 복식의 결합, 그리고 비잔틴, 동방 영향의 복합적 성향을 갖는다. 남쪽 그리스, 로마의 부드러운 드레이퍼리형의 복식에 북쪽 게르만족의 신체밀착형 바지, 털 장식, 레이어링 착장기법이 결합되어 나타났고 여기에 교역을 통한 비잔틴, 동방의 영향이 접목되었다. 10세기 이전 왕, 귀족의 의례용 복식은 동방의 선진 문화인 비잔틴 복식의 영향권에 있었고, 또한 11세기 이전 시칠리, 스페인을 통해 부유층에게 동양 문물이 유입되었다. 이븐 조베르(Ibn-Jobair)의 기록에 따르면 "시칠리의 여성들은 마치 모슬렘 여성처럼 베일, 망토를 입고 크리스마스 축제 때에는 금색 실크의 다채로운 베일, 모슬렘식 화장을 한다"고 했다. 십자군 원정 이후 복식, 재단법 등도 함께 유입되었는데, 예로 이슬람의 베일, 웽플, 손목 끝부분이 넓은 소매 등을 들 수 있다.

인체미에 대한 새로운 인식 : 평면형에서 입체형으로 전환

로마네스크 시기의 복식은 비잔틴과 마찬가지로 기독교의 강한 영향으로 목, 팔, 다리 등 신체를 덮어 싸는, 헐렁한 실루엣을 통한 신체라인의 은폐의 금욕성을 보인다. 특히, 사제 같은 경우 세속인과의 구별을 위해, 보다 풍성한 실루엣의 복식을 착용한다. 그러나 이에 반해 자본주의로 인한 잉여 가치의 개념이 형성됨에 따라, 세속적인 패션이 탄생하게 된다. 더불어, 인체의 자연스러운 라인을 따르는 새로운 인체미에 대한 인식이 도래하게 된다. 이에 수세기 동안 여성들이 갈망하게 되는 '가느다란 허리' 의 개념과 복식에서의 에로티시즘의 개념, 그리고 코르셋의 본격적인 시발점이 되었다. 아울러 가는 허리를 표현하기 위해 대조적으로 신체의 다른 부분들인 가슴, 힙 등을 강조하려는 시도라든가 풍성한 소매와 스커트, 긴 트레인 등의 디자인을 하게 했다.

이에 따라 로마네스크 복식은 서서히 고대의 헐렁한 평면적인 T

자형의 튜닉과 망토에서 몸에 꼭 맞는 새로운 재단법의 복식(평면형
에서 입체형으로의 과도기라 볼 수 있다), 즉 점차 드레이퍼리에 의
해 인체와 의복과의 조화를 통한 자연미를 보여 주는 인체우선형의
복식에서, 의복의 재단을 통해 인체의 곡선을 인식한 때로는 과장되
고 인위적인 의복우선형의 복식으로 전환하게 되었다.

다양한 색의 등장

움베르토 에코(Umberto Eco)가 '색에 대한 애
착(love of color)'이라고 말했듯이 예술과 일상에 나타난 다양한 색
의 등장은 중세의 큰 특징이다. 신분 상징을 위해 귀족들은 주홍, 초
록색, 어두운 자주색, 등황색 등 화려한 색상들을 많이 사용하였는
데, 기사들의 경우 복식에 있어 가문을 상징하는 색을 착용했다고
한다. 일반적으로 청색은 노동자, 흰색은 성직자, 진한 초록색은 점
원, 다양한 색의 줄무늬는 메신저용으로 사용되었다.

복식의 종류와 형태
인체를 감싸는 밀착형의 레이어링 복식

장식사본, 조각, 스테인드글라스(stained glass), 태피스트리(tapestry)가 로마네
스크 복식의 주요 자료이다. 로마네스크 복식은 비잔틴, 동방의 영향을 받은 그
리스·로마 스타일, 기독교 영향의 은폐 스타일, 여기에 게르만족 스타일이 혼합
된 경향을 보이며, 각국이 자신들의 취향을 따르는 다양한 양상을 띤다. 추운 기
후조건의 필요에 따라 개방적인 남방형과는 대조적으로, 신체를 감싸는 밀착형
의복을 착용한 게르만족의 영향과 중세의 습기 차고 어둡고 추운 성 문화의 영향
으로 옷을 여러 겹으로 중첩 착용했다. 이에 따라, 중세인들은 옷을 갈아입는 데
많은 시간이 걸렸다고 한다. 비잔틴 복식은 긴 헤어스타일, 화려한 머리 장식, 넓
은 소매의 헐렁한 의상, 황금과 보석이 어우러진 화려한 동방풍이었던 것에 비

해, 로마네스크 복식은 덜 장식적이었고 다양한 색상이 선호되었으며 기후 관계로 털 장식이 사용되었다. 또 비잔틴에서 많이 보이던 보석칼라인 슈퍼휴메랄은 잘 나타나지 않았으며, 목선의 은폐를 위해 하이 네크라인을 사용하여 단지 여기에 보석, 금·은실 자수로 장식된 트임을 많이 보였다. 무엇보다 다른 점은 12세기 이후 급격한 실루엣상의 변화인 몸에 꼭 맞는 블리오와 같은 스타일의 등장에 있으며 이는 이후 서양 복식의 큰 특징을 이루게 되었다.

의 복

언더 튜닉

- 셔츠(shirt) : 현대 남성 셔츠의 기원으로 피부에 바로 닿는 언더 튜닉(undertunic)이다.
- 슈미즈(chemise) : 모든 의복 안에 입은 리넨, 실크로 된 헐렁한 언더 튜닉이다(그림 5).
- 쉥즈(chainse) : 세탁이 용이한 소재로 된 비치는 언더 튜닉으로 혹자는 세탁이 용이한 흰색소재의 여름용 홈웨어라고도 했다. 중세에는 나이트가운이 없고 자연스런 나체로, 혹은 셔츠나 슈미즈를 입고 잤다고 한다.
- 콜스(corse) : 체형 보조대로 가죽, 나무, 금속으로 만들어졌다. 앞에 레이싱(lacing)이 있는 속옷의 일종으로 12세기 초 헨리(Henry) I세 때 나타났다고 한다(그림 6).

튜닉, 달마티카

튜닉(tunic)은 일반서민 계층에서 널리 입었던 기본적인 의복으로 언더 튜닉 위에 착용하였다. 로마네스크의 튜닉(그림 7, 8)은 앞트임이 있는 형태가 많았는데, 네크라인, 소맷단(그림 9), 밑단 등에 선 장식이 있는 것이 특징이다. 튜닉의 길이나 장식성에 따라 사회계

07 ▲
메로빙 왕조 튜닉·무릎 바로 아래 길이의 기하학적 패턴이 있는 튜닉이다.

08 ▼
11세기 헨리 II세 튜닉, 앞트임 네크라인 소맷단, 밑단에 선 장식이 있다.

층 차이를 나타냈다. 상류층 남자, 성직자의 의례용, 여성들의 경우 긴 튜닉을 착용하였다. 달마티카(dalmatica)는 클라비, 선 장식이 있는 일종의 풍성한 튜닉으로 비잔틴처럼 성서 인물들, 왕족의 복식에서 보인다. 이전에 비해 앞트임 등 다양한 네크라인으로 발전했다.

블리오

블리오(bliaud)는 12세기 상류층에 의해 많이 착용된 로마네스크 튜닉의 일종(그림 10)으로 상하가 분리되어, 겨드랑이 아래 부분의 상체는 앞, 뒤 레이싱에 의해 꼭 맞고, 아래 스커트부분은 넓고 풍성하며 트레인이 있을 정도로 길었다. 풍성한 실루엣을 위해 옆선에 거싯(gusset)을 대거나, 때로 뒤에 박스 플리츠를 주었다. 블리오의 소매는 팔꿈치 이후 넓어지는 깔때기형이 많았는데, 그 외에도 다양한 변형

남녀의 속옷인 셔츠와 슈미즈 패턴

12세기 블리오. A부분은 스커트
지그재그 밑단선이다.

블리오의 소매, B부분이 손목이
통과하는 오프닝 부분이다.

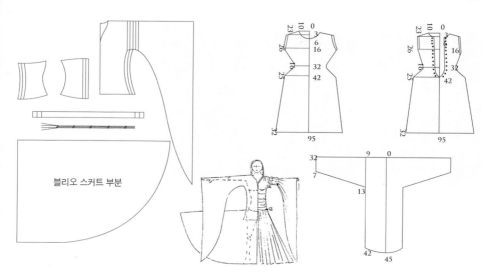

블리오 스커트 부분

여성의 블리오와 벨트

뒤에 레이싱이 있는 11세기 블리오 몸판과 소매

11 ▲
십자군 원정 이후 동방의 영향을 받은 주름 잡힌 원단 효과의 블리오, 코르사주. 달궈진 쇠로 잡은 아코디언 주름은 이미 오래전 동방에서 알려진 기법이었는데, 주름 잡힌 블리오는 12세기 초, 중반에 패셔너블한 여성들에게 인기가 있었다고 한다.

을 보였다. 여기에 코드를 엮은 허리띠 거들(girdle)이나, 같은 혹은 다른 소재의 몸통을 조이는 힙 벨트를 착용했다. 소재로는 부드러운 실크 크레이프, 벨벳, 새틴 같은 고급 직물이 사용되었다. 젊은 여성의 경우 지갑에 가위를 넣고 다녔는데, 때로 시합 중에 있는 기사에게 블리오의 소매를 잘라주면 기사는 이를 헬멧, 방패에 매달았다고 한다.

코르사주

코르사주(corsage)는 여성들이 블리오 위에 착용한 조끼형 의복으로 힙선 길이에 허리둘레가 꼭 맞는 형태이다. 형태 유지를 위해 얇은 직물을 두세 겹 겹쳐서 금·은사를 사용해 누벼 신축성을 주었다 (그림 11).

?! **로마네스크 복식의 패턴 2**

로저(Roger) II세의 대관식 맨틀과 패턴, 비잔틴 영향으로 금, 비드 장식, 동방 영향의 사자, 낙타 모티프의 자주색 맨틀

바지

- 브리치즈(breeches) : 게르만인의 짧은 바지에서 유래했으며, 차츰 길어져 발목 길이의 헐렁한 바지형태를 이루었다(그림 12).
- 호즈(hose) : 다리에 꼭 맞는 스타킹 같은 바지 형태로 위에 울, 가죽의 띠로 된 각반을 감았다. 줄무늬, 노랑, 불꽃 같은 밝은색도 사용하였고, 실내용으로 바닥에 가죽 밑창을 댄 형태가 나오기도 했다.
- 언더드로어즈(underdrawers) : 벨트로 허리를 조인 헐렁한 리넨 브리치즈로 9세기부터 착용하였다(그림 13).

맨틀, 클로크

다양한 크기의 직사각형, 반원형, 타원형 망토를 맨틀(mantle), 클로

12 ▲
1150년 샤르트르 대성당의 양치기 조각으로 짧은 튜닉, 헐렁한 브리치즈 차림의 평민이다. 후드 달린 케이프 카퓌송이 보인다.

13 ◀
코이프, 언더 드로즈, 짧은 튜닉을 가랑이 사이에 올려 입고 있는 밀을 수확하는 농부의 모습

14 ▲
코이프를 쓰고 있는 베네디토 학
파의 인물

크(cloak)라 하며, 몸에 한 번 두르고 오른쪽 어깨나 가슴에서 브로
치, 피블라로 고정시키거나 코드를 매어 착용하였다. 앞이 트인 형
과 막힌 형이 있었는데, 때로 이중(double) 망토로 착용하거나 겨울
에는 털 장식, 털 안감을 사용하기도 했다.

헤어스타일과 머리 장식 의복에 있어서는 성차가 크지 않았지만
헤어스타일, 머리 장식에 있어서는 남녀의 차이가 좀 더 나타났다.
남자의 헤어스타일은 짧은 단발형이나 어깨까지 늘어지는 형이었고
여자들은 긴 머리가 미덕이자 아름다운 것으로 간주되어서, 머리를
자르지 않고 미혼여성의 경우 양 갈래로 땋아 늘어뜨리거나 기혼 여
성의 경우 땋은 머리를 감아 매는 형이 선호되었다. 가채를 사용하
거나 리본을 함께 사용하여 엮거나 땋아 장식하고, 종종 끝부분에 금
속 타셀, 작은 진주, 금속판 조각 등을 사용했다. 한편, 금발이 가장
선호되어 태양에 탈색하는 것이 유행하기도 하였다.

15 ▼
시민 남자가 착용한 깔때기형의
끝이 뾰족한 후드안 카퓌숑

비잔틴과 마찬가지로 기독교의 영향으로 인해 각종 머리 장식으
로 머리를 은폐하는 경향을 보이는데, 남자들은 피리지언 캡(phry-
gian cap), 머리에 꼭 맞게 재단된 스컬 캡(skull cap), 귀・뺨을 덮는
모자인 코이프(coif, 그림 14), 축제 때 사용한 화관인 채플렛(chap-
let), 왕관, 후드와 케이프가 붙어서 얼굴만 내놓는 형태의 모자인 카
퓌숑(capuchon, 그림 15) 등을 착용하였다.

여자 머리 장식은 베일, 바르베트(barbette), 윔플(wimple), 채플
렛(chaplet), 필릿(fillet), 왕관, 후드 등이 있다. 베일은 상류층에서
는 실크, 세마를 사용하였고, 하류층에서는 거친 리넨, 울을 사용하
였다. 왕비, 귀족 같은 경우 패션의 특권자로서 매력적 베일 연출법
을 알았다고 한다. 유타(Uta) 왕비(그림 16)의 경우 비잔틴풍의 극적
베일, 동방풍의 신비로운 베일, 농부 아낙 같은 소박한 베일 등 다양

한 베일 연출법을 보였다고 한다.

- 바르베트(barbette) : 12세기 후반~14세기 초에 뺨 아래를 덮는 리넨 천 밴드(chin band)로, 베일이나 왕관 등과 같이 착용하였다. 나이든 여성이 아름답지 못한 턱선을 가리려고 착용했다고 한다(그림 16).
- 윔플(wimple) : 흰 세마, 실크 등으로 목과 가슴 윗부분까지 덮는 베일형이며, 1960년까지 가톨릭 수녀에게 착용되었다.
- 채플렛(chaplet) : 생화 혹은 금, 구리 꽃 장식의 작은 화관이다 (그림 17).
- 필릿(fillet) : 왕관형의 리넨 밴드로, 베일이나 바르베트 위에 착용하였다(그림 16).

신발 주로 앞이 막힌 슈즈, 부츠가 나타났으며, 목이 긴 것, 얕은 것, 버클이 달린 것 등 다양한 종류가 나타났다. 십자군 원정으로 인한 동방의 영향으로 11세기 말부터는 앞이 뾰족한 구두가 유행하게 되어 고딕 감각이 이미 나타난 것으로 보인다. 재료는 보통 가죽이며 귀족은 가죽 외에 실크, 벨벳 등에 금·은실을 넣어 짠 직물이 이용되었다(그림 18).

16 ▲
나움부르크성당의 유타(Uta) 왕비의 바르베트, 필릿, 채플렛. 이상적인 신사와 우아한 숙녀, 1245~1260

17 ▼
성모상의 채플렛, 베일

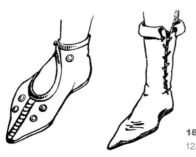

18 ◀
12세기 로마네스크 시기의 끝이 뾰족한 신발

19 ▲
아르네곤드왕비 무덤의 귀걸이
와 핀

장신구 게르만인은 이미 금, 보석의 정교한 공예법을 알았으나, 여기에 비잔틴의 영향을 받아 더욱 고급 테크닉을 보인다. 장신구로는 귀걸이, 반지, 버클 달린 벨트, 브로치, 피블라, 헤어핀 등이 있었다(그림 19). 특히, 벨트로는 무거운 체인벨트, 보석벨트, 지갑 달린 벨트 등이 나타난다. 블리오에는 코드로 된 허리띠인 거들을 많이 착용했다(그림 21).

그 외에 지갑, 장갑, 손수건, 부채 등도 많이 나타났다. 장갑(그림 20)은 권위, 신뢰의 상징으로 처음에는 남자만 착용하다가 후에 여자도 사용하였다. 여성용의 경우 동방의 영향을 받은 향수 뿌린 장갑이 나타났다. 장갑의 변형으로 손가락 없는 장갑인 미튼(mitten)도 나타났다. 손수건은 가장 값비싼 액세서리로 패셔너블한 부자들만의 전유물이었고 부채는 동방에서 12세기에 수입되었는데, 타조, 앵무새, 공작 깃털이 상아, 금, 보석과 함께 장식으로 사용되었다.

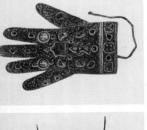

20 ◀
12세기 신성로마제국 대관식의 장갑이다. 털, 가죽, 금속 장식의 장갑 등은 귀족의 공식 복식의 한 아이템이었는데, 특히 흰색이 정장용으로 유행하였고, 12세기 이후 결혼 예식 때 사용되었다. 장갑으로 사람을 치면 모욕을 의미하고, 장갑을 어떤 사람의 발 아래 던지면 결투를 신청한다는 뜻으로 받아들이는 등 장갑 에티켓이 나타날 정도로 유행하였다.

21 ◀
벨트 연출법. 앞가슴 바로 아래에서 뒤로 넘겨 교차해서 옆선을 따라 로 웨이스트 라인을 이룬다. 벨트 끝에는 금은색 코드의 매듭이 부착되었다.

화 장 중세 여성은 미용에 지대한 관심을 보이는데, 중세식 미용 처방은 다소 환상적이었으나 잘 지켜졌다고 한다. 1100년경 여성전문의 트로툴라(Trotula)의 미용을 위한 각종 처방에 따르면 "날씬한 몸매를 위해서는 바닷물에 목욕하거나, 허브를 사용하고, 건강을 위해서는 숙성된 와인 거름으로 마찰한 후 찜통 속에 들어갔다가 목욕을 한다든지, 블론드 머리 색상을 유지하려면 헤나, 송아지 콩팥, 사프란 향을 섞어 세척한다" 등이 있었다. 그 외 커닝튼(Cunnington)에 따르면, 12세기 영국 상류 여성은 루즈, 얼굴 크림 사용, 머리 염색, 십자군 원정 이후 향수를 수입해서 사용했다는 기록도 있다. 남자들의 몸단장은 땀을 흘리며 운동한 뒤 할 수 있는 것으로 목욕과 마사지로 한정되었다. 머리카락과 수염은 유행하는 모양에 따라 빗과 가위로 다듬었는데, 의복의 유행처럼 이리저리 바뀌었다. 여기에 몇 가지 로션을 바르는 정도가 남자다움이 용인할 수 있는 전부였다.

기타 특수 복식

군인 복식

9세기 중반까지는 로마 스타일의 영향을 받은 비잔틴 군인 복식을 모방하다가 10세기 이후 새로운 스타일이 등장했다. 철제 헬멧, 삼각뿔형 캡인 큐폴라(cupola)를 머리에 쓰고 울 튜닉을 안에 받쳐 입고, 머리, 귀, 목을 완전히 덮는 쇠사슬 갑옷 호버크(hauberk)와 거친 재질의 호즈, 때로 무릎 보호대를 착용했다. 볼드릭(baldric)에 칼, 화살을 매고, 가문을 표시하는 커다란 방패 차림을 했다. 보병의 경우에는 반드시 쇠사슬 갑옷을 입은 것은 아니고 튜닉 위에 소매 없는 가죽 재킷, 가죽 벨트, 두꺼운 울로 된 모자를 착용했다. 십자군 원정 시 십자군은 모든 계급을 불문하고 가슴, 왼쪽 팔에 충성의 상징인 십자가를 부착했다(그림 22).

사제 복식

로마네스크 시기 수도원은 궁정과 더불어 과학, 교육, 문화의 중심이었다. 현 가톨릭 복식은 이 시기 사제 복식에서 유래했는데, 4~9

22 ▼
쇠사슬 갑옷 호버크, 호즈에 머리에 큐폴라를 쓰고 있는 모습, 사르트르 Beaux-Art 미술관 소장

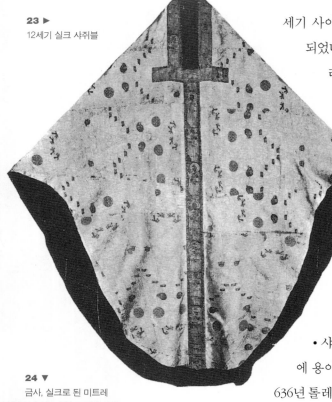

23 ▶
12세기 실크 샤쥐블

24 ▼
금사, 실크로 된 미트레

세기 사이에 서서히 개발되어 12세기에 완성
되었다. 사제 복식은 속세와 구별되는 의
례용 복식으로 20세기 중반까지 거의
변화가 없었다.

주 교

• 앨브(alb) : 좁은 소매,
목 트임이 있는 흰색의
긴 튜닉으로 고대 튜니카
알바(tunica alba)에서 유래
하였다.

• 스톨(stole) : 예배 시 어깨에서부
터 늘어뜨린 긴 스카프이다.

• 샤쥐블(chasuble) : 옆선 쪽이 움직임
에 용이하도록 방패형인, 앞이 막힌 망토로
636년 톨레도 의회에서 처음으로 사제복으로 인
정되었다(그림 23).

• 코프(cope) : 고대 방수복에서 유래, 실외 종교 행사 때 착용했던
거대한 망토이다.

• 미트레(mitre) : 왕족 출신의 주교가 의례 시 착용했던 관인데,
처음에는 좌우양각이다가 12세기 이후 상하 양각으로 바뀌었
다(그림 24).

수도승

종교, 서열에 따라 색상 차이를 보였다. 베네딕트(Benedictines)의
경우 벨트 없이 카울이 부착된 검은 서지 플록을, 프란시스코(Fran-
ciscans)의 경우 밝은 브라운, 혹은 자연색의 플록에 코드로 된 거들

을 착용하였고, 도미니크(Dominicans, 그림 25)의 경우에는 흰색 플
록에 카울이 부착된 검정 망토를 착용했다고 한다.

- 플록(flock) : 풍성한 소매의 여유 있는 튜닉의 일종으로 서열에
  따라 소매 길이와 품 차이를 보인다.
- 카울(cowl) : 후드의 일종으로 옷과 분리되어 망토같이 착용되거
  나 부착되어 사용되었다.
- 톤슈어(tonsure) : 머리 윗부분을 둥글게 커트한 수도승의 헤어
  스타일로, 수도승의 복식이 가난한 일반인과 차이가 없던 시기에
  세속인과의 구별 수단이었다.

수 녀
흰색 슈미즈, 언더 튜닉 위에 심플한 검정 가운, 카울 대신 베일을 착
용했다. 역시 서열에 따라 다른 색상을 착용했으며, 초심자의 경우
흰색 베일을, 임용된 수녀의 경우 검은 베일을 착용했다.

12세기에 접어들어 수많은 세속인들과 성직자들은 오랜 전통을 자랑하는 교단들(특히, 베네딕트 교단 수도사들)이 그리스도의 뜻을 잇겠다는 본연의 목적을 저버리고 치부에 몰두하면서 세속화되어 가고 있다고 생각했다. 이에 맞서서 11세기 말에 최초의 청빈운동이 시작되었고 13세기 초반에는 탁발 수도회가 생겨났다. 탁발 수도회 수도사들은 절대적 빈곤 상태에서 살아가겠다고, 오로지 탁발과 노동을 통해서 생계를 꾸려가는 것이 바람직하다고 했다. 가장 중요한 수도회로는 프란체스코 수도회, 도미니크 수도회, 카르멜 수도회 등이 있다. 탁발 수도회가 지향했던 소박한 교회건축 양식은 유럽 내 고딕 양식 전파에 결정적인 기여를 했다.

무대 복식

음유시인

11세기 초 자작 시인이자 음악가로, 방랑하며 왕과 귀족의 성, 궁정을 방문하고 귀족의 후원을 받았다. 음유시인(troubadour)은 13세기 봉건제의 붕괴와 더불어 사라졌다. 일반인과 같은 복식을 착용하되 밝은 색상을 사용했다(그림 26).

26 ▶
이탈리아 아시시(Assisi) 프레스코에 나타난 거리악사밴드의 파티칼라 의상

광 대

평범한 의상이지만 밝은 색상을 사용하였다. 예로, 붉은색의 가운, 망토에 노란색 카울을 착용하였다. 또한 파티 칼라(parti-colored ; 복식의 반을 갈라서 다른 색상을 사용하는 기법의 의상)를 보이기도 하였다. 익살 광대(juggler)는 조악한 신발에다 방울을 단 광대 옷을 입었으며 우스꽝스러운 행동을 했다. 턱수염은 반만 기르고 머리는 절반만 밀었다. 축제 때면 손님들을 웃겨야 했고 만일 웃기지 못하면 성에서 쫓겨나는 신세가 되었다고 한다(그림 27).

영화 속의 복식_〈스타워즈〉, 〈장미의 이름〉, 〈반지의 제왕〉

영화〈스타워즈〉제다의 귀환, 〈장미의 이름〉, 〈반지의 제왕〉에 나타난 로마네스크 복식의 고증. 판타지 영화 장르의 경우 중세 복식과 오리엔탈 복식이 퓨전된 경향이 있다.

스타워즈

장미의 이름

반지의 제왕

Historical Mode

달마티카, 블리오의 현대적 적용

주요 인물

샤를마뉴 대제 Charlemagne

샤를마뉴 대제는 혼란 중의 서유럽을 통합하여 신성로마제국을 세우고 기독교를 일반적으로 공인하였으며, 교황에 의한 대관식으로 로마제국 황제에 등극했다. 당시 중세의 황제는 교황으로부터 축성을 받고 왕관을 하사받은 사람만이 황제라는 칭호를 사용할 수 있었으므로 대제는 콘스탄티노플에 있는 황제에 대적할 서쪽 황제가 되었다. 독실한 기독교 신자로 로마 교황과 늘 좋은 관계를 유지했으며, 이탈리아 북부를 평정하고 스페인과의 국경을 확고히 하였으며 그가 통치한 45년간 여러 번의 원정을 통해 프랑크 왕국의 통치기반을 넓혔을 뿐만 아니라 기독교를 널리 확장시켰다.

샤를마뉴 대제는 국내정치에 있어서도 확고한 질서체계를 보이는 행정제도를 도입하였으며 문화 부흥에도 힘썼고 이는 이후 중세 문화가 발전하고 꽃피는 밑거름이 되었다. 대제는 수도원과 성당에 글을 배울 수 있는 학교를 세우도록 했고 수도원을 중심으로 성서와 같은 종교적인 책의 필사본을 많이 필사토록 했을 뿐 아니라 세밀 삽화로 아름답게 장식하여 귀중한 문화유산으로 남는 필사본을 많이 제작하게 했다.

엘리노어 왕비 Eleanor of Aquaintain

프랑스, 영국의 왕비를 지낸 엘레노르 드 아키텐(1122~1204)은 프랑스의 루이 7세와의 첫 번째 결혼 이후 이혼, 영국의 헨리 2세와 1154년에 재혼하였다. 당시 아버지 윌리엄 공에게 받은 프랑스의 상속지 때문에 영국과 프랑스 사이의 역사적 분쟁을 야기하기도 했다.

재혼 후 런던에서의 프랑스에 대한 잠시 동안의 향수는 베르나르 드 방타두르(Bernard de Ventadour)라는 유명한 음유시인에 의해서 회복되었다. 음유시인들을 후원함과 동시에 그와 함께 프랑스에 귀화하여 '코트 오브 러브(Court of Love)'라고 하는 사랑을 논하는 사교모임을 구성하여 진정한 사랑에 대해 논하며 아서왕의 공적, 〈장미설화(Roman de la Rose)〉 같은 로맨스, 그 당시의 스캔들 등에 관심을 보였다. 1173년 아버지에게 반역을 일으킨 아들에게 가세해서 헨리가 죽기까지 16년간 투옥되어 파란만장한 생을 보내게 된다. 엘리노어는 매우 독특한 취향의 소지자로 땅에 끌릴 정도로 긴 트레인, 매우 넓은 소매, 봉제선을 따라 진주 장식이 있는 고급 실크의 복식을 착용했다고 한다.

Chapter 7

고 딕

고딕 복식 양식은 중세 후기의 기독교 이데올로기와 장식성을 극도로 강조한 양식

이다. 입체적인 재단법의 발달에 따라 성차를 나타내는 실루엣이 나타났으며 상업

자본주의의 등장과 더불어 복식 형태에 있어 빠른 패션의 변화가 있었다.

종교적 이념을 강조한 수직적 조형, 색의 조화에 대한 관심과 노력, 고급 소재,

문장을 통한 신분 상징이 고딕 복식의 특징이며, 고대와 이후 고대의 정신을 계승

한 르네상스 사이의 과도기로서 종교에 근거한 금욕성과 인본주의에 근거한 세속

성이 공존한다.

◀ 얀 반 아이크(Jan van Eyck)의 〈조반니의 결혼〉, 1434, 원통형 펠트 모자, 금색 지수 밴드가 있는 검정 푸르푸앵 위에 모피 장식이 있는 벨벳 쉬르코를 입은 남성과 크레스핀으로 감싸진 뿔형의 머리에 레이스 베일, 색이 다른 코트 위에 모피 장식이 있는 우플랑드를 입은 여성의 결혼식 장면이다. 여기서 여성의 경우 중세의 특징인 임산부 실루엣을 보이고 있다.

사회문화적 배경
패션 시스템이 도입된 중세의 절정

십자군 원정 이후 중세 유럽에서는 동방과의 교역을 통해 다양한 직물산업의 신기술이 발달하였으며, 도시를 중심으로 상업이 발달함에 따라 부르주아 계층이 등장하였고 그들의 의복 경쟁에 따른 패션 시스템이 형성되기 시작하였다. 고딕 양식은 로마네스크 양식 이후 1200~1500년까지 지속되었으며 중세 전반에 걸쳐 지배적 이데올로기인 기독교 사상을 반영한 양식의 절정을 이룬다. 이는 고전적 양식과는 전적으로 반대되는 양식, 때로는 기형적이기도 한 장식성을 강조한 양식을 보여 주며, 후에 19세기 영국의 문학과 예술에 영감을 주었다.

직물산업의 비약적 발달

13~15세기에는 십자군 원정으로 인해 동방과의 접촉이 빈번해지면서 동방의 새로운 장식적인 물품들이 많이 수입되었다. 당대 무역의 발달은 십자군 원정 이외에도 이슬람 통제하 무역의 불합리성을 타파하고자 하는 상인들의 신무역로 개척, 몽고제국의 중앙아시아 통일을 통한 자유로운 동서왕래의 가능 등에 기인한다.

동방과의 무역을 통해 아름답고 화려한 직물이 수입되면서, 특히 영향을 받아 발전한 기술 영역은 직물산업으로, 이 시기 이후 유럽의 직물산업은 놀라운 발전을 하게 되었다. 기술의 진보, 무역의 번영으로 인해 보다 넓은 시장이 필요하게 되자 가내공업 생산체제가 더욱 발달하였다. 아울러 풍부한 염료, 다양한 장식품의 출현과 다양한 길드

(guild) 조직은 고딕 복식의 종류와 모양, 색 등을 더욱 복잡하고 화려하게 하는 요인이 되었다.

01 ▲
14세기 시에나(Siena)의 도시 거리 풍경. 모직물과 나무를 실어 나르고 있는 노새의 모습. 도시의 급속한 성장으로 인해 부르주아 계층이 등장함에 따라 중세 사회 구조가 변화하게 된다.

외모의 정치학, 패션의 발생

십자군 원정의 결과로 동·서양의 문화적·경제적인 교류가 증진되는데, 특히 유럽에서는 10~13세기에 접어들면서 폐쇄적이고 농업 의존적인 체제에서 탈피하여 도시의 발달과 무역의 신장, 공업기술의 발달 등으로 혁신적인 변화가 일어나게 된다. 도시의 발달(그림 1)은 상인, 장인 등 자유업자들의 조합인 길드를 형성하게 했다. 길드는 도붓장수들이 11세기에 교회, 대수도원의 보호 아래 결성한 동업조합이었는데, 자신이 만든 물건의 품질과 가격을 통제하고 회원들과 가족들에게 물질적 안정과 사회생활의 장을 제공하였다. 당시 도시의 발달과 길드의 형성은 경제력을 소유한 새로운 부유층인 부르주아 계층의 성장을 야기했고 아울러 계급사회의 일대 혼란을 초래했다. 뿐만 아니라 십자군 원정의 실패에 따른 종교적 신앙심의 냉각과 교황권의 쇠퇴, 15세기의 화약과 대포 발명으로 인한 기사세력의 약화는 왕권의 강화,

진 짐펠(Jean Gimpel)의 중세 산업혁명에 대한 견해

"중세는 인류역사상 위대한 발명의 시대… 유럽에 있어 최초의 산업혁명이 있었다. 10~13세기 사이 유럽은 기술의 발달, 인구 증가와 이동, 도시의 성장, 무한경쟁의 자본주의 형성, 이를 위한 효율적 노동 분화, 에너지 소비 증가, 수공예에서 기계생산으로의 전환, 진보에 대한 낙관주의, 이성적 태도 등…"

중세 경제에 있어 직물산업에서의 획기적인 산업화가 전개되었다. 모직물 생산 체계에 있어 소비세, 무역에 관한 규정 등에 의한 영국 정부의 간섭의 예라든지, 영국의 브로드크로스, 이탈리아의 실크 등 직물상의 길드가 모든 산업 시스템을 지배하여 국제적인 패션 비즈니스 체제로 연결되었던 사례 등을 통해 알 수 있다. 중세 후기의 극적인 패션 변화는 상업과 신소재 개발에 부분적으로 기인하며 이는 옷을 현대패션 시스템에 진입하게 하였다.

출처 : Breward, Christopher, The Culture of Fashion, pp. 20~22

봉건제도의 붕괴를 초래하게 되었으며 시민계급을 급성장하게 하는 배경이 되었다.

중세의 사회구조는 귀족, 부르주아, 농노 그리고 따로 분리된 계층으로 인정되는 성직자로 나누어진다. 이전 시기와 마찬가지로 농노는 주로 농작과 목양을 담당했으며, 귀족은 승마, 사냥, 축제, 가무를 즐기는 생활, 화려함의 극치인 패션을 전시하는 일상을 보인다. 한편, 새롭게 등장한 부르주아는 자본주의의 발달로 인해 물질을 향유하며 정제된 사치에 대한 욕구를 갖게 된 상인, 장인 계층이었다. 패션과 에티켓의 전시장이었던 도시 중심의 중세의 성에서, 귀족을 추종하려는 부르주아 계층의 신분 상징 욕구는 패션이 탄생하게 된 배경이 되었다. 이에 복식사학자들에 의해 14세기 중반은 의미 있는 패션의 변화가 인지된 최초의 시기로서 유럽 도시의 상업 자본주의의 등장과 연결지어 설명된다.

수직적 조형과 빛의 미학을 강조한 예술 양식

중세 후기로 갈수록 도시의 발달에 따라 은둔적인 수도원보다는 도시의 화려한 대성당이 출현하였다. 13세기 초부터 샤르트르, 랭스, 아미앵 등 전형적인 고딕 대성당이 건축되면서 고딕 예술은 완숙기에 접어들게 된

02 ▲
15세기 부르군디 궁정의 필리프의 날씬하고 우아한 실루엣. 부르군디 궁정은 복식의 엘레강스와 궁정의례의 정교함으로 잘 알려져 있었으며, 당시 패션의 중심이었다.

귀족의 에티켓을 담은 서적 등장

중세 에티켓 서적인 《God of Love》에는 귀족의 신분에 합당한 의복, 화장 및 에티켓을 규정하고 있다. 그것은 중요도에 관계없이 거리에서 만나는 사람에게 인사하기, 섬세한 봉제 기술을 갖고 있는 솜씨 있는 테일러의 의상과 좋은 신발을 착용하기, 청결함 유지하기, 하류계층 사람들은 어떻게 착용했는지 짐작조차 할 수 없이 꼭 맞는 신발 착용하기, 외출 시 장갑ㆍ실크 지갑 가지고 다니기, 여성이 아닌 경우에는 얼굴에 어떤 화장도 하지 말 것 등이었다.

다. 이는 로마네스크 예술의 둔탁하고 육
중한 건축구조 대신, 창문이 벽을 대신
하는 밝고 경쾌한 구조로 발전하였다.
임영방에 의하면 고딕 양식은 날카로
운 형태감과 수직지향적인 선이 특징
인데, 선적인 동세로 천상을 향하면서
영적인 도약을 꿈꾸는 기독교의 사상을
상징한다.

03 ▲
앙제(Angers) 성당의 장미 스테인
드글라스

   또한 천정구조가 뾰족한 모양의 첨두형
아치를 교차시켜 궁륭을 형성한 구조에 신성의
광취를 비추는 색유리 그림 창인 스테인드글라스를
통해 건축 내부에 충만한 빛이 첨가되었다. 당시 하느님의 집
이 태양빛으로 충만하여 밝고 찬란한 천국을 연상하게 해야 한다는
생각이 지배적이었다. 특히, 스테인드글라스는 고딕 양식만의 특유
한 예술로 존재하는데, 이를 통해 들어오는 빛은 성당 안을 다채롭
게 물들여 신비감을 한껏 고조시켰으며, 그로 인해 빛의 미학에 대
한 중요성이 더욱 부각되었다. 비잔틴의 찬란하고 화려한 천정의 모
자이크, 큰 벽면을 메우고 있는 화려한 벽화도 절대자로서의 하늘의
빛을 상징했지만 고딕 미술은 스테인드글라스를 통해 직접 성당 내
부에 빛을 도입하여 빛, 색이 서로 어울리는 신비한 시각적인 공간
을 만들어 냈다(그림 3, 4).

04 ▼
보베(Beauvais)성 피에르 성당의
극단적인 고딕 건축, 1284

복식미
금욕성과 세속성의 공존

고딕 복식은 중세의 지배적 이데올로기인 기독교와 르네상스의 다가올 인본주의

가 중첩되면서 인체와 복식의 관계에 있어 금욕적인 복식의 특성과 세속족인 복싱의 특성이 궁극적으로 공존하여 표현되는 복식미를 보여 준다.

종교적 이념을 반영한 수직성 · 예각성의 강조
종교적 이념을 반영하여 남녀 모두 날씬하고 길쭉하게 늘려진(elongated) 형태의 튜닉, 후드, 에넹, 땅에 끌리는 트레인, 과장된 길이의 끝이 뾰족한 슈즈인 풀렌느를 착용하는 등 수직성 · 예각성을 강조한 복식을 착용하였다. 즉, 종교적 이데올로기에 의해 인체에 대한 옷의 초자연적(supernatural) 형태가 나타났다. 이는 당대 비평가들에 의해 인간을 부드럽고 둥근 신의 창조물로부터 눈에 거슬리는 끝이 뾰족한 곤충 같은 존재로 변형시켰다고까지 해석되었다.

재단법의 발달로 인한 성차를 나타내는 실루엣
고딕 시기에는 빠른 패션의 변화를 보이며 몸에 꼭 맞게 재단된 새로운 인체를 인식한 입체적인 복식들이 등장했다. 14세기 프린세스라인이 처음 등장하였으며, 특히 여성복에 있어 타이트 레이싱(tight lacing, 그림 5), 고데(godet) 등의 재단법이 발달하였고, 남성복 하의(legwear)의 밀착, 단추의 도래(그림 6)로 관두형이 아닌 새로운 여밈법과 슬림 룩(slim look)이 가능해졌다. 이러한 새로운 밀착형 의복 등장에 따라 의복제작에서 숙련도가 더욱더 요구되었으며, 그 이후 의복의 제작은 재단사(tailor)의 손으로 넘어가게 되었고, 이에 재봉을 담당하는 쿠튀리에와 재단사가 구별되었다.

한편, 차츰 남성의 경우 소매는 넓고 길며 옷길이는 짧은 푸르푸앵에 꼭 맞게 재단된 호즈, 뾰족한 신발을, 여성의 경우 옷자락이 끌리는 화려한 원피스형 가운에 섬세한 머리 장식을 함으로써 남녀 성

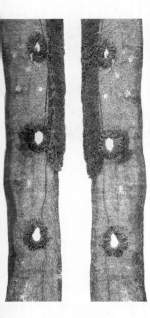

05 ▲
14세기 후반 타이트 레이싱을 위한 실크 안단에 있는 아일렛과 봉제방법

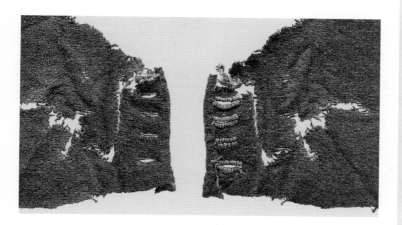

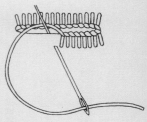

06 ◀▲
14세기 후반 울 원단 위에 실크실
로 제작된 중세의 단춧구멍과 단
춧구멍 봉제법

차를 보이기 시작한다. 이는 생활에 있어 남자의 능동성과 여성의
수동성의 차이를 극대화한 것이기도 하다. 이에 대해 많은 역사학
자들이 중세 이후에 여성들이 경제적·사회적 지위를 상실해 갔음
을 지적한다.

색의 조화에 대한 관심과 노력 고딕시대에는 단순한 색채들의 광
채가 빛의 광채와 결합하는 예술 형식인 성당의 스테인드글라스 작
업을 발전시켰다. 이러한 색채에 대한 애호는 일상생활, 의복, 장식,
무기 등에서도 광범위하게 나타난다.

고딕 시기에 흥미롭게 등장한 유행은 레이어링하여 속옷을 보이게
하는 효과와 미파르티(Mi-parti), 즉 파티 칼라(parti-color, 그림 7)
라고 할 수 있다. 고딕 시기에는 속옷이 겉옷과 함께 보이게 됨에 따
라 속옷과 겉옷의 색의 조화에 공들였으며 이러한 효과는 17세기까
지 계속되었다. 한편, 파티 칼라란 한 옷 자체를 수직선으로 나누어
양쪽을 다른 색상으로 공존시킨 의상이라고 할 수 있는데, 이는 남
녀 모두에게 나타나며 좀 더 과장된 형으로 호즈에 나타나기도 했다.

중세의 시각적 아름다움은 전체에서 부분의 위치 혹은 색상, 그리고 이 둘이 병치되었을 때의 상호 조화로운 관계에 의해 정의되었다. 중세 때의 색유리 제조공들은 색의 배치에 따라 색이 달라 보이는 현상, 즉 청색 옆의 빨강은 보랏빛, 황색에 인접한 청색은 터키색 등으로 보이는 것과 같은 현상과 같은 색조변화의 기본성을 잘 알고 있었다. 중세 복식의 색의 조화에 대한 관심과 노력은 이러한 중세의 색의 조화에 대한 정의와 일치한다고 할 수 있다.

고급 소재, 문장을 통한 신분 상징 고딕 시기에는 동방의 영향으로 유럽의 직물공업에 있어 눈부신 발전을 보였는데, 그 중에서 가장 많이 사용된 직물은 벨벳, 실크라 할 수 있다. 사치와 우아함의 극치인 모피는 실용적인 목적 외에도 신분계급의 구분과 장식용으로 널리 애용되었다. 전 시기와 마찬가지로 여러 가지 털이 사용되었는데, 옷 한 벌을 위해 6,364마리의 회색 다람쥐 털이 사용되었다는 기록도 있다. 또한 고딕 시기에는 문양들이 많이 사용되었는데,

07 ▼
15세기 중반 남성들의 호즈에 나타난 파티 칼라의 유행. 파티 칼라는 처음에 남자들 사이에서 유행했는데, 중세 전체를 통해 의상의 유행에서 언제나 신사들이 숙녀들보다 앞서 있었으므로 이는 놀랄 일이 아니다. 이 유행은 오토 대제 시대까지 거슬러 올라갈 수 있다. 이는 아마도 무어인들에게서 유래한 것, 혹은 귀족의 시중을 드는 사람들의 복장에서 유래한 것으로 보이며, 색이 화려한 옷을 입고자 하는 소망에서 남부 유럽과 중부 유럽에 널리 퍼졌다. 16세기 말에야 비로소 유행에서 사라지게 되었지만 오늘날까지도 어릿광대의 의상에서 잔존하고 있다.

08 ◀
장식적인 기사와 그 부인의 복식. 갑옷, 투구에 시클라스를 입고 있는 기사와 필릿, 베일의 머리 장식을 하고 데콜타주 네크라인의 코트아르디 위에 가문의 문장이 있는 깊은 암홀이 있는 파티 칼라의 쉬르코 투베르를 입고 있는 부인의 모습, 안장에 역시 문장 장식이 보인다.

식물 문양, 동물 문양, 기하학 문양 등 다양한 문양이 애용되었다. 특히, 중세의 경우 가문을 상징하는 문장(heraldry)이 유행하여 쉬르코, 말 안장 등에 사용되었다(그림 8, 9). 문장에는 관용을 의미하는 사자, 도시를 쟁취한 승리를 의미하는 탑, 해전에 참가한 전력을 의미하는 돌고래가 사용되었다. 문장의 색으로는 은을 나타내는 흰색과 금을 나타내는 노란색, 그리고 붉은색, 파란색, 검은색, 초록색, 자주색이 사용되었다.

금욕성과 세속성의 공존

고딕 복식은 기독교 이데올로기와 인본주의의 공존으로 인해 금욕성과 세속성이 공존하는 특성을 지닌다. 중세를 지배한 기독교 이데올로기에 의한 금욕의 표시로서 고딕 복식은 신체를 은폐하는 특징을 지닌다. 정숙성을 위해 가운의 앞을 가리는 파트렛(partlet)을 사용한다든지, 머리를 가리는 두식이 다

09 ▲
1400년경 카롤루스 6세의 엠블럼. 루브르박물관 소장

중세 후기 패션의 급격한 변화와 사치 금제령

중세의 사회는 성직자, 기사, 농민의 사회구조였으나 차차 도시경제가 비약적으로 성장하면서 다양한 지위들이 생겨났다. 이에 따라 복장은 사회적 지위를 나타내는 주요한 표지들 중 하나가 되었다. 중세 후기 귀족, 부르주아 계층의 보다 강한 신분 상징의 욕구는 패션의 급격한 변화를 초래하게 된다. 고딕 복식의 화려함과 풍성함의 극치는 14~15세기 부르군디(Burgundy) 공국에서 발견되는데, 뾰족한 신발, 패드를 댄 과장된 소매, 허리를 최소화한 꼭맞는 푸르푸앵, 깊게 V자로 파인 네크라인과 긴 트레인의 여성용 가운, 풍성한 모피 장식, 높게 장식된 에넹, 각종 모자, 여성의 면도된 눈썹, 이마 등이 부르군디 유행의 큰 특징이라 할 수 있다.

14~15세기에 걸쳐 유복한 장인들과 사치스러운 부자들의 옷차림이 점점 화려하게 변하면서 의복의 사치스러움을 통제하는 사치 금제령이 제정되었다. 이는 점점 증가하는 부유한 상인들의 귀족 따라잡기를 통제하려는 수단을 보여 주는 좋은 증거가 된다.

15세기 중반 부르군디의 세련되고 사치스런 복식. 여성의 경우 극도로 뾰족해진 원뿔형 에넹, 모피 장식의 가운과 남성의 경우 원통형의 운두가 높은 모자, 유행 첨단의 극단적 실루엣의 푸르푸앵, 호즈, 풀렌느를 착용한 모습이 보인다.

양하게 발달하였다. 아이러니하게 고딕 복식에서 공존하는 세속성은 이러한 금욕적 신체 은폐 안에 인체의 관능미의 강조를 통해 나타난다. 남성의 복식에 있어 점차 긴 상의가 짧아지면서 1364년에는 엉덩이까지 줄어들었다. 이에 따라 바지가 보이게 되었으며, 전에는 남자의 몸 형태를 알아볼 수 없었다면 이제는 분명한 윤곽을 볼 수 있게 되었다. 아울러 본래의 의도와는 달리 강조된 호즈 앞부분의 코드피스에 대해 기성세대들은 대단히 분개했다. 또한 여성 복식의 경우 재단의 발달로 상체는 꼭 맞고 하체는 풍성한 의복형이 발달하는데, 이에 따라 비록 여체의 곡선을 관능적으로 노출하게 되며, 아울러 중세 후기로 갈수록 보이는 데콜타주 네크라인 역시 반발과 풍자를 야기하였다.

한편, 고딕 복식은 당대의 건축에서 보이는 하늘에 가까이 다가가고자 하는 열망에서 비롯된 첨탑 양식에 영향을 받아 수직적 경향을 강하게 보이는데, 이를 가장 잘 보여 주는 것은 에냉과 풀렌느로, 이들은 중세의 종교적 이념의 숭고미를 반영한다. 그러나 이러한 복식 요소 역시 과장을 통해 본래의 의도를 상실하면서 세속성과 공존하는 경향을 갖게 된다.

중세의 경제적 발달로 인한 부의 축적은 그에 따른 패션의 변화를 가속화시켰을 뿐 아니라, 복식을 통한 신분 상징의 욕구를 반영하여 복식을 보다 화려하고 사치스럽게 만들었다. 결과적으로 복식에 있어 장식과 스타일의 과장을 초래하게 되었다. 톱니 모양의 대깅 장식이라든가 방울 패션(그림 10, 11), 과장된 길이의 에냉과 풀렌느, 과장되게 바닥에 끌리는 트레인 등이 그것이다. 이 외에 끈을 묶어 조이는 방식인 타이트 레이싱을 통한 신체 라인 노출, 바닥에 끌리는 소매, 밑단, 베일 등을 위한 많은 직물의 사용, 이와 더불어 가채 사용, 전갈 꼬리 같이 끝이 뾰족한 신발 등의 유행에의 종속은 사치, 정숙성, 도덕성과 연결되어 사제들에 의해 반향과 풍자거리가 되었다.

10 ▲
15세기 초 방울 장식과 톱니 모양의 소맷단, 밑단 장식이 있는 우플랑드, 파티 칼라의 호즈를 입고 있는 주발형 헤어스타일의 프랑스 귀족의 모습이다.

11 ▲
14세기 후반 대깅 장식(식서방향, 6cm 폭)

복식의 종류와 형태

인체를 의식하여 재단된 길고 뾰족한 복식

고딕 복식의 자료는 세속적인 로맨스, 혹은 성경 필사본에 나타난 일러스트레이션, 고딕 성당, 부유하거나 태생이 좋은 사람들의 무덤의 석조상, 태피스트리 등이다. 고딕 복식은 기독교 이데올로기를 반영하여 극도로 길고 뾰족한 형태가 특징이다. 또한 인체의 라인을 보여 주는 입체적 재단법의 발달에 따라 남녀의 성차를 드러내는 실루엣이 나타난다. 이제 남녀 공용의 복식에서 남자는 남성성을 강조한 상의와 바지 착장, 여자는 화려한 원피스 드레스의 형태로 본격적인 성차를 보이기 시작한다. 뿐만 아니라 자본주의의 등장과 더불어 빠른 패션의 변화가 있었으므로 점점 더 복식의 종류가 다양하고 복잡해지기 시작한다.

의 복

속 옷

12 ▼
14세기 후반 코트 위에 색의 조화를 맞추어 다양한 코트아르디를 입고 있는 여성들

- 언더셔츠(undershirts) : 중세시대 남성들의 속옷이다.

- 슈미즈(chemise) : 슈미즈는 얇은 마, 견 등으로 만들었고 목둘레, 소매둘레에 자수나 레이스로 장식한 속옷이다.

- 코르셋(corset) : 코르셋은 초기에는 남녀 모두 허리를 좁고 가늘게 보이기 위해 사용했는데, 코트와는 반대로 앞에서 끈이 매어졌다.

- 정조대(chastity belt) : 중세 말경 십자군전쟁 출정을 앞둔 기사들은 자신들이 전쟁터에 나가 있는 동안 혹시 아내가 바람을 피우지 않을까 걱정한 끝에 고대 그리스 신화 속에 등장하는 정조대를 부활시키게 되었다. 이것은 금속성의 T자 모양으로 신분이 높거나 재력이 있는 남편들일수록 금, 보석을 박은 사치스러운 정조대를 제작하게 하였다고 한다.

코트와 코트아르디

코트(cote, 佛 cotte)는 실린더형 소매의 단순한 T형 시프트(shift)로 13세기에 블리오를 대체하면서 등장한 남녀 공용 긴 튜닉형의 원피스이다. 주로 실내에서 착용되었고 외출 시 위에 쉬르코를 착용하였다. 상류층은 바닥에 끌릴 정도로 긴 코트, 하류층은 짧은 코트를 착용하였다. 코트는 이 시기에 입체적인 의복구성이 발달했음을 보여주는 예로서 블리오에 비해, 상체가 비교적 여유 있게 맞고 스커트 부분이 넓어져서 자연스러운 드레이프가 생긴다. 소매는 끝이 좁아지는 형태이거나 소매통이 전체적으로 좁은 형이다.

코트아르디(cotehardie)는 남녀공용으로 코트의 변형이다. 상체는 꼭 맞아 신체의 곡선이 잘 나타나고, 스커트 부분은 풍성한 주름이 나타나는 긴 원피스형으로 처음에는 깊이 파인 네크라인이다가 1375년경에 칼라가 부착되기도 하였다(그림 12). 코트아르디는 다양한 소매 형태를 보이고 있는데, 일부 윗부분에 슬릿이 있어서 팔을 그 사이로 내놓을 수 있게 되어 있으며, 여기에 때로 좁은 폭의 긴 끈인 티펫(tippet)을 부착하기도 했다. 이것은 후기로 갈수록 점점 더 좁아지고 길어진다.

로브

15세기 여자가 주로 입은 겉옷의 통칭으로 하이 웨이스트에 굵은 박스 플리츠인 카트리치 플리츠(cartridge pleats)가 있는 풍성한 스커트가 달린 드레스를 로브(robe)라 한다(그림 13, 14). 또한 가운(gown)이란 명칭으로 불리기도 한다. 중세의 임산부형 실루엣(pregnant silhouette)을 잘 나타내며 14세기에는 스퀘어 네크라인이다가 15세기로 가면서 브이 네크라인으로 깊게 파이면서 앞 바대인 파틀렛(partlet)을 대었다. 앞은 짧고 뒤가 긴 형태이며 옆에 트임이 있어 속옷의 레이어링 효과를 주었다.

13 ▼
1450~1455년의 실크태피스트리, 샤프롱, 짧은 우플랑드의 변형, 호즈의 남성들과 뿔형 머리 장식, V자 로브의 여성들

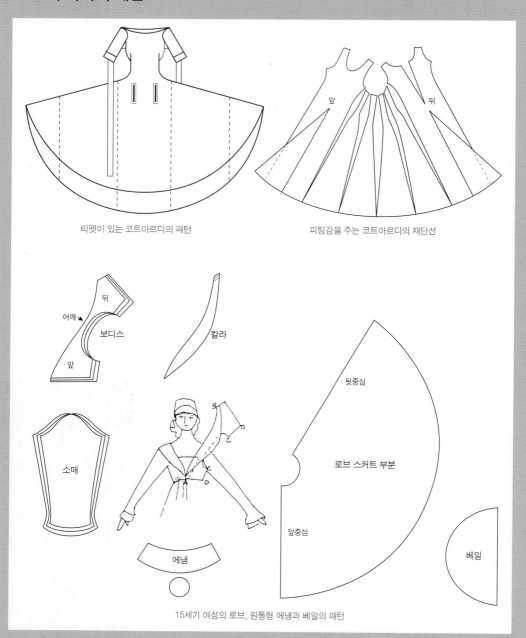

티펫이 있는 코트아르디의 패턴

피팅감을 주는 코트아르디의 재단선

뒤
어깨
보디스
앞
칼라
소매
에냉
뒷중심
로브 스커트 부분
앞중심
베일

15세기 여성의 로브, 원통형 에냉과 베일의 패턴

14 ◀
14세기 후반 코트 위에 색의 조화를 고려한 다양한 로브를 입고 있는 여성들의 모습. 로브의 모피 장식, 긴 트레인과 뾰족한 에넹과 베일은 고딕 복식의 수직적 실루엣을 형성하였다.

고딕의 이상적인 인체미

고딕 양식에서 여성의 몸의 표준적인 미의 구성 요소는 하얀 얼굴, 분홍빛 볼 터치, 금발머리, 갸름한 얼굴, 오똑하고 반듯한 코, 미소 짓는 초롱초롱한 눈, 가늘고 새빨간 입술, 호두 같이 단단한 유방 등이었다. 남성미는 금발머리, 가늘고 긴 목, 넓은 어깨와 가슴, 근육질 몸매에 있었다. 여성의 이상적 인체미는 보다 섬세하고 남성미와 반대되는 것이었으며, 이러한 성차는 재단선에 의해 인체의 라인이 노출되는 패셔너블한 의상에 의해 더욱 강화되었다.

오랫동안 이상적인 여성은 연약하고 가냘픈 모습이었으나 중세 말에 좀 더 풍만한 형태를 띠게 된다. 비잔틴, 로마네스크 복식은 자연스런 인체형을 수용하였지만 고딕의 경우 여성의 인체미로, 면도되어 둥글게 돌출된 넓은 이마, 작고 단단한 가슴과 배가 앞으로 둥글게 돌출된 다산을 상징하는 프레그넌트 라인을 추종하였다. 이러한 인체미에 따라 상체는 꼭 맞고 하체는 풍성한 실루엣을 위한 재단법이 발달하게 되었다. 또한 '몸의 미소'라고 하며 프랑스의 이자벨 왕비에 의해 처음 등장한 데콜타주(decolletage) 네크라인, 하이 웨이스트 라인이 유행하게 되었다. 그러나 금욕성, 정숙성의 미적 가치를 추구했으므로 허리선을 강조하고 어깨를 다소 넓게 드러내지만 젖가슴의 윗부분에 앞바대인 파틀렛을 씌우는 것에 만족했다.

중세 여성의 이상적 인체미이다. 둥근 배의 실루엣은 다산의 상징으로서 중세의 급격한 인구 감소에 부분적으로 기여하였다.

15 ▲
13세기 쇠사슬 갑옷 호버크 위에
십자가 문장이 있는 시클라스를
입고 있는 십자군

16 ▼
14세기 후반 앞부분에 보석단추
장식이 있는 쉬르코 투베르, 크레
스핀, 필릿의 머리 장식

쉬르코

쉬르코(surcot)는 13, 14세기에 남녀공용의 넉넉한 겉 튜닉의 일종으로 둥글고 넓은 네크라인, 진동둘레가 특징이다. 소매가 없거나, 튜닉, 코트보다 짧고 넓은 소매가 있었다. 겉옷과의 색의 조화를 중시했으며, 장식적인 겉옷이었으므로 화려한 색의 실크나 모직을 사용하여 만들었다. 남성용은 종아리 길이로 짧았고 여성용은 바닥에 끌릴 정도로 길었다. 때로 더운 여름에 일부 여성들이 슈미즈 위에 코트를 입지 않고 바로 쉬르코를 착용하기도 했다고 하는데, 이는 비정숙한 차림으로 간주되었다고 한다.

- 시클라스(cyclas) : 십자군이 갑옷에 반사된 태양의 빛으로부터 눈을 보호하기 위해서 갑옷 위에 착용했던 쉬르코의 변형으로 양 옆이 전부 트이거나 꿰맨 것 모두 있었다(그림 15).

- 쉬르코 투베르(surcot-ouvert) : '열린 쉬르코(open surcot)' 라는 뜻의 장식적인 의복으로 특히 상류층의 부녀자들에게 애용되었다. 진동 부분이 힙 부분까지 파여, 상체의 윤곽이 드러나는 여성의 관능미를 부각시킨 의복이었으므로 '지옥의 창문(windows of hell)' 이라고 악명 높게 호칭되기도 하였다. 목둘레, 진동둘레에 모피 장식, 앞 중심에 보석단추 장식 등이 사용되었다(그림 16).

- 타바드(tabard) : 원래 사제, 하류층에서 입던 짧고 헐렁한 짧은 소매 혹은 무소매의 의복으로 후기에는 차츰 군복이나 시종복으로 착용되고, 문장(heraldry) 장식이 있는 것이 특징이다. 타바드에는 명함과도 같은 기사 고유의 문장을 새겨놓았다. 따라서 투구를 쓰고 있는 모습을 멀리서 보더라도 적군과 아군을 구별할 수가 있었다(그림 17).

- 가르드 코르(garde-corps) : 쉬르코의 변형으로 생겨난 소매 달

17 ◀ ▲
의례용 의상인 문장 장식이 있는
타바드, 사선의 타바드는 15세기
중반의 부르군디의 타바드

18 ▼
13세기 후반~14세기 중반 코트
위에 쉬르코, 폴렌느 차림의 테이
블에 앉아 있는 사람들과 코트 위
에 가르드 코르를 입고 있는 남성
의 모습

린 겉옷으로 가르드 코르는 통 모양의 긴 소매가 달리고 진동선
에 트임이 있어서 팔이 밖으로 나와 행잉 슬리브처럼 보이는데,
소매의 여유분을 어깨에서 주름을 잡아 풍성하게 처리하였다. 가
르드 코르의 어깨의 주름과 후드가 달린 모양은 오늘날의 학위
수여식 때 입는 가운과 아주 흡사한 형태를 보인다(그림 18, 19).

우플랑드

14세기 후반~15세기 전반에 걸쳐 남녀 사이에 유행한 장식적인 외의(outwear)로 주로 벨벳, 새틴, 다마스크, 브로케이드, 울 등의 소재를 사용했다(그림 13, 19, 20). 우플랑드(houppelande)는 스탠딩 칼라, 땅에 끌리는 긴 소매, 백파이프(bagpipe)형의 주름이 있는 풍성한 가운이다. 다양한 깔때기형의 바닥에 끌리는 소매가 부착되어 있으며, 이 소매 끝을 불규칙하게 잘라내는 대깅(dagging), 즉 톱니 모양의 극도의 장식적 디테일 장식을 사용하거나 소매의 안쪽, 네크라인, 의복 전체에 모피 장식을 사용하였다. 15세기에 들어서면 남성복에 있어 코트아르디는 덜 등장하고, 이러한 우플랑드 혹은 변형된 짧은 우플랑드와 푸르푸앵이 많이 등장한다. 우플랑드와 푸르푸앵의 차이는 허리 부분에 봉제선의 유무로 나타나는데, 푸르푸앵의 경우 허리선에서 상체의 윗부분과 스커트 부분으로 나누어진다.

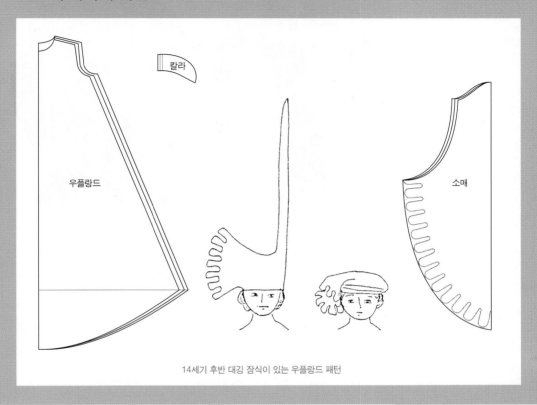

칼라

우플랑드

소매

14세기 후반 대깅 장식이 있는 우플랑드 패턴

푸르푸앵

1350년 이후 길고 드레이퍼리가 있던 남성의 튜닉은 점점 짧고 꼭 맞는 형태의 의상으로 전환되기 시작했는데, 푸르푸앵(pourpoint) 은 십자군 병사가 호신용으로 입었던 누빈 속옷이 변형된 상의로 현대의 재킷과 유사한 개념으로 나타난다.

어원은 원래 그 스커트 부분과 호즈를 연결하는 접점에 매다는 옷 for the points란 뜻에서 유래했다(그림 22). 동체에 꼭 맞게 재단되었고 동양에서 들어온 단추 영향으로 앞 중앙에 여밈 단추가 촘촘히

달려 있거나 레이싱 처리되었다(그림 21). 목둘레는 둥근 네크라인,
혹은 스탠딩 칼라가 달렸으며 스커트 부분은 호즈에 연결되도록 끈
장식이 있었다. 15세기에 소매 부분의 탈착이 가능한 분리형 소매가
등장하였고 후기로 갈수록 소매의 윗부분을 부풀려서 심을 넣어 레
그 오브 머튼 소매(leg of mutton)로 변하였으며 옷 길이는 매우 짧
아졌다. 옷감은 실크, 모직, 다마스크 등이 이용되었다.

호즈

호즈(hose)는 남녀가 착용한 양말, 혹은 바지의 일종이었는데, 특
히 14세기 남자의 푸르푸앵의 길이가 짧아지면서 중요한 의상품목
이 되었다(그림 22, 23). 초기에는 튜브 모양을 양쪽 다리에 각각 끼
우고 허리까지 잡아당겨 고정시켜 입었던 것이 후기에는 양쪽의 중
심을 꿰매고 코드피스(codpiece)를 붙여 팬티 호즈 모양이 되게 하
여 착용하였다. 호즈의 종류로는 바닥에 가죽 밑창을 댄 것과 아닌
것이 있었다. 15세기 호즈는 신축성을 위해 바이어스로 재단되었으
며, 울로 된 것이 많았다. 니트로 된 호즈는 16세기에나 가서야 나

타나는데, 기록에 따르면 이는 1519년 영국 노팅엄의 한 도시에서 등장했으며, 1527년에 가서야 파리의 길드에서 제작되었다고 한다.

- 코드피스(codpiece) : 처음에는 양쪽으로 분리된 호즈의 양다리 사이를 채우는 목적에서 비롯된 성기보호용 조각으로 1450년까지 강조되지 않았으나, 1450년 이후 푸르푸앵이 점점 짧아짐에 따라 노출되어 강조의 역할을 하게 되었다.

맨 틀

맨틀(mantle)의 경우 점점 중요성이 감소했지만, 난방의 문제가 여전히 존재했으므로 폐기되지 않고 속에 털 안감을 대어, 여행 시 착용되었다. 또는 장식의 측면이나 자유인을 상징하거나 존경을 표시하기 위해서 왕의 면전 시 착용하기도 했다.

22 ▲
푸르푸앵, 초기에 아일렛으로 된 포인트와 호즈의 연결하는 모습

23 ▼
아이들의 파티 칼라 호즈, 푸르푸앵

?! 고딕 복식의 패턴 3

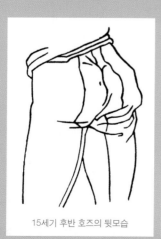

15세기 후반 호즈의 뒷모습

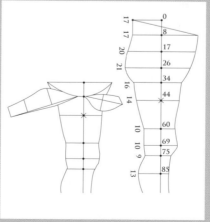

17 17	0
20	8
21	17
16 14	26
	34
10	44
10 9	60
13	69
	75
	85

24 ▲
샤프롱의 형태와 착장법. 터번형
이지만 어느 정도 형태를 갖추고
있어(ready-made) 연출법이 어
렵지 않았다고 한다.

헤어스타일과 머리 장식 이 시기에는 신체를 가리는 것이 미덕이라는 종교적 이유에서 다양한 두식이 발달하였다.

남성은 주로 단발, 어깨까지 늘어지는 긴 길이의 헤어스타일이었는데, 특히 15세기에 짧은 주발형(bowl crop, 그림 26)의 머리 모양이 유행하였다. 모자는 고딕 전기에는 후드와 코이프 등을 특히 많이 착용하였는데, 후드 위에 길게 늘어뜨린 대롱 모양의 리리파이프(liripipe, 그림 25)가 유행하면서, 그 길이가 경쟁적으로 길어지기도 하였다. 고딕 후기에는 이들이 더욱 발전하여 터번 형태 혹은 운두가 높은 모자형이 사용되었는데, 전기에 비해 보다 강한 장식성을 보인다. 터번형은 리리파이프가 달린 후드의 변형인 샤프롱(chaperon, 그림 24, 27)으로 나타나는데, 이는 패드를 댄 둥근 롤(roll)이 있는 장식적인 형태이다. 그 외에 터키의 페즈(fez)와 유사한 챙이 없는 모자, 오늘날의 보울러(bowler)와 유사하게 얇은 챙이 있는 운두가 높은 깃털 장식이 있는 모자도 등장한다.

25 ▶
1380년 리리파이프가 있는 후드
를 입은 여성과 1340년 과장된 리
리파이프에 대한 풍자화

26 ◀
15세기 남성의 주발형의 헤어스
타일 패션

27 ◀
마사치오(Masaccio), 1424~1425,
샤프롱. 패딩이 된 둥근 원형과 리
리파이프로 구성된 터번과 유사한
형태. 워싱턴 내셔널 갤러리 소장

여성의 경우 사도 바울의 고린도전서에서의 말씀을 교회가 지키려고 한 덕분에 길고 머리를 가리는 형이 발달하였다. 일반적으로 미혼인 여성은 머리를 자연스럽게 늘어뜨렸고, 기혼인 여성은 머리를 둘로 나누어 철사를 넣어 양뿔처럼 양쪽 귀 위로 둥글게 말아 올리거나(ramshorn, 그림 28), 하트 모양의 과장된 형태를 차츰 보이게 되었다. 여기에 머리카락을 감추려는 의도에서 비롯된 헤어넷(hairnet)인 크레스핀(crespine)을 착용했다.

머리 장식의 경우 전 시기의 필릿(fillet), 바르베트(barbette), 웸플(wimple) 등(그림 29)이 지속되다가 점차 지나치게 과장, 기이하게 변천했다. 차츰 베일보다는, 특히 긴 원뿔(steeple), 원통형(truncated) 모양의 에냉(hennin)과 두 개의 원뿔에 의한 하트, 나비 모양 등으로 된 고딕시대의 독창적인 나비 모양의 두식(butterfly headdress)이 애용되었다. 여기에 금으로 된 브로치로 베일을 늘어뜨리기도 했는데, 이들의 인기는 쉽사리 줄어들지 않았고 후에 가톨릭 수녀의 의상에 남게 되었다. 에냉은 때로 여러 색상의 거즈, 혹은 사프란 향의 머슬린 등으로 만들어졌다. 이는 '불편'이란 뜻의 옛 프랑스어에서 나온 말로 패션 용어라기보다는 극단적인 스타일을 조소하는 의미에서 나온 단어라고도 기록되고 있지만 에냉은 특히 고딕의 수직적 형태의 가장 숭고한 표현으로 간주되기도 한다. 그 형태는 시리아 여성의 탄투라(tantura)와 유사한데, 십자군 원정 후 소아시아 지역에서의 유래를 암시한다. 프랑스의 경우 원뿔형이, 영국, 네덜란드의 경우 원통형이 유행했다고 한다(그림 30~32).

한편, 14세기 말 이후에는 여성의 넓은 이마가 선호되면서 앞머리를 면도하는 것이 유행하였다. 때로 이를 강조하도록 에냉의 앞부분에 프론트렛(frontlet)이란 루프 장식이 사용되기도 했다(그림 31).

PLVS EST EN VOVS GRVTVSE

PLVS EST · EN VOVS · GRVTVSE

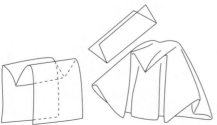

30 ▲
15세기 후반 부르군디에서 유행한 장식적 소재의 에넹, 털장식의 V형 네크라인, 검은색의 삼각형의 천인 파틀렛이 있는 로브를 입은 귀족 여성이 경기를 관람하고 있는 모습

31 ▼
15세기 중반 원통형 에넹과 앞부분에 검정 벨벳으로 된 프론트렛

32 ◄
에넹으로 나비 모양의 뿔두건과 베일의 연출법(베일은 가로세로 142×61cm 직사각형, 가로세로 142×142cm 정사각형)이다. 에넹의 변종인 나비모양의 뿔두건은 어깨보다 넓은 경우도 종종 있었으므로 성에서 문들이 넓혀져야 했다고 한다.

33 ▶

풀렌느의 극단적인 형태. 때로 그
끝이 18인치에 달했으며 이에 대
한 사치 금제령까지 등장했다고
한다.

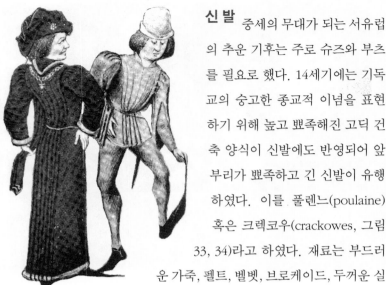

신발 중세의 무대가 되는 서유럽
의 추운 기후는 주로 슈즈와 부츠
를 필요로 했다. 14세기에는 기독
교의 숭고한 종교적 이념을 표현
하기 위해 높고 뾰족해진 고딕 건
축 양식이 신발에도 반영되어 앞
부리가 뾰족하고 긴 신발이 유행
하였다. 이를 풀렌느(poulaine)
혹은 크렉코우(crackowes, 그림
33, 34)라고 하였다. 재료는 부드러
운 가죽, 펠트, 벨벳, 브로케이드, 두꺼운 실
크 등을 사용하였고 보석이나 진주, 금·은사로 장식
하기도 했다. 뾰족한 앞부리의 길이는 계급을 나타냈으므로 경쟁적
으로 지나치게 길어져서 법령으로 길이를 규제한 사치 금제령이 출
현하기도 했다. 한편, 그 과장된 길이 때문에 도저히 걸어다닐 수가
없었기에 사람들은 신발 끝을 구부려서 작은 사슬로 무릎에다 고정
시키거나 패튼(patten)의 도움을 받아야 했다. 패튼은 굽이 있는 나
무 혹은 가죽으로 된 일종의 플랫폼(platform)으로 악천후에 대비해
끈으로 풀렌느를 고정시킨 언더 슈즈이다(그림 35). 남성에 비해 여

34 ▶

15세기의 풀렌느. 끝은 점점 뾰족
하고 날카로워져 갔다. 구두 앞부
분에는 모양을 유지하기 위해 이
끼로 채워 넣었다. 성직자들은 이
러한 신발을 악마의 작품이라고
생각했다.

성의 신발은 길이를 강조하기는 했지만 그렇게 과장된 형태를 보이지는 않았다고 한다.

장신구 당시 장신구 중에서 중요하게 생각하고 꼭 갖추었던 것은 허리띠였다. 허리띠는 특히 마술적인 영향을 미친다고 생각되었기 때문이다. 기사소설에서는 허리띠에 박힌 보석이 그것을 두른 사람에게 명예와 행운을, 기사들 사이에서는 존경을, 무기, 물, 불에 대해서는 무사안전을, 적에 대해서는 언제나 승리를 보장하는 것으로 간주되었다. 또 허리띠는 부의 상징으로 재료와 형태가 매우 다양하였고 여기에 귀중품을 운반할 수 있는 지갑을 착용하는 것이 유행이었다. 남자는 볼드릭(baldric)을 한쪽 어깨 위에 사선으로 착용하고, 허리띠에 방울을 달기도 하였다.

그 외 장신구로는 목걸이, 반지, 귀걸이 등이 있었는데, 특히 15세기에 남녀 모두 보석이 박힌 무거운 금목걸이를 즐겨했다고 한다. 그 외에 부채와 파라솔, 손거울이 여자들의 장신구로 사용되었다. 전 시기와 마찬가지로 장갑이 유행했는데, 군인에게는 철제용 장갑, 왕, 귀족들에게는 보석 장식의 장갑, 상류층 부인들에게는 태양으로부터의 보호를 위해 리넨 장갑이 유행했다고 하며 또한 향수나 독극물을 바른 장갑도 있었다고 한다. 또 손수건의 경우 15세기에 주로 귀족들에게 제한적으로 사용되었고 이를 위한 법제도 있었다.

한편, 유행에 따라 너무나 많은 장신구가 요구되었기 때문에 진짜를 사는 것이 누구에게나 가능한 일은 아니었으므로 흥미롭게도 모조 장신구가 매우 많이 착용되었는데, 그 예로 물고기의 눈을 이용해서 만든 모조 진주가 있었다고 한다.

중세 의복의 용어 : 복식명의 혼돈

복식사에 있어 중세, 특히 13세기 이후 다양한 형태의 복식과 복식명이 등장하는데, 묘사되는 복식에 대한 구체적 그림 자료 없이, 많은 복식의 아이템에 대한 기록들이 존재하게 되므로 중세 후기를 다루고 있는 텍스트들의 특정 아이템에 대한 용어 정의는 혼선을 빚게 된다. 따라서 다음 표를 통해 다양하게 사용되는 용어를 정리해 보고자 한다.

의복의 유형	용어 정의	옛 프랑스어	옛 영어	현대 영어
속 옷	피부 바로 아래 입는 하의용 속옷	braies	brech	breeches
	몸통에 입는 상의용 속옷	chemise	shirt	shirt, chemise
언더 튜닉	슈미즈, 셔츠 위에 입는 튜닉	cotte	cotte	coat, petticoat
아웃터 튜닉	언더 튜닉 혹은 속옷 위에 입는 겉튜닉	surcot	surcot	overcoat
		bliaud	bliaud	blouse*
		cotte-hardie	cotehardie	현대용어 없음
외 투	상류층의 망토	mantel	mantel	mantle
	후드 달린 망토	chape	cope	cape
	짧은 케이프	chaperon	chaperon	chaperon**
원피스	속옷, 언더 튜닉, 아우터 튜닉, 망토를 합친 의복형	robe	robe	robe
머리덮개	후드	coul	couel	cowl*
	얼굴, 뺨 아래를 덮는 베일	guimpe	wimple	현대용어 없음
원형관	원형관	chapel, chapelet	chapelet	chapelet
	뺨을 덮는 췬밴드(chin band)	coif	coif	coif
	긴 꼬리가 달린 후드	cornette	liripipe	현대용어 없음
레그웨어	발, 다리를 덮는 양말형 의복	chausses	hose	hose
기 타	털 트리밍이 있는 의복	pelicon	pelison	pelisse(19세기)
	후드, 머리 장식, 소매에 달린 좁은 장식 밴드	coudieres	coudieres	현대용어 없음

*현대 용어는 원래 용어와 상당히 다른 뜻으로 사용됨
**더이상 의복 용어가 아님

출처 : Tortora, P., Eubank, K.(1995), Survey of Historic Costume, Fairchild Publication, pp. 97~98 참조

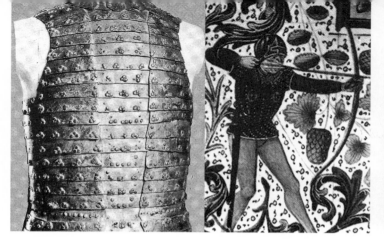

기타 특수 복식

군인 복식

13세기에는 전 시기와 마찬가지로 쇠사슬로 된 호버크(hauberk)를 착용하고 그 위에 쇠사슬로 되어 있는 쉬르코를 착용하거나, 시클라스를 착용하다가 14~15세기에 와서 쇠사슬 갑옷은 서서히 커다랗고 단단한 금속판으로 된 갑옷의 형태로 발전되어 일반적으로 채택된다. 금속판으로 만들어진 짧은 조끼형의 갑옷을 브리간딘(brigandine)이라고 한다(그림 36).

갑옷이나 투구는 병기 제조공이 아닌 다른 전문 수공업자가 제조했다. 갑옷은 몸에 대고 맞춘 듯 기사의 몸에 딱 맞아야 했으므로 제조 작업은 정교해야 했다. 갑옷의 무게는 평균 25~35kg에 달했다. 15, 16세기에는 말을 위한 갑옷도 있었다. 전쟁이 났을 때는 말이 자유롭게 움직여야 했으므로 마상 경기 때보다 훨씬 작은 철제 갑옷을 입혔다.

이후 총포류 사용으로 갑옷의 의미가 상실되자 화려한 갑옷은 전시용으로 체형을 아주 강조해서 만들었고 부유한 기사들이 마상경기에서 착용했다. 기사들이 오랫동안 사용한 투구는 스컬 캡이었고 이는 원추형으로 코 부위까지 코 가리개가 내려오는 투구였다(그림 37, 38).

36 ◄
금속판으로 만들어진 짧은 조끼형의 갑옷 브리간딘

37 ▲
15세기 얀 반 아이크(Jan van Eyck)의 〈그리스도의 기사들 (The Knights of Christ)〉

38 ▼
15세기 이탈리아 기사의 갑옷

코트, 호즈, 목−허리까지의 단추
장식이 있는 단순한 쉬르코와 분
리된 후드차림의 학자이다.

대학 복식

중세 말에는 한때 유행의 절정을 이루었던 복식이 유행의 쇠퇴기에
들면서 특정한 직종이나 부류의 사람들 복식이 되는 경우가 많았다.
1400년대에 학생들은 유행 지난 코트, 쉬르코를 일상복으로 착용했
다. 이러한 형태의 변형은 수세기를 거쳐 졸업식 때 학생과 교수진
들이 착용하는 아카데미 복식으로 계승된다(그림 39).

상 복

15세기에 상례가 정해지기 전까지는 특별한 의상이 있지는 않았지

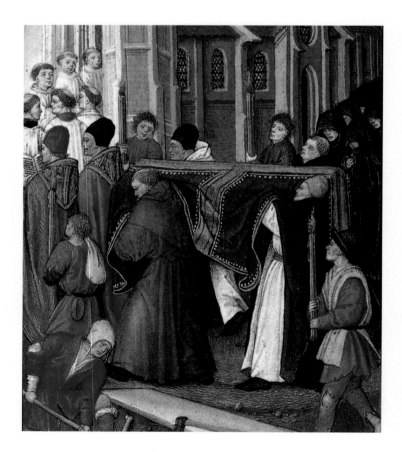

40 ▶
1460년 중세의 전통적인 후드 달
린 검은색 맨틀의 상복차림이다.

만 대체적으로 검은색 의상이 슬픔의 상징으로 사용되었다. 상을 당한 사람은 주로 어두운 색상의 후드 달린 의상을 많이 착용하였는데, 오랜 기간 동안 밝은 색상의 옷을 포기했다고 한다. 과부의 경우는 보다 뚜렷한 전통이 확립되어 있어, 밝은 색상의 복식 대신에 보라, 회색 등의 의상을 여생 동안 착용하였고 베일을 착용했다고 한다. 남자의 경우 상을 당한 기간 동안에는 짧은 푸르푸앵을 착용하지 않았다고 하며, 프랑스에서는 남녀 모두 후드 달린 맨틀을 착용했다고 한다(그림 40).

중세 농민들의 옷장

유럽 전역의 사후 재산 목록을 살펴보면 농민들의 옷장은 최소한의 것만 갖추고 있는 단조로운 이미지를 보여 준다. 14세기 후반 부르고뉴 마을의 재산 목록 결과 기본 품목은 작업복과 털외투, 그리고 모자였다. 남자 옷과 여자 옷의 구분은 모호했다. 여자의 원피스는 남자의 작업복이나 긴 겉옷과 비슷했다. 다만, 옷 색이 남녀를 좀 더 구분해 주었다. 남녀 모두 볼품은 없으나 제법 따뜻한 거친 모직물로 옷을 해 입었는데, 남자들은 흔히 염색을 안 한 천연색이나 베이지색으로 입었고 여자들은 파란색으로 입었다. 남자의 두건은 보통 파란색이고 여자용은 붉은색 아니면 파란색이나 흰색이었다. 상류계층의 복식과 비교해 볼 때, 직물산업의 발달로 인해 비교적 소재에 있어서 품질은 양호했으나 색상에 있어서는 염색 비용을 절감한 경제적인 색이 선택된 것이 특징이라 할 수 있다.

농장에서 일하는 하류계층 여성 복식. 단추가 없는 비교적 꼭 맞는 상체, 스커트 길이는 활동에 편하게 끌어 올려 아래 속옷이 보인다. 당대의 유행인 머리 장식을 따르려는 모습

영화 속의 복식_〈브레이브 하트〉, 〈슈렉〉, 〈저스트 비지팅〉

영화〈브레이브 하트〉, 〈슈렉〉, 〈저스트 비지팅〉에 나타난 고딕 고증 복식

슈렉

브레이브 하트

저스트 비지팅

Historical Mode

알렉산더 맥퀸, 크리스티앙 디오르, 요지 야마모토 등의 고딕 복식의 현대적 적용

주요 인물

마르코 폴로 Marco Polo

1260년 베니스의 상인 니콜로(Nicolo) 폴로, 아들 마태오 폴로(Matteo Polo)의 동방으로의 여행 이후 1271년 마르코 폴로는 대륙을 통해 아시아를 횡단했던 최초의 유럽인이다. 그는 페르시아, 몽고, 터키, 아랍어를 터득한 재인이었으므로 중국관리들을 관리, 감독하고 감찰하는 쿠빌라이 칸의 특사로서 각지에 파견되어 아시아의 여러 지역을 방문하였고, 25년만에 고향으로 돌아왔다. 그의 아시아의 동물, 식물, 지형, 관습, 정부, 종교, 복식 제조 등을 상세히 다룬 책으로서 《동방견문록》은 서구인들이 환상적으로 생각해 오던 동방에 대한 비교적 정확한 지식을 전달해 주는 기록으로 특히 14~15세기에 많이 애독된다. 아울러 이는 생강, 후추, 계피 등을 무역하고자 하는 유럽 상인들의 선풍적인 관심을 유발한다. 그의 저술의 과장된 어투 때문에 허구로 비판을 받기도 하지만, 후에 콜럼버스의 지구상 탐험에 큰 영향을 미치게 되었다.

잔 다르크 Jean D'Arc

프랑스와 영국의 백년전쟁 시기 신앙심이 깊은 농민 소녀 잔 다르크(1412~1431)는 프랑스의 샤를 7세를 찾아가 자신이 영국인을 프랑스 땅에서 몰아낼 임무를 신으로부터 부여받았노라고 선언했다. 샤를 7세는 이를 믿고 그녀에게 군대 지휘권을 맡겼으며 그녀의 신앙심과 성실성에 감복한 병사들은 사기가 충천했다. 수개월 만에 그녀는 프랑스 중부 지역 상당 부분을 영국의 지배로부터 해방시켰다. 그러나 1430년 부르고뉴인에게 사로잡혀 영국군에게 인도되었고 마녀로 기소되어 1431년 재판을 거친 후 화형에 처해졌다.

Part 3
Early Modern Period

근 세

봉건사회는 점차 변질되어 사라지고 유럽에서는 15세기 중반 무렵 서양 근대사회

의 기반이 형성되어 17~18세기를 거쳐 더욱 성장하게 된다. 이 시기를 통해 유럽

사회에는 큰 변화가 일어났다. 과학의 발전은 기술 분야에 획기적인 진화를 이루어

냈다. 15세기 말부터 시작된 신항로의 개척과 신대륙의 발견은 도시 중심의 상공업

과 자본주의 경제를 발전시켰다. 도시의 경제적 발전과 함께 경제력을 획득한 시민

계급은 이후 근대사회로의 발전에 중요한 역할을 하게 되었다. 종교개혁과 종교전

쟁을 통해 종교에서 벗어난 시민 정치가 시작되면서 정치와 종교가 분리되었다. 15

세기 르네상스의 휴머니즘을 통한 인간 중심적인 세계관의 발전, 17~18세기 계몽

주의를 통한 자유와 평등사상의 확대는 18세기말부터 시작되는 시민혁명의 발판

을 마련했다. 16세기 중앙집권국가의 발전은 17~18세기 절대왕정으로 이어졌다.

Chapter 8

르네상스

15세기 중반 유럽에서는 근대시민사회가 형성되기 시작했다. 정치적으로는 지방분

권적 봉건체제에서 벗어나 중앙집권적 국가체제를 갖추었고, 경제적으로는 봉건적

농업경제에서 벗어나 도시상공시민 중심의 자본주의 경제구조를 발전시켰다. 문화

적으로는 르네상스를 통해 신 중심 문화에서 인간 중심 문화로 전환되었다.

르네상스의 시대정신과 다양한 직물, 장식품, 재단법의 발달은 종교적 색채가 배

제되고 현실에 대한 정열과 인체미 표현에 관심을 둔 복식이 등장하게 되는 배경이

되었다. 지리적 발견, 무역활동의 신장, 공장제 수공업의 발달 등에 따른 부의 확산

과 절대왕정의 확립으로 왕과 귀족의 복식은 다양해지고 화려해졌다. 복식의 대중

화로 일부 부유한 시민들은 새로운 모드를 착용할 수 있게 되고, 유럽 여러 국가에

서 유행하는 국제적 모드가 형성되는 등 복식 문화는 획기적인 발달을 이루었다.

◀ 니콜라스 힐리어드의 〈엘리자베
스 1세〉, 1599

사회문화적 배경
넓어진 세상에서 다시 인간을 바라보다

서양 문화의 역사에서 15세기는 혁신적인 변화가 이루어진 시기였다. 봉건주의가 무너지고 교회의 권위가 약화되면서 유럽인들은 신 중심의 생각에서 벗어나 인간 중심으로 세상을 바라보게 되었다. 15세기 말에는 봉건제도가 붕괴되고 절대왕정과 국가체계가 확립되었다. 15세기 이탈리아에서 시작된 르네상스 운동은 유럽 각국으로 전파되어 16세기의 문화적 발전을 이루어냈다. 16세기 말에는 프랑스, 영국, 스페인 등 유럽 국가의 틀이 잡히기 시작했으나, 이탈리아는 독립적인 도시국가들로 남아 있었다.

르네상스운동과 종교개혁   15세기 이탈리아에서 시작된 르네상스 운동은 16~17세기에 걸쳐서 독일, 프랑스, 영국, 스페인 등 유럽의 여러 나라에서 전성기를 맞이했다. 문학, 건축, 조각, 회화에서 꽃 핀 르네상스 운동은 중세의 신 중심주의에서 벗어나 고대 그리스·로마의 문화를 재조명하고 인간성을 발견하기 시작한 것으로 인체의 아름다움을 찬양하는 예술과 휴머니즘 문학의 부흥이었다. 회화와 조각에 등장하는 인물들은 인간적인 모습으로 표현되었고, 균형과 안정감의 고전적 형식미를 갖춘 건축 양식이 다시 등장했다(그림 1).

북유럽에 전파된 새로운 르네상스 정신은 종교적 믿음에 대한 도전에 강하게 영향을 미쳤다. 교회의 권위는 약화되어 갔으며 종교개혁으로 새로운 사회질서의 바탕을 마련하였고 인간 중심 사상은 생활의 모든 면에 영향을

주었다. 타락한 교회에 대한 반발로 1517년 독일의 마르틴 루터
(Martin Luther)가 면죄부에 대한 95개조 반박문을 발표한 이후 종
교개혁이 시작되었다. 독일, 네덜란드, 영국, 북유럽은 신교로, 남
유럽은 가톨릭교로 분리되었다(그림 2).

신세계 탐험과 자본주의 경제구조

신대륙의 발견과 새로운 무
역항로의 개척은 유럽의 경제적 판도를 변화시켰다. 스페인은 활발
한 해상활동으로 국력이 강대해졌고, 네덜란드는 해상무역에서 확
고한 위치에 있었으며, 프랑스도 경제적으로 번영하였고, 영국은
1588년 스페인 함대를 격파시킴으로써 국가발전의 계기를 마련했
다. 1492년 콜럼버스(Columbus)가 미국을 발견한 이후 신대륙의
발견과 식민지화는 유럽 경제력의 중심을 이탈리아와 지중해에서
대서양으로 이동시켰다.

01 ▲
미켈란젤로의 〈다비드〉. 남성적인
육체의 아름다움을 완벽하게 표현
하고 있다. 피렌체 아카데미아 미
술관 소장

02 ◀
루터와 종교개혁 영웅들의 삶. 반
박문 발표 후 교황이 보낸 파문의
경고장을 여러 사람들이 보는 앞
에서 불태우고 있다.

신세계에서 가져온 많은 양의 귀중품은 유럽 경제 발전에 기여했다. 스페인은 황금시대를 맞이했고, 유럽의 항구들은 빠르게 발전했다. 경제발전으로 인한 화려함에 대한 요구로 의상과 보석이 호사스러워졌으며 무역활동의 신장과 함께 부유한 상인계층이 늘어났고 이들은 신흥 상류계층으로 등장하여 계급 과시를 위한 복식 디자인 계발을 가속화시켰다. 신흥 상류계층뿐 아니라 경제적 어려움을 겪고 있던 하류계층에서도 상류계층의 복식을 모방하려는 경향이 강하게 나타나, 사치 금제령(sumptuary laws)이 많이 제정되었다.

중앙집권국가와 강력한 왕 경제발전과 자본주의를 기반으로 근대시민사회가 형성되었다. 국가가 개인에게 평화, 안전, 이익을 가져온다는 믿음에 따라 과거 종교나 가문에 대한 충성이 국가에 대한 충성으로 이동하면서, 분권적 봉건체제에서 중앙집권국가체제로 변화했다. 스페인은 아라곤의 페르난도 2세와 카스티야의 이사벨 여왕의 결혼(1469)으로 거대한 왕국을 형성하고, 카를로스 1세 때는 회의식 통치 방식 도입으로 중앙집권화를 더욱 강화했다. 프랑스와 영국의 백년전쟁(1337~1453)은 귀족들의 세력을 누르고 왕권을 강화하는 계기가 되었다. 프랑스에서는 루이 11세와 프랑수아 1세를 거치면서, 영국에서는 헨리 7세와 헨리 8세를 통해 강력하고 효율적인 정부가 형성되었다. 새로 등장한 직업관료 계층은 왕의 명령을 집행하는 역할을 맡게 되었다. 한편, 주변 강국들의 세력 각축장이 된 이탈리아에서 마키아벨리(Machiavelli)는 통일을 위해 강력한 군주통치가 필요하다는 《군주론》을 저술했다.

복식미
위대한 인간은 거대하고 화려한 옷을 입는다

봉건사회 구조가 무너지고 중앙집권국가가 발전하면서 복식을 통한 권위의 상징이 중요하게 되었다. 왕과 귀족들은 복식의 부피를 확대하고 화려하게 장식함으로써 지위를 과시하고자 했다.

03 ▲
16세기 초반 영국의 헨리 8세와 프랑스의 프랑수아 1세의 정치적 경쟁은 화려한 복식 경쟁에 영향을 미쳤다. 1520년 두 국왕의 회담이 이루어졌던 국경지대는 들판이 온통 황금으로 보일 만큼 화려해서 '황금천 들판(field of cloth of gold)'이라는 명칭을 갖게 되었다. 호화스러움으로 자국의 힘과 권위를 과시하고자 했던 헨리 8세는 수많은 천막에 금칠을 했고, 자신의 말을 치장하는 데 56kg의 금을 사용할 정도였다.

권위와 위엄의 상징
르네상스 복식의 가장 큰 특징은 여러 겹을 겹쳐 입어 거대한 부피를 만들었다는 점이다. 중세의 길고 가는 라인은 넓은 실루엣으로 대체되었는데, 여성은 허리 아랫부분의 폭을 확장해 원뿔형 실루엣을, 남성은 어깨폭을 확대해 넓은 사각형 실루엣을 형성했다. "16세기 복식의 느낌은 역사상 가장 웅대하다"라는 페인(B. Payne)의 언급처럼 중앙집권체제로 강력해진 왕과 귀족계급에서는 실루엣을 극도로 과장하고 복식을 화려하게 장식하여 자신들의 위엄과 권위를 과시하고자 했다. 벨벳, 새틴, 모피 등의 사치스러운 소재 위에 금사, 은사를 수놓고, 진주, 다이아몬드, 에메랄드 등의 보석과 레이스, 슬래시 등을 장식해 극도의 화려함을 통해 권위를 과시하고자 했다(그림 3).

특히, 16세기 후반 복식의 특징인 러프칼라는 얼굴 주변에 부피를 형성함으로써 정신적인 고귀함을 상징했을 뿐 아니라 러프칼라를 착용하면 고개를 움직일 수 없었기 때문에 노동에 종사하지 않는 특권계급을 상징하는 권위를 띠기도 했다.

인체미의 표현
중세의 신 중심주의에서 벗어나 그리스·로마의 문화를 재조명하였던 르네상스시대에는 휴머니즘의 영향으로 인체의 아름다움을 찬양하는 예술이 꽃피었고 복식에도 인체의 아름다

움을 살리려는 노력이 나타났다. 르네상스시대 남성복에 표현된 남
성 인체의 아름다움은 남성적인 힘과 관련되어 있다. 더블릿의 어깨
는 패드와 윙으로 넓게 과장하고, 피스코드 벨리로 가슴과 배를 불룩
하게 강조했다. 꼭 맞는 호즈는 다리의 근육을 잘 드러내는 형태였
으며, 화려하게 장식된 코드피스는 인간의 현세적인 욕망과 남성의
힘을 상징했다. 코르셋으로 허리를 가늘게 조이고 파팅게일로 스커
트를 확대해서 이루어진 여성복의 X-실루엣은 여성의 인체미에 대
한 인식의 결과이다. 여성미의 강조는 깊게 파인 데콜타주 네크라인
에 의한 가슴의 노출로도 나타났는데, 가슴의 윗부분을 많이 노출하
면서도 스토마커로 압박하여 부피감을 강조하지는 않았다(그림 4).

입체적인 인체의 형태를 반영할 수 있는 재단법의 발달 그리고 남
녀의 사회적 역할에 대한 근대적 구분도 남성과 여성의 인체미 강조에
영향을 미쳤다. 르네상스시대 이후 뚜렷하게 구별된 남성복과 여성복
의 기본 틀은 오랫동안 유지되면서 서양 복식의 기본 틀을 형성했다.

국제적 모드의 형성 경제 발전과 함께 새롭게 등장한 부유한 상인
계층은 신흥 상류계층으로 복식 디자인 개발을 가속화시켰고, 유럽
여러 나라 간의 무역량이 증대되고 정치적 이유에 의한 왕실 간의
결혼이 빈번해짐으로써 여러 나라에서 동시에 유행하는 국제적인
모드가 형성되었다. 그러나 국제적인 모드의 유행과 함께 세부적인
장식과 직물에서는 국가의 특징이 유지되었다.

르네상스 스타일로의 변화는 15세기 후반 이탈리아에서부터 시작
되었다. 정교하고 화려한 직물과 새로운 재단법을 활용한 이탈리아
복식의 형태는 16세기로 접어들면서 서양 전 지역으로 확산되었다.
1520년대에는 슬래시와 퍼프를 강조하는 독일 복식의 영향이 두드러
지다가, 16세기 중반부터는 **뻣뻣한 옷감**을 사용해서 견고하고 딱딱

해 보이는 실루엣을 형성하는 스페인 복식의 영향이 크게 나타났다.

　스페인 궁정의 심각하고 경직된 패션은 프랑스와 이탈리아를 제외한 전 유럽에서 지배적이었다. 16세기 말에는 스페인의 영향과 신교도적 취향에 의해 엄숙했던 영국과 네덜란드의 패션과 프랑스와 이탈리아 궁정의 밝고 화려한 패션 사이에 확실한 구별이 나타났는데, 이러한 구별은 17세기로 이어졌다.

복식의 종류와 형태
더블릿을 입은 남성과 로브를 입은 여성

르네상스 문화가 인류의 삶에 새로운 장을 열어준 것처럼 르네상스시대의 복식은 서양 복식사에서 가장 주목할 만한 변화를 가져왔다. 입체적인 인체의 형태를 반영하는 재단법 발달에 따른 복식의 형태 변화, 인간의 인체미에 대한 인식, 남녀의 사회적 역할에 대한 근대적 구분 등은 남녀 복식의 뚜렷한 구별을 가져왔다. 남자는 상하가 분리된 의복이 정착되어 더블릿과 브리치즈를, 여자는 원피스 형태의 로브를 입는 구조가 이후 500년 이상 서양 복식의 기본 틀이 되었다.

　르네상스 남성복으로의 변화는 하의에서부터 시작되었다. 고딕시대 남성들이 입었던 몸에 꼭 끼는 호즈가 무릎길이의 바지인 브리치즈와 긴 양말 형태의 호즈로 분화되었다. 상의로는 속옷인 슈미즈 위에 재킷 형태의 더블릿을 입었는데, 소매가 없는 저킨을 덧입기도 했다. 16세기 초반 남성 복식은 비교적 날씬한 실루엣이었지만, 1520년대부터 커다란 퍼프(puff) 등으로 상의의 부피가 점차 확대되어 헨리 8세의 재임 후기에는 넓은 라펠과 칼라 그리고 거대한 소매로 어깨를 강조해 사각형 실루엣을 형성했다. 16세기 후반에는 어깨넓이의 확장은 줄어들고 엉덩이 넓이의 과장이 증가했다. 즉, 16세기 전반에는 짧거나 긴 더블릿에 다리에 꼭 맞는 호즈를 신었고, 16세기 후반에는 짧은 더블릿에 패드로 부풀린 브리치즈를 입었다. 과장된 부피는 슬래시(slash), 페인(panes) 그리고 16세기 후반

05 ▼
15세기 후반 프랑스 남성복. 더블릿과 긴 호즈에 의한 날씬한 실루엣과 둥글게 주름지는 가운은 고딕 말기 남성복과 유사하지만, 슬래시가 있는 둥근 신발이 변화를 보여 준다.

06 ▶

16세기 전반에 유행했던 넓은 라펠과 거대한 퍼프슬리브가 달린 가운은 어깨 부피가 확장된 사각형 실루엣을 형성했다. 더블릿의 소매와 브리치즈는 슬래시로 장식했고, 패드를 넣은 코드피스의 형태가 두드러지게 드러난다. 티티안의 〈카를 5세〉(1532∼1533), 마드리드 프라도 미술관 소장

07 ▼

어깨와 소매의 부피를 크게 확대하지 않았고, 짧은 트렁크 호즈의 끝에서 무릎까지 날씬하게 연장된 스타일인 까니옹을 입고 있다. 작가미상으로 〈Sir Walter Raleigh and his Son〉(1602), 런던 국립초상화미술관 소장

복식의 가장 중요한 특징인 거대한 러프(ruff) 등으로 장식되었다.

르네상스 여성복에서 이전 시대 복식과 비교해 가장 두드러진 변화는 로브 구성의 변화이다. 르네상스시대에는 X-실루엣을 만들기 위해 코르셋과 파팅게일을 속옷으로 착용했다. 이전 시대까지는 속옷이 보온이나 위생의 목적만으로 이용되었지만, 16세기를 계기로 속옷이 옷의 형태를 결정하는 중요 요소가 된 것이다. 이러한 전통은 19세기 말까지 지속되었다. X-실루엣을 만들기 위해 로브의 형태도 보디스와 스커트를 허리선에서 연결해서 입도록 변화되었다.

의 복

슈미즈

더블릿 안에는 속옷으로 흰색 리넨이나 실크로 만든 튜닉형 상의인 슈미즈(chemise)를 입었다. 영국에서는 슈미즈를 셔츠(shirts)라고 불렀는데, 오늘날 남성 수트 안에 착용하는 정장 셔츠의 기원이 되었다. 슈미즈는 원래 이전 시대부터 착용되어 왔지만, 16세기 초에 더블릿의 목둘레가 깊어져 안에 입은 슈미즈의 목둘레가 많이 보이게 되면서 중요한 의복이 되었다.

원래는 낮은 네크라인이지만, 16세기 중반 더블릿 네크라인의 변화와 더불어 하이네크라인이 되었고, 개더를 잡아 좁은 밴드로 고

08 ◄
슈미즈의 변화

낮은 스퀘어 네크라인의 슈미즈. 개더를 잡은 네크라인에 금색 브레이드를 장식했다(1498).
슈미즈의 네크라인이 높아지면서 개더를 잡아 좁은 밴드로 고정했다(1525).
네크라인의 넓은 밴드 위에는 작은 프릴이 달려 있고, 손목은 넓은 러플로 마무리되어 있다 (1534~1535).

09 ▲

베이시즈는 더블릿 아래 트렁크 호즈 위에 걸치는 스커트로 밀리터리 스커트(military skirt)라고도 한다. 원형으로 재단해 굵은 주름을 잡아 허리에 둘러 입었다. 라파엘의 〈볼세나의 미사〉 중 일부분(1512). 바티칸 시 사도궁 소장

10 ▼

프랑수아 1세는 르네상스 초기의 넓은 네크라인 더블릿 위에 저킨과 가운을 입고 있다. 더블릿의 보디스와 소매는 페인을 애글릿(aiglet)으로 연결해 이음새 사이로 안의 슈미즈가 보인다. 더블릿의 네크라인과 손목 아래로는 블랙워크로 장식된 슈미즈의 프릴이 드러난다. 장 클루에의 〈프랑수아 1세〉, (1525), 파리 루브르 박물관 소장

정하거나 드로우스트링(drawstring)을 이용했다. 드로우스트링을 잡아당겨 만들어지는 작은 러플은 점점 커져 따로 분리되어 16세기 후반 러프로 진화했다. 16세기 말에는 칼라와 커프스가 달린 셔츠로 대체되었다.

더블릿

불어로는 푸르푸앵(pourpoint)이라고 불렀다. 14세기부터 착용되었던 더블릿(doublet)은 르네상스시대에 이르러 대표적인 남자 상의가 되었다. 더블릿은 갑옷 아래에 입던 옷에서 변형된 형태로, 금속판으로 만들어진 갑옷에 몸이 상하는 것을 방지하기 위해 솜을 넣어 누비면서도 활동성을 높이기 위해 몸에 맞는 형태로 만들어져 입체적인 구성법의 재킷 형태로 발전된 옷이다. 앞트임은 단추, 후크나 끈으로 여몄다.

16세기 초반까지는 허리까지 오는 짧은 길이의 더블릿을 호즈와 연결해서 입었는데, 별도로 구성된 짧은 스커트(bases)를 함께 입어 긴 재킷 모양을 연출하기도 했다. 1515년경부터 더블릿은 허리선에 짧은 페플럼 달린 긴 재킷 형태로 바뀌었다. 목둘레선은 원형이나 사각형인데, 넓은 목둘레선 때문에 안의 셔츠가 보이기도 했다. 소매는 패드를 넣어 매우 크게 과장되었다. 특히, 헨리 8세는 패드를 넣어 크게 부풀린 어깨로 남성미를 강조하는 경향이 있었다. 1540년대 이후에는 소매를 따로 구성하여 어깨에 달기도 했는데, 소매와 어깨 사이의 이음새가 보이는 것을 막기 위해 윙(wing)을 장식했다. 윙은 불어로는 에폴레트(epaulette)라 하는데, 어깨의 부피를 더욱 확대시키는 효과도 가져왔다.

16세기 중반부터는 목둘레가 점점 높아졌고, 러프를 착용해 목둘레를 화려하게 장식했다. 소매와 어깨의 부피 확장은 V자로 가늘게 조인 허리선에 의해 더욱 과장될 수 있었다. 특히, 1570년경에는 가

습과 배에 패드를 넣어 V형의 허리선까지 둥글게 돌출시킨 피스코드 벨리(peascod belly)가 뚜렷하게 나타났다. 패드로 거대하게 부풀린 소매는 점점 작아져 16세기 말에는 꼭 끼는 형태로 변했다.

더블릿은 주로 실크 벨벳, 태피터, 공단 등으로 만들었는데, 슬래시, 자수, 단추 등으로 표면을 화려하게 장식했다. 르네상스시대의 대표적인 장식기법인 슬래시는 옷에 칼집을 내 벌어진 틈 사이로 안의 직물이 보이도록 하거나 당겨내서 장식하는 것으로, 나중

11 ▲

단추로 여민 짧은 길이의 더블릿과 패드로 크게 부풀린 트렁크 호즈를 입고 있는 재봉사의 초상화로 당시 이탈리아 중류계층의 남성복을 알 수 있다. 작은 슬래시로 장식된 더블릿의 어깨에는 작은 윙이 달려 있다. 트렁크 호즈의 거대한 부피는 셔츠의 작은 러프칼라와 절묘한 조화를 이루고 있다. 모로니의 〈재봉사〉(1570~1575), 런던 국립미술관 소장

12 ◄

높은 칼라와 부풀리지 않은 소매가 달린 더블릿과 트렁크 호즈는 르네상스 후반 남성복의 전형이었다. 더블릿의 앞가슴과 배에 패드를 넣어 V형으로 허리선까지 둥글게 돌출시킨 피스코드 벨리가 잘 나타나 있다. 정교한 러프칼라와 커프스는 허리선, 손목, 윙에 장식된 스캘럽의 모양과 조화를 이룬다. 로버트 더들리의 〈Earl of Leicester〉(16세기 후반)

르네상스시대의 독특한 취향으로 널리 알려진 슬래시(slash) 장식은 "the Battle of Grandson(1476)"으로부터 기원한다. 전쟁에서 승리한 스위스 군인들이 약탈한 고급 직물들을 찢어서 자신들의 누더기 같은 옷에 장식한 데서 시작되었는데, 독일 용병들을 통해 독일에 전파되어 크게 유행했다. 독일의 영향으로 16세기 초에는 프랑스, 영국까지 전 유럽에 유행했지만, 가장 심하게 열광했던 나라는 독일이었다. 전체 더블릿을 슬래시로 장식했을 뿐 아니라, 브리치즈에도 슬래시를 심하게 적용하여 완전히 끊어진 리본들이 무릎 아래에서 연결된 것 같은 브리치즈도 있었다. 양쪽 다리에 다른 패턴으로 슬래시를 하기도 했다. 남성복에서 여성복으로 전파되어 주로 소매에 많이 장식했지만, 남성복만큼 심하지는 않았다.

호퍼(Daniel Hopfer)의 〈세 명의 독일 용병〉

에는 슬래시 둘레에 보석을 달아 장식하거나 그 수가 너무 많아 마치 끈을 연결한 것 같은 형태까지 화려하고 기이하게 과장되었다. 16세기 전반에는 더블릿의 색으로 붉은색 등의 밝은색을 선호했는데, 헨리 8세 의상목록에는 자색, 청색 벨벳에 금사로 수놓은 더블릿이 있다. 16세기 후반에는 스페인의 영향으로 수수한 색채와 검은색이 압도적으로 유행했다.

저킨

저킨(jerkin)은 더블릿 위에 입었던 길이가 짧고 몸에 꼭 맞는 재킷으로, 일반적으로 소매가 달리지 않은 경우가 많았다. 소재로는 밝은색 가죽을 많이 사용했고, 표면에 슬래시를 많이 장식했다. 슬래시는 장식효과뿐 아니라 맞음새를 향상시키는 역할도 했다. 목에서 여미고 가슴 아랫부분은 열려 있어 더블릿의 피스코드 벨리 위에 자연스러운 외관을 유지할 수 있었다.

?! 르네상스 복식의 패턴 1

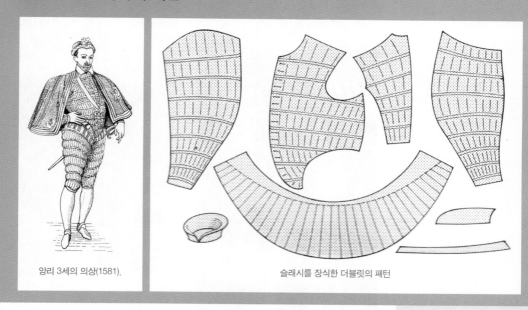

앙리 3세의 의상(1581).

슬래시를 장식한 더블릿의 패턴

브리치즈

르네상스시대 남성용 하의는 무릎길이의 바지와 긴 양말 형태의 호
즈로 나뉘는데, 프랑스에서는 오 드 쇼스(haut de chausses)와 바
드 쇼스(bas de chausses)로 구분했다.

14세기에는 엉덩이선까지 길어진 스타킹 형태의 호즈가 주된 하
의였다. 다리에 밀착되는 실루엣에 대한 선호는 15세기를 넘어 지
속되어, 바지와 호즈가 분리된 16세기 초반까지도 날씬한 브리치즈
(breeches)를 입었다. 그러나 16세기가 진행됨에 따라 부피가 과장
된 트렁크 호즈 등 다양한 형태의 바지가 등장했다. 브리치즈와 트
렁크 호즈 등은 슬래시와 코드피스 등으로 화려하게 장식되었다.

무릎길이의 바지인 브리치즈는 일반적으로 직선적인 형태였는
데, 후에 위는 넓고 아래로 좁아져서 무릎에서 끈으로 묶은 베니선

1542

13 ▶
르네상스시대 남성용 하의. 슬래
시 사이로 풍성한 안감이 보이게
도 하고, 페인을 조각조각 이어 만
들기도 하고, 매우 풍성한 안층을
페인 사이로 잡아당겨 무릎 아래
로 늘어지게 장식하기도 했다.

1514

1573

1581~1582

1606   1581   1577

(venetian)이 등장했다. 1540년 이후 등장한 트렁크 호즈(trunk hose)는 패드를 넣어 둥근 호박 형태로 부풀린 짧은 반바지를 말하는데, 갤리개스킨(galligaskins)은 무릎 아래까지 크게 부풀린 형태이고, 퀼로트(culots)는 엉덩이 길이로 아주 짧게 부풀린 형태이다. 캐니언즈(canions)는 짧은 트렁크 호즈의 끝에서 무릎까지 날씬하게 연장된 스타일인데, 후에는 무릎 위까지 꼭 맞는 기능적인 반바지를 뜻하게 되었다.

코드피스(codpiece)는 브리치즈의 앞 가운데에 달린, 역삼각형 천으로 만든 주머니 모양의 앞트임 덮개로 불어로는 브라예트(bray-ette)라 한다. 원래는 성기를 가리는 목적으로 만들어졌지만, 15세기 후반부터는 부피가 과장되면서 남성 우위를 과시하는 목적으로 사용되었다. 16세기에는 장식화하여 슬래시, 패드, 리본, 자수, 보석 등으로 화려하게 발전하다가 브리치즈의 부피가 커짐에 따라 차츰 사라졌다. 역사적으로 고대 크리트의 로인클로스 앞가리개에서 그 기원을 찾을 수 있다.

호즈

호즈(hose)는 종아리에 신는 긴 양말로 프랑스에서는 바 드 쇼스라고 불렀다. 고딕시대 이후 16세기 초까지는 브리치즈 없이 더블릿에 연결해서 입었는데, 1515년 이후 윗부분과 아랫부분으로 나뉘어 무릎에서 재봉해 입게 되었고, 차츰 윗부분의 부피가 커지면서 바지와 호즈로 분리되었다.

편직 기술이 발달하기 전에는 천으로 만든 호즈를 만들어 신었지만, 16세기 중반부터 편직 호즈가 이탈리아와 스페인에서 생산되었다. 편성물 외에 밝은색의 울과 실크로 만든 호즈도 있었다. 호즈를 고정하는 대님(garter)은 바지와 호즈의 경계선을 덮어 가리는 기능도 했다.

14 ▲
1470년대 스페인 여성복에서 파팅게일의 초기 형태를 살펴볼 수 있다. 등나무나 갈대를 보강해 로브의 스커트를 원추형으로 만들던 방식은 로브 안에 입는 별도의 파팅게일로 발전했다. 끈으로 연결된 소매의 이음새로 안의 줄무늬 슈미즈를 꺼내 펼치는 소매는 이 시기 스페인에서만 유행한 디자인이었지만, 뒤로 땋은 머리를 감싸고 작은 모자를 쓰는 것은 스페인과 이탈리아에서 공통적으로 유행했다. 페드로 가르시아의 〈Retable of St. John the Baptist〉 중 일부(1470~1480). 바르셀로나 카타란 미술관 소장

남성용 외투

16세기 전반 남성용 가운(gown)은 짧은 퍼프슬리브나 긴 행잉슬리브(hanging sleeve)가 달린 길고 품이 넓은 외투였다. 젊은이들 사이에는 짧은 가운을 입는 것이 유행하기도 했다. 16세기 중반 이후에는 주로 엉덩이 길이의 케이프(cape)를 외투로 착용했는데, 소매가 달린 케이프도 있었고 한쪽 어깨에만 장식적으로 두르는 경우도 있었다. 중반 이후 유행이 지나간 가운은 방한용으로 노인들만 착용하다가, 16세기 말에는 일상복이 아니라 학자나 전문가를 위한 특수 목적의 전통 의상으로 변화되기 시작했다. 엘리자베스 여왕 시대에 패셔너블한 영국 남성들은 케이프를 중요하게 여겨서, 반드시 세 종류 이상의 케이프를 소유하고 아침, 점심, 저녁에 다른 케이프를 두르는 것을 멋으로 여겼다고 한다.

로브

르네상스 여성의 기본 복식은 보디스와 스커트를 따로 구성해 연결하는 원피스 드레스 형태의 로브(robe)로 영어로는 가운(gown)이라 한다. 16세기 초반까지는 중세 말기의 허리선이 높은 스타일에서 르네상스 스타일로 전이되는 변혁기였다. 일반적으로 리넨 슈미즈, 커틀(kirtle)이나 언더가운(undergown) 위에 기본 복식인 로브를 입었는데, 로브의 실루엣이 지역에 따라 차이가 있었다. 독일의 앞여밈(open-fronted) 로브는 허리선이 높고 꼭 끼었는데, 코르셋은 없었지만 보디스와 스커트를 재단해 재봉함으로써 꼭 끼는 맞음새를 만들었다. 프랑스와 영국의 로브는 자연스러운 허리선에 보디스가 여유 있게 맞으면서 스커트는 넓고 트레인이 있었다.

1530년대부터 1570년대에는 스페인의 영향으로 몸에 꼭 맞는 스타일이 출현하면서, 타이트한 코르셋과 원추형 파팅게일(farthin-

gale) 위에 보디스와 스커트가 따로 재단된 로브를 입었다. 보디스
는 옆이나 뒤에서 여몄는데, 특히 허리선이 V자 모양으로 뾰족했고,
트럼펫(trumpet) 슬리브가 선호되었다. 언더가운 대신에 페티코트
를 입게 되었는데, 앞이 오픈된 스커트 사이로 드러나는 페티코트
에는 화려한 장식판을 부착했다. 그러나 이탈리아에서는 끈을 엮어
조이는 레이싱(lacing)으로 허리를 자연스럽게 조이는 보디스가 계
속 유지되었고, 허리선도 넓은 U자 모양으로 독특했다. 16세기 말
에는 러프가 과장되었고, 특히 영국에서는 허리둘레에 둥근 패드를
두르다가 바퀴 모양의 휠 파팅게일(wheel farthingale)로 변화되어
새로운 스커트의 실루엣을 만들어 냈다. 특히, 어깨를 넓게 강조하
는 슬리브와 거대한 러프 칼라, 뾰족한 허리선 아래로 둥글게 확대
된 스커트를 착용한 엘리자베스 여왕은 미의 절정을 보여 준다.

15 ▲
16세기 초 독일의 로브는 앞에서
레이싱으로 조여 입는 형태였다.
꼭 끼는 소매의 팔꿈치 부분에 슬
래시가 장식되어 있다. 루카스 크
라나흐의 〈Duke Henry of Sax-
ony and his wife〉 중 일부(1514).
드레스덴 게말트 미술관 소장

16 ◀◀
르네상스 중기를 대표하는 원추
형 파팅게일과 트럼펫 슬리브의
로브. 로브의 앞 중심 트임에서
드러나는 페티코트의 앞장식판은
트럼펫 슬리브 안의 언더슬리브와
조화를 이룬다. 마스터 존(Master
John)의 〈캐더린 파〉(1545). 런던
국립초상화 미술관 소장

17 ◀
원추형 파팅게일과 트럼펫 슬리
브의 로브로 그림 16의 로브와
매우 유사한 형태이지만 네크라
인에 메디치칼라가 달려 있다.
〈Catherine de Medici〉(1555)

18 ▶
16세기 말 유행했던 뾰족한 허리
선, 극단적으로 긴 행잉슬리브와
거대한 언더슬리브, 휠파팅게일
의 로브, 퀸 엘리자베스 칼라와
다양한 보석으로 화려하게 장식
했고, 손에는 접는 부채를 들고
있다. 마커스 기어레이츠 2세의
〈엘리자베스 1세〉(1592). 런던 국
립초상화미술관 소장

19 ▼
뾰족한 허리선과 원추형 파팅게
일의 로브 위에 오버가운을 입었
다. 르네상스시대 오버가운은 로
브와 달리 허리를 강조하지 않는
넉넉한 실루엣이었지만, 르네상
스 후기에는 허리까지 몸에 꼭 맞
는 스타일로 변화했다. 거대한 러
프 칼라는 손목의 화려한 러플 커
프스와 조화를 이룬다. 〈Isabella
and her dwarf〉(1599)

보디스

르네상스 초기의 보디스(bodice)는 자연스럽게 허리를 드러내는 형태로 끈으로 엮어 허리를 조이는 경우도 있었다. 그러나 스페인 복식의 영향으로 몸에 꼭 맞는 스타일이 출현하면서 원추형의 딱딱한 보디스로 변화되었다. 형태와 기능이 향상된 타이트한 코르셋(corset)으로 허리를 조이고, 가슴에는 딱딱한 스토마커(stom-acher)를 대서 편평한 외관을 만들었다. 스토마커의 끝 모양에 의

?! 르네상스 복식의 패턴 2

엘리자베스 1세의 의상(1575~1576)

여성 로브의 보디스와 소매 패턴

해 허리선은 V자 형태로 뾰족해졌다. 그러나 남성복과 비슷하게 스타일링된 하이네크라인 보디스는 훅이나 버튼으로 여며졌다. 스토마커는 딱딱하게 만든 장식용 판을 코르셋 위에 가슴부터 아랫배에 걸쳐 역삼각형으로 붙인 것이다. 스퀘어 네크라인과 뾰족한 허리선까지 편평한 외관을 만들어 낸다. 두꺼운 리넨이나 면에 풀을 먹여 평평하게 만든 후 화려한 실크, 브로케이드, 벨벳 등 값비싼 직물로 겉감을 만들고 그 위에 보석과 자수 등으로 화려하게 장식했다.

코르셋

코르셋은 천으로 된 띠를 몸에 감아서 조이던 것에서 시작하여 12세기에는 앞에서 끈으로 엮어 조이는 조끼 모양의 초기 코르셋 형태로 발전했다. 코르셋을 본격적으로 착용하게 된 것은 르네상스시대부터인데, 코르셋을 '한 쌍의 보디스(a pair of bodies)' 라고 부를 정도로 보디스의 형태에서 코르셋이 중요한 역할을 차지하게 되었다. 바스킨(basquine) 또는 웨이스트코트(waistcoat)는 앞, 옆, 뒤가 트인 조끼 형태의 코르셋으로, 두 겹의 리넨 사이에 나무뿌리, 고래수염, 금속, 상아를 넣어 누비고, 앞이나 뒷중심에서 끈으로 조여 입게 되어 있으며, 아래에 끈이 달려 페티코트와 연결했다. 코르피케(corp–pique)는 바스킨보다 강하게 죄는 코르셋으로 금속으로 만든 것도 등장했다. 가는 허리에 곡선적인 라인을 만들어내는 빅토리안 코르셋과는 달리, 르네상스시대의 코르셋은 가슴을 편평하게 누르고 직선적인 라인을 형성했다.

바스킨

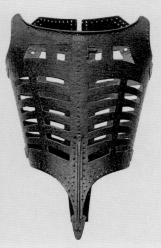

코르피케

목둘레선

르네상스 초기에는 주로 스퀘어네크라인(square-neckline)으로 안에 입은 커틀과 슈미즈가 드러났다. V-네크라인의 경우에는 레이싱(lacing)으로 조이는 형태였다. 르네상스가 진행되면서 목둘레가 넓고 깊게 파인 데콜타주(deecolletage) 또는 데콜테(decollete)가 유행하게 되었다. 네크라인 위로 드러나는 목과 가슴 윗부분에는 주로 얇은 리넨이나 레이스로 만든 파틀렛(partlet)을 장식했다. 로브의 보디스와 똑같이 두꺼운 직물로 만든 파틀렛은 하이네크라인 로브의 외관을 만들기도 했다. 하이네크라인 위로는 안에 입은 슈미즈의 작은 러플(ruffle)칼라가 드러나기도 했는데, 16세기 후반에는 거대한 러프(ruff)로 발전했다.

20 ▼
르네상스시대 여성의 네크라인과 파틀렛

보디스와 같은 직물로 만든 파틀렛을 이용한 하이네크라인(1554). 영국의 파틀렛은 소매와 매치되는 자수가 놓여 한 세트로 구성되는 경우가 많았다.

스퀘어네크라인(1490~1496)

전형적인 파틀렛(1540)

데콜타주(1536)

네트로 만든 파틀렛(1545)

러프

16세기 후반 복식의 대표적인 특징인 러프(ruff)는 풀 먹인 리넨, 레이스를 정교하게 ∞자형으로 주름잡아서 만든 높고 둥근 칼라를 말한다. 풀의 색에 따라 흰색, 붉은색, 푸른색, 노란색, 초록색, 보라색 등 다양하였다. 초기엔 작은 형태였으나 점점 화려하고 정교한 형태로 발전해 1580년대에는 금속 지지대가 필요한 넓은 마차바퀴 모양으로 부피가 커졌다. 다양한 형태로 변형되기도 했는데, 앞이 트인 부채 모양의 메디치 칼라(medici collar), 그리고 둥근 러프 칼라와 메디치 칼라가 결합된 퀸 엘리자베스 칼라(Queen Elizabeth collar)가 있다. 러프는 이탈리아에서 창안되어 프랑스와 영국, 스페인으로 전파되었는데, 귀족의 특권을 상징하는 르네상스 복식의 특징적인 요소이다.

러프 칼라, 메디치 칼라, 퀸 엘리자베스 칼라

소 매

초기의 로브에는 커프스(cuffs)가 있는 손목은 좁고 윗부분이 풍성한 소매가 달려 있었다. 또한 슬래시나 소매와 어깨의 이음선을 통해 안의 슈미즈가 드러나 보이게 장식했다. 1540년대와 1550

년대에는 어깨와 위쪽 팔은 꼭 끼고 아래는 넓게 퍼지는 트럼펫 (trumpet) 슬리브가 유행했다. 트럼펫 슬리브의 밑단은 넓은 턴백 (turn-back)커프스나 모피로 장식했고, 그 아래로 넓은 언더슬리 브가 보였는데, 언더슬리브는 스커트의 앞장식판(forepart)과 조화 를 이루었다.

르네상스 로브에는 부피가 큰 슬리브가 가장 많이 등장하는데, 레그오브머튼(leg-of-mutton) 슬리브나 패드로 부풀린 퍼프 슬리 브 등에 슬래시를 장식하거나 행잉 슬리브(hanging sleeve)를 달기 도 했다. 소매와 로브의 연결 부분은 에폴렛(epaulet) 또는 윙으로 장식했다. 엘리자베스 여왕은 어깨를 높고 넓게 강조하는 스타일을 선호해, 영국에서는 어깨에 루프(loop)를 몇 줄로 장식하기도 했고 패드에 보석 장식을 한 어깨롤(shoulder rolls)도 등장했다.

스커트

초기 로브의 스커트는 앞에서 트여 있거나 뒤에서 안의 커틀이 보 이도록 위로 접어 올렸다. 안에 페티코트(petticoat)와 파팅게일 (farthingale)을 입어 스커트를 부풀리면서 앞 중심의 트임이 Λ형 으로 벌어지게 되어 안에 입은 페티코트가 보이게 되었다. 노출되 는 페티코트 앞부분에는 보석과 자수로 화려하게 장식한 장식판 (forepart)을 달기도 했다. 스커트의 앞장식판은 상체의 언더슬리 브와 조화를 이루도록 디자인된 경우가 많았다.

X-실루엣의 로브를 만들기 위해, 초기에는 페티코트로 스커트 의 부피를 부풀렸지만, 천으로 만든 페티코트로 부풀릴 수 있는 크 기에 한계를 느끼면서 스커트 버팀대를 입게 되었다. 등나무나 종 려나무 줄기, 고래수염, 금속심 등을 리넨 속치마에 보강시켜 원추 형으로 만든 파팅게일은 스페인에서 시작해 전 유럽에 영향을 미쳤

21 ▲
허리재봉선이 없이 어깨부터 흘러
내리는 넉넉한 실루엣의 오버가운

22 ▼
허리 재봉선이 없지만 허리가 꼭
맞는 실루엣의 오버가운. 행잉슬
리브가 달려 있다.

다. 불어로는 베르튀가댕(vertugadin)이라고 불렸다. 프랑스에서는 원추형 파팅게일이 짧은 기간 동안만 유행했고, 패드를 둥글게 말아 허리에 두르는 프랑스식 파팅게일(French farthingale)을 입어 허리선에서는 둥근 모양에 땅으로 부드럽게 떨어지는 스커트 실루엣을 만들었다. 1590년대 영국에서는 드럼(drum) 모양의 스커트 실루엣을 형성하는 휠 파팅게일(wheel farthingale)이 유행했다. 불어로는 오스퀴(haussecul)라고 불렸다.

슈미즈와 언더닉커즈

로브 아래에 속옷으로 흰색 리넨이나 실크로 만든 슈미즈를 입었는데, 남성들의 슈미즈가 상의인 데 반해 여성들의 슈미즈는 원피스 형태의 긴 드레스였다. 네크라인은 깊게 파인 스퀘어 네크라인이거나 남성의 슈미즈처럼 하이네크라인에 러플칼라가 달리기도 했다. 슈미즈는 가장 아래에 입는 옷으로 그 위에 르네상스시대에 새롭게 등장한 속옷인 코르셋과 파팅게일을 입었다. 캐서린 드 메디치가 입기 시작한 풍성한 형태의 속바지인 언더닉커즈(under-knickers)를 입기도 했다.

오버가운

로브 위에는 오버가운(over gown)을 덧입기도 했는데, 실외뿐 아니라 실내에서도 착용하는 기본 복식의 한 종류였다. 로브 없이 커틀이나 언더가운 위에 바로 오버가운을 입는 경우도 있었다. 오버가운은 허리를 강조하지 않고 어깨부터 흘러내리는 넉넉한 실루엣을 형성했고, 다양한 종류의 행잉 슬리브나 짧은 퍼프 슬리브 등이 달렸다. 후기의 오버가운은 허리까지 몸에 꼭 맞는 스타일로 변화했고, 손목 밴드(wristband)가 있는 넓고 둥근 소매가 달렸다. 16세기 말에는 극단적으로 긴 행잉슬리브가 유행했다(그림 21, 22).

기 타

커틀(kirtle)은 중세 후반부터 바로크까지 입혀졌던 튜닉 스타일의 의상이다. 슈미즈 위에 바로 로브를 입는 경우도 있었지만, 슈미즈 위에 그리고 로브 밑에 커틀을 입기도 했다. 16세기 유행의상이었던 커틀은 17세기에는 중류계급의 의상이 되었다. 외출용으로 날씨가 안 좋을 때는 후드 달린 클록(cloak)을 입었는데, 프랑스에서는 상복으로 검은색 후드가 달린 클록을 입었다. 스페인 여성들은 케이프(cape)를 실내 · 실외 모두 착용했는데, 결혼 여부에 따라 길이가 달랐다. 과부의 망토는 땅에 닿았고, 미혼 여성의 망토는 눈을 제외한 얼굴을 모두 가렸으며, 아주 부유한 여성들은 바깥 출입을 거의 하지 않는다는 것을 과시하는 레이스로 된 아주 작은 망토를 입었다.

헤어스타일과 머리 장식

16세기 초 남성들은 어깨길이의 자연스러운 헤어스타일에 깨끗이 면도를 하는 것이 유행이었다. 그런데 상의의 부피가 커지면서 머리길이는 점점 짧아져, 짧은 머리를 이마에서 뒤로 빗어 넘기는 스타일이 일반화되었고, 수염을 다시 기르게 되었다. 16세기 후반에는 복식의 어깨넓이 확장은 줄어들고 엉덩이 넓이 과장이 증가하면서 보다 긴 헤어스타일이 유행했다. 특히, 수염은 남성을 당당하게 보이게 한다는 이유로 위엄을 강조하는 르네상스시대에 매우 중요한 요소가 되었다(그림 23).

남성용 모자로는 챙을 꺾어 올린 베레(beret) 스타일의 모자가 널리 착용되었는데, 주로 깃털을 장식했다. 16세기 중반에는 크라운에 주름을 잡고 둥근 챙이 달린 부드러운 모자가 등장했는데, 후기로 갈수록 크라운이 점점 높아지고 딱딱해졌다. 16세기 말에 유행한 카포테인(capotain)은 크라운이 매우 높은 펠트 모자이다. 모자

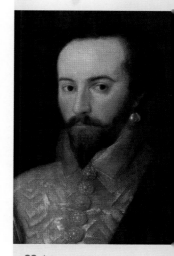

23 ▲
르네상스시대에는 위엄이 트렌드였는데, 수염은 가장 위엄 있어 보이는 요소로 여겨졌다. 초기 헨리 8세 때는 넓고 각진 수염이 유행하다, 나중에는 뾰족한 스페인식 수염, 스페이드 수염, 제비꼬리 수염 등 다양해졌다. 수염에 왁스를 칠하고, 염색을 하기도 하고, 파우더와 향수를 뿌리는 등 정성을 들였는데, 잘 때 스타일을 유지하기 위해 천주머니를 매거나 철제 틀을 씌워놓기도 했다. 〈Sir Walter Raleigh〉(1588)

에는 깃털, 보석, 메달을 장식했고, 실외뿐 아니라 실내에서도 착용했다. 어린이와 노인은 귀를 덮고 턱 아래에서 묶는 코이프(coifs) 또는 비긴스(biggins)를 착용했는데, 남자 성인은 실내에서나 모자 아래에 검은색 코이프를 착용했다(그림 24).

24 ▶
르네상스시대 남성 모자

25 ▼
15세기 말 이탈리아와 스페인에서는 다른 국가들과는 달리 뒤로 땋은 머리를 감싸고 작은 캡을 쓰는 헤어스타일이 유행했다. 꼭 끼는 소매 모양을 만들기 위해 소매 솔기선을 끈으로 연결하고 소매와 어깨도 끈으로 연결했는데, 연결부위 사이로 안의 슈미즈를 빼내어 장식했다. 암브로지오 데 프레디스의 《비앙카 스포르차》(1493), 워싱턴 D. C. 미국국립미술관 소장

챙을 꺾어 올린 베레 스타일의 모자(1506)

낮은 크라운에 주름이 있는 모자(16세기)

펠트모자(1560)

높은 크라운에 주름이 있는 모자(1575~1600)

15세기 말 이탈리아와 스페인에서는 뒤로 딿은 머리를 감싸고 작은 캡을 쓰는 헤어스타일이 유행하고 프랑스와 영국에서는 여자들이 머리를 가리는 관습이 지속되었다. 르네상스 초기에는 머리에 꼭 맞는 코이프 위에 베일이 달린 후드(hood)를 착용했다. 그런데

초기 게이블 후드(1500)

게이블 후드(1527)

프랑스식 후드(1544)

프랑스식 캡(1578)

26 ◀

르네상스시대 여성의 머리 장식. 영국의 게이블 후드는 앞중심이 각지게 철사를 가장자리에 넣었고 양 옆에는 래핏 자락이 있었다. 집의 게이블 창문 같은 모양의 뼈대를 넣었기 때문에 붙여진 이름이다. 1500년대 게이블 후드는 얼굴을 감싸는 자수된 긴 래핏(lappet)과 뒤에 루스한 베일을 가졌다. 후에 게이블 후드는 머리를 완전히 감싸는 몇 겹의 레이어 위에 입혀졌고, 래핏과 베일은 다양한 방식으로 핀 업 고정되었다. 프랑스식 후드는 둥근 모양으로 뒤에 검은색 베일이 달렸고, 코이프 위에 착용했다. 불어로 애티팻이라고 불리는 프랑스식 캡은 금속선을 이용하거나 풀을 매겨 하트모양을 만든 것이다. 이를 스코틀랜드 여왕의 이름을 따서 메리 스튜어트 캡(Mary Stuart cap)이라고도 부른다. 그녀는 여러 초상화에서 이 프랑스식 캡을 쓰고 있다.

고딕시대와는 다르게 앞머리가 보이도록 뒤로 넘겨 착용했고, 벨벳 등 화려한 직물로 베일을 만들거나 보석으로 장식하기도 했다. 후드의 모양은 나라마다 특색이 있었는데, 프랑스에서는 둥근 모양의 프랑스식 후드(French hood)를, 영국에서는 각진 형태의 게이블 후드(gable hood)를 착용했다(그림 26).

그러나 르네상스 후반에는 러프의 부피 때문에 여자들도 머리를 드러내고 후드 대신 모자를 애용하게 되었다. 앞머리는 컬을 주거나 뒤로 빗어 넘겨 부풀리고 뒤에서 둥글게 감아 모양을 만들었는데, 프랑스에서는 양쪽에 작은 패드를 넣어 하트 모양이 되게 부풀렸고 영국에서는 휠 파팅게일의 폭과 균형을 맞추기 위해 가발을 이용해 머리를 보다 높이 올려 과장했다. 프랑스에서는 하트 모양의 프랑스식 캡(attifet)이나 보석으로 장식한 작은 모자가 유행했고, 스페인에서는 운두가 높고 깃털을 장식한 토크(toque)가 애용되었다. 이탈리아에서는 그리스·로마에 대한 복고의 영향으로 보석 장식된 필레(fillet)가, 터키와의 무역으로 터번(turban)이 유행하기도 했다.

신발 고딕시대에는 길고 뾰족한 풀레느를 신었던 데 반해, 르네상스시대에는 신발 앞부분이 오리 주둥이 모양으로 넓적한 덕 빌 토(duck bill shoes)를 신었다. 초기에는 앞부리가 둥근 스타일이었으나 1530년대에는 사각형이 되었고, 16세기 중반에는 신발이 점점 좁아져 자연스러운 발모양이 되었다.

외출할 때는 섬세한 실내용 신발 위에 밑창이 두꺼운 나막신(pattens)을 신어 신발을 보호하기도 했고, 처음으로 힐이 달린 슈즈가 착용되었다. 나막신이 변형된 높은 플랫폼(platform) 밑창의 초핀

(chopine)은 르네상스 복식의 부피를 과장하는 데 중요한 역할을 담당했다. 남성들은 승마용으로 종아리 중간까지 오는 부드러운 부츠(boots)를 신었다.

장신구

르네상스 복식은 전체적으로 화려하게 장식하는 경향이 있었으므로 화려한 직물로 만든 복식 위에 보석을 과도하게 장식했다. 목걸이, 귀걸이, 반지, 팔찌, 브로치 등의 장신구가 다양하게 사용되었고, 단추를 보석과 금·은으로 장식하기도 했다. 스커트 중앙에 늘어뜨리는 보석 장식 줄에는 타슬(tassel), 작은 기도책 또는 지갑을 매달기도 했다. 그 외 향수, 손수건, 장갑, 장식용 부채, 에이프런, 머프, 마스크 등도 애용했다. 부드러운 가죽으로 만든 장갑은 슬래시나 자수 놓은 커프스로 장식했고, 16세기 말에는 타조 깃털을 장식한 편평한 부채를 대신해 접는 부채가 등장했다. 그리고 목에 두르거나 들고 다니는 담비 모피인 지벨리노(zibellino)가 유

27 ▼
르네상스시대의 장신구

오버가운의 트임과 행잉슬리브를 붉은 리본과 금속의 애글릿(aiglet)으로 장식했다. 르네상스시대에는 오늘날 구두끈의 끝부분과 유사한 형태의 애글릿으로 끝을 장식한 보석 단추가 유행했다.

15세기 말부터 16세기에는 두르거나 들고 다니는 담비 모피인 지벨리노가 여성용 액세서리로 유행했다. 담비털로 벼룩을 유인해 벼룩이 몸에 옮는 것을 피하기 위해 고안되었다는 이유로 'flea furs' 라고도 불렀다. 금으로 만든 얼굴과 발톱에 보석으로 눈을 장식한 것도 있었다.

손이 불편할 정도로 무거운 반지를 많이 끼는 경향이 있었다.

행했다.

그러나 특정 보석과 자주색 벨벳처럼 사치스러운 직물을 왕족과 귀족에게만 제한한 사치 금제령(the sumptuary laws)으로 인해, 새롭게 부를 얻은 상인 계급은 보석을 장식하거나 특정 직물을 사용할 수 없었다.

영화 속의 복식_〈엘리자베스〉, 〈골든에이지〉

영화 〈엘리자베스〉(1998), 〈골든
에이지〉(2007)에 나타난 르네상
스 복식의 고증 : 16세기 영국의
전성기를 이끈 엘리자베스 여왕
시대의 화려하고 위엄 있는 패션
스타일이 철저한 고증을 통해 재
현되어 있다.

엘리자베스

골든에이지

Historical Mode

칼 라거펠드는 르네상스 시대의 새
시 장식을 재킷에 적용하면서 거대
한 러프칼라를 현대적인 라운드 칼
라로 변형하였고, 준야 와타나베는
거대한 러프칼라의 부피를 더욱 과
장한 극단적인 디자인을 선보였다.

주요 인물

프랑수아 1세 Francois I

프랑스 르네상스의 아버지로 칭송되는 프랑스의 왕(재위 1515~1547). 이탈리아 원정을 통해 접하게 된 고대의 학문과 예술에 심취해 인문주의를 발전시키는 데 힘을 기울였다. 합스부르크가와의 전쟁에서는 패했지만, 왕권을 강화하고 프랑스에 이탈리아의 문물을 도입하는 데 기여했다.

헨리 8세 Henry VIII

종교개혁을 통해 영국 국교회를 설립하고, 왕권강화에 힘썼던 영국 튜터왕가의 왕(재위 1509~1547). 첫 번째 부인이었던 아라곤의 캐서린과 이혼하고 앤 볼레인과 결혼하려 했으나 로마 교황이 인정하지 않자 가톨릭교회와 결별하고 1534년 영국 국교회를 설립했다. 앤 볼레인과의 결혼 이후에도 제인 시모어, 클레베스의 앤, 캐서린 하워드, 캐서린 파와 차례로 결혼하여 모두 여섯 명의 아내를 맞이했다.

헨리 8세의 부인들

아라곤의 캐서린(Catherine of Aragon)은 영국에 스페인식 케이프를 소개했다. 앤 볼레인(Anne Boleyn) 영국에 둥근 프랑스식 후드를 들여왔고, 이로 인해 다음 왕비인 제인 시모어(Jane Seymour)는 프랑스식 후드를 거부했다. 클레베스 출신의 앤(Anne of Cleves)은 몸무게가 많이 늘었던 헨리8세의 몸매를 감추기 위해 당시 독일에서 유행하던 거대한 퍼프 슬리브와 패드로 부풀린 남성복을 입게 했다.

앤 볼레인   제인 시모어

카트린 드 메디치 Catherine de Medici

프랑스의 왕 앙리 2세(Henry II, 재위 1547~1559)의 왕비이자 프랑수아 2세(Francois II, 재위 1559~1560), 샤를 9세(Charles IX, 재위 1560~1574), 앙리 3세(Henry III, 재위 1574~1589)의 어머니. 신중하면서도 용기 있고 활발한 성격이었던 카트린 드 메디치는 르네상스 양식의 궁전을 설계하고, 축제와 연회를 기획하였으며, 요리법과 승마술을 전수하는 등 프랑스 왕실에 이탈리아의 예술과 문화를 옮겨 심는 역할을 했다. 앙리 2세가 사망한 후에는 남편에 대한 애도의 뜻으로 더 이상 실크 옷을 입지 않고 검은색 모자와 베일 그리고 검은 상복만을 착용해 '검은 왕비'로 불렸다.

엘리자베스 1세 Elizabeth I

헨리 8세와 앤 볼레인의 딸로 16세기 영국 최고의 전성기인 '황금시대'를 이끈 여왕(재위 1558~1603). 동인도회사 등의 중상주의 정책을 성공시켰고, 스페인 무적함대를 격파하고 대해상국을 이루었으며, 셰익스피어, 베이컨 등을 배출하는 등 문화를 발전시켰다. 번영하는 영국의 국력과 절대적인 왕권을 보여 주기 위해 화려한 복식과 보석을 즐겨 사용했는데, 3,000여 벌의 드레스, 80여 개의 가발, 세계 각국에서 들여온 보석들로 가득한 거대한 옷방을 갖고 있었다. 스타일에도 관심이 많았는데, 트럼펫 슬리브를 싫어하고 크게 부풀린 소매를 선호해서 유행을 변화시켰다. 붉은색 헤어의 엘리자베스 여왕에 경의를 표하기 위해 영국 남성들은 수염을 붉게 염색하기도 했다.

Chapter 9

바로크

바로크(Baroque)는 시대를 구분하는 용어이자 예술 사조의 한 유형이기도 하다. 바로크는 '일그러진 진주'를 의미하며 바로크의 예술적 표현 양식은 르네상스 이후 17~18세기에 걸쳐 문화 전반에서 나타나고 있다.

바로크시대는 정치적으로는 군왕주의의 절대주의 시대이며, 사상적으로는 기독교 사상의 지배에서 벗어난 계몽사상시대이다. 17세기 초 스페인은 쇠퇴하고 네덜란드가 상업과 무역의 중심지가 되었으며, 프랑스는 절대왕정과 견고한 경제 기반을 확립해 갔다. 루이 13세(1610~1643년)에 이어 루이 14세(1643~1715년)는 태양왕으로 불리며 베르사유 궁전을 건축하는 등 프랑스를 바로크 양식과 패션의 중심지가 되게 하였다. 크롬웰이 다스리던 공화정기인 1650년대에 영국의 복식은 청교도적인 단순한 경향을 띠었으며, 독일 또한 30년 전쟁(1618~1648년)으로 실용적 복식이 유행하였다.

◀ 베르사유 궁전 루이 14세 서재에 있던 책상으로 태양왕을 상징하는 장식이 되어 있다.

Chronology

사회문화적 배경
프랑스 절대왕정과 영국의 경제력 강화

루이 14세(Louis XIV)를 비롯한 프랑스의 절대왕정은 예술과 미술에 관심이 많아 예술가들의 창작활동에 후원을 아끼지 않았고 장식미술 등에 있어서 바로크 양식이 크게 발전할 수 있었다.

바로크 예술은 절대주의의 궁정과 반종교개혁의 정신을 모체로 하여 개화한 예술로, 궁정 양식의 장중한 취향을 기반으로 활력과 움직임, 표현의 강렬함, 현실주의적인 경향과 균형의 파괴에서 오는 부조화가 특징적이다.

영국에서는 정치적으로 왕권으로부터 벗어나 시민의 자유를 위한 투쟁이 진행되어 17세기 중엽 청교도 혁명으로 투쟁이 고조에 달한다. 중산 시민층을 중심으로 넓은 지지를 형성하며 봉건귀족의 지배를 타파하고 준엄한 청교도를 중심으로 본격적으로 자유주의와 민주주의를 시작하게 된다.

바로크 절대왕정 17세기 중엽이 지나면서 프랑스는 광대한 국토, 우세한 국민, 경제력을 바탕으로 영국과 세계 상업무대에서 다투게 되고 정치·경제적으로 스스로 지배체제를 갖출 수 있었던 프랑스가 영국과의 경쟁에서 그 우위를 차지하게 된다. 국왕의 절대적인 존재가 법령화되는 절대왕정 사상이 프랑스를 중심으로 강화되어 왕좌를 중심으로 한 문화가 유럽 전역 전반에 영향을 미치게 된다. 프랑스 궁정의 귀족들은 권력을 과시하기 위해 복식은 물론 가구 등 생활공간을 필요 이상으로 꾸미려 했으며 당시 유행하던 바로크 양식의 본격적인 발전에 많은 영향을 미치게 된다.

노르웨이　스웨덴　스코트랜드　아일랜드　북해　덴마크　발트해　러시아　리투아니아　영국　폴란드　대서양　홀리 로마 엠파이어　오스트리아　프랑스　스위스　헝가리　흑해　페르시아　포르투갈　스페인　나폴리　오토만 제국　시칠리아　지중해　모로코　알제　튀니스

01 ▲
17세기 지도

바로크 양식과 궁전의 화려함 파리 교회에 건립된 베르사유(Ver-sailles) 궁전은 바로크시대의 대표적인 건축물로 원, 직선, 곡선의 조화를 극대화하여 주변의 길, 나무, 분수 등이 엄격한 질서를 갖고 조화되도록 정교하게 설계되어 있다. 프랑스 국민들은 항상 새롭고 화려한 유행을 만들어 냈고 이런 요구를 만족시키기 위해 외국산 제품을 다량 수입해야 했다. 지나친 수입으로 인한 막대한 국고손실로 루이 13세와 14세 집권 당시 재상들은 외국제품의 수입을 금지하는 영을 내렸다. 이로 인해 프랑스에선 지나치게 화려하던 바로크풍이 다소 누그러지기도 했다.

바로크 건축은 다채로운 색상을 표현하는 데 중점을 두고, 벽면의 입체 장식과 정교한 도금 장식을 많이 사용하여 그 화려함을 더했다. 교회는 물론 궁정이나 저택 모두 이와 유사한 스타일로 벽면은

02 ▲
1665년 루브르 박물관을 위해 디자인된 카펫으로 이 시기에 제작된 가장 정교한 카펫 중 손꼽히는 카펫이다. 아칸서스 장식, 자연스럽게 묘사된 꽃, 충성을 맹사하는 엠블럼, 왕의 군사력을 과시하는 무기와 트로피 등이 이 카펫의 위엄을 더한다.

브로케이드와 벨벳 등으로 장식하고 여러 가지 색의 드레이퍼리와 호화로운 장식 프레임의 거울을 자주 사용했다. 상아, 대리석, 상감, 가죽 등 복합적인 재료의 사용으로 전체적인 통일감보다는 다채로움을 중시했다. 17세기 후엽으로 갈수록 더욱 형식과 사치를 중시하게 되어 이러한 경향은 천박한 양상에까지 이르게 된다.

네덜란드와 영국의 경제적 부상
청교도 혁명으로 영국은 크롬웰 (O. Cromwell)에 의한 공화정이 시작되었으며 모직물 공업의 눈부

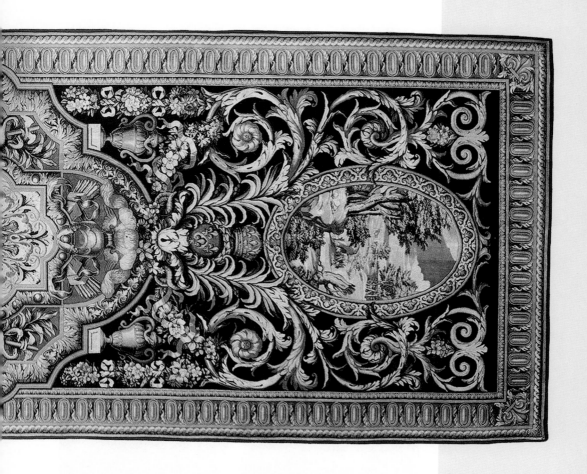

신 발달을 기본으로 한 경제력은 더욱 강화된다. 네덜란드는 원래 스페인의 상공업자들이 스페인의 무리한 과세 요구에서 벗어나기 위해 네덜란드 땅으로 이주해 독립을 선언하고 세운 공화연방국가로 이후 신앙의 자유를 찾아 북쪽으로 이주해 온 이주민이 대거 유입되면서 신흥 상공업국가로 발전하게 된다. 이 시기에 네덜란드는 직조, 염색 등 모직물 생산체계를 본격적으로 갖추면서 직물의 생산과 매매의 본거지가 되어 유럽의 해상활동을 독점하고 아시아로도 진출하여 인도에 동인도회사를 설립하고 영국과 어깨를 나란히 하며 경제 강국으로 부상하게 된다.

복식미
시민풍과 귀족풍 복식의 공존의 시대

르네상스시대에는 화려한 직물의 산지로 유명했던 이탈리아와 스페인 궁정을 중심으로 형성되었던 패션의 중심지가 이 시기에 프랑스와 영국으로 옮겨가게 된다. 프랑스를 복식 유행의 창조지로 자리 잡게 한 데에는 '판도라'라 불린 패션 인형과 인쇄 기술의 발달을 들 수 있다.

03 ▶
1639년의 회화로 53세의 루벤스가 16세의 두 번째 부인 헬레나와 결혼하는 모습으로 그들의 아들 피터의 모습과 함께 묘사되었다. 이 시기의 남성복은 르네상스 스타일이 대체적으로 유지되면서 네덜란드의 영향을 받았으며 여성복 또한 부피와 형태가 상당히 축소되었다.

화려한 바로크 양식　17세기 전반 여성복은 스커트를 크게 부풀리던 버팀대의 축소로 부피와 함께 길이가 짧아져 16세기보다 훨씬 간편한 형태가 되었다. 소매의 크기도 줄어들고 코르셋(corset)도 훨씬 편안해졌으며 뾰족하던 스터머커(stomacher)도 부드럽게 변화했다. 남성복은 르네상스 스타일이 그대로 존속되면서, 네덜란드의 영향으로 시민복의 성격을 띠게 되었으나, 17세기 중반 이후 루이 14세가 즉위하면서 독특한 바로크 양식이 유행하기 시작하여 시민복과 귀족풍이 함께 성행했다. 여성복 또한 다시 화려한 스타일로 변화하였다. 이성적인 감각을 지닌 르네상스 스타일에 비해 바로크 스타일은 화려하고 현세적인 쾌락을 추구하는 경향이었으며, 실루엣은 16세기보다 더 확대되고, 심홍색, 갈색, 빨간색, 자색, 초록색, 심청색 등의 화려한 색상이 선호되었으며, 꽃, 열매, 잎 등의 문양과 단추, 레이스, 리본 다발 등을 과다하게 사용하였다. 또한 사치금제령으로 외국산의 화려한 직물수입이 금지되자 재상 콜베르는 프랑스 자체 직물생산을 발달시켰는데, 직물뿐 아니라 가구, 금·은 세공에 이르기까지 궁정생활에 필요한 모든 물품을 국내에서 제작했다.

복식의 종류와 형태
남성의 푸르푸엥과 오 드 쇼스, 여성의 로브

남성의 상의인 더블릿(doublet)은 17세기 초기 네덜란드 시민복의 영향을 받아 패드, 퍼프, 슬래시가 적어지면서 간편한 형태로 변화했다. 허리에는 좁은 벨트를 하기도 하였으나 영국의 경우 1628년 이후 벨트 대신 수대(baldric)를 어깨에 두르고 여기에 칼을 차게 되었다.

오 드 쇼스(haut de chausses)는 짧은 바지를 의미하는데, 17세기에 들어서면서 네덜란드 스타일의 영향으로 과거에 비해 훨씬 단순해졌다.

바로크시대의 여성드레스는 착용에 의해 완전한 원피스 드레스 형태가 되면서 가운 또는 로브(robe)로 불렸다.

04 ▼
1580~1590년 남성의 셔츠와 1610년 여성의 슈미즈로 모두 리넨으로 제작된 속옷이다. 겉으로 보이는 부분인 앞, 목, 팔목 부분만 자수 장식이 있다.

의 복

셔츠 · 슈미즈

더블릿(doublet)을 몸에 꼭 끼게 입은 17세기 초에는 셔츠(shirts)가 밖으로 보이지 않아 중요한 품목이 아니었으나 후기에 더블릿이 볼레로(bolero)형태로 짧아지면서 셔츠의 품이 넓어지고 길이가 긴 비숍 슬리브가 달리게 되었다. 여성의 슈미즈는 품이 넉넉한 원통형의 원피스 형태로 주로 흰색 리넨으로 만들었으며, 그 위에 코르셋, 파팅게일(farthingale)을 입었다. 슈미즈(chemise) 위에 착장하는 보디스의 목둘레션에 따라 목둘레의 높낮이가 정해졌고, 보디스 소매가 짧아졌을 때 그 아래 보이는 슈미즈의 소맷부리를 매우 화려하게 장식하였다. 바로크 이전 16세기에 유행했던 러프는 1615년 이후 풀을 먹이지 않아 어깨에 내려앉은 형태가 되었고 1630년대에 등장한 휘스크 칼라(whisk collar)는 대개 반원형으로 철사 받침을 하여 머리 뒤쪽은 뻗치게 하여 부채 모양인 것과 앞쪽은 칼라의 좌우 양끝이 턱밑에서 수평으로 만나게 되어 있었다.

크라바트

1660년대에 크라바트(cravat, cravatte)가 등장했는데, 크라바트는 흰색 리넨, 실크, 얇은 면직물로 폭 30cm, 길이 100cm 정도의 천을 목에 두 번 감고 앞에서 한 번 매어 늘어뜨린 것으로 1670년대 코트인 쥐스토코르(justaucorps)가 생기고 폴링 칼라가 사라지면서 유행하기 시작하였다. 후기로 갈수록 장식적으로 변화하였으며 크라바트는 현대 넥타이의 초기 형태이다.

더블릿, 푸르푸엥

더블릿의 로 웨이스트라인은 제 위치로 올라가고 여러 조각이던 페플럼(peplum)이 더 많이 조각나면서 활동에 편리함을 주었다. 1640년대에는 허리선과 페플럼 부분이 없어지고 옆선이 거의 직선으로 되어 헐렁하고 활동하기 편한 스타일이 되었고 소매통이 직선으로 넓어졌다. 1650년 이후 더블릿이 볼레로 형태로 점점 짧아져서 그 밑에 슈미즈와 루프 장식이 보였으며 일부 학자들은 볼레로 스타일의 푸르푸엥(pourpoint)을 로쉐(rochet)로 구분하기도 한다. 소매 또한 점점 짧아져서 반소매 길이가 되었으며, 긴 슬래시가 있어서 그 사이로 하얀 슈미즈가 보였다. 1670년대에 푸르푸엥은 소멸하고 새로 나타난 폭이 좁은 코트인 쥐스토코르로 대체되었다.

05 ▲
17세기 초 전형적인 남성복으로 노란색 새틴 클록과 간편해진 더블릿, 정교한 장식의 수대, 폴링 칼라와 커프스, 부츠를 볼 수 있다.

06 ▶
1615~1620년 작은구멍 장식이 있는 남성의 더블릿

?! 바로크 복식의 패턴 1

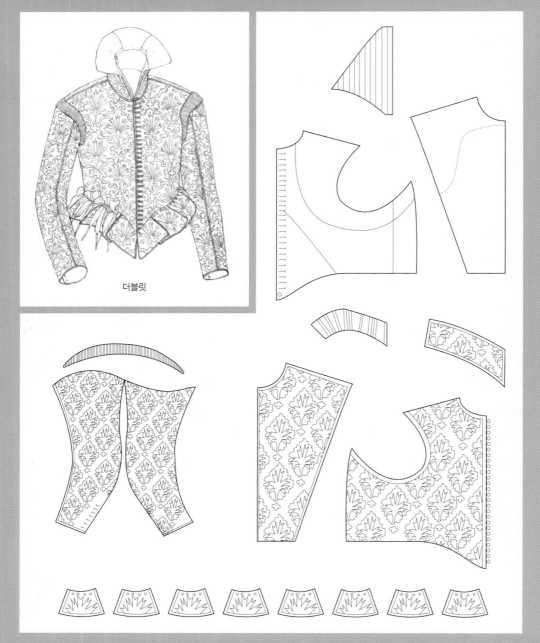

더블릿

쥐스토코르

쥐스토코르(justaucorps)는 루이 14세 시기에 유행하기 시작한 몸에 꼭 맞는 17, 18세기 남자 코트로 중세 병사들이 입었던 실용적인 코트에 그 기원이 있다. 1660년경에 더블릿이 작아지면서 그 위에 입는 코트의 성격을 띠었으나 더블릿의 유행이 사라지면서 더블릿 대신 입는 상의로 변화되었다. 유행된 처음 10년간은 직선적인 실루엣의 일상복으로 베스트 위에 입혀졌다. 초기의 헐렁한 실루엣의 코트를 캐속(cassock)이라고도 한다. 1670년경부터는 아랫단이 넓어지고 길이가 무릎까지 닿았으며 후에 허리가 가늘어져 날씬한 S 실루엣으로 변화했다. 이후 상체부분은 신체에 더욱 꼭 맞고 아랫단은 점점 더 넓어졌으며 넓은 아랫단을 팽팽하게 받치기 위해서 단 안쪽에 캔버스 혹은 말털 등을 사용하는 등 재단과 봉제법이 함께 발달하였다. 소매에는 넓게 접은 커프스가 부착되었으며, 앞 중심에는 단추가 촘촘히 달렸는데, 단춧구멍을 따라 금·은사로 만든 끈 장식을 했다. 이 끈 장식은 지위와 경제력을 과시하는 중요한 수단이 되었다.

초기에는 검소하고 수수한 모직을 사용했으나 후에 화려한 색상의 벨벳이나 실크를 사용하고 여기에 금·은사 끈 장식이나 자수 장식을 하여 그 화려함을 더했다. 이후 프랑스에서는 모직의 질이 현저하게 향상됨에 따라 실크보다 무늬 없는 울을 쓰게 하려는 정책이 실행되어 이를 계기로 수수한 스타일로 변화되었으며 현대 남성복 수트의 근간이 되었다.

07 ▲
1618년경 공식적인 자리를 위해 차려 입은 남성복으로 맞음새가 매우 헐렁해지고 소매에 넓게 접은 커프스가 있으며 앞 중심에 촘촘한 단추 장식과 끈 장식이 있는 쥐스토코르를 비롯해 레이스 크라바트, 화려하게 수놓은 수대, 리본 장식된 남성의 힐을 볼 수 있다.

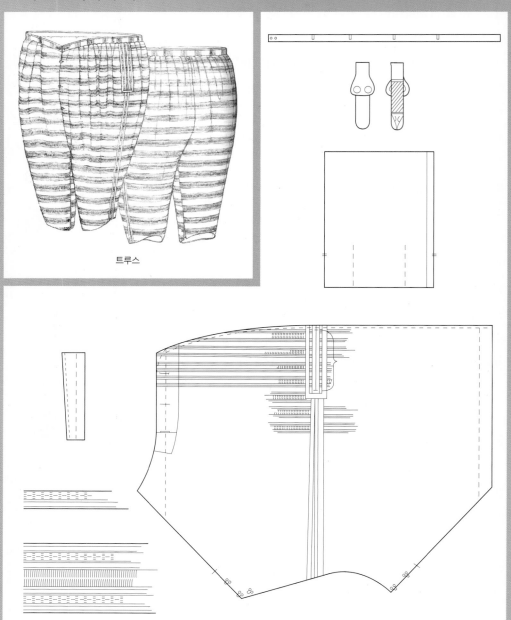

21 바로크 복식의 패턴 2

트루스

조 끼

더블릿이 사라지면서 17세기 말에 생겨난 베스트(veste, waist coat)는 더블릿의 변형으로 현대 남성복 조끼의 원조라 할 수 있다. 주로 평상시에 실내에서 입는 간편한 상의로 사용되었으며 외출 시에는 위에 쥐스토코르를 착용해 코트 안의 장식이 되었다. 보디스와 소매는 타이트하게 맞으며, 앞 중심에 작은 단추가 촘촘히 달려 있고, 허리선 아래에 포켓이 수평으로 달려 있으며, 코트 소매보다 긴 소매의 넓적한 커프스를 코트 위로 접어 입었다. 1690년대 이후 소매가 없어져 현대의 조끼와 같은 형태가 되었으며 네크라인은 목둘레에 꼭 맞는 둥근 선으로 칼라가 달리지 않았다. 크라바트가 유행하자 베스트의 단추는 허리만 잠그고 위의 단추를 풀어 크라바트의 장식이 보이게 했다.

색상은 주로 쥐스토코르와 조화되는 화려한 색상을 사용했으며 앞은 금·은 자수를 놓은 실크, 브로케이드, 뒤는 마직물로 만들었다.

오 드 쇼스

1630년대와 40년대에 다리에 꼭 맞는 스타일부터 풍성한 스타일에 이르기까지 여러 형태가 함께 유행했다. 1650년대 이후 루이 14세의 바로크 취향으로 색상이 화려해지고 루프, 트리밍과 단추 등으로 정교하게 장식되기 시작하였다. 형태가 다양해짐에 따라 트루스(trousse), 판탈롱(pantalon), 랭그라브(rhingraves), 니 브리치즈(knee breeches), 퀼로트(culotte) 등 다양한 스타일이 등장하였다.

- 트루스 : 둥근 호박처럼 패드를 넣어 부풀린 반바지로 화려한 색상의 울이나 실크로 제작되었다. 길이는 넓적다리에서 무릎 아래까지 다양했다. 이것은 후에 남자들의 신사복 바지인 트라우저(trouser)의 모체가 되었다.

- 판탈롱 : 17세기 초 헐렁하게 입은 칠부 길이의 바지이다. 영국에서는 판탈룬(pantaloons)이라고 했다.
- 랭그라브 : 궁정이나 소수귀족에게서만 유행했던 다양한 형태의 스커트 바지로 영국에서는 페티코트 브리치즈라 했다. 네덜란드에서 시작된 이 바지는 프로테스탄트 신자들에게 유행되면서 종교와는 상관없이 유럽 각국에서 유행하게 되었다. 후에 디바이디드(divided) 스커트 형태로 바뀌면서 일반인들도 착용하기 시작했으며 허리둘레와 도련의 양옆에 화려한 색의 리본다발을 붙여서 과장된 스타일을 이루었다.
- 니 브리치즈 · 퀼로트 : 허리에 약간의 주름을 잡고 폭이 좁아지는 무릎길이의 바지로 그 아래 양말을 신어 장식효과를 내었다.

망토

망토(manteau)는 둘러 입는 외투의 일종으로 승마나 여행할 때 주로 입었으며 케이프(cape)형의 외투나 발목길이의 맨틀(mantle)의 형태로 르네상스시대의 외투와 유사했다. 스페인식 외투는 길이가 짧고, 네덜란드식 외투는 소매가 있고 풍성하게 넓은 형태가 특징적이었으며 프랑스 남성들은 케이프를 왼쪽 어깨에서 오른쪽 겨드랑이 밑으로 걸치고 끈으로 고정시켜 입기도 했다. 1670년대에 유행한 브란덴부르크(brandenburg)는 브레이드 여밈 장식이 특징적이다. 귀족들은 화려한 실크로 안을 대고 가장자리는 모피로 장식한 것을 즐겨 입었으며 왕의 의식용 망토는 길이가 땅에 끌리게 길고 붉은 벨벳에 보석을 수놓아 매우 화려했다. 스페인과 크롬웰 공화정시대의 영국에서는 검은색 망토를 주로 착용했다.

코르셋 : 코르발레네, 스테이즈

코르셋(corset)이란 명칭은 18세기 이후 영국에서 붙여진 이름이다. 중세시대의 코르사주(corsage), 르네상스시대의 바스킨(basquine)과 코르피케(corps-pique)는 17세기에 코르발레네로 변화되었다. 17세기 초에 네덜란드의 영향으로 힙의 부풀림이 감소되고 허리선이 올라가게 되자 16세기부터 사용되던 코르피케의 길이가 짧아지면서 앞 가운데의 끝이 둥글어졌으며 1630년대와 1640년대에 허리를 너무 조이지 않는 헐렁한 로브를 입게 되자 사용하지 않게 되었다. 1650년대 이후 다시 허리를 조이는 로브가 유행하면서 보디스 겸용인 코르발레네(corps baleine)가 등장하였다. 프랑스에서는 코르발레네라고 했으며 영국에서는 스테이즈(stays)라고 했다.

코르발레네는 고래수염을 뻣뻣한 캔버스(canvas) 사이에 넣어서 앞 중심을 향해 사선으로 누비는 조끼형으로 완성되었다. 바스킨과 다른 점은 촘촘하게 누빈 바느질로 허리를 더욱 가늘어 보이게 했다. 착용은 뒤에서 끈으로 졸라매어 입고, 코르발레네의 끈을 스커트의 후크에 연결하여 상·하가 연결된 원피스드레스처럼 보이게 했다.

파팅게일

초기에는 스페인의 비활동적이고 귀족적인 원추형의 스커트가 그대로 유행했으므로 원추형, 원통형, 종형의 파팅게일(farthingale)을 입다가 1625년 이후 네덜란드의 영향으로 실루엣이 단순하고 활동하기 편리한 스타일이 유행함으로써 파팅게일을 입지 않게 되었다.

09 ▲
1660년대 후반 여성의 드레스로 레이스 칼라와 크림색 레이스로 장식된 은색의 보디스와 스커트로 구성되었다.

10 ▲
1670년대 맨투아는 비공식적인 차림으로 처음 등장하였다. 딱딱한 보디스와 무겁게 주름 잡힌 스커트의 대안으로 환영받았다. 루이 14세는 베르사유 궁에서 여성들이 맨투아를 착용하는 것을 금지하였으나 사적인 모임이나 경우에 착용되며 크게 유행하게 되었다.

11 ▼
17세기 말의 투피스 드레스는 앞자락을 모아 옆이나 뒤로 묶고 안에 받쳐입은 화려한 페티코트를 보이게 했다. 사진의 드레스는 영국에서 착용된 드레스로 비교적 검소한 스타일이다.

그러나 17세기 중엽부터 다시 페티코트로 부피를 늘린 스커트가 유행하게 되었다. 일부 지역에서는 스커트의 부피를 힙의 양 옆으로 퍼지게 하는 파니에(panier)를 착용하기 시작하였다.

페티코트

1625년 이후 파팅게일을 입지 않게 되면서 페티코트(petticoat)를 여러 벌 겹쳐 입어 스커트를 부풀리기 시작했으며, 페티코트의 색상은 화려한 것이 사용되었고 타셀(tassel), 프린지(fringe), 브레이드(braid), 리본(ribbon), 루프 등으로 층층이 화려하게 장식되었다. 화려한 페티코트를 보이게 하기 위해 걸을 때 스커트 겉자락을 살짝 들어 올리거나 스커트의 앞을 갈라 자락을 양옆에서 브로치나 리본으로 고정하기도 하고 뒤로 모아서 버슬(bustle) 효과를 내기도 했다. 이때 스커트의 안감도 자수나 장식으로 화려하게 장식하여 보이게 하였다.

로브

초기의 로브 보디스는 르네상스 양식이 그대로 남아 있어 코르셋으로 꽉 조여서 꼭 맞는 형태에 데콜테(decollete) 네크라인을 즐겨 입었다. 이때 속에 입은 슈미즈의 주름이 목 밑에까지 오게 하거나 많이 파진 네크라인에 레이스나 프릴을 달기도 하였다. 심지어 유두가 보일 정도로 대담하게 유방을 노출시킴으로써 사회적으로 비난받기도 하였다. 17세기 말에는 큰 사이즈의 폴링밴드가 사라지고 스퀘어 네크라인이나 바토(bateau) 네크라인에 베니션 레이스를 한두 겹으로 주름잡아 달아서 풍만한 유방을 강조하기도 하였다. 칼라는 러프 칼라의 여러 가지 변형이 유행하였다.

17세기 초 여자 로브 소매는 대부분 손목에 좁은 프릴이나 위로

접힌 커프스를 달았고 레그 오브 머튼 슬리브(leg of mutton sleeve)
를 비롯하여 행잉 슬리브(hanging sleeve) 등이 등장하였다. 17세
기 중반에는 팔꿈치 길이의 짧은 소매가, 그리고 17세기 말에는 팔
꿈치보다 짧은 소매와 팔꿈치에 레이스를 여러 층 다는 앙가장트가
처음 등장하였다.

12 ◀
17세기 말 와토(Watteau)의 회화
로 이 시기 네크라인을 깊이 파고
유방을 강조한 스타일의 로브를
볼 수 있다.

헤어스타일과 머리 장식

17세기 초 남성의 헤어스타일은 짧은 곱슬머리가 유행하였으며, 중기부터 머리를 어깨까지 늘어뜨리고 풍만하게 컬을 넣었다. 1660년대 이후에는 가발을 쓰는 것이 널리 유행해 풀 버텀 위그(full bottom wig)는 매우 거대하고 무거운 형태로 활동에 지장이 있을 정도였으나 상류사회에서는 필수적인 것으로 간주되었다. 남성들은 깨끗하게 면도하거나 턱수염과 콧수염을 기르고 콧수염에 왁스를 발라 양옆으로 고정시키는 스타일을 자주 하였다. 챙이 넓고 크라운이 높은 모자가 유행하였고 17세기 말에는 트리콘(tricorn)을 쓰고 가발이 커지면서 모자를 쓰지 않거나 손에 들고 다녔다.

여성의 헤어스타일은 초기에는 올백으로 높게 빗어 넘겨 뒤에서 리본으로 매어 장식하였고 중기에는 얼굴 양옆으로 볼륨 있게 부풀리거나 길게 늘어뜨렸다. 후드와 퐁탕주(fontange)가 유행했는데, 1690년대에 등장한 퐁탕주는 리넨이나 레이스를 주름잡아 철사로 층층이 세워 부채를 편 것 같은 형태를 하였다.

13 ▶
1630년대 회화에서 보여지듯이 당시 유행한 액세서리인 파라솔은 비교적 단순하고 기능적인 모습이었으나 점점 장식적인 스타일로 변화해 갔다. 이 시기에 유행한 장갑과 헤어스타일, 모자, 신발을 볼 수 있다.

청교도인들의 복식

네덜란드를 중심으로 실용성과 검소함을 추구한 복식 스타일로 검은 보라색, 검은 갈색, 어두운 회색의 직물을 주로 사용하고 무늬 없는 흰색 리넨의 폴링 밴드 칼라를 즐겨하였다. 여자의 드레스는 뾰족하지 않은 허리선과 허리에 주름을 넣어 활동이 편리하게 하고, 소매 끝의 리넨 커프스와 긴 에이프런이 특징적이다. 남자는 주로 더블릿을 입고 풍성한 무릎 밑 길이의 브리치즈, 울로 된 흰 호즈, 힙을 덮는 맨틀을 착용하였다. 남녀 공용으로 크라운이 높고 챙이 달린 펠트 모자를 착용하였다.

신 발 1640년대 이후 네모난 앞부리, 뾰족한 앞부리 형의 신발이 유행했으며 힐이 점점 높아지기 시작하였다. 부츠의 경우 1630년대부터 입구가 넓게 퍼지고 커프스를 만들고 레이스나 리본 장식을 화려하게 하였다. 그 외 여성 신발로 벨벳, 브로케이드, 가죽 등으로 제작한 쇼핀느가 유행하였다.

장신구 남성들은 수대(baldric)를 매고 끝에 칼을 찼으며, 남녀 모두 보석, 리본 장식, 에이프런, 손수건, 장갑, 마스크를 즐겨 착용하였고 여성은 특히 토시, 부채 등을 즐겨 사용했다.

화 장 1640년대부터 얼굴에 화장을 짙게 하고 뷰티 패치(beauty patch)를 붙이는 것이 유행했는데, 뷰티 패치는 타프타 직물을 점, 초승달, 별 모양 등으로 오려서 얼굴에 풀로 붙이는 것이었다.

14 ▼
2000여 년 전 고대 그리스에서 처음으로 만들어진 카메오는 귀한 돌이나 껍질에 조각을 한 것으로 중세에 단절되었다가 17세기에 브로치 등의 형태로 다시 크게 유행하는 액세서리가 되었다.

영화 속의 복식_〈삼총사〉

영화 〈삼총사(The Three Muske-teers)〉는 루이 13세를 호위하던 근위 총사대의 복식이다. 십자가가 새겨진 푸른 망토와 챙이 넓은 깃털 모자를 기본으로 7부 길이의 판탈롱 바지를 입고 가죽 부츠를 신었다. 붉은 망토를 입은 사람들은 왕실 고문관 리슐리외의 친위대로, 아라미스(찰리 신)를 비롯한 삼총사는 이 친위대에 맞서 싸운다.

Historical Mode

장 폴 고티에의 크라바트와 크리스티앙 디오르의 러프칼라의 현대적 적용

주요 인물

앙리 4세 Henri IV

프랑스의 국왕(재위 1589~1610)으로 앙리 3세 사후 즉위하여 부르봉 왕조를 열었다. 1598년 '낭트칙령'을 발하여 30년간 계속되었던 프랑스의 종교 내란을 종식시켰고 재정, 농업, 목축, 교통의 재건에 힘쓰는 한편 캐나다에 최초의 식민지 퀘벡을 개척하는 등 재건에 힘썼다.

루이 13세 Louis XIII

프랑스 왕(재위 1610~1643)으로 앙리 4세와 마리 드 메디시스의 아들이다. 9세의 어린 나이에 왕위에 올랐기 때문에 마리 드 메디시스가 섭정을 하였으며 15년 후 결혼 후에도 섭정이 계속되어 궁정 쿠테타로 친정체제를 수립하였으나 신교도의 반란 등으로 혼란과 동요가 계속되었고, 1628년에 반란을 평정하였다. 리슐리외를 재상으로 임명하여 프랑스 절대주의의 기초를 닦았으며 독일의 30년 전쟁에 간섭하고 독일황제를 원조하는 스페인과 대전하였으며 직접 스페인 원정에 나가 전사하였다.

루이 14세 Louis XIV

프랑스 왕(재위 1643~1715)으로 '대왕(le Grand)' 또는 '태양왕(le Roi Soleil)'으로 일컬어지며 부르봉 절대 왕정의 전성기를 대표하는 인물이다. 루이 13세와 안 도트리시 사이에서 태어났고 5세에 즉위하였으므로 모후의 섭정과 마자랭(Mazarin)이 재상으로 보필하였다. 30년 전쟁과 관련된 스페인 전쟁으로 나라가 피폐하였고, 귀족들의 프롱드 난이 일어나 매우 혼란했던 시기로 파리를 떠나 각지를 유랑하는 고난을 겪었으며 이후 궁을 베르사유로 옮겼다.

　　프롱드 난의 진압과 마자랭의 사망으로 1661년 왕의 친정이 시작된 후 '짐은 곧 국가이다(L'Etat, c'est moi)'라고 할 만큼 절대주의시대의 대표적인 전제군주가 되었다. 콜베르를 재무총감으로 기용해 중상주의 정책을 성공적으로 추진해 산업육성, 식민지 개발을 하고, 유럽 침략전쟁의 승리로 유럽의 지도권을 완전히 장악하였다. 베르사유 궁전은 유럽 문화의 중심이 되었고 코르네유, 라신, 몰리에르 등이 배출되어 고전주의 문학을 꽃피웠다. 그러나 왕권신수설의 주장과 낭트 칙령 폐지, 신교도 박해는 상공업 인력의 국외 이주를 낳아 산업이 타격을 받았으며, 대외전쟁과 화려한 궁정생활로 프랑스 재정의 결핍이 초래되고 절대왕정의 모순이 증대하게 됨으로써 프랑스 대혁명이 일어나는 원인을 제공하였다.

마리 드 메디시스 Marie de Medicis

프랑스왕 앙리 4세의 비로 피렌체의 메디치가 출신이다. 앙리 4세의 후처로 들어가 루이 13세를 낳았으며 앙리 4세의 암살에 연루되었다는 후문이 있고 정치적 야망이 강한 권모술수가로 왕이 죽자 곧 섭정을 하였다. 1617년 루이 13세에게 정권을 빼앗기자 1633년까지 아들인 왕과의 끊임없는 항쟁을 계속하였다.

Chapter 10

로코코

로코코(1715~1789)는 루이 15~16세 시기의 궁정 양식을 의미하며, 루이 14세의 바로크시대에 비해 좀 더 섬세하고 날렵한 곡선의 비대칭적 균형을 추구하는 새로운 양식의 시기이다. 로코코의 어원은 바로크 정원의 인공 동굴에 붙여진 조개껍질을 박아 배열한 장식인 로카이유(rocaille)에서 유래했다.

예술의 전체적인 분위기는 경쾌하고 산뜻한 경향, 자유롭고 친숙한 일상성 그리고 감상주의가 새로운 특징이 되었다. 문학에 있어서도 영웅이나 역사적 사건을 다룬 과장된 문체의 소설 대신에 인간의 마음을 다룬 소설이 등장했다. 포옹, 입맞춤, 눈물 등은 남성과 여성 간의 일상적인 교제 양식이 되었다. 이 시기에는 도덕관념이 헤이해졌으며 부도덕이 오히려 사교를 위한 에티켓이 되었다. 왕실 사람들과 귀족들은 자신들의 존재 이유를 오직 즐기는 것에서 찾았으므로 사냥, 오페라, 연극, 가면무도회 등 다양한 오락거리들을 만들어 냈다.

사상적으로는 르네상스시대부터 싹트기 시작한 인간 중심 사상이 계몽주의로 확산되어 이성의 시대가 전개된다. 계몽이란 철학이 신학으로부터 독립한다는 의미로 18세기에 이르러서 신학적 전제들을 뒤로하고 믿음의 방식이 아닌 사고의 방식에 기초하여 사물의 본질을 추구하게 된다. 계몽주의에 영향받은 사회 개혁에 대한 요구를 야기하여 프랑스 궁정의 부패는 프랑스 혁명을 초래하게 된다.

◀ 로코코시대 회화

사회문화적 배경

세련되고 섬세한 우아한 취향의 시대 : 프랑스풍과 영국풍

18세기 문화는 '프랑스 같은 유럽'이 대변하듯이 어디서나 똑같이 프랑스풍이 크게 유행하였다. 프랑스는 패션, 문학, 장식 미술, 철학 등에 있어 모든 스타일을 결정지었다. 동시에 영국의 실용적이고 단순한 복식 스타일이 크게 유행하여 영국풍에 크게 열광하는 앵글로마니아(Anglomania)가 생겨나고 르댕고트, 프록코트, 둥근 차양이 달린 모자 등의 유행은 물론 라이프스타일 전반에 영국적 취향이 두드러졌다.

01 ▶
로코코시대 시계

02 ▲
크림슨 계열의 타페스트리를 벽과 가구에 전적으로 사용한 인테리어로 플래스터(plaster) 천정, 오크 마루, 대리석 벽난로와 마호가니 등은 이 시기 유행 색감과 양식을 확실히 볼 수 있다.

색채의 향연

뉴턴(Newton)의 스펙트럼 색체계 발견을 토대로 다양한 톤의 색체계가 등장했는데, 우아함에 대한 열망을 보여 주는 로코코의 푸른색, 장밋빛, 반투명 초록색 등은 그 부드러운 음영과 조합의 세련됨에 있어 형언할 수 없을 정도로 매력적이었다. 당시 파리에서는 유행하는 색에 이상한 이름을 붙이는 것에 사람들이 많은 재미를 붙여 하수구, 거리의 쓰레기, 님프의 넓적다리, 멋쟁이의 내장 같은 이름들이 붙여졌다.

복식미
향락적이고 관능적인 복식 스타일

로코코 복식은 공들여 치장한 세련된 취향을 바탕으로 고상하고 우아한 아름다움을 추구했다. 이 시기의 여성과 남성은 정성을 들여 화장하고 옷을 갖추어 입어서 마치 자신이 예술작품인 양 몸단장을 했으며, 복식은 인간에게 없어서는 안 되며 인간은 복식을 통해 완성된다고 굳게 믿었다.

사회와 노출을 이끄는 여성의 복식
로코코 복식에서 사치는 대단했는데, 궁정의상은 완전히 금·은 자수로 장식되었고 다채로운 색상이 가미되었으며 엄청난 양의 고급 레이스가 사용되었다. 트레인은 여성의 드레스를 품위 있고 고귀하게 만드는 중요한 디자인 요소였는데, 여성들의 경쟁이 너무 심해지는 것을 막기 위해 트레인을 늘어뜨리는 정확한 규정들이 제정되기도 하였다.

여성은 데콜타주를 통해 가슴, 목 부분을 노출하여 비난을 받기

03 ▶
1729년 결혼식 장면을 그린 그림으로 윌리엄 호가스(William Hogarth)의 초기 작품이다. 가운데 신랑, 신부와 손님의 복장에서 당시 유행한 가볍고 섬세한 색채와 레이스, 자수 등의 정교한 장식을 볼 수 있다.

도 했다. 자크 볼리외(Jacque Bolieu)는 여성의 데콜타주를 '누드에 가까운 파렴치한 의상'으로 비난했다.

고급스러움과 오리엔탈리즘 로코코 시기는 베블렌(Veblen)의 여가 이론이 그대로 적용될 수 있는 시기로 노동에서 자유로운 유한계층의 거대한 머리 장식과 파니에 등이 착용자가 노동에서 자유로움을 상징하였으므로 지배계층의 특권이자 귀족, 부르주아의 신분 상징이 되었다. 특히, 여성의 경우 풍만한 가슴, 극도로 가느다란 허리, 뒤로 젖혀진 어깨를 이상적으로 간주했으며, 이상적인 인체미를 위해 코르셋으로 압박되고 거대한 부피의 스커트를 착용했는데, 여성복의 착의 혹은 탈의 시에는 반드시 하녀의 도움이 필요하였다.

　바로크시대의 거대하고 화려한 디자인으로부터 가볍고 섬세한 색채와 문양으로의 점진적 변화가 이루어져 남성들조차 위엄을 보이려 하기보다는 화려하고 정교한 색상, 풍부한 자수, 레이스 플라운스 등으로 장식하였다. 18세기에 유럽은 아시아와 교역이 활발해짐에 따라 직물에서 신비하고도 동양적인 밝은 분위기의 직물이 애용되었다. 모슬린, 아마, 사라사 등 가벼운 직물과 전원적인 문양, 인도 혹은 중국풍 문양의 섬세한 패턴물이 크게 유행하였다. 또한 레이스를 드레스나 속옷의 장식은 물론 침대 시트에까지도 사용했다.

복식의 종류와 형태
아비 아 라 프랑세즈와 화려한 장식

이 시기의 남성복 중 실크나 벨벳 등 값비싼 직물에 금사로 수놓아 장식한 것은 아비 아 라 프랑세즈(habit à la française)라 하여 가장 공식적인 복장으로 착용했다. 여성의 로브로는 초기에는 색 가운(sack gown), 로브 아 라 프랑세즈(robe à la française)를, 후기에는 로브 아 랑글레즈(robe à l'anglaise), 로브 아 라 폴로네즈(robe a là polonaise), 버슬 스타일 로브, 비둘기 가슴 효과(pouter-pigeon effect)의 로브 등 다양하게 나타났다.

의 복

밴 얀

밴얀(banyan)은 남성용 헐렁한 나이트가운의 일종인 실내복으로 사람들은 집에서는 당연히 수를 놓은 값비싼 의상을 벗고 실내복을 입었는데, 이 실내복은 18세기 남성들 사이에서 크게 유행하여 가족들과 있을 때뿐만 아니라 손님을 맞이할 때에도 착용되었다. 사용된 소재로는 면 캘리코, 실크 다마스크, 브로케이드, 벨벳, 타프타, 새틴 등이 있다. 이때 부담스러운 가발 대신에 터번 느낌의 둥근 운두와 접혀 올린 챙이 있는 실내용 모자를 함께 착용하였다.

크라바트

크라바트(cravat)는 일종의 넥타이인 넥웨어(neck wear)로, 뒤에서 매듭을 지어 묶어 주고 앞부분에 다이아몬드 핀 장식을 했다.

웨이스트코트

코트 아래 입은 일종의 조끼로 코트와는 다른 소재를 사용했으며 남성들은 특히 조끼에 사치를 부려 주로 화려한 금·은 트리밍, 자수 장식을 과다하게 사용했다. 단추를 촘촘히 달아 장식하고 아래 버튼은 채우지 않았으며 거의 코트와 같은 길이로 착용하였다. 허리 부분은 꼭 맞게 재단하였고 보이지 않는 뒤는 덜 비싼 소재를 사용하기도 했다. 웨이스트코트(waist coat)는 집에서 코트를 입지 않고 캐주얼하게 착용되기도 했다.

코트

코트(coat)는 18세기 유럽 모든 사회계층의 사람들이 입었으며, 국가나 옷감의 재질, 장식에 따라 여러 가지 명칭이 사용되는 등의 차이가 있는데, 프랑스에서는 쥐스토코르(justaucorps)라고 했다. 루이 14세 이후 스타일은 크게 변하지는 않았고 다만 상의와 조끼 자락을 방수포 혹은 빳빳한 천이나 종이를 사용하여 여성복의 후프 스커트가 허리에서 튀어나온 것과 마찬가지로 옷자락이 엉덩이에서 튀어나오게 했다. 앞에 단추가 많이 달려 있는 것이 특징적인데, 아래를 채우지 않고 착용하여 아래 셔츠의 프릴 장식, 소매 부분 커프스 장식, 화려한 웨이스트코트가 보이도록 연출하였다.

코트의 소재는 공식적 행사가 아닌 경우에는 단순하고 장식이 없는 울, 벨벳, 실크 등을 사용하였지만, 이브닝 혹은 공식적 행사의 경우 금·은사 자수 장식의 실크, 벨벳, 브로케이드 등을 사용하였다.

05 ▲
1720년 남성 정장 코트로 양 옆에 깊은 트임이 있고 꽃, 부채, 식물 잎 등 정교한 자수 장식이 되었다.

06 ◄
1770~1780년 남성의 아비 아 라 프랑세즈

- 프록(frock)코트 : 비공식적인 코트로 영국에서부터 유행되어 프랑스에서는 18세기 후기에 널리 입혀졌는데, 원래 노동자 계층에서 헐렁하게 착용되었으며, 농부의 작업복에 해당하는 것이었다. 1730년 이후 신사들이 말을 탈 때, 운동할 때, 평상시에 편안한 의복으로 착용하기 시작하였으며, 1770년 이후에는 좀 더 공식적인 의복으로서 보편적으로 착용하게 되었다.
- 르댕고트(redingote) : 영국풍 코트로 승마 복식에서 유래되었다. 앞단에 단추, 뒤 중앙에 슬릿을 넣어 활동하기에 편한 스타일로 더블 여밈에 큼직한 칼라와 라펠이 특징적이다.

브리치즈
무릎길이의 바지인 니 브리치즈(knee breeches)를 보편적으로 착용하였는데, 처음에는 맞음새가 어느 정도 헐렁하다가 점차 좁아지고 무릎 밴드에 장식적인 버클로 마무리하게 되었다.

마카로니

1770년대 영국풍의 유행에 대한 반발로 젊은이들이 보여 준 괴벽스런 스타일로 그 시대의 불안정한 사회를 반영한 스타일이다. 금·은의 커다란 버클이 있는 매우 날렵한 슈즈, 커다란 버튼의 코트, 과장되게 작은 모자와 여성의 머리형과 같이 높은 가발이 특징적이다.

케이프

케이프(cape)는 길고 풍성한 외의인 망토로 여러 겹 칼라를 단 스타일이 유행하였다.

여성의 속옷

18세기에는 속옷을 깨끗하게 입는 것보다는 값비싼 것으로 치장하는 데에 더 큰 가치를 두었다.

• 슈미즈(chemise) : 무릎길이의 레이스 장식의 네크라인, 소매 장식이 있는 여성 속옷이다.
• 슈미즈 가운(chemise gown) : 인도산 흰 머슬린 가운으로 부드럽고 풍성한 주름의 스커트로 구성되어 있으며 19세기 복식의 시조가 되는 스타일이다.
• 드로어즈(drawers) : 여성복에서 보편적으로 착용되지는 않았으나 여성 속바지이다.
• 언더 페티코트(under petticoat) : 슈미즈와 파니에 사이에 입은 스커트로 캠브릭, 면, 플란넬, 캘리코 등으로 제작하였으며 방한용은 누빔 처리했다.

08 ◀
머리에서 발끝까지 당시 여성의 차림을 한눈에 볼 수 있다. 로코코시대 여성들은 슈미즈, 슈미즈 가운, 드로어즈, 언더 페티코트 등 속옷을 입고 상의에는 코르셋, 하의에는 파니에를 착용하고 위에 페티코트를 다시 입은 다음 로브를 착용하였다.

코르셋

뼈대를 넣어 앞 혹은 뒤에 끈으로 묶어서 여몄으며, 뚱뚱하거나 임신한 여성을 위해 때로 옆에서 여미는 경우도 있다. 루이 14세의 애첩 마담 몽테스판(Montespan)이 임신 사실을 숨기기 위해 헐렁한 가운을 도입하는 동안 그 유행이 잠시 주춤하다가 몽테스판의 사후에 다시 부활했는데, 코르셋(corset)의 과도한 인체 압박으로 위, 기타 내장 기관의 변형과 식사 후에 여성이 혼절하는 사건이 비일비재했다고 한다. 코르셋 안쪽은 정련 안 된 면, 겉은 다마스크, 새틴, 자수 처리된 실크, 브로케이드로 만들어졌는데, 여성들은 매우 어린 나이부터 거의 대부분의 시간을 코르셋을 착용하며 지냈다. 코르셋의 심은 철사나 납으로 만들어졌다.

파니에

18세기 여성의 실루엣을 특징짓는 결정적인 요소가 된 후프(hoop)는 프랑스어로 '새를 가두는 바구니(basket)'라는 뜻에서 유래했다고 한다. 고래 뼈, 철사로 만들어진 구조물로 옆으로 약 4.6m 정도 넓이의 불편한 구조로 파니에(panier)는 1714년 영국의 후프 페티코트에서 혹은 1715년 파리의 무대의상에서 유래되었다는 두 가지 설이 있다. 초기에는 둥근 다섯 개의 후프가 위로 갈수록 좁아지면서 방수포로 서로 연결되어 있었다. 후

09 ▼
1720~1750년의 가운으로 종 모양의 후프 페티코트의 크기는 그리 크지 않고 코르셋이나 스토머커 위의 구멍을 끈으로 묶어서 여몄다. 18세기 전반에 유행한 전형적인 스타일이다.

프형은 드럼통 모양으로 만들거나 타원형으로 앞뒤를 납작하게 눌러주었다. 차츰 철사나 나무로 된 후프 대신에 생선뼈로 된 후프를 사용했다.

이처럼 일종의 새장과도 같은 프레임을 걸치고 다니는 여성들은 문을 통과할 때 몸을 옆으로 돌려야만 다닐 수 있었고 그들을 에스코트하는 신사는 그 앞이나 뒤에서 한 걸음 물러서서 다녀야 했으며 자리에 앉으면 이전보다 세 배나 많은 자리를 차지했다. 초기 파니에의 불편함을 보완하여 축소형 후프 스커트가 고안되었는데, 프랑스에서는 그것을 반 파니에 혹은 얀센교파라고 불렀다. 이후 무슈 파마르(Pamard)가 선보인 양쪽 엉덩이에 좌우로 고정시켜 커다란 후프 스커트가 필요 없는 버슬 모양의 이른바 이중 구조의 개량 프레임이 등장하였다. 후프 스커트는 공식적인 경우에, 개량 프레임은 편안한 복장을 입을 때 착용이 지속되었다. 1770~1780년 이후에 영국풍이 유행하면서 점차 사라졌으며 혁명 후에는 유행에 뒤떨어진 스타일이 되어버렸다.

페티코트

공식적인 로브와 페티코트(petticoat)는 대개 같은 원단으로 만들어져 마치 한 벌처럼 보였다. 페티코트는 때로 누비거나 자수 장식으로 스커트 자체보다도 화려한 경우도 있었다.

로브, 가운

여성의 로브(robe)는 크게 오픈(open) 로브, 클로즈드(closed) 로브로 나눌 수 있다. 둘의 차이는 앞에 트임으로 페티코트가 보이는지의 여부인데, 오픈 로브의 경우 V자의 트임을 보이며, 그 아래 페티코트를 드러낸 스타일이다. 로브의 네크라인은 타원형, 사각형으로 깊이 파인 형이 많았다.

- 색 가운(sack gown) : 루이 14세 사망 후 엄격했던 궁정 에티켓이 약간 완화되면서 공식적인 성격이 약화된 헐렁한 맞음새의 가운 출현에서 유래되었다. 뒤에 와토 주름이 있는 것이 특징으로 와토 가운이라고 한다.
- 로브 아 라 프랑세즈(robe à la française) : 로코코를 대표하는 의상으로 색 가운이 변형된 형태이다. 뒤에 와토 주름이 있지만 색 가운과는 달리 상체 부분은 방패같이 딱딱한 스토마커로 덮여 화려한 자수, 꽃, 리본 다발 등으로 장식되거나 고래뼈에 의해 딱딱한 형을 유지했다. 소매의 레이스 러플의 층장식인 앙가장트(engageante)가 특징으로 의상 자체가 하나의 장식 미술과도 같았다. 1770년대 이후에 파니에 대신에 힙 패드를 사용하여 뒤로 당겨 입는 버슬 스타일 로브나 영국풍의 유행으로 로브 아 라 프랑세즈는 주로 공식적인 의례용으로만 자주 착용되었다.

10 ▶
로코코 여성의 푸른색 색 가운과 가볍고 정교한 머리 장식을 볼 수 있으며 로코코시대 사랑받은 색의 조합을 볼 수 있다.

ⓛ 로코코 복식의 패턴

로브 아 라 프랑세즈

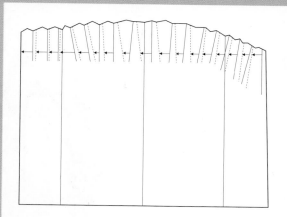

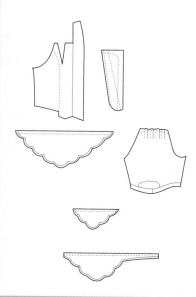

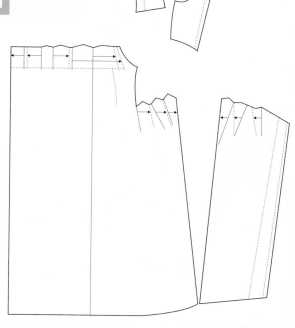

12 ▲
로브 아 라 폴로네즈

• 로브 아 랑글레즈(robe à l'anglaise) : 영국풍 유행에 의한 실용
적인 스타일로 파니에 없이 엉덩이 부분에 패드된 버슬
만을 입고 착용하는 로브로 몸에 꼭 끼는 보디스로 가
슴을 강조하고 뒷부분은 뾰족하게 예각을 이루는 것
이 특징이다. 고운 리넨으로 된 피슈(fichu)로 네크
라인을 가렸다.

• 로브 아 라 폴로네즈(robe à la polonaise) : 로
코코 후기의 대표적인 로브로 오버 스커트를 세
개의 줄로 당겨서 퍼프형으로 부풀린 스커트 형
태이며, 길이가 짧아 발목이 보이는 것이 특징이

던 여성 다리의 일부가 밖으로 드러
나게 한 로브이다.

- 르댕고트 가운(redingote gown) :
  영국의 승마용 남성복에서 유래
  된 것으로 투피스형 로브이다.
- 카라코(caraco) : 부인용 승
  마복에서 유래된 투피스형
  로브의 일종으로 1780년대
  상류계급 부인들 사이에서 유
  행했다. 색 가운을 힙 길이에서 자
른 형태이다.

13 ◄
르댕고트 가운

클로크

클로크(cloak)는 넓은 스커트에
맞도록 재단된 풍성한 망토로 벨
벳, 울, 모피 장식 등이 사용되
거나 혹은 얇은 실크 등도 사
용되었다.

14 ◄
1775~1785년 카라코 재킷의 가
운

펠리스

펠리스(pellisse)는 케이프형의 외투로 손을 내놓을 수 있도록 진동
둘레 아래쪽에 수직으로 트인 슬릿이 있다. 주로 새틴이나 벨벳으로
만들고 도련에 모피로 장식한 것이 특징이다.

피 슈

피슈(fichu)는 비치고 고운 리넨으로 된 삼각형의 목 주변에 덮는 스
카프이다.

15 ▶
1749년 모녀의 초상화로 당시 유행하던 깊게 파인 데콜타주 네크라인을 볼 수 있다.

헤어스타일과 머리 장식 남성의 경우 프랑스 혁명 이전까지 나이, 직업, 복장에 따라 가발이 매우 다양하게 착용되었는데, 사람의 모발 혹은 염소의 털로 만들어졌다고 하며, 남자, 여자, 아이 할 것 없이 모두 자신의 머리카락에 두껍게 파우더를 뿌렸는데, 이러한 회색빛 머리카락은 모든 사람을 한결같이 늙어 보이게 했으며 그것이 에티켓이었다. 웨이브와 컬이 있는 풀 바텀 위그(full-bottomed wig)나 활동에 용이하기 위해 머리를 땋아서 리본으로 묶거나 주머니에 넣은 백 위그(bag wig) 등이 있다. 남성의 경우 수염이 엄격하게 금지되었는데, 살인자나 강도역을 맡은 배우들만이 콧수염을 달 수 있었다.

- 풀 바텀 위그(full-bottomed wig) : 남성의 위엄을 상징하는 가발로 17세기에 이미 등장했으며 얼굴, 어깨를 덮는 컬이 많은 길게 늘어뜨린 가발로 값비싼 의례용이다. 1710년경까지 이마 위로 아주 높은 형태를 이루었고 덥고 불편했으므로 가정에서는 이를 걸어두고 자수가 있는 모자를 착용했다고 한다. 1730년대에는 유행에 뒤떨어지게 되어 궁중에서나 전문직 종사자, 나이 든 보수적인 신사들만 제한적으로 사용했다.
- 백 위그(bag wig) : 실크로 만든 주머니에 땋은 머리끝을 처리한 가발이다.
- 라밀리즈 위그(ramillies wig) : 꼭대기와 맨 끝에 리본을 묶어서 땋은 가발이다.
- 피그 테일 위그(pigtail wig) : 나선형의 검은색 리본 케이스 안에 넣은 가발이다.

모자로는 삼각모(tricorne)가 일상적으로 착용되었으며, 주로 챙

을 위로 턴 업해서 착용하였다. 챙 끝에 브레이드 장식, 버튼, 보석 장식을 사용하기도 했으며 부피가 큰 헤어스타일이 흐트러질까봐 손에 들고 다니기도 했다.

여성의 경우 17세기에 유행했던 퐁탕주는 금지령에도 불구하고 계속 사용되다가 1714년 슈르즈베리(Shrewsbury) 공작부인이 나즈막한 머리 장식을 한 것이 왕의 눈에 들게 됨에 따라 사라지게 되었다. 18세기 초기에는 부풀리지 않은 납작한 머리에 레이스로 된 작은 란제리 캡을 쓰거나 리본을 매어 장식했는데, 이와 유사한 퐁파두르 헤어스타일은 머리에 조화, 리본, 보석 장식, 머리 뒤통수나 정수리에 리본을 매어 장식했다. 당시 머리색은 대부분 자연 그대로였고 의례 행사 때는 흰색, 장밋빛, 혹은 푸른빛 파우더를 뿌렸다고 한다. 1760년대 이후부터 머리 모양이 크고 높아져서 거대한 구조물처럼 되었으며 1780년대에는 사상 최대의 건축적인 머리형이 애호되었다. 머리카락을 쿠션과 철사뼈대 위로 부풀려서 포마드로 고정시키고 가채를 사용하였다. 여러 시간의 작업을 요했으므로 귀부인들조차도 8~14일에 한 번씩 새롭게 머리를 다듬었으며, 중류층 여자들은 한 달 혹은 그 이상을 똑같은 헤어스타일을 한 채 빗질도 할 수 없었다. 몇 년 후에는 유행이 바뀌어 모자, 보닛이 커다란 헤어스타일을 대신하였는데, 특히 영국풍의 챙이 넓은 모자가 1775~1780년경에 유행했다.

- 쿠션(cushion) : 구조물 같은 머리 장식을 위해 사용된 도구로 울이나 홀스헤어(horsehair)를 안에 넣어 딱딱하게 만든 패드이다.
- 머리 긁개(back scratcher) : 거대한 머리 장식과 청결의 부족으로 인한 가려움을 위해 생겨난 머리 긁개다.
- 칼래쉬(calash) : 머리 보호용 덮개로 접을 수 있는 후드다.

신발 남성 구두는 1725년부터 굽이 아주 낮은 펌프스가 유행했으며, 여성의 굽이 있는 구두는 중기까지 굽이 높았으며 굽이 곡선으로 휘어진 형태도 있었다. 소재는 벨벳, 새틴이 사용되었고, 금·은 자수로 장식했다. 한동안 파리 사람들은 구두 뒤축의 이음새에도 조그만 에메랄드 장식을 했다고도 하며, 1750년까지 궁정에서 착용하는 구두 굽은 빨갛게 칠했었다.

- 스패터대시즈(spatterdashes) : 신발 윗부분부터 무릎길이의 다리보호용 덮개이다.
- 클로그(clog) : 진흙으로부터 신발을 보호하기 위해 덧신은 언더슈즈로 나무, 금속, 혹은 슈즈와 어울리는 소재로 제작되었다.

17 ◀
리본, 꽃 등으로 장식한 헤어스타일과 로코코 여성 핸드백을 볼 수 있다.

18 ▲
1785~1790년 남성과 여성복

장신구 17세기의 거의 모든 품목이 그대로 전수되어 유행했는데, 남성의 대표적인 장신구는 머프(muff), 지팡이(walking stick), 금·은 시계(watch), 커다란 보석이 달린 반지, 코담배 상자, 여성의 대표적 장신구는 팔꿈치 길이의 장갑, 머프, 에이프런, 타프타 파라솔, 부채 그리고 화장품, 뷰티 패치, 보석상자, 귀걸이, 목걸이, 반지, 팔찌 등이 있다. 특히, 목걸이로는 루이 15세 때 레이스나 리본 끈으로 된 러플을 즐겨 착용했고 루이 16세 때 작은 십자가나 메달을 단 좁은 밴드 목걸이를 즐겨 매었다. 또 감상주의가 유행했을 때에는 머리카락으로 장식품을 만들어 반지, 팔지, 목걸이 등으로 착용했다 .

로코코 시기에는 특히 꽃 장식이 유행했는데, 신선한 꽃을 유지하기 위해 보디스의 안감이나 코르셋에 주머니를 달아 작은 물병을 넣어서 꽃이 항상 신선함을 유지하게 했다고도 한다.

화장 상류사회에서는 남녀 모두 파우더와 향수를 즐겨 사용했으며, 인공적으로 잿빛으로 만든 머리카락은 혈색 역시 창백해 보이게 했으므로 당연히 짙은 화장을 유발했다. 눈썹은 검게, 혈관이 푸르게 보일 정도로 하얗게 분칠하고 가장 밝은 곳에 연지를 칠했다. 아울러 잠자리에서 일어나면 으레 향수에 적신 수건으로 얼굴을 닦아내는 것으로 세수를 대신했다. 화장품, 비누 대신에 사용한 쌀가루, 밀가루, 녹말을 섞어 만든 워시 볼(wash ball)에는 납과 같은 독성물질이 섞여 있어 피부발진, 눈병, 지속적인 두통을 유발했다고 한다. 한편, 앙리 4세 때부터 유행한 뷰티 패치(beauty patch)는 18세기에

18세기 후반 아동복

아이들의 활동을 방해하지 않도록 지나치게 조이는 복식, 벨트를 금지하고 밝고 명랑한 색상의 복식을 착용하도록 하자는 루소(Rousseau)의 영향으로 아동에게 적합한 자유로운 복식으로의 전환이 시도되었다. 6~7세 남아는 러플 달린 넓은 칼라의 흰색 셔츠, 긴 바지, 짧고 단순한 재킷의 스켈레튼 수트(skeleton suit), 여아는 웨이스트라인이 약간 올라간 단순한 형의 흰 머슬린 드레스, 흰색 모자, 그리고 외출 시 망토 차림을 했으며, 11~12세 이후 성인용 복식을 착용했다고 한다.

이르러 전성기를 이루었다. 붙이는 위치에 따라 의미가 달랐는데, 이마 중간은 존엄한 점, 코에 붙이면 뻔뻔스러운 점, 입술 위에 붙이면 교태를 부리는 점, 여드름 위에 붙이면 도둑점을 뜻했다고 한다.

19 ◀
18세기의 작은 기능적인 백으로 프랑스에 남아 있다.

영화 속의 복식_〈마리 앙투아네트〉, 〈아마데우스〉

영화 〈마리 앙투아네트(Marie-Antoi-nette)〉(2006)의 여왕(키어스틴 던스트)은 10대 소녀에 더 가까운 모습을 보인다. 플라워 장식으로 가득한 파스텔 톤 드레스와 앙증맞은 리본 목걸이가 그 증거. 이 영화에는 핑크 컬러가 강박적으로 등장하는데, 소피아 코폴라 감독은 핑크야말로 마리 앙투아네트의 색이라고 말한다.

〈아마데우스(Peter Shaffer's Ama-deus)〉(1984)의 의상은 바로크시대에 확립된 스타일을 가져오되, 우아하고 화려한 장식을 통해 여성적인 분위기를 가미했다. 남자의 경우 좁고 긴 소매 끝에 슈미즈의 프릴이 세련되게 드러나 있으며, 여자는 스커트 앞자락이 심플하게 정돈된 스타일을 보였다. 춤추는 듯 경쾌하고 우아한 로코코 의상은 모차르트의 음악과 꽤 잘 어울린다.

마리 앙투아네트

아마데우스

Historical Mode

크리스티앙 라크와르의 로코코시대 복식의 현대적 적용, 크리스티앙 디오르의 앙가장트 슬리브의 현대적 적용

주요 인물

루이 15세 Louis XV

1715년 루이 15세는 절대군주 태양왕 루이 14세의 사망 후 5세의 나이로 등극, 1723년까지 섭정 시대를 거친다. 로코코 양식의 전성기의 루이 15세는 게으르고 이기적이며 국정에 관심이 적었고, 종종 사냥과 같은 여흥을 즐기거나 마담 퐁파두르와 같은 여색을 가까이 했다.

마담 퐁파두르 Madame Pompadour

루이 15세의 사랑을 얻기 위해 주의 깊고 철저한 계획을 세워 노력한 결과 목적을 달성했다. 왕의 애인이라는 그녀의 위치가 남들의 질투를 살만한 자리였지만, 기회를 충분히 이용하여 최고 지위의 여인이 되었다. 특히, 취향이 고상했던 퐁파두르는 예술과 예술가들을 격려함으로써 18세기 중반 복식과 장식미술의 유행에 많은 영향을 미쳤다. 따라서 퐁파두르의 이름은 머리형, 부채, 의상, 접시, 소파, 침대, 의자, 리본, 도자기의 장미패턴 등에 전해온다.

마리 앙투아네트 Marie Antoinette

오스트리아 공주였던 마리 앙투아네트는 루이 16세와 14세 때 정략 결혼하였다. 1년에 약 150벌의 의상을 소비할 정도로 상당한 사치를 부렸던 것으로 알려져 있다. 1770~1780년대에 프랑스 궁전에서 가장 중요한 인물이었으나 궁중생활의 예법과 허식, 강압성에 싫증을 느끼고 프티 트리아농(Petite Trianon)의 아마추어 연극과 스위스식 촌락 등에 몰두하였다. 목가적인 농부 스타일의 모자, 짧아진 스커트와 폴로네즈 스타일을 유행시켰다.

로즈 베르탱 Rose Bertin

마리 앙투아네트 시기 최초의 패션디자이너라 할 수 있으며 매달 프랑스 유행을 인형을 통해 유럽 궁정에 전파했다.

와토 Watteau

베르사유의 태피스트리 디자인으로 유명한 화가로 로코코시대 어깨로부터 내려오는 주름 디테일의 복식을 입은 인물화를 많이 그렸는데, 후에 이런 주름은 와토 주름(wattean pleats)으로 이름 붙여졌다.

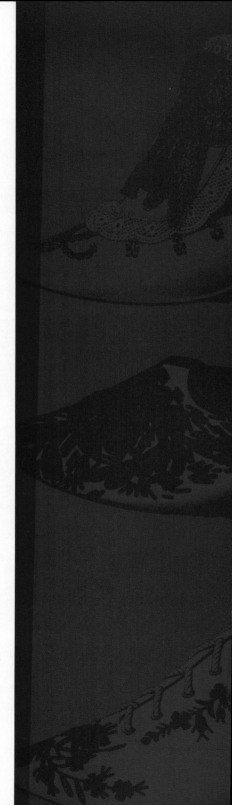

Part 4
Late Modern Period

근대

근대(Modern Ages)는 크게 신고전주의, 낭만주의, 19세기 말로 나눌 수 있다. 신

고전주의(neo-classiasm)는 고전, 즉 고대 그리스·로마의 정신을 회고하고 당시

의 스타일을 지향하는 움직임으로 그리스의 이상을 모범으로 삼았다. 인체의 전체

적 비례를 인체 각 부위보다 중요시하였고 복식에서도 흐르는 듯한 자연스런 곡선

을 중요시하였다.

낭만주의 시대에는 부르주아들이 부활된 귀족풍의 풍부하고 화려하며 낭만적인

문화생활을 향유한 시기로, 남성복과 여성복 스타일의 분리가 시작된 복식사의 매

우 의미 있는 시기이다. 산업혁명을 겪으면서 남성복은 프락, 질레 그리고 판탈롱

으로 한 착장을 이루면서 실루엣이나 디테일 면에서 여성복과 뚜렷이 구분되기 시

작하였고 19세기 말을 지나면서 이러한 분리는 점점 더 심화되었다. 19세기 말 프

랑스는 제2공화정을 확립했으며 영국은 산업혁명을 겪으며 빅토리아 왕조의 번영

기를 맞이한다. 미술공예운동이 시작되고 아르누보의 시대가 열려 의복의 스타일

도 예술사조의 변화에 큰 영향을 받는다. 이 시기에는 거리에서 수트를 입은 능력

있는 남성과 화려한 드레스를 입은 아름다운 여성과 쉽게 마주칠 수 있었다. 과시

적 소비로 대표되는 여성복은 버슬과 아워 글래스 실루엣, S-실루엣을 만들기 위

해 코르셋, 버슬 등으로 신체를 구속하고 변형시켰다.

Chapter 11

신고전주의

신고전주의(neo-classicism)는 18세기 프랑스 혁명 이후 19세기 초까지 유럽에 만연되었던 예술사조 전반을 지칭하는 용어로, 고전(classic), 즉 고대 그리스 · 로마의 정신을 회고하면서 당시의 스타일을 지향하는 움직임이었다. 1789년 프랑스 혁명은 유럽 전역에서 절대왕정과 귀족정치의 산물인 극도의 사치와 방종에 대한 반향을 초래했고, 특히 건축과 회화, 복식에서 차용된 고전적 모티프들은 당대의 새로운 사고에 표현을 부여하는 수단이 되어 구체제와 귀족적 진부함을 타파하였다. 복식에서는 르네상스 이래의 호화로운 복식이 혁명을 이끈 시민 계급에 의해 일소되고, 그리스 · 로마풍 스타일(greco-roman style)의 간소한 복식이 등장했다. 이 복식 스타일을 엠파이어 스타일이라고 부른다. 시민혁명과 루소의 자연사상에 영향을 받은 신고전주의 복식은 의복보다는 인체가 우선되는 것이었다.

◀ 〈나폴레옹 대관식〉의
조세핀 황후, 다비드

사회문화적 배경
그리스 · 로마 양식으로의 복귀

신고전주의(neo-classicism)는 신고전주의 이론의 창시자인 학자 빙켈만(Winckelmann)이 그의 저서 《그리스 예술의 모방에 관한 사고》에서 "위대한 것이 되기 위한 유일한 방법은 고대의 것을 모델로 삼는 것이다. 이것이 최선의 길"이라고 한 바와 같이, 매너리즘에 빠진 바로크, 로코코의 인습에 반발하여 고대 그리스 · 로마 양식으로의 복귀를 추구한 예술 양식이다. 합리주의 미학을 바탕으로 고대 예술의 특징인 형태의 이성적 단순화를 선호하였으며, 이러한 명징성과 질서는 자연의 원리와 법칙에 기반을 둔 명확한 기하학적 질서를 창조하려는 의도에서 비롯되었다. 특히, 구체제를 붕괴시키는 혁명을 경험한 프랑스에서는 새로운 시대를 위한 정신적 · 미적 규범을 갈구하던 중 고대 그리스시대의 예술에서 고전시대의 전형을 발견하였고, 이러한 경향은 건축, 미술, 음악, 문학, 복식을 비롯한 전 예술 영역에 영향을 미치면서 유럽 전역으로 확장되었다.

고전에 대한 동경 1780년경 유럽에서는 문화 전반에 그리스 · 로마시대, 즉 고전에 대한 동경이라는 형태로 인간성의 자각이 싹텄는데, 예술에서는 이를 신고전주의(neo-classicism)라고 한다. 1763년 화산폭발로 매몰된 폼페이의 발굴에 이은 다른 고대 도시들의 발굴은 고대에 대한 열광을 불러일으켜 전 유럽인의 취향에 큰 영향을 미쳤다. 독일의 고전학자 빙켈만의 찬사와 피라네시의 에칭들이 발굴을 세상에 알리는 데 크게 기여하였으며, 영국인들의 '대유럽 여행'에서 나폴리 · 폼페이 · 헤르쿨라네움

01 ◀

나폴레옹시대의 유럽 지도

▢ 프랑스 영토
▢ 프랑스 속국
▢ 나폴레옹 연합국
▢ 독립국

지도 내 지명:

노르웨이 왕국
스웨덴 왕국
스코틀랜드
북해
아일랜드
덴마크 왕국
코펜하겐
러시아 제국
잉글랜드
발트해
함부르크
프로이센 왕국
베를린
바르샤바 공국
런던
암스테르담
네덜란드
라이프치히
바르샤바
라인 연방
대서양
파리
프라하
뤼네빌
울름
빈 우스터리츠
프랑스 제국
뮌헨
스위스
오스트리아 제국
리옹
밀라노
캄포포르미오
루카 공국
베네치아
포루투갈 왕국
마르세유
이탈리아 왕국
흑해
마드리드
교황령
몬테네그로
리스본
로마
오스만 제국
스페인 왕국
사르데냐 왕국
나폴리
나폴리 왕국
에게해
지중해
시칠리아 왕국
아오니아해

은 중요한 체재지가 되었다. 자크 루이 다비드와 그의 제자 장 오귀 스트 도미니크 앵그르도 발굴에서 작품을 위한 영감을 얻었다. 실제 로 폼페이 발굴이 자극한 신고전주의 양식은 로코코 양식을 대신하 여 프랑스 혁명과 나폴레옹시대의 예술 양식이 되었다. 이와 같은 고대에의 열망은 건축물에 그리스식 열주나 아치 등이 많이 사용되 도록 영향을 미치는가 하면 18세기 실내 장식에서도 나타나 영국에 서는 폼페이에서 발굴된 프레스코에서 착안한 회반죽칠이 유행하였 고, 프랑스에서는 퐁텐블로 궁전에 있는 마리 앙투아네트 왕비의 방 들이 폼페이 양식과 결합된 루이 16세 양식으로 장식되어 유럽 전역 에서 유행하는 스타일이 되었다. 또한 신고전주의 정신은 문학의 테 마로도 자주 등장하게 되었다(그림 2).

02 ▼

요한 하인리히 빌헬름 티슈바인 의 〈로마 평원의 괴테〉, 1787

프랑스 혁명 이후의 자연주의

인간성을 자각한 시민사회의 성장은 개인의 자유와 평등을 추구하고 자연적 감성에서 발현되는 순수함을 중시하는 새로운 시대정신을 낳았다. 복식에서도 그 이전까지의 과도한 장식적 화려함보다는 인간 본연의 자연스러운 모습을 추구하였으며, 시대정신을 구현하는 이상적 복식으로 등장한 것이 고대 그리스풍의 복식이었던 것이다(그림 3).

프랑스에서는 루소와 백과전서파 등의 계몽사상에 영향을 받아 크게 성장한 시민계급에 의해 절대왕정에 대한 불만이 고조되어 오던 중, 루이 16세의 실정과 마리 앙투아네트의 낭비로 국가 재정이 파산 위기에 직면하게 되자 1789년 여름 바스티유 감옥의 습격을 시작으로 프랑스 혁명이 일어난다. 혁명은 자코뱅당과 지롱드당의 대립을 거쳐 정권을 장악한 자코뱅당의 공포정치가 '테르미도르의 반동'에 의해 로베스피에르(Robespierre)가 처형됨으로써 종결되었다(혁명시대 : 1789~1795년).

시민혁명과 루소의 자연사상에 영향을 받은 신고전주의 복식은 여성인체에서 만족스런 기하학적인 형태와 관능적인 감각을 찾아냈는데, 의복보다는 인체가 우선되는 에로티시즘이 강하게 부각되는 복식으로 나타났다. 혁명 후 프랑스의 남성복은 구체제의 복식을 거부한 상퀼로트(sans-culotte)를 거쳐 리젠시 스타일이, 영국은 댄디즘이 여성의 엠파이어 스타일과 함께 부각되었다. 신고전주의 양식의 엠파이어 스타일 복식과 남성복의 댄디즘은 귀족풍의 몰락과 신흥 부르주아의 간소한 복식미를 드러내는 근대적인 복식이다.

복식의 민주화

귀족 중심의 복식에서 대중의 복식으로

자유주의, 민주주의 발달과 새로운 사회계급의 출현으로 지금까지의 왕실 및 귀족 중심의 패션은 시민을 중심으로 한 대중적인 패션으로 전환되었다. 민주주의를 추구하는 프랑스에서는 정치혁명으로 귀족과 시민의 구별이 사라지고 기능성과 개성을 추구하는 복식이 등장했으며, 자코뱅당의 공포정치가 공화제를 촉진하고 1789년 신분에 의한 복식규제법이 폐지됨으로써 복식의 민주화에 법적인 기초가 마련되었다. 영국의 기능적 복식이 프랑스 혁명 후 남성복에 도입됨으로써 남성복은 색채와 직물에서 복식의 민주화가 이루어졌고 여성복은 형태에서 근본적인 복식의 민주화가 이루어졌다. 이 시기에 영국에서는 산업혁명이 일어나 인권존중의 평등사상과 자유주의를 바탕으로 하는 자본주의가 발아한다. 프랑스에서도 영국에서와 같이 면방직과 모직의 섬유공업에서 산업혁명을 겪고 있었는데, 견직물 자카드 직조법이 발명되어 기계생산이 가능하게 되었다. 나폴레옹의 지배하에 있던 이탈리아 국내의 모든 생사가 프랑스에 수송되는 등 견직물공업의 발전은 순조롭게 진행되었다. 그러나 1810~1811년 영국에 의한 무역봉쇄 결과 면직물 공급이 부족해졌고, 프랑스 직물의 주요 수입국들의 경제사정 악화로 제반 경제조건이 심화되다가 제1제정은 종식된다.

미국에서는 캘리포니아의 금광 발견으로 마차와 철도를 이용한 대대적인 서부개척이 이루어졌다. 경제적·정치적 입장의 현격한 차이는 미국에 남북전쟁의 발발을 가져왔으며 다방면에 걸친 산업의 발달, 스포츠 활동의 확대, 여성선거권의 부여 등이 이 시대에 실현되었다. 또한 직물생산의 기계화로 인한 의복재료의 대량생산은 디자인의 표준화를 가져오고 기성복의 생산과 보급을 촉진시켰다. 1870년 이후 의복이 용도와 기능별로 세분화되어 홈드레스, 수영복, 테니스복, 비치웨어 등으로 나누어짐으로써 간단한 의복류의 생산을 용이하게 하여 기성복이 발달하게 되었다.

복식의 국제화

통신·수송기관의 발달로 인한 자유로운 여행과 유행정보의 빠른 교환은 복식의 국제화를 가져왔다. 또한 이 시기에 〈주르날 데 담므 에 모드〉 등 저명한 모드지가 발간되어 프랑스의 패션이 여러 나라로 신속하게 전파될 수 있었으며, 그 결과 지역이나 민족의 특성을 지닌 의복은 고유민속의상으로만 남고 일반대중은 국제적으로 표준화된 일상복을 입게 되었다. 일상복에 있어서도 아침, 오후, 저녁에 입는 옷의 구별이 뚜렷하게 되어 의복에 대한 에티켓이 형성되었다. 나폴레옹의 이집트 원정으로 오리엔탈리즘 풍조가 유행하여 터번이나 화려한 직물이 애호되기도 했다. 남성복의 경우 영국이 패션을 이끌었고 신흥 부르주아계층과 귀족 간의 의복 경쟁이 댄디즘

(dandyism)을 파생시켰다.

프랑스에서 혁명적 복식은 하룻밤 사이에 유행복이 되었고 혁명 정신을 구현하는 검소한 옷차림이 사회적으로 요구되었으며, 특히 1793년 루이 16세와 왕비 마리 앙투아네트의 처형 이후로는 구체제에 대한 지지를 조금이라도 드러내는 옷차림은 위험하기까지 했다. 혁명기의 남성복은 정치적 의미에 의해 상퀼로트(sans-culotte : 귀족 복식인 퀼로트를 입지 않은 사람이라는 뜻)와 귀족풍의 뮈스카뎅(muscadin)이 대립했으며, 여성복은 고대 그리스·로마의 조각상을 모방한 스타일을 동경하여 심플한 튜브형의 몸을 감싸는 머슬린 드레스가 유행하면서 코르셋이 불필요하게 되었다. 추운 날씨에도 얇은 흰색의 머슬린을 선호하여 건강상의 문제도 초래되었다.

총재 정부시대에는 자본주의의 발달로 신흥 부르주아 계층이 형성되어 이전의 공포정치에서 벗어난 이들은 향락과 생활에서의 멋을 추구하기 시작하였다. 남녀의 복식은 고대 그리스·로마풍을 선호하기 시작하였는데, 이것은 시민성이 풍부한 영국에서 먼저 독자적 패션으로 성행한 것이었으며, 산업혁명의 결과 직물생산의 증대와 가격 하락으로 복식에서의 신분 차이가 없어지면서 더욱 이러한 취향은 자극받았다.

집정시대~제1제정시대에 이르자 나폴레옹의 황비 조세핀의 화려한 의복 취향과 더불어 복식이 현란해졌고 고대풍의 복식에 화려한 취향이 가미되어 독특한 양식의 엠파이어 스타일이 나타났다. 고대풍 직선형 외관에 하이 웨이스트에 짧고 부풀린 소매, 가슴을 깊게 파며 좁고 긴 스커트 형태의 이 여성복은 프랑스의 새로운 번영과 함께 완성된 독특한 양식으로 그리스의 키톤에 근원을 둔 디자인이다.

복식미

고전적이고 자연주의적인 복식, 민주화를 지향하다

고전시대, 즉 그리스 · 로마에서 사회의 이상을 찾은 결과 복식에서도 몸통을 드러내지 않고 가슴 이상만을 강조하여 형이상학적 추구를 시각적으로 표현하였다. 동시에 인체의 자연스런 욕망을 중시하며 흐르는 듯한 소재로 긴 다리의 곡선을 드러나게 하였으며, 이러한 복식 형태는 신분의 고하를 막론하고 모든 계층에 입혀져서 복식의 민주화가 도래하였다. 남성 복식에서는 댄디즘이 중요한 이슈로 등장하였다.

고전으로의 회귀
르네상스 이래 약 300년 동안 귀족문화를 구가해온 호화로운 복식은 프랑스 혁명 이후 시대의 이상형을 고대 그리스에서 찾고자 하였으며, 그 결과 그리스 · 로마풍의 간소한 복식으로 나타났다. 의복보다는 인체가 우선되는 흐르는 듯한 형태와 소재로 된 이 새로운 여성복 스타일은 엠파이어 스타일이라고 불렀다. 특히, 그리스의 이상이 재현되어 인체의 전체적인 비례를 각 부위보다 중요시하고 8등신의 비례를 추구하였다. 허리선을 높이고 데콜레테로 드러낸 가슴을 강조한 드레스와 짧은 헤어스타일에 과도한 장식이 배제된 클래식한 복식을 선호하였다.

자연주의
원하는 인체 형태를 얻기 위해 코르셋으로 인체를 억압하고 과장된 실루엣의 연출을 위해 두껍고 무거운 화려한 소재를 사용하며 그 위에 현란하게 장식하던 관습 등이 구시대의 유물로 간주되어 사라졌다. 인체의 자연스런 곡선을 중요시하여 이를 드러낼 수 있도록 가볍고 비치는 소재가 많이 사용되었다. 얇거나 심지어 비치기까지 하는 섬세한 모슬린 직물로 만들어져 허리선 아래에서 바닥까지 늘어뜨린 드레스는 그 속의 다리 곡선이 자연스럽게 드러나게 하여 구속되지 않는 자연미를 추구하는 당시의 이상을 실현하였다. 이것은 여성인체에서 관능적 감각을 부각시켰으며, 자연주의의 추구는 때론 지나친 극단으로까지 갔기 때문에 매우 추운 겨울에는 한해 1만 8,000여 명의 여성이 감기에 걸렸다는 기록이 있다.

복식의 민주화

계층구별이 명확했던 이전까지의 복식체계는 혁명과 함께 사라졌고, 귀족이나 왕족임을 드러내는 복식 기호는 사회 전체적으로 혐오의 대상이 되었다. 남성 귀족 계급의 대표적 복식인 퀼로트를 입지 않는다 해서 상퀼로트(sans-culotte)로 불린 혁명계급의 복식이 널리 파급되었으며, 신분에 무관하게 간결하고 소박한 고대 스타일의 의상을 선호하면서 처음으로 복식의 민주화가 이루어졌다. 이것은 처음에는 정치체계의 급변이 가져온 강제적인 현상이었으나 시대의 정신과 결합하여 모든 계급을 망라하는 새로운 유행패션으로 등장하게 되었다.

댄디즘

댄디즘은 18세기 말 혁명의 산물이다. 부와 지위가 출생으로 결정되던 지난 시대에 대한 반향으로 스타일이나 포즈와 같은 미세한 것들이 사회의 계층구별 수단이 될 수 있었던 것이다. 특히, 브루멜(Brummell)은 그 대표적 인물로서, 개인위생에 대한 사회의 고양된 자각과 함께 매일 옷을 입기 전 최소한 두 시간을 몸의 청결에 시간을 보냈다. 댄디즘은 비위생적 계급과 귀족 계급, 독재정치를 동시에 경멸하였고 자신들의 우수함과 무책임성, 비 활동성을 자랑하면서 출신계급과는 무관한 '신사다움'을 추구하였다. 또한 사냥에 대한 열정에서 출발한 라이딩코트는 앞이 점점 잘려 나가면서 움직이기 편한 테일코트로 개조되었다.

엠파이어 스타일과 상퀼로트의 전성기

의 복

여성 복식

슈미즈 가운(chemise gown), 슈미즈 드레스(chemise dress)

18세기 후반 로코코 스타일이 유행한 후 착용된 그리스풍의 슈미즈 가운은 1770년 영국에서 시작되었다(그림 4). 이것은 얇고 부드러운 직물로 만든 그리스 키톤 스타일의 복식으로, 프랑스에서는 총재정부시대(1795~1799)에 확립되었고 흰색 머슬린에 수를 놓은 것이 많았다(그림 5, 6). 주로 맨 살 위에 입어 다리가 비치며 짧은 퍼프 슬리브에 긴 장갑을 착용하였다(그림 7). 총재정부시대 초기에는 스커트의 뒷길이가 앞보다 약간 길어 한손으로 끌어 올리고 다니는 것이 유행했다. 얇은 옷감을 통해 안감이 들어 있지 않은 스

04 ▼
슈미즈 가운의 전신인 영국의 드레스, 〈엘리자베스 포스터의 초상〉, 1786

05 ▶
슈미즈 가운, 파리 루브르박물관 소장

06 ▶▶
흰 면직 모슬린에 초록색과 갈색의 자수 장식 트레인이 달린 슈미즈 가운. 앞에 셔링이 잡혀 있고 목둘레는 레이스로 장식되어 있다. 1795년경

07 ◄◄
짧은 소매의 슈미즈 가운과 긴
장갑. 파리 루브르박물관 소장

08 ◄
엠파이어 스타일 드레스, 1801.
암스테르담 레이크미술관 소장

커트 부분의 다리의 곡선이 보이기도 했으며, 특히 얇고 비치는 소
재여서 겨울철 추위에 대한 보호책으로 숄, 꼭 끼는 스펜서, 펠리스
를 위에 착용했다. 슈미즈 가운의 형태적 특징은 폭이 넓지 않은 긴
스커트에 하이 웨이스트 라인(high waist line), 짧은 소매의 퍼프
슬리브인데, 반소매 퍼프 슬리브는 복식사상 처음으로 등장한 것이
다. 전체적으로 날씬한 몸매의 미적 효과를 주면서 입고 활동하기
에 편한 기능적인 의복이었다.

엠파이어 스타일 드레스(empire style dress)
집정시대~제1제정시대(나폴레옹 1세 시대, 1799~1815)에 나폴레옹
이 집정을 거쳐 황제로 즉위하면서 여성복에서는 당대의 패션리더인
황비 조세핀의 사치스런 모드를 중심으로 화려하고 우아한 엠파이어
스타일(empire style)이 창출되었다(그림 8). 엠파이어 스타일은 단순
한 고전풍의 디자인에 화려한 직물과 자수 장식으로 부르주아의 취향

09 ▶
엠파이어 스타일 드레스, 〈레카미
에 부인〉, 1805, 파리 카르나발레
박물관 소장

10 ▼
엠파이어 스타일 드레스 〈다루 백
작부인〉, 1810, 뉴욕 프릭컬렉션

을 표현한 것이다. 집정시대에는 슈미즈가운의 허리선이 더욱 올라가 가슴 바로 아래에 위치했고 가슴을 넓게 팠다(그림 9~12). 짧은 퍼프 소매 또는 좁고 긴 소매가 달린 형태였는데, 새로이 등장한 마미루크(mameluke) 소매는 어깨에서 손목까지 리본이나 밴드를 사용하여 여러 개의 작은 퍼프가 생기는 형태이다(그림 13). 엠파이어 드레스에는 주로 매우 부드럽고 얇은 직물이 사용되었으며 장식용 스커트는 슈미즈 가운의 담백한 색과는 다른 색을 사용하고 트레인을 달았다. 제1제정시대의 엠파이어 스타일은 왕정 취향으로 H 실루엣에 밑단이 넓어진 형태로 변했고, 깊게 판 네크라인(데콜레테)에는 레이스를 주름잡아 장식했다. 짧은 퍼프소매나 긴 소매가 달렸으며 뒤에는 대비되는 색상의 장식용 트레인이 달렸는데, 그 길이가 점점 길어졌다(그림

11 ◀
1794~1800년의 여성 복식

14). 1808년 이후의 엠파이어 스타일은 길이가 발목 길이로 짧아지고 스커트의 폭이 넓어졌으며 스커트에 여러 층의 러플이나 레이스로 장식하고 소매의 형태도 다양해졌다. 소재는 인도 마드라스에서 수입한 투명한 바탕에 문양을 직조한 최상급의 머슬린, 오픈 워크가 있는 실크 오간디, 새틴 등에 자수로 장식하기도 하였고 크레이프, 레이스 등이 사용되었다. 정장으로는 흰색 드레스를 입었고 하루 중 아침, 오후, 저녁, 산책, 무도회 등 시간에 따라 구별된 다른 의복을 착용하였다(그림 15).

13 ▼
여성복의 마미루크 소매, 베르사유박물관 소장

12 ▶
노란 실크 타프타 드레스, 1803. 다양한 색상의 꽃무늬 자수와 술로 장식된 검은 그물 숄을 두르고 있다.

14 ▲
긴 장식 트레인이 달린 궁정용 드레스. 흰색 실크에 금사로 자수를 한 드레스로 퍼프소매와 치맛단에 플라운스가 달렸다. 금사로 수놓은 붉은 실크 타프타 트레인이 허리부터 내려오며 단에는 스캘럽 장식이 되어 있다.

15 ▲
엠파이어 스타일 드레스로 왼쪽은 남녀의 산책 복식(1819)이고 오른쪽은 여름용 산책 드레스(1817)이다. 워털루 전투 이후, 프랑스의 드레스는 엄격한 고전적 취향에서 벗어나 플라운스 장식을 많이 하여 새로운 스타일을 예고했다.

외투

숄(shawl)은 슈미즈가운 위에 착용한 외투로 그리스인이 키톤에 히마티온을 착용한 모양과 비슷하게 드레이프시켜서 걸쳐 입었다. 소재는 얇은 면, 캐시미어, 실크에 금색 수를 놓은 것 등이다. 스펜서(spencer)는 허리선 길이의 짧은 재킷의 일종으로, 손등까지 내려오는 좁은 소매가 달렸으며 흰색의 슈미즈 가운과 대비되는 진한 색으로 근대적 감각을 드러내는 복식이다. 안이나 가장자리에 털(fur) 장식을 하거나 라펠 칼라(lapel collar)를 달기도 하였다. 소재로는 초록색, 검은색 등의 짙은색의 벨벳이나 머슬린, 캐시미어, 얇은 실크, 레이스 등이 사용되었다(그림 16, 17). 펠리스(pelisse)는 오버 튜닉(over-tunic)에서 코트로 가는 과도기에 있었는데, 주

16 ◀◀
재킷(스펜서)과 페티코트 : 파이
핑과 싸개단추가 달린 짙은색 벨
벳 스펜서 재킷과 단에 셔링 장식
이 된 평의 흰색 페티코트 1815
년경

17 ◀
흰색 면직 투피스 드레스. 브레이
드 폼폼 장식을 한 재킷과 코드
자수와 삼중 프릴이 달린 페티코
트. 옷 전체에 프릴과 작은 벨트
장식이 있다. 1815년경

로 긴 소매와 하이 웨이스트의 형태
였으며(그림 18), 무릎길이에서 1810
년 이후에는 발목길이로 길어지고 소
매가 없이 손을 내는 곳이 찢어져 있
는 형태도 찾아볼 수 있었다. 르댕고
트(redingote)는 케이프 칼라가 달린
재단된 외투이다.

18 ▶
여성은 앞쪽에 치맛단까지 단추를 채우는 펠리스(후일의
르댕고트)를, 남성은 판탈롱과 웰링턴 해트를 착용하고
신사의 필수품인 지팡이를 들고 있다.

19 ▲
혁명군의 복식(상퀼로트) : 카르마
뇰, 판탈롱, 크라바트, 빨간 모자.
1792. 로스차일드 컬렉션

속 옷

슈미즈 가운은 얇고 몸에 감기는 머슬린으로 만들어 속에는 코르셋
이나 페티코트 등을 거의 입지 않았다. 그러나 신고전주의 후기에
유행한 엠파이어 스타일 드레스 안에는 가슴을 떠받치기 위한 코
르셋이나 허리와 엉덩이의 윤곽선을 다듬기 위한 긴 코르셋을 입
었다. 1806년 이후 드레스의 네크라인이 넓어지고 사각형이 되면
서 덜 공식적인 데이 드레스 속에는 슈미제트(chemisette)라는 목
이 높고 소매가 없는 반 셔츠 형태의 머슬린 속옷을 착용하여 깊게
파인 목을 보완했다. 속바지는 무릎 아래 길이, 종아리 길이로 스커
트 아래 입었다.

남성 복식
남성 겉옷

혁명 초기(1789~1795) 궁정에서는 종전의 옷차림이 그대로 유지
되고 있었는데, 왕정주의자인 뮈스카뎅(muscadin)과 옛 귀족이나
상류 부르주아의 대표자인 지롱드당은 계급의식이 드러나는 프록
(frac), 조끼(gilet), 바지 퀼로트(culotte), 네크웨어(jabot)를 착용하
였다. 이에 반해 민중을 배경으로 하는 자코뱅당은 짧고 꼭 끼는 퀼
로트 대신 길고 헐렁한 판탈롱(pantalon, pantaloons)을 입어 상퀼
로트(sans-culotte)라고 불렸다. 상의로는 겨우 허리에 닿는 길이에
뒤로 젖혀진 칼라와 헐렁한 형태를 가진 서민적이고 실용적인 카르
마뇰(carmagnole), 목에는 크라바트(cravat), 그리고 혁명의 표시인
빨간 모자를 착용하였다(그림 19). 특히, 구체제의 상징인 흰색에 혁
명의 색인 빨강, 파랑이 더해진 삼색이 자유, 평등, 박애를 상징하면
서 중요해졌고 프랑스 국기의 색으로 채택되었다.
　총재정부시대(1795~1799) 혁명파(자코뱅당)의 실용적 복장은

뮈스카뎅과 지롱드당의 귀족적 복장과 더욱 현저하게 대립하였다. 혁명파의 복장은 카르마뇰, 판탈룬 등이었고, 앵크루아야블(incroyables)로 불린 반혁명파 젊은이들은 기이한 귀족풍의 복식을 채용하였는데 불균형하게 크고 뒤로 젖혀진 빨간 칼라의 상의, 여러 번 감아 종아리까지 오는 퀼로트, 끝이 뾰족한 신발, 턱 밑까지 여러 번 감아 높게 맨 크라바트, 양쪽으로 각지거나 원추형의 특이한 모자, 지팡이와 도수 높은 안경 등의 기묘한 형태의 옷차림이었다(그림 20). 앵크루아야블의 여성형으로는 메르베이외즈(merveilleuse)가 있는데, 이들은 완전히

20 ▲
앵크루아야블의 모습, 1798. 파리 라모네박물관 소장

밀착하여 인체를 드러내는 머슬린 드레스를 착용하였다. 신고전주의의 극단적 형태라 할 수 있다(그림 21).

21 ◀
슈미즈 드레스(여)와 앵크루아야블(남) 복식, 1801. 로스차일드 컬렉션

집정시대에는 복장의 분위기가 상당히 우아하게 변한다. 상의는 르댕고트의 일종인 데가제, 하의는 퀼로트를 대치한 위사르를 함께 착용함으로써 복식에 나타난 신구체제의 자연스런 결합으로 보였다.

셔 츠
셔츠의 앞가슴에 프릴이 달리고 형태가 단순해졌다. 칼라의 폭이 매우 넓어서 칼라를 세우고 크라바트를 목에 감으면 칼라가 귓불에 닿을 정도였다(그림 22). 높고 뾰족한 셔츠칼라에 장식적 타이인 크라바트를 보석핀으로 고정했다.

조 끼
코트나 바지가 수수해지면서 조끼가 장식적인 역할을 하였다. 길이가 허리선까지 짧아졌으며 싱글여밈에 스탠딩 칼라, 숄 칼라가 일반적인 형태이다. 궁정복의 조끼는 흰색 실크에 금사로 수를 놓고, 흰색에 줄무늬 직물, 진홍색이 유행하였다.

바 지
브리치즈, 퀼로트(breeches, culotte)는 귀족들이 입어왔던 반바지로 몸에 꼭 맞고 무릎 바로 아래 길이이며 바짓부리에 단추가 달려 있었다. 궁정복, 승마용으로 입었는데, 1840년대 이후에는 일부 정장에만 남았다(그림 23). 소재는 캐시미어, 난킨(nankin), 가죽 등이 쓰였고 궁정용은 새틴에 수를 놓았다. 위사르, 판탈룬(hussarde, pantaloons)은 발목길이의 긴 바지로 프랑스 혁명 이후 서민복에서 상류계급이 채택한 복식이다. 품이 넉넉한 것이었으나 귀족들이 입으면서 몸에 밀착되었고 신축성 있는 편직물을 사용했다. 트라우저즈(trousers)는 허리에서 발목까지 직선으로 재단된 품이 넉넉한 바지이다.

22 ▲
6월의 켄싱턴 가든. 셔츠와 테일코트, 트라우저스, 탑 해트(남), 엠파이어 스타일 드레스, 펠리스, 보닛(여)

외 투

르댕고트(redingote)는 영국 남성 복식에서 유래한 일반적 방한용
외투로, 뒤판을 4장으로 재단하여 허리에 잘 맞고 스커트 부분이 약
간 플레어지거나 품이 넓은 것이 특징이다. 나라마다 형태와 소재에
차이가 있었다. 데가제(degage)는 허리 위로는 몸에 꼭 맞는 르댕고
트의 일종으로, 적당한 크기의 칼라가 달리고 앞은 허리까지 넉넉하
게 맞으며 좁고 긴 소매가 달린 더블 여밈(double breasted) 또는 싱
글 여밈(single breasted)의 우아한 분위기의 외투이다. 캐릭, 그레
이트코트(carrick, great coat)는 품이 넓으며 어깨를 덮는 케이프가
3~5장 달린 방한용 외투이다.

테일코트(tail coat)는 허리선에서 앞부분을 잘라 낸 형태의 코트로 두 개의 꼬리가 달린 모양이 되며 앞품은 매우 좁았다. 프록코트(frock coat)는 밀리터리코트에서 유래된 것으로, 앞판이 도련까지 약간 경사지게 벌어지고 허리선 아래의 스커트 부분은 품이 넓은 것이 특징이다(그림 24). 라운드코트, 재킷(round coat, jacket)은 스커트 부분이 없이 길이가 엉덩이선까지 짧아진 코트이다. 코트의 소재는 섬세하게 짠 모직물이 주로 이용되고 색상은 짙은 청색, 갈색, 초록색, 검은색 등이 애용되었다. 궁정에서 입는 코트는 벨벳, 실크 등의 화려한 소재에 자수로 장식한 것이 있었다.

24 ▶
패셔너블하게 재단된 프록코트를 입은 사냥터의 남성들. 셔츠 컬러가 높게 재단됐고, 크라운이 높은 라운드 해트를 쓰고 있다. 1790년경

아동 복식

아동복은 어른 복식의 축소판으로 여겨질 정도로 형태나 재질에 있어 동일하였다. 그림 25는 아래쪽으로 점점 좁아지는 더블 여밈의 웨이스트코트와, 흰색 언더웨이스트코트 위에 사각형으로 재단된 검정 웨이스트코트를 착용한 형제를 묘사하고 있다. 또한 남자 아동은 세 살이나 네 살까지는 트라우저즈 위에 어린이용으로 개조된 패셔너블한 여성 드레스를 착용하여 외관상 남녀의 구별이 없었다 (그림 26~28).

25 ▲
성인 복식의 축소판인 아동 복식, 1795

26 ◄◄
조지크루 경과 그의 아들(4세). 퍼프 슬리브가 달리고 넓은 흰 칼라와 루시 장식이 된 여성드레스를 입고 있다. 1828

27 ◄
세 살(좌에서 두 번째)된 남아가 흰 드레스와 푸른 리본으로 장식된 자수 머슬린 캡을 쓰고 있다. 1803

28 ◄
아동용 재킷

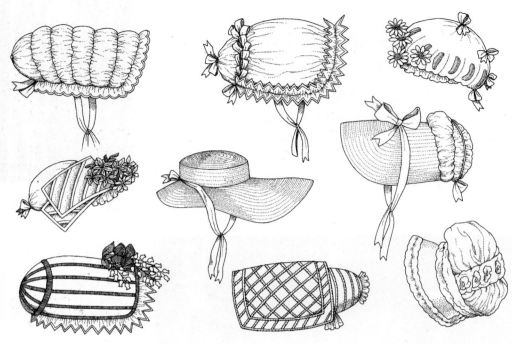

29 ▲
다양한 여성의 모자

헤어스타일과 머리 장식
신고전주의시대의 남성 헤어스타일은
로마인을 모방하여 부루터스 컷(brutus cut)이라고 하는 짧은 헤어
스타일을 주로 하였다. 모자로는 크라운이 높은 검은색·회색 모자
를 많이 썼고 정장에는 비버해트(beaver hat)나 바이콘(bicorn)을
착용하였다. 여성의 머리 역시 그리스식 헤어스타일이 유행했는데,
머리를 짧게 자르거나 곱슬거리는 컬을 부분적으로 늘어뜨리고 뒤
쪽 머리를 높게 치켜 빗어 리본으로 묶는 형태였다. 머리 장식은 단
순화된 로코코 스타일의 모자가 애용되었으며 다양한 형태의 챙이
넓은 보닛, 밀짚모자, 터번 등이 있었다(그림 29).

신발
남자 신발은 승마용으로 부츠의 유행이 지속되었으며 실내에

서나 정장용으로는 슬리퍼형의 구두가 유행하였다. 여자 신발은 힐
이 없는 슬리퍼, 리본이나 가는 끈으로 발목을 묶은 발레리나 신발,
낮은 굽의 펌프스가 유행하였다(그림 30).

장신구 남성에게는 늘어뜨린 시계줄과 장갑이 중요한 품목이었으
며 끽연용 액세서리도 다양하게 사용하였다(그림 31). 여성은 드레
스의 소매가 짧아지면서 긴 장갑을 착용하기 시작했는데, 신발과 장

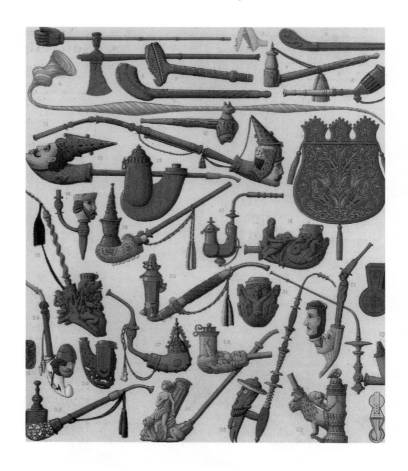

갑을 같은 색으로 매치시켰다. 자연주의를 표방한 신고전주의 복식
에서는 한두 줄의 목걸이를 했을 뿐 보석이 별로 사용되지 않았다.
대신 파라솔, 토시, 작은 가방 등 손에 드는 실용적 장신구가 애용되
었다(그림 32~34).

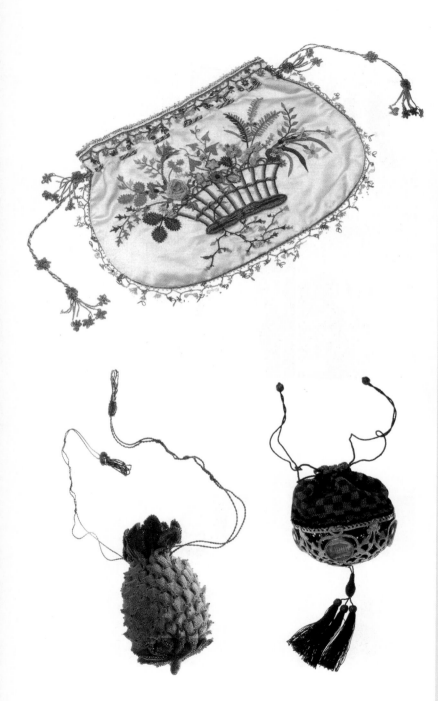

레티큘. 여러 색상의 꽃무늬 자수
로 장식된 흰 새틴 주머니

33 ▲
중앙의 그림 주위로 드리워진 술
장식이 특징인 손지갑

34 ◀
왼쪽 주머니는 노랑과 초록의 니
트 파인애플 모양이며 오른쪽 주
머니는 금색과 초록색의 체크무
늬 실크 니트에 건축물 그림이 있
는 메달과 술이 달려 있다.

영화 속의 복식_〈노생거사원〉, 〈엠마〉, 〈베니티 페어〉

여성은 가슴이 많이 파지고 허리선이 가슴 바로 아래에 위치한 엠파이어스타일 드레스와 보닛을 착용하고, 남성은 셔츠와 프록코트 차림에 크라운이 높은 해트를 쓰고 있다.

노생거사원

엠마

베니티 페어

Historical Mode

신고전주의 여성복의 대명사라 할 수 있는 엠파이어 스타일 드레스를 현대적으로 재해석한 작품들로, 하이 웨이스트에 가슴 부위를 리본과 장식으로 강조하고 그 외의 신체를 과장 없이 자유롭게 흐르는 라인으로 처리하였다. 얇고 비치는 소재와 부드러운 소재, 짧은 소매가 돋보인다.

주요 인물

나폴레옹 1세 Napoleon I

나폴레옹 보나파르트(Napoleon Bonaparte)가 본명인 프랑스의 군인으로 후일 프랑스의 황제에 즉위하였다(재위 1804~1814). 프랑스 혁명이라는 사회적 격동기 후 안정을 바라는 시대적 동향에 편승하여 제1제정을 건설하였다. 1796년 조제핀과 결혼, 1798년 이집트 원정으로 카이로에 입성하였으나 영국함대에 패하고 혼자서 이집트를 탈출해 그해 10월 프랑스로 귀국했다. 1799년 군을 동원해 500인회를 해산시켜 원로원으로부터 제1통령으로 임명되면서 '군사독재'를 시작했다. 국정정비, 법전 편찬 등의 업적을 쌓은 후 1804년 황제로 즉위하여 제1제정을 시작하게 된다. 1805년 트라팔가 해전에서 영국에 패했으나 아우스테를리츠 승리로 유럽 전역을 제압하였다. 1809년 조제핀과 이혼하고 다음해 오스트리아 황녀 마리 루이즈와 재혼했다. 1812년 러시아 원정 실패로 엘바섬으로 유배되었다가 1815년 다시 황제로 즉위했으나 워털루 전쟁 패전으로 세인트 헬레나섬에 유배된 후 1821년 사망하였다.

레이디 엘리자베스 포스터 Lady Elizabeth Foster

영국의 유명한 패션 리더로 브리스톨 백작의 딸이다. 친구인 데본셔 공작과 부인 조지아나와 함께 1789년 파리를 방문하여 혁명 직전의 격동을 체험했고 마리 앙투아네트의 수석 재봉사로서 낭비를 조장한 것으로 알려진 로제 베르텡의 방문을 받았다. 레이디 엘리자베스는 프랑스 팔레 루아얄 궁전의 귀족여성들이 적대적인 군중들에 둘러싸여 있는 모습을 비롯해 영국 등 여러 나라의 여성 의상에 대해 자세한 기록들을 남겼다.

제인 오스틴 Jane Austen

영국의 저명 여류 소설가로 당시 사회상을 비롯하여 여성의 삶과 심리묘사에 탁월한 재능을 보였는데, 특히 여성 복식에 대한 자세한 언급들이 작품 속에서 두드러진다. 〈맨스필드 파크(Mansfield Park)〉(1814)에서는 "온통 흰색으로 입은 여성이야말로 가장 세련되었지"라는 한 등장인물의 대사가 나오며, 저자가 여동생에게 보낸 편지에서는 "파울렛은 비싸면서도 마치 발가벗은 것 같이 옷을 입었어. 우리는 그녀가 입은 레이스와 머슬린의 가격을 견적하면서 즐겼단다."라고 당시의 여성 복식의 핵심적 특징을 묘사한다.

Chapter 12

낭만주의

귀족 중심사회가 다시 재개된 시기로 나폴레옹제국이 붕괴된 1815년에서 프랑스 7

월 혁명이 일어난 1830년에 이르기까지 유럽에서 낭만적인 경향이 강하게 나타난

시기와 프랑스의 2월 혁명 후 루이 나폴레옹 3세가 황제로 즉위한 1850년대에서

1870년대까지를 포함하는 시기이다. 대혁명 이래 부의 기반을 닦은 시민계급은 자

본주의 산업 시스템하에서 그 지위를 더욱 신장시켰으며 부르주아들은 부활된 귀

족풍의 풍부하고 화려한 낭만적인 문화생활을 향유했다. 또한 이 시기에는 과학기

술이 눈부시게 발달하고 대중의 전반적인 생활수준이 향상되었으나 자본가와 노동

자 간의 사회 문제가 깊어졌다. 이에 따라 현실 도피적인 시대사조가 강하게 나타나

부유 시민층은 문학, 음악, 미술 등에 몰두하고 과장된 정서와 감상을 적극적으로

표현하였다. 왕정복고에 따라 복식에서는 귀족풍 스타일이 다시 등장하였으며 한

편으로는 블루머 드레스, 대안의복과 같은 스타일이 등장하기도 하였다.

◀ 낭만주의 조각

사회문화적 배경

귀족풍의 재현과 낭만적 분위기의 고조

나폴레옹의 실각 이후 프랑스에서 제2제정이 열리기 이전까지 루이 18세에서 샤를 10세로 이어지는 시기를 왕정복고 시기로 분류한다. 전쟁과 혁명이 지나간 뒤 유럽의 군주들과 지배계급은 1814년 9월 오스트리아의 수도 빈에서 열린 유럽 정상회담에서 1789년 이전의 구체제로 복귀할 것을 결정하였다. 독일과 이탈리아는 민족주의에 의한 통일을 이루었으며 미국은 남북전쟁의 결과 중산층이 부상하고 값싼 노동력과 기계에 의한 산업발달이 진행되었다. 이 시기에 영국은 경제대국을 이루었으며 패전국인 프랑스는 혁명의 후유증에서 벗어나고 있었다.

그러나 프랑스에서는 경제의 부조화를 초래하여 국민들의 생활을 위협했으며 민중의 불만은 반란으로 발전하여 2월 혁명이 일어나게 된다. 그 결과 프랑스의 계급은 부르주아와 프롤레타리아와 농민으로 분리되었다. 나폴레옹 3세의 제2제정 시기에 프랑스는 사회 · 문화 발전의 절정기를 누리게 되는데, 나폴레옹 3세는 전쟁의 수행과 식민지 개척 등 프랑스의 지휘를 강화했으며 1855년 파리 세계박람회 개최로 예술, 공업, 외교의 중심지임을 과시했다.

낭만주의적 경향　산업의 발전으로 시민의 지위가 향상되었으며, 노동자와 부르주아 자본가의 대립이 야기되면서 민중들이 혁명을 일으키는 사회적 환경 속에서 현실에 반대하며 이상을 추구하는 낭만주의 시대사조가 출현하게 되었다. 사회의 다양한 문제들로 인해 보다 좋은 사회, 나은 시절의 이상을 그리면서 근세 귀족주의 사회의 분위기를 고조시키고 아름다운 낭만주의 문학을 유행시켰다. 시인 워즈워드, 키이츠, 쉘리, 바이론은 영국의 낭만주의 문학을 주도하였고 베토벤, 슈베르트는 낭만음악을 창시했으며 건축에서는 중세 고딕 양식이 부분적으로 부활되었다. 미술에서는 낭만주의 경향 속에서 근세풍이 채택되어 신고전주의가 출현하고 여러 동양적 요소들이 유행하였다.

제국주의시대의 준비　　영국은 1837년 빅토리아 여왕이 즉위하면서 경제대국을 이루었으며 건축, 미술, 가구, 의상에 있어서 위대한 빅토리아시대가 개막되었다. '해가 지지 않는 나라'로의 초대의 번영을 누리기 시작한 영국을 비롯하여 프랑스, 독일, 이탈리아, 미국이 경제 강국으로 부상하게 되었으며 각국은 국내·외의 세력 확장에 주력하여 시장을 개척하고 원료를 공급하기 위해 식민지활동에 주력하게 된다. 영국에서는 세계 면제품 생산의 약 절반을 차지할 만큼 직물산업이 발달하여 무역이 대규모로 확장되었다.

복식미
직물산업의 발전과 X-실루엣의 화려한 복식

낭만주의 스타일의 복식은 귀족풍의 환상적인 의상으로 여성복의 경우 가는 허리, 부풀린 스커트, 부풀린 소매의 X자형 실루엣이며, 크리놀린 스타일을 형성하는 과도기라 볼 수 있다. 후에 스커트 버팀대인 크리놀린이 나타나 크게 유행하였다. 특히, 영국의 남성복은 유럽 전체에 많은 영향을 주었는데, 이때를 계기로 남성복은 근대적인 모습을 갖추게 된다.

자본주의와 직물산업의 진보

프랑스의 자본주의는 주로 직물산업을 기반으로 한 것으로 혁명이나 전쟁 등으로 영국보다는 다소 늦었으나 유럽 직물산업의 발전에 크게 기여했다. 직물공업의 기술적인 진보로 자동방적기, 벨벳 직조기기, 염색공업이 발달하여 복식 문화가 발달할 수 있는 기초를 이루었는데, 복식의 대중화의 기반이 되었다. 기계와 기술의 눈부신 발전으로 편물공업, 레이스 공업, 봉제 등은 대부분 기계화되고 재봉틀의 발명이 이어졌으며 합성염료가 발명되었다. 다채로운 색과 갖가지 무늬로 프린트된 직물이 대량 생산되었다.

귀족풍의 낭만주의 복식스타일

귀족풍의 불편한 아름다움은 1860년대 후반에 오면서 급속히 실용적인 경향으로 바뀌었다. 상류 계층은 여행과 스포츠 문화를 향유함으로 인해 스포츠용 의복이 함께 발달하였으며, 생 시몽(Saint Simon)의 사상을 이어받은 여성운동주의자의 바지착용주장과 블루머 여사가 소개한 블루머는 여성 복식의 개혁에 많은 영향을 끼쳤다.

복식의 종류와 형태
남성복과 여성복의 분리

산업혁명을 통해 부르주아 계급이 등장하면서 남성복에서 나타난 가장 큰 변화는 과거의 장식적인 의복이 직선적인 형태로 변화하면서 성공한 계층과 부의 상징으로 복식이 사용되기 시작한 것이다. 과거의 장식적인 의복이 나폴레옹 3세 시기부터 실루엣이나 장식 디테일 면에서 여성복과 뚜렷이 구분되었다. 남성의 기본 복장은 프락(frac, frock)이나 데가제(dégagé), 질레(gilet), 그리고 판탈롱(pantalon)으로 한 착장을 이루었다.

의복

코트

초기 남자의 코트는 여자의 X자형 실루엣의 영향을 받아 어깨가 넓어 보이는 양의 다리형(leg of mutton)의 소매에 더블로 여미는 조끼의 라펠과 목에 감은 크라바트에 의해 상체의 볼륨을 나타낸 것이 이 시기의 큰 특징이었다. 이 시기에 코트는 남성복에서 매우 중요한 아이템으로 허리는 꼭 맞고, 앞이 양쪽으로 곡선으로 벌어지는 형태이며, 뒷자락은 엉덩이의 뒤만 가렸다.

- 프록코트 : 전통적인 프랑스 의복으로 몸통은 꼭 맞고 허리에서 목까지 라펠이 있으며 안에 착장한 질레가 보이도록 착용했다. 뒷자락은 힙 뒤만 가리면서 길이는 유행에 따라 변화했다. 어깨와 가슴이 벌어진 것에 비해 허리에서 내려오면서 뒷자락이 좁아져서 전체적으로 역삼각형의 실루엣을 형성했다. 보통은 무릎 위 약간 플레어(flare) 있는 스커트 부분이 달려 있고 허리는 꼭 맞는 형태였다. 당시 남성복은 아래위가 모두 검은색이나 진한 브라운이 많았으며 전반적으로 침착하고 중후한 분위기를 형성하였다. 프록코트는 화려한 자수로 장식한 귀족을 위한 스타일과 신사들의 외투와 수수한 시민 스타일의 두 가지가 있었다.
- 색코트 : 나폴레옹 3세 시기로 구체적으로는 1859년에 등장한 남성용 코트이며 비교적 격식을 차리지 않는 일상적인 복장으로 소박하고 단순한 형태를 갖추고 있다. 주로 어두운 색채로 박스형에 소매둘레가 넓어서 현대 양복과 비슷한 형태와 실루엣을 갖추고 있었으며 1860년대부터는 정장이 아니라 스포츠웨어로 많이 착용되기 시작하였다.

- 테일코트 : 나폴레옹 1세 때 처음 등장한 남성용 코트로 앞은 허리선 길이이고 사선으로 잘려져 뒷자락은 무릎 정도까지 긴 형태로 이 시기 이후 큰 형태의 변화 없이 현대까지 가장 격식을 갖춘 의복으로 착용되고 있다.

- 디토수트 : 나폴레옹 3세 시기에 등장한 코트와 조끼, 바지를 같은 소재로 만든 한 벌의 수트로 현재 남성의 스리피스 수트(three piece suit)로 발전하게 된다. 구체적으로 1859년경 처음으로 소개되었는데, 코트, 바지, 조끼를 모두 같은 옷감으로 만들어 매치시켰으며 이것은 남성복에서 획기적인 변화였다. 디토 수트의 코트는 적당하게 맞는 스타일로 로 웨이스트에 절개선을 넣어 허리선 아랫부분을 따로 재단하여 조금 플레어가 있는 형태이다.

02 ▶
디토수트

자케트

자케트(jaquette)는 1849년경부터 유행하기 시작한 실용적 상의로서 프록과 르댕고트의 혼합형으로 길이는 허리 아래까지이며 앞단 자락이 둥글게 굴려진 형태로 주로 사용된 소재는 울이었다.

베스톤

베스톤(veston)은 자케트와 함께 1849년경부터 유행하기 시작한 실용적 상의로서 르댕고트를 자른 듯한 형태로 길이는 허리 아래까지이며 앞단은 직선을 이루고 있었고 자케트보다 작은 칼라에, 주로 사용된 소재는 울이었다.

조끼 : 질레

왕정복고시대에 남성복의 아이템 중 가장 화려한 아이템 중의 하나로 주로 화려한 색을 사용하여 프록코트와 대조적인 효과를 이루고 두 벌의 조끼를 겹쳐 입는 것이 유행이었으며 소재는 주로 캐시미어, 새틴, 벨벳 등을 사용하였다. 허리선 길이로 싱글 또는 더블 여밈이었으며 소매는 달지 않았다. 칼라의 형태도 다양해서 숄 칼라, 롤 칼라, 테일러드 칼라 등이 달려 있었다. 나폴레옹 3세 시기에 초기 형태와 비교해 그 화려함이 감소했으나 여전히 남성복 아이템 중 가장 화려했다.

크라바트

질레의 칼라를 장식한 크라바트(cravat)는 대체로 간소해졌으며, 인도산 고운 모슬린(mousseline)으로 만든 네크웨어는 목과 가슴을 뒤덮을 정도로 폭이 넓고 길이가 길었다. 1850년경부터 가느다란 밴드 모양의 넥타이로 축소된 검은 실크 리본을 사용한 크라바트는 근대 넥타이의 시조가 된다.

03 ▼
크라바트

셔츠

셔츠(shirt)는 고급마직물이나 면직물로 만들었고 앞가슴과 소매 끝의 주름 장식이 작게 줄어들었으며 칼라는 턱까지 닿는 높은 칼라에 풀을 먹여 뻣뻣했다. 관리의 편리를 위해 착탈식 칼라의 앞판의 일부만 있는 조키(jockey)를 사용하기도 했다. 나폴레옹 3세 시기에는 레이스가 있거나 없으며 접는 칼라가 달린 셔츠를 애용하였다.

바지

왕정복고 시기에는 긴 바지인 트라우저(trouser)를 착용하였는데, 허리에 주름을 잡아 엉덩이 부분은 풍성하지만 아래로 갈수록 좁아지는 실루엣이었다. 1835년경 헐렁한 판탈룬(pantalon)으로 변화하였으며 후기로 갈수록 판탈롱은 두드러지게 체크무늬나 줄무늬의 울의 사용이 많아졌다. 궁정복으로 남아 있었던 무릎길이의 브리치즈는 1830~1850년에 사라졌다.

오버코트

길이가 길고 풍성한 코트, 박스코트, 케이프가 달린 코트 등 다양한 형태의 코트와 망토가 유행하기 시작하여 나폴레옹 3세 시기에는 짧고 경쾌한 스타일의 망토, 무릎길이에서 발목길이까지의 프록 그레이트 코트(frock great coat), 짧은 체스터필드 코트(chesterfield coat), 케이프가 달린 인버네스 케이프(inverness cape) 등 다양한 코트가 유행했다.

로맨틱 가운

왕정복고에 따라 르네상스와 바로크 양식의 귀족풍이 다시 등장하여 부를 과시하기 위한 방법으로 복식 스타일을 세분화하였으며 용도와 시간에 따라 그 구분을 엄격하게 하고 적절한 차림의 중요성을 강조하였다. 로맨틱 로브로 시작된 여성의 드레스는 크리놀린으로 그 부풀린 정도가 극에 달한다. 한편으로는 기능주의적 경향의 복장 개선 운동으로 이어졌으며 블루머 드레스 혹은 대안 의복과 같은 새로운 시도가 나타났다.

과장된 X자형 실루엣으로 드롭 숄더(drop shoulder)로 어깨를 넓히고 소매의 볼륨을 크게 확대시켰으며, 허리선은 제 위치로 내려갔고 코르셋으로 상체를 가늘게 졸라맸으며, 페티코트를 이용하여 스커트가 넓게 퍼지는 스타일이 되었다. 스커트의 길이가 짧아져서 발목이 보이기도 하였다.

04 ▼
19세기 초 실크로 제작된 1830년대와 40년대 유행한 여성 드레스. 높은 목둘레선과 긴 소매의 데이타임 드레스이다.

- 스커트(skirt) : 페티코트 사용이 일반화되어 스커트의 폭이 넓어졌고, A자형으로 벌려서 언더 스커트가 보이도록 하였다. 스커트 밑단에는 뻣뻣한 아마포의 기교적인 주름, 러플, 플라운스, 플레어, 꽃, 리본, 브레이드 등으로 화려하게 장식하였다.

- 소매 : 크게 부풀린 소매였으며, 마미루크 소매(mameluke sleeve)는 진동부터 손목까지 여러 등분하여 끈으로 묶은 스타일의 소매이며, 지고 소매(gigot sleeve)는 진동부터 팔꿈치까지 크게 부풀리고 소매 끝까지 팔에 꼭 맞는 스타일의 소매이다. 이렇게 크기가 한껏 커진 소매는 1829년에는 고래수염으로 심을 넣어 더욱 크게 부풀렸으며 1840년경부터 축소되는 경향이 있었다.

- 칼라와 네크라인 : 어깨가 크게 벌어지는 형의 칼라로 펠레린 칼라(pelerine collar)는 레이스, 리넨으로 만들어진 어깨를 넓게 강조하는 장식 칼라이며, 버서 칼라(bertha collar)를 활용하여

어깨선을 점점 더 넓히기도 하였다. 피슈-펠레린은 얇은 리넨과 레이스로 만들어 가운의 벨트 밑으로 고정시키는 형태이며 펠레린-맨틀릿은 넓은 칼라의 앞에 긴 패널이 달려서 가운 위에 덧입는 형태였다.

코르셋

허리를 조여야 하는 필요성 때문에 코르셋(corset)이 다시 등장하였으며 신축성 있는 능직 코튼, 고래수염으로 만드는 합리적인 구성법이 영국에서 고안되어 보급되었다. 1844년 뒤물렝(Dumoulin) 여사는 몸의 곡선에 따라 재단한 코르셋을 개발하였는데, 활동이 편리하고 위생상으로 우수했다. 딱딱한 바스크나 고래수염을 넣지 않고 몸의 곡선을 따라 재단한 헝겊을 조각조각 맞추어 바느질함으로써 몸에 꼭 맞는 형으로 만든 것이었다. 코팅이나 퀼팅으로 빳빳함을 더하였다.

페티코트

스커트 아랫도련을 퍼지게 하도록 스커트 도련 끝에서 안쪽으로 6~8인치 올라간 위치에 딱딱한 코드를 두른 면직물의 페티코트(petticoat)가 고안되었다. 나폴레옹 3세 시기에는 스커트가 짧게 리본으로 들어 올리고 안에 입은 언더 스커트인 페티코트를 내보였으므로 밝은색을 사용해 아름답게 장식하여 겉치마의 성격을 띠기도 하였다.

크리놀린

과거에는 스커트를 뻗치게 하기 위해 여러 개의 속치마를 껴입던 것이 크리놀린(crinolin)에 의해 한 개의 속치마로 대치됨으로써 훨씬

낭만주의 복식의 패턴

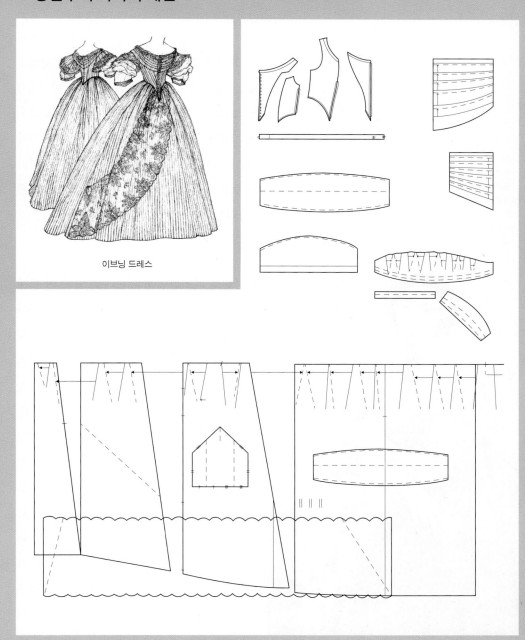

이브닝 드레스

가볍고 더 넓게 퍼지게 되었다. 리넨과 말털을 교직한 천으로 만든 페티코트에서 가는 철사로 만든 둥근 새장형(cage crinoline)의 골조로 변화된 스커트 버팀대이다. 크리놀린의 실루엣은 1850년대 초기에는 벨형에서 1850년대 후반에 닭장처럼 아래가 둥그렇게 최대로 퍼진 형이 되었으며 1860년대에는 스커트 도련의 둘레가 약 9m에 달하는 복식사상 최대로 스커트 도련이 확대된 시기였다. 후에 앞이 납작하고 양옆과 뒤가 둥그렇게 부푼 형이 되었고 1866년에 크기가 최대가 되었다가 점차 작아졌다. 미국인이 고안한 크리놀린은 철사로 된 테를 여러 층 늘어놓고 이것을 세로로 리본으로 엮어 아래위로 수축이 가능하게 한 편리한 것이었다.

크리놀린 스타일 가운

나폴레옹 3세 시기에 가운의 네크라인은 데콜테로 점점 더 깊게 파이고, 허리선은 뾰족하게 예각을 이루었으며, 소매는 다양한 형태로 짧은 소매형이 많았다. 스커트는 넓게 퍼지며 마룻바닥에 끌리는 길이였다. 스커트를 리본으로 들어 올리거나 폴로네이즈 스타일로 들어 올려 안에 입은 화려한 페티코트를 내보이게 하였다. 스커트를 부풀리기 위해 스커트 겉에 러플, 타셀, 브레이드, 리본 자수 등으로 화려하게 장식하였다. 여성복에 남성복과 비슷한 형태의 짧은 재킷(riding habit)이 유행하기도 하였다. 직물은 주로 크레이프 드 쉰, 머슬린, 오간디, 튈, 얇은 코튼, 리넨, 브로케이드 등을 사용하고 색상은 진주색, 회색, 사파이어색, 붉은 보라색, 산뜻한 노란색 등 다양하고 화사한 화려한 색상을 애용하였다.

05 ▼
나폴레옹 3세 초기의 드레스로 데콜테로 깊게 파인 네크라인과 벨형의 크리놀린, 생머리를 가운데 가르마를 타고 양쪽으로 빗어 붙인 헤어스타일 등을 볼 수 있다.

1860년대 후반부에는 드레스를 커튼처럼 코드(cord)로 들어올리는 폴로네즈 스타일(pololaise style)이 다시 부활하였다. 후에 드레스의 주름을 뒤로 모아 버슬 스타일을 형성하게 된다.

외 투

로맨틱 가운은 소매 부분이 풍성하고 스커트의 도련이 넓었기 때문에 코트보다는 가운 위에 걸칠 수 있는 가벼운 숄이나 케이프를 주로 착용하였다. 나폴레옹 3세 시기에는 동유럽에서 전해진 뷔르누(burnous)를 선호하였는데, 뒤쪽에 커다란 술 장식을 한 후드가 달린 길고 풍성한 맨틀 형태이다. 왕정복고 시기에 여성용 외투로 르댕고트(redingote)를 착용하기도 하였다. 스펜서는 엠파이어 스타일이 없어지고, 특히 소매 부풀림이 커지자 착용이 불편하여 사라졌으며 대신 칸주(canezou)라는 소매 없는 경쾌한 코트가 착용되었다.

바 지

1830년 승마의 영향으로 바지가 출현하였으며 1848년 생 시몽 진보 운동의 하나로 여성의 바지 착용이 제창되었다.

드로어즈

스커트 속에 속바지를 착용하였다. 여자들 사이에서도 승마와 그 외의 스포츠가 성행함에 따라 드로어즈나 판탈롱의 중요성이 증대하였다.

블루머

1850년대 미국의 아멜리아 블루머(Amelia J. Bloomer) 여사가 발표한 끝을 오므린 동양풍의 풍성한 긴 바지를 의미한다. 당시 여성 가운이 지나치게 무겁고 몸을 조여 여성의 건강을 해치기 때문에 제안된 복장으로 무릎길이의 원피스에 발목이 좁고 풍성한 바지를 함께 입는 것으로 코르셋이나 스커트 버팀대를 입지 않는 차림이다. 당시에는 짧은 스커트 밑으로 다리를 드러내는 것은 정숙하지 못한 것으로 여겨졌으며 일반 대중의 지지를 얻지 못하고 곧 사라졌다.

06 ▼
1850~1870년대 실크 리본 장식의 밀짚 보닛, 실크 숄, 파라솔을 갖춘 여성 외출복

헤어스타일과 머리 장식

이 시기에 남자들은 짧은 머리에 콧수염과 볼수염을 길렀으며 모자는 반드시 착용했는데, 크라운이 높은 실크해트나 크라운이 낮고 둥글며 챙이 넓은 모자 등 다양했다. 왕정복고 시기 여자들의 헤어스타일은 앞이마에 컬을 양쪽으로 갈라 모자 아래에 보이게 하거나, 가운데 가리마를 타고 생머리를 양쪽으로 빗어 붙인 형, 머리를 루프처럼 만들어 세운 아폴로 놋(apollo knot)형이 유행하였다. 모자는 밀짚모자, 보닛, 터번, 캡 등 다양한 스타일을 착용하였다. 초기에는 조촐한 보닛을 애용하다가 1820년대부터 모자의 챙이 넓어지고 장식도 훨씬 화려해지면서 비스듬하게 또는 뒤로 젖혀 쓰는 등 보다 자유로운 모습이 연출되었다. 아름다운 색의 리본으로 모자를 장식하거나 꽃이나 깃털로 여성스럽게 장식하였다.

나폴레옹 3세 시기에 여성들 사이에서 유제니 왕비의 붉은 헤어컬러와 가운데 가리마를 타고 돌돌 말린 컬을 양쪽으로 늘어뜨리는 형이 크게 유행했으며 뒤로 묶는 쉬그논(chignon)형도 자주 하였다. 후기로 갈수록 모자는 스커트 도련이 넓어짐에 반비례하여 보닛의 챙이 작아진 스타일을 선호했다. 카포트(capote)가 종전대로 많이 쓰이다가 1860년

대 초부터는 바볼레(bavolet)가 유행하였다. 바볼레는 천으로 된 부드러운 머릿수건과 같은 것으로 턱밑에서 리본을 매는 모자였다.

신 발 왕정복고 시기에 남자들은 긴 부츠 혹은 발목길이의 부츠를 신었고 앞부리가 네모난 구두를 정장용으로 신었다. 여자들은 발레 슈즈를 발목에 끈을 매어 신거나 발목길이의 부츠를 신었다. 또한 뒤축이 없는 슬리퍼형으로 새틴, 벨벳, 부드러운 가죽 등을 사용하여 발에 꼭 맞도록 하고 리본, 자수, 보석 등으로 장식했다. 에스카르팽(escarpin)은 외출용 혹은 무용화로 사용된 화려한 브로케이드로 만들어진 여성 신발이었다. 나폴레옹 3세 시기에 남성들은 주로 궁정복에는 펌프스를 신었고 1860년대에는 앞부리가 네모난 형이 유행하였으며 승마나 사냥할 때는 목이 긴 부츠를 신었다. 여성들은 작은 힐이 붙은 펌프스나 반장화를 착용하였다. 이 시기의 스포츠의 성행과 기계에 의한 진보된 기술이나 고무 밑창 등의 새로운 재료의 사용은 특히 신발의 현대화에 많은 공헌을 하게 되었다.

장신구 자본주의가 크게 발달함에 따라 사치가 극에 달하여 보석 장신구도 크고 화려한 것을 선호하였다. 남자들의 지팡이, 장갑, 여자들의 파라솔, 토시, 에이프런, 손수건, 목도리, 부채, 작은 백 등을 레이스, 리본, 깃털 등으로 화려하게 치장하여 사용하였다.

영화 속의 복식_⟨바람과 함께 사라지다⟩

낭만주의시대에는 넓게 부풀린 치
마와 코르셋으로 강하게 조인 상의
로 대표되는 크리놀린 스타일이 지
배적이었다. ⟨바람과 함께 사라지
다(Gone with the Wind)⟩(1939)
스칼렛(비비안 리)의 의상처럼 스
커트를 레이스나 리본으로 장식하
고 턱 밑으로 리본을 묶는 챙이 넓
은 모자를 써서 귀엽고 화려한 느
낌을 더하기도 했다.

Historical Mode

낭만주의시대 복식의 현대적 적용
으로 크리놀린 스타일을 대체할 대
안 의복이 제시되었는데, 코르셋을
착용하지 않고 인체를 구속하지 않
는 실루엣에 단순한 장식을 하는 스
타일로 중산층에서 부분적으로 수
용되었다.

주요 인물

루이 18세 Louis XVIII

프랑스의 왕(재위 1814~1815, 1815~1824)으로 루이 15세의 손자이며 루이 16세의 동생으로 혁명이 일어나자 국외로 망명하여 반혁명 해방군의 수령에 추대되었고 유랑하였다. 1814년 나폴레옹이 엘바섬으로 추방되자 귀국하여 왕위에 올랐으며 1815년 나폴레옹이 파리 진군하자 벨기에로 탈출하였다가 나폴레옹의 워털루 전쟁 패배 후 다시 왕위에 올랐다. 1816년 선거에서 입헌왕당파가 다수파로 되어 안정된 정치를 이루었으나 1821년 과격왕당파 수상이 집권하게 된 후 자유주의파를 탄압하는 반동세력의 지배가 이어졌으며 1824년 사망하였다.

빅토리아 여왕 Queen Victoria

하노버 왕조의 마지막 영국 군주(재위 1837~1901)로 윌리엄 4세가 별세하자 18세 나이로 왕위에 올랐다. 64년 간의 치세는 이른바 빅토리아시대로 영국의 전성기이며 이 시기에 영국이 자본주의 선두 선진국이 되었고 의회정치가 전형적으로 전개되었으며 미술, 건축, 가구, 의상에 있어서 두루 번성하였다.

루이 나폴레옹 3세 Napoleon III

프랑스의 황제(재위 1852~1870)로 제1제정의 붕괴로 스위스로 망명한 후 계속된 망명생활 속에서 반란에 가담하고 옥중에 투옥되었다가 1846년 탈옥하였다. 2월 혁명을 계기로 1848년 대통령으로 당선되어 1851년 황제로 즉위하였으며 크림전쟁(1854~1856)에서 러시아를 누르고 청나라로도 출병하였으며(1861~1867), 1859년 이탈리아 통일전쟁에도 가담하여 니스, 사보이아의 두 도시를 얻었으나 프랑스를 국제적 고립화로 내모는 결과를 낳았다. 특히, 멕시코 원정(1861~1867)의 실패는 제정의 위신을 실추시켰다. 국내적으로는 철도망 확대, 파리 미화, 만국박람회 개최 등 국위를 선양한 인물이다.

찰스 프레드릭 워스 Charles Fredrick Worth

1826년 영국의 링컨서 주에서 태어났으며 제2차 제정기(1852~1870)의 프랑스 왕실에 고용된 드레스메이커였다. 1858년 파리의 류 드 라 페에 창설된 의상점은 파리 오트 쿠튀르의 원조라고 하며 고급의상점계의 기초를 세웠다. 옷을 패션모델에 입혀 판매하는 것을 고안한 최초의 사람으로 복제의 드레스는 영국이나 미국에도 판매되었고 19세기 후반 타의 추종을 불허하는 패션리더의 지위를 얻게 되었다. 1895년 파리에서 사망한 후 점포는 워스가의 자손에게 인계되었는데, 1946년 폐점되었다. 1900년에는 워스 향수(Perfume Worth)가 발표되었고 현재 파리 생토노레가에 그 점포가 있으며 증손 로제 워스가 경영하고 있다.

유제니 왕비

유제니 왕비는 타고난 아름다움과 우아한 매력의 소유자였으며 의상 취향은 많은 추종자가 모방하여 패션리더로서 커다란 영향력을 행사하였다. 그녀의 취향은 고상하고 우아하며 섬세하였다. 그녀가 좋아한 진주색, 파르스름한 사파이어색, 붉은 보라색, 산뜻한 노란색 등은 모두 부드럽고 여성적인 색조였으며 직물공업, 염색기술의 발달로 다양한 무늬와 환상적인 색채의 아름다운 직물이 생산되었으므로 이의 유행을 뒷받침하였다.

Chapter 13

19세기 말

19세기 말(1870~1900)은 과학기술의 획기적인 발달에 따라 물질적인 풍요를 누리게 되고, 국제관계에 표면적이긴 하지만 평화가 존재했던 시기이다. 남성들은 산업사회의 활동에 적합한 편안한 복식과 신뢰를 줄 수 있는 점잖은 복식을 추구했지만, 여성들은 당시대의 미의 기준을 따르고자 하는 욕구로 근세 이래로 지속되어 온 신체를 구속하는 드레스로 화려하게 치장하였다. 서양복식사에서 1870년대와 1880년대는 버슬의 시기로 엉덩이 부피의 확대가 강조되었던 시기였다. 그러나 19세기 말 서양사회를 뒤흔들었던 자유와 평등사상의 팽창은 여성들의 사회 진출에 대한 욕구를 증가시켰고 결과적으로 여성 복식의 변혁의 기틀을 제공했다. 'The Gay Nineties' 또는 'La Belle Epoque' 라고 불리는 1990년대에는 빅토리아시대의 엄격한 윤리적 분위기에서 탈피하여 재미와 유머를 강조했는데, 복식에서는 장식적인 버슬 스타일에서 벗어나 약간 단순해진 아르누보 스타일과 기능적인 이성적 복식 혹은 남성복에서 차용된 테일러드수트가 등장했다.

◀ 제임스 티솟의 〈신부 들러리〉
1883~1885

Chronology

사회문화적 배경

19세기 말, 현대사회의 기틀이 마련되다

19세기 말은 물질문명의 발달과 함께 국제관계에 표면적으로는 평화롭지만 내면에는 팽팽한 긴장이 존재했던 시기였다. 프랑스는 7월 혁명과 2월 혁명 등을 겪으면서 왕정, 공화정, 제정을 거쳐 1870년대에는 제2공화정을 확립했다. 영국은 산업혁명으로 발생한 노동문제와 정치문제들을 19세기 전반부터 점진적으로 해결하여 19세기 후반에 이르러 빅토리아 왕조의 번영기를 맞이했다. 19세기 전반까지 통일국가를 이루지 못하고 있던 독일과 이탈리아는 1870년대에 통일을 달성하며 서양사회의 새로운 강국으로 떠올랐고, 미국은 남북전쟁을 이겨내고 정치적으로나 경제적으로 강대국으로 부상했다.

자본주의의 발전과 제국주의의 팽창 19세기 과학기술의 발달과 산업주의의 발달은 자본주의 사회로의 변화에 큰 역할을 하였다. 19세기 말 자본주의가 고도로 발전하면서 잉여자본이 형성되고 독점의 강화가 이루어졌는데, 독점의 강화는 노동계급의 저항과 사회적 갈등을 심화시켰다. 외부로의 팽창을 통해 내부 문제를 해결하려는 의도와 자국의 경제적 이익 추구는 제국주의 정책을 강화시켰다. 일찍이 인도 등의 해외식민지를 확보하여 경제대국의 지위를 누리고 있던 영국, 산업화를 꾸준히 지속시켰으나 19세기 말에 낙후되면서 독점금융자본을 발전시킨 프랑스 등 선발자본주의 국가 외에도 독일, 이탈리아, 러시아, 미국, 일본 등 새로운 국가들이 참여하면서 제국주의 경쟁은 더욱 치열해졌다. 1880년대까지 유지된 서양 사회의 세력

균형은 1890년대 적극적인 제국주의 정책으로 파괴된 것이다. 이탈리아와 독일의 내셔널리즘은 단순히 국가적 통일로 끝나지 않고 민족과 국가의 번영을 위한 제국주의적 침략을 서슴지 않게 되었고, 그 과잉성장은 1870년대부터 20세기 초에 걸친 아시아·아프리카에 대한 무자비한 팽창과 식민운동을 합리화하였으며, 20세기 세계대전의 원인이 되기도 하였다. 특히, 지질학적 발명이나 다윈의 진화론은 유럽 제국주의 국가들의 아시아나 아프리카에 대한 식민주의에 대하여 합리성을 제공하였다.

과학기술의 발달과 라이프스타일의 변화

19세기 말은 벨의 전화 발명, 에디슨의 백열전구 발명, 가솔린 자동차 발명 등 과학기술이 획기적으로 발전한 시기였다. 19세기 말 패션의 변화에 영향을 미친 요인은 무엇보다 과학기술의 발전에 따른 복식 생산 기술의 혁신이다. 1851년 미국의 싱어(Singer)가 발명한 재봉틀은 여러 가지 기능을 갖춘 재봉틀로 발전했다. 합성염료인 아닐린(aniline dyes)과 합성섬유도 개발되었다. 샤르도네(Chardonnet)는 인조섬유를 개발하였고 1889년 파리 만국박람회에서 이 재료로 만든 옷을 선보였으며, 1891년에는 크로스(Cross)와 베반(Bevan)에 의하여 비스코스 레이온이 발명되었다. 이에 따라 직물의 색상은 그 이전보다 훨씬 밝아졌고, 다양한 소재가 소개되었으며, 패턴의 기술도 발전하여 프린세스(princess)드레스도 선보였다. 또한, 1892년 보그(Vogue)지가 창간되어 패션에 대한 소개가 더욱 활발해졌다. 1893년 저드슨(WL Judson)의 지퍼 발명은 의복 스타일의 변화에 획기적인 활력소가 되었다(그림 1).

산업의 발달에 따른 도시생활의 확대는 복식에도 많은 변화를 가져왔다. 라이프스타일이 다양해진 데 따라 복식도 일상복, 외출복,

01 ▲
프랑스혁명 100주년을 기념하여 1889년 파리에서 열린 제3회 만국박람회의 전경. 박람회장의 입구에 박람회의 상징물로 에펠탑이 세워졌다. 7,300톤의 철을 이용해 300m 높이로 세워진 에펠탑은 '거대한 기념 건조물에 의한 과학과 산업의 승리'라는 평과 '공장의 굴뚝 같은 형태의 공업기술을 예술도시 파리에 끌어들인 졸작'이라는 평을 동시에 들었다.

사교복, 운동복, 여행복 등 상황과 용도, 착용 목적에 따라 다양한 스타일로 나뉘어졌다. 특히, 이러한 현상은 남성복에서 뚜렷하였다. 산아제한과 더불어 교육 기회의 확대는 생활수준을 향상시켰을 뿐 아니라 여성에게 사회진출의 계기를 제공하였고, 여성의 사회적 지위나 평등이 사회적 문제로 대두되었다. 이전 시기에 등장한 블루머가 1890년대에는 체조, 승마, 사이클링 등의 운동을 즐기는 여성 인구가 늘면서 점차 대중적으로 수용되었으며, 남녀평등을 주장하는 사회운동의 상징처럼 되어 블루머주의(Bloomerism)라는 말을 낳기도 하였다.

인상주의 회화 19세기는 국제관계 전개나 물질문명의 발달에 못지않게 사상과 학문, 문학과 예술에서 다양한 문화를 꽃피웠다. 19세기 전반에는 이성, 자제, 중용, 균형이란 형식과 법칙을 중시하는 합리주의를 지나 감성, 본능, 야성, 자연적인 것, 제어되지 않는 것을 강조하는 낭만주의가 지배적이었다. 19세기 후반기에 들어서는 짙은 감상주의로 타락한 낭만주의에 반발하여 리얼리즘(realism)이 영향력을 행사하게 되었다. 리얼리즘 미술이란 본 대로 세계를 묘사하는 것으로, 작가들은 극도로 세부적인 충실한 대상의 재현을 시도하기도 하였다. 이러한 극단의 세부묘사에 반발을 느껴 시각적인 인상을 추상적이고 주관적으로 표현하는 인상주의(impressionism)가 등장했고, 인상주의가 진행됨에 따라 그 뒤를 이어 후기인상주의(post-impressionism)가 형성되어 현대미술의 기초를 성립하게 되었다. 인상주의는 리얼리즘에서 다룬 도시의 일상뿐 아니라 시골의 햇살 아래 수시로 변화하는 아름다운 풍경으로 생동감과 친근감을 주어 현재까지도 대중에게 가장 많이 알려지고 애호되는 미술사조로 평가되고 있다. 19세기 말 여성의 밝은 색채의 복식은 마네, 모

02 ◀

르누아르의 〈물랭 드 라 갈레트
의 무도회〉. 르누아르의 작품에서
는 남녀와 사회의 아름다운 조화
가 환한 색채로 표현되는 여성복
을 통해 관능적인 우아함의 세계
를 창출한다. 이와 같이, 19세기
말 여성의 밝은 색채의 복식은 인
상주의 화가의 회화에 주제와 아
이디어를 던져주었다. 1876, 파리
오르세 미술관 소장

네, 르누아르 등 인상주의 화가의 회화에 주제와 아이디어를 던져
주었다(그림 2).

　19세기 후반 예술계에서는 리얼리즘 외에 건축을 중심으로 순수
한 고딕시대로 돌아가고자 하는 역사주의(historicism) 운동이 있었
다. 회화보다는 주로 건축을 중심으로 일어난 운동이었지만, 역사주
의와 관련된 회화의 움직임도 있었다. '라파엘(Raphael) 이전의 순
수성으로 돌아가자'는 라파엘 전파 운동(Pre-Raphaelite Brother-
hood)이 바로 그것이다. 라파엘 전파의 화가들은 왕립예술원의 인
공적 작화법과 기교주의에 반발해 정신성이 반영된 주제를 라파엘
이전, 초기 르네상스의 자연주의적 기법으로 표현했다. 라파엘 전파
의 이념은 당시 많은 비판을 받았지만, 그들의 화풍은 1850년대와
1860년대 초반 많은 화가들에게 영향을 미쳤다. 라파엘 전파는 미
적 가치를 최고의 가치로 보고 모든 것을 미적으로 평가하는 유미주
의(aestheticism)의 등장에 영향을 미쳤다. 유미주의자들은 19세기
후반의 유행 의상과 상반되는 유미주의 복식(aesthetic dress) 운동

을 전개했는데, 1880년대까지는 일반대중에게 받아들여지지 못하
고 비난을 받았지만 1890년대 티가운(tea gown)의 유행을 시작으
로 해서 이후 전개되는 20세기 현대패션으로의 여성복 변화의 흐름
에 영향을 미쳤다(그림 3).

미술공예운동의 확산과 아르누보 디자인의 시작 19세기 후반
의 역사주의는 '중세의 장인정신을 회복하고자' 하는 미술공예운동
(arts and crafts movement)에도 영향을 미쳤다. '인간이 사용하는
물건을 만드는 공예가 저급한 기술의 수준이 아니라 가치 있는 예
술'이라고 주장한 미술공예운동을 기점으로 근대적 의미의 디자인
개념이 시작되었다. 모리스(William Morris)는 1861년 모리스·마
샬·포크너 상회(Morris, Marshall, Faulkner & Co.)를 설립해 태피
스트리, 스테인드글라스, 금속세공, 가구, 벽지 등을 디자인해 판매
하면서 기계에 의한 기쁨 없는 노동을 윤리적인 입장에서 비판하고,
예술적인 수공예품을 만들어야 함을 강조했다. 1875년 모리스상회

(Morris & Co.)로 이름을 바꾼 후 미술공예운동의 이념은 더욱 확산되어 1880년대에는 센추리길드(century guild of artists) 등 여러 공예길드들의 구성에 영향을 미쳤다. 특히, 보이지(Charles Voysey)를 중심으로 하는 예술제작자 길드(art-workers' guild)는 강의, 토론 등을 통해 미술공예운동 이념의 발전과 공예 교육을 강화시키는 역할을 했다(그림 4, 5).

기계문명의 영향에 반발해 수공예를 기반으로 하는 대중예술을 추구했던 미술공예운동은 시간이 지나면서 그 본래적 의미에서 벗어나 외면을 받기 시작하면서 새로운 미적 가치가 필요하게 되었다. 기계문명에 대한 반발과 19세기 말의 세기말적 경향(decadence)과 상징주의 미술 등의 영향으로 아르누보(art nouveau) 운동이 시작되었다. 1895년 개관한 화랑 '메종 드 라르 누보(Maison de l'Art Nouveau)'의 화려한 곡선미가 신선하게 받아들여지면서 아르누보라는 명칭이 생겨났다. 아르누보 양식을 독일에서는 유겐트스틸(Jugendstil) 그리고 이탈리아에서는 리버티(Liberty) 양식이라 불렀다. 1893년 영국의 미술잡지 스튜디오(The Studio) 창간호에 발표된 비어즐리(Aubrey Beardsley)의 작품을 시작으로 삽화나 포스터에도 특징적인 유기적 곡선미가 나타났다.

아르누보의 풍요로운 영감의 원천은 자연의 유기적인 생명체로서 꽃과 줄기를 주제로 하며, 나선형의 파도치는 것 같은 율동감을 표현했다. 여인의 부드러운 인체곡선과 헤어스타일도 아르누보의 곡선에 영감을 제공했다. 그래서 아르누보 양식은 '꽃과 여인의 양식' 또는 '당초 양식'이라 불리기도 했다. 아르누보 스타일은 유기적인 곡선 외에도 추상적이고 비대칭적인 구성을 특징으로 하는데, 당시 건축, 회화, 조각, 공예뿐만 아니라 세기의 전환 시기에 등장한 여성의 복식에도 영향을 미쳤다. 19세기 말에 등장해 20세기

05 ▲
센추리 길드의 맥머도의 저서 〈렌의 도시 교회들〉의 표지 (1833). 맥머도의 식물의 곡선을 활용한 역동적인 디자인은 아르누보 디자인의 초기 형태로 많이 인용되고 있다.

초에 유행한 S-실루엣 드레스는 여성의 유방에서 가는 허리, 뒤로 뺀 엉덩이, 길게 끌리는 트레인으로 이어지는 유기적인 곡선미를 강조하여 아르누보 스타일과 밀접한 관련성을 보여 준다. 꽃무늬 패턴, 가벼운 시폰이나 오건디 직물, 레이스나 러플 장식, 나팔꽃잎처럼 밑에서 퍼지는 고어 스커트 등은 아르누보의 율동감을 강조했다 (그림 6, 7).

06 ▲
와일드의 연극 〈살로메〉를 위해 비어즐리가 그린 〈공작새 스커트〉(1894). 비어즐리는 라파엘 전파 회화와 일본 목판화의 영향을 받아 섬세하고 장식적인 선의 양식을 확립했다. 아름다우면서도 병적인 선과 흑백의 강렬한 대조로 표현되는 단순하고 평면적인 형태는 퇴폐적 분위기로 가득 찬 환상의 세계를 낳으면서 아르누보의 일러스트레이션의 방향을 알렸다.

07 ▶
알폰스 무하, Job 회사의 광고 디자인을 실크에 프린트한 석판화(1896). 아르누보의 대표적인 일러스트레이터인 알폰스 무하가 그린 여인의 이미지들은 19세기 말에 선풍적인 인기를 얻었다. 일본 목판화의 평면성과 작은 패턴은 아르누보 일러스트레이션에 평면적인 선의 율동감 강조라는 특징을 가져왔으며, 상징주의 회화는 신비롭고 환상적인 색상이라는 특징을 가져왔다.

복식미

절제된 남성복과 화려하게 과장된 여성복

20세기 현대사회로의 변화를 눈앞에 둔 시점에서 남성복과 여성복은 다른 방향으로 전개되었다. 남성들은 산업사회의 활동에 적합한 편안한 복식과 신뢰를 줄 수 있는 절제된 디자인에 어두운 색상의 점잖은 복식을 추구했지만, 여성들은 당시대의 미의 기준을 따르고자 하는 욕구로 근세 이래로 지속되어온 신체를 구속하는 드레스로 화려하게 치장하였다.

수트를 입은 능력 있는 남성과 화려한 드레스를 입은 아름다운 여성
복식사에서 남성과 여성의 성차가 가장 크게 나는 시기는 19세기 후반 빅토리아시대이다. 19세기 후반에는 근대 자본주의가 확립되면서 돈과 성공이 존중되었고, 공장이나 사무실에서의 생활이 매우 중요해졌다. 계몽주의의 이분법에 근거해 남성은 공적인 영역에 나아가 경제활동을 수행해 돈을 벌어오는 가장의 역할을, 여성은 가정이라는 사적인 영역에서 아내와 어머니의 역할을 하는 이분법이 절정에 달했다.

따라서 남성들의 기본적인 가치는 성실성, 유능함, 단정함, 실용성, 자제력, 극기였고, 가장 적합한 형태로 받아들여진 것이 코트와 바지로 구성된 근대적인 수트이다. 특히, 19세기 말 남성복에서는 낭만주의시대까지 유지되던 허리를 조이는 실루엣 과장이 거의 사라져 박스형의 편안한 실루엣으로 차츰 변화하고, 묶기 편하고 오랫동안 형태를 유지하는 넥타이가 출현하는 등 실용성이 강화되었다.

그러나 결혼을 통해 경제적·사회적 지위를 획득했던 빅토리안 여성들에게는 아름다움이 힘이었고 몸을 가꾸는 것이 매우 중요한 일이었다. 19세기 말에 유행했던 버슬 실루엣, 아우어글라스 실루

엣, S—실루엣을 만들기 위해서는 코르셋, 버슬 등으로 신체를 매우 구속하고 변형시켜야만 했다. 그리고 버슬 드레스의 풍부한 드레이퍼리와 주름 장식은 여성들의 가는 허리로 엄청난 무게를 감당하게 했다. 이러한 19세기 말 여성복은 건강에 해로울 뿐 아니라 남성에 대한 여성의 종속적이고 열등한 사회적 지위를 상징한다는 비판을 받게 되었다(그림 8).

숙녀인 척하는 정숙성과 에로티시즘 버슬은 빅토리아시대 여성의 이중적인 가치를 내포하고 있다. 버슬은 원래 낭만주의시대의 타락성을 보안하고자 창안된 것으로, 여성의 인체미를 최대한 은폐시킴으로써 성적 자극을 저하시키고자 하는 것이 주된 목적이었다. 그러나 스커트가 엉덩이 중심부로 끌어당겨지면서 생기는 파상선은 오히려 남성의 시선을 엉덩이로 끌어들였고, 버슬로 부풀어진 풍만한 엉덩이는 성적 자극을 가중시켰다. 스틸(Valerie Steele)은 이를 '숙녀인 척하는 정숙성(prudery)과 위선적인 에로티시즘(hypocritical eroticism)'으로 설명했다.

정숙성과 에로티시즘의 이중성은 버슬을 넘어 당시 여성의 이상
미에도 적용된다. 빅토리안 여성미의 이상형은 가는 허리의 여인이
었다. 그래서 꼭 조인 코르셋을 입는 것이 미, 건강, 자세를 위해 필
요한 것으로 받아들여졌다. 그렇지만 꼭 끼는 코르셋을 입고 매일
더욱 조이는 연습을 해서 몸매와 자세를 극도로 변형시키는 것은 정
숙성의 입장에서는 부도덕한 것으로 여겼다. 이러한 이중성은 체면
을 중시 여기면서도 실제로는 에로티시즘을 강조했던 19세기 말 빅
토리아시대 말기 중산층의 가치와 태도를 반영한다.

반유행 복식운동

복식의 유행이 정립된 15세기 중반 이후 19세기
말까지 여성들은 획일적으로 유행을 쫓아왔다. 여성의 유행의상은
문제점을 갖고 있는 경우가 많이 있었는데, 특히 19세기 후반의 여
성복은 신체에 불편함과 긴장, 고통을 주는 스타일이었다. 당 시대
에 유행하는 패션 대신 '편안하고 아름다운' 새로운 의복을 제안
하는 움직임을 반유행 복식운동(anti-fashion movement) 또는 복
식개혁운동(dress reform movement)이라고 한다. 19세기 초 비치
는 슈미즈 드레스의 문제점에 대한 개혁을 시작으로 19세기 중반 이
후에는 복식개혁을 주장하는 목소리가 커졌다. 그 중 대표적인 것
이 복식의 여성해방이라는 사회적 이념이나 건강과 위생이라는 실
용성에 주목한 이성주의 복식운동과 복식의 심미적인 측면에 초점
을 맞춘 유미주의 복식운동이다.

이성주의 복식운동

1851년 미국의 페미니스트 밀러(Elizabeth Miller)는 당시 낭만주의
시인과 화가들이 중동풍의 복식에서 착안한 발목에 주름 잡힌 헐렁
한 바지 위에 짧은 드레스나 스커트와 조끼로 구성된 스타일을 이

성적인 의복으로 고안했다. 당시 페미니스트 잡지의 편집장이었던 블루머(Amelia Bloomer)는 그 의상을 본인이 직접 입었을 뿐 아니라 자신의 잡지를 통해 널리 알리는 역할을 했다. 그러나 이 의상은 언론이나 대중들의 비웃음거리가 되었고 블루머 자신도 1859년에는 착용을 포기함으로써 복식사에서 일시적으로 사라졌다가 30년이 지난 후 형태가 변형되어 여성의 운동복으로 돌아왔다. 1890년대에 체조, 승마, 자전거 등의 운동을 즐기는 여성인구가 늘어나면서 무릎 밑에서 조여 묶는 헐렁한 바지를 블루머(bloomer)라 부르게 되었다. 그리고 여성의 바지 착용은 남녀평등을 주장하는 사회운동의 상징이 되어 블루머주의(Bloomerism)라는 말도 생겨났다(그림 9).

09 ▲
이성주의 복식을 입고 있는 하버턴(Harberton) 자작부인(1890년경). 그녀는 20년이 넘게 바지 착용에 대한 캠페인을 전개했다.

10 ▶
자신이 개발한 이성주의 개혁 코르셋을 입고 있는 가슈 사로트(1892). 19세기 말에는 많이 착용되지 않고 20세기 이후에 받아들여졌다.

건강과 위생적인 측면에서의 비난과 개혁도 있었다. 꼭 끼는 코르셋은 허파와 심장, 복부에 압박을 가하고, 무거운 크리놀린, 버슬, 페티코트는 자궁의 변형을 가져오는 등 여성의 건강에 좋지 않다는 여론과 함께, 특히 코르셋을 개선하려는 노력이 많이 있었다. 눈에 띄는 바지의 착용이 사회적으로 비판을 많이 받았던 데 반해, 속옷은 눈에 띄지 않고 변형할 수 있기 때문에 사회의 이목을 집중시키지 않고도 변화를 시도할 수 있었다(그림 10).

1881년 런던에서는 이성주

의복식협회(rational dress society)가 결성되었다. 1890년에는 건강하고 예술적인 복식연합회(healthy and artistic dress union)가 창립되었고, 1891년에는 여성국립위원회에서 의복개혁위원회를 구성해 복식개혁에 대해 논의했다. 신체의 모든 부위를 따뜻하게 하기 위해 원피스로 구성된 속옷, 스타킹을 고정시킬 수 있는 베스트, 세탁이 가능하고 따뜻한 직물, 허리에 가해지는 무게를 줄일 수 있게 단추로 보디스에 연결시키는 스커트, 가벼운 소재로 만든 바지와 디바이디드 스커트 등을 선보였다. 남성 복식에서는 이미 확립되어 있는 실용성, 기능성, 합리성을 여성 복식에서도 추구한 것이다.

유미주의 복식운동

1850년대와 1860년대에 문학과 예술계에서는 예술적 복식(artistic dress) 디자인이 주목을 받았다. 라파엘 전파 화가들은 당시에 유행하던 크리놀린 실루엣이 코르셋과 스커트 버팀대에 의존하는 추하고 정직하지 못한 스타일이라고 비난했다. '라파엘 이전의 순수성'을 강조했던 그들은 중세예술이 신성하고 정직한 영감을 준다고 믿었다. 그래서 중세의 시나 우화, 전설에서 영감을 얻고, 당시 유행하던 크리놀린 대신 고딕시대 복식과 유사한 옷을 입은 여인을 그렸다.

　로세티(Rossetti)는 자연스러운 드레이퍼리가 있는 고딕시대의 의상과 유사한 드레스를 디자인해 그의 모델이자 부인인 시달(Elizabeth Siddal)에게 입혔으며, 라파엘 전파운동의 애호자였던 윌리엄 모리스의 부인도 이를 착용했다. 코르셋과 크리놀린을 사용하지 않고 자연스럽게 흘러내리는 실루엣, 어깨에 퍼프가 있는 줄리엣 소매, 채소 등 자연염료로 염색한 연한 색상, 예술적 자수 장식 등이 예술적 복식 디자인의 특징이다(그림 11).

11 ▲
윌리엄 모리스의 유일한 회화인
〈기네베르 여왕〉(1858), 테이트
갤러리 소장

예술적 복식 디자인은 1870년대에 사라졌다가 1880년대 유미주
의 복식운동(aesthetic dress movement)으로 다시 등장했다. 새로
운 유미주의 복식의 형태는 예술적 복식과 유사했지만, 예술적 복
식의 형태가 정직함과 순수함을 강조한 결과였던 데 반해 유미주의
복식의 형태는 정직함이 아니라 아름다움을 강조한 결과였다(그림
12, 13).

유미주의 또는 심미주의는 미적 가치를 최고의 가치로 보고 모든
것을 미적으로 평가하는 취향과 사상의 경향으로, 시와 비평, 순수
예술과 장식예술, 복식에 이르기까지 적용되었으며, 전통적이고 인
습적인 사고에 대해 심각한 도전을 꾀하기도 하였다. 라파엘 전파는
중세의 취미를 선택해 이상적인 아름다움에 대한 갈망을 표현했다
는 점에서 유미주의의 표본이 되었다. 오스카 와일드(Osca Wilde)
를 중심으로 한 유미주의자들은 미적 경험을 중시하고 아름다움을
삶의 보편적인 기준으로 삼았기 때문에 모든 예술가들이 건축이나
실내 장식, 복식디자인 등에 직접 참여했는데, 이는 유미주의 복식
운동이 일어난 계기가 되었다.

특히, 와일드는 허리를 조이지 않고 어깨부터 자연스럽게 떨어지는 실루엣의 단순한 복식을 착용할 것을 제안했다. 그리고 그리스의 드레이퍼리형 복식은 인체의 움직임을 자유롭게 할 뿐만 아니라 가장 아름다운 복식이라고 칭송하였다. 그런데 그리스 복식은 얇고 노출이 심해 정숙성의 기준에서 벗어난다고 생각했던 와일드는 어깨에 풍성한 주름을 잡고 소매를 단 넉넉한 모직 드레스를 선보이기도 했다. 당시 패션평론가로 활약하던 하웨이스(Mrs. Haweis)는 버슬 드레스의 인위적인 곡선미, 과다한 장식 그리고 화려한 색채를 비난했는데, 이러한 유행 복식을 원하지 않는 여성들을 위한 대안으로 유미주의 복식을 추천했다.

그런데 1880년대 유미주의 복식은 유미주의자들과 예술계의 보헤미안들 사이에서만 유행하고, 일반 대중에게는 확산되지 못한 채 오히려 언론의 비난을 많이 받았다. 하지만 집 안에서 여성들끼리 티파티를 즐길 때 착용하는 티가운에 영향을 미쳤다. 1890년대에는 유미주의 복식에 대한 긍정적 인식이 점차 성장하면서, 집에서만 입을 수 있었던 티가운을 여름 리조트웨어로 밖에서 입을 수 있게 되었다.

13 ▲
윌리엄 모리스의 딸 메이(1884). 유미주의 복식을 입고 있는 모리스의 딸은 로세티의 회화에 등장하는 여인들과 매우 유사한 이미지를 갖고 있다. 풍성한 긴 머리, 타원형 얼굴, 커다란 입술, 긴 목, 창백하고 마른 체격은 당시 유행하던 낭만주의의 여성상인 붉은 빰을 가진 인형에 반대되는 개성적인 스타일이었다.

복식의 종류와 형태
현대적인 남성 수트와 근대적인 여성 드레스

19세기말 복식의 형태는 20세기 현대적 복식으로 변화하는 전이적 경향을 띠고 있다. 남성복과 여성복의 변화는 다른 방향으로 전개되었는데, 남성복은 현대적 형태를 거의 완성했고 여성복은 근대적 형태의 기본적 특성을 아직 유지하고 있었다. 남성복은 허리를 강조하는 실루엣에서 박스형의 편안한 실루엣으로 차츰 변화하고, 실용적인 넥타이가 출현하는 등 실용적으로 변화했다. 여성복은 과시적 소비로 표현되는데, 버슬과 아우어글라스 실루엣, S-실루엣을 만들기 위해 코르셋, 버슬 등으로 신체를 매우 구속하고 변형시켰다. 그러나 다른 한편으로는 여성을 신체구속으로부터 해방시키고 보다 아름다운 복식을 입고자 하는 복식개혁(dress reform)의 움직임이 활발해졌다.

의복

19세기 후반 서양 여성복은 다른 어느 시대보다 빠르게 변화했다. 크리놀린 스커트의 부피는 1870년대로 접어들면서 뒤로 옮겨가 버슬 실루엣을 형성했다. 1880년대 후반 버슬의 부피는 최고로 과장되었다가 점차 사라지고, 1890년대에는 아우어글라스 실루엣으로, 1890년대 말에는 S-실루엣으로 변화되었다.

남성복에는 큰 변화가 없었는데, 이전 시기에 형성된 남성복의 기본 형식이 지속되어 현대 남성복의 원형이 되었다. 넥타이를 맨 셔츠 위에 조끼, 코트, 바지의 수트를 입었다. 그러나 스타일이 다양해지면서 때, 장소, 상황(T.P.O : Time, Place, Occasion)에 따라 약간씩 다르게 착용하였다. 특히, 이전 시기에 나타났던 예복과 평상복의 구별이 완전히 확립되었다.

버슬 드레스 (1870~1890)

1868년 워스(Charles Worth)는 엉덩이를 강조하는 버슬 스타일을 디자인해 여성복의 실루엣을 바꾸었다. 스커트 밑에 버슬(bustle)이라는 버팀대를 입어 엉덩이를 강조하고 오버스커트를 뒤로 올려 묶거나 긴 트레인을 달아 스커트의 뒤쪽 부피를 부풀렸다. 어깨와 진동둘레는 정상위치로 돌아와 보디스는 몸에 꼭 맞았다. 1878년부터는 엉덩이 아래까지 꼭 끼는 퀴라스 보디스(cuirass bodice)로 전체적으로 좁은 실루엣에 스커트의 아랫부분만 과장해 뒤가 끌리는 스타일이 유행했다. 좁은 실루엣을 만들어 내는 프린세스 드레스

파리의 디자이너 핑가(Pingat)의
버슬 드레스(1876). 골드와 청색
의 줄무늬 직물과 청색 직물의
대비효과가 골드 자수 레이스, 골
드 태슬과 조화를 이룬 디자인으
로 오버스커트 밑단 둘레의 태슬
과 재킷 칼라의 태슬이 균형을 이
룬다.

16 ▶
트레인 밑단에 더스트 러플이 달려 있고 엉덩이 아래까지 꼭 끼는 퀴라스 보디스의 버슬 드레스(1877). 1870년대 후반에 유행한 버슬 드레스는 무릎 아래까지 꼭 끼고 트레인이 매우 길었다.

17 ▶▶
데코타주 네크라인의 이브닝드레스(1877~1878). 좁은 프릴로 장식한 스커트와 플리츠를 장식한 트레인에 조화를 장식했다.

18 ▶
어깨부터 밑단까지 내려오는 프린세스라인이 있는 드레스를 입고 있는 조지아나 번 존스(1882). 조지아나는 라파엘 전파 화가였던 에드워드 번 존스의 아내이다. 앞중심의 프린세스 패널과 소매는 루시로 장식했다.

19 ▶▶
선반 모양의 버슬 드레스(1888). 1880년대 다시 등장한 버슬은 1870년대 초반의 버슬보다 훨씬 과장된 형태를 이루어 선반형 버슬이라 불리기도 했다. 줄무늬 직물은 버슬의 드레이퍼리 모양을 더욱 강조하는 효과가 있어 버슬 드레스에 많이 사용되었다.

20 ◀
버슬의 옆모양과 앞모양. 뒷부분
이 과장된 실루엣의 버슬 드레스
를 앞에서 보면 직선으로 내려오
는 원주형으로 보인다.

(princess dress)도 유행했다. 1883년부터는 버슬이 다시 등장했는
데 1870년대 초반의 버슬보다 더 크고 과장된 형태를 이루었다. 뒤
허리선에서 거의 직각으로 돌출해 엉덩이를 강조한 이 시기의 버슬
을 워터폴 백(waterfall back)이라 불렀다.

　버슬 드레스는 바스크(basques)라는 보디스와 스커트를 같은 천
으로 따로 구성해서 함께 입는 것이 일반적이었다. 하나의 스커트에
용도가 다른 두 개의 보디스를 구성하는 경우가 많았는데, 평상복용
보디스에는 스탠드칼라와 좁은 소매가, 이브닝드레스에는 어깨를
드러내는 깊게 파인 네크라인과 짧은 소매가 많이 이용되었다. 버슬
드레스에는 리본, 플리츠, 프릴, 플라운스, 브레이드, 태슬이나 프린
지 등을 많이 장식했는데, 특히 언더스커트는 무거울 정도로 과도하
게 장식되었다. 체크나 줄무늬 버슬 드레스도 유행했다. 또한 스커
트 밑단이 더러워지는 것을 막기 위해 페티코트에 더스트 러플(dust
ruffle) 또는 발레이외즈(balayeuse)를 달기도 했다.

1872

1872

1882~1883

1885

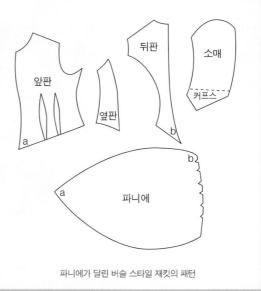

파니에가 달린 버슬 스타일 재킷의 패턴

아우어글라스 드레스 (1890~1900)

1880년대 말 여성의 드레스는 버슬의 크기가 줄어들면서 아우어
글라스(hourglass) 실루엣으로 변하였다. 아우어글라스 실루엣이란
거대한 소매에서 가는 허리로 그리고 벨(bell) 스커트로 이어지는 실
루엣이 모래시계 모양과 유사하다고 붙여진 이름이다. 버슬이 사라
지면서 스커트 부피의 과장은 사라졌지만 코르셋에 의한 가는 허리
선(wasp-waist)은 지속되었다. 소매는 거대한 퍼프(puff) 슬리브나
레그 오브 머튼(leg of mutton) 슬리브, 지고(gigot) 슬리브이며, 보
디스는 안감과 심감을 넣어 꼭 끼게 만들었고, 어깨에는 요크(yoke)
나 프릴 장식이 있었고, 하이네크라인이 일반적이었다. 스커트 모
양은 가는 허리선에서 꼭 끼고 엉덩이선 아래부터 자연스럽게 플

22 ▶

워스 하우스에서 디자인한 아우
어글라스 실루엣의 외출복(1895).
팔꿈치 윗부분을 크게 부풀린 지
고 슬리브와 플레어 스커트의 아
우어글라스 드레스이다. 19세기
말에는 부피가 과장된 모자가 유
행했다.

레어진(flared) A라인이었다. 이브닝 가운으로는 스퀘어 데코타주
(squared decolletage) 네크라인에 긴 트레인(train)이 있는 스커트
스타일이 애용되었다.

아우어글라스 드레스의 소매 부피는 1890년대 중반에 가장 커졌
다가 1897년 이후 점차 작아져 작은 퍼프나 어깨의 에폴렛(epaulet)
으로 변화했다. 1890년대 말에는 스커트 모양이 엉덩이 위에서 보다
꼭 끼고 무릎 바로 위부터 퍼지는 트럼펫(trumpet) 모양으로 변화하
면서 S-실루엣으로 변화하기 시작했다.

23 ▲◀
극단적으로 과장된 벌룬 슬리브
의 산책 의상(1895). 앞가슴과 엉
덩이, 목둘레에 있는 파상선 모양
의 장식은 당시 유행하던 아르누
보 양식의 영향을 보여 준다. 손에
든 작은 머프는 19세기 말의 대표
적인 장신구이다.

24 ▲
알폰스 무하의 광고 디자인을 실
크에 프린트한 석판화(1896). 아
우어글라스 실루엣의 이브닝드
레스를 입은 여인들이 무하의 아
르누보 일러스트레이션으로 표현
되어 있다.

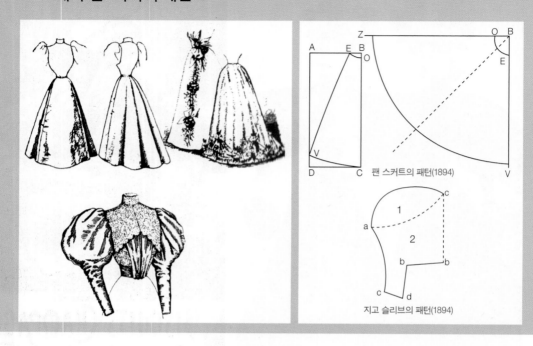

팬 스커트의 패턴(1894)

지고 슬리브의 패턴(1894)

아르누보 스타일 드레스 (19세기 말~20세기 초)

1890년대 말에는 가슴은 앞으로 내밀고 엉덩이까지 내려오는 긴 코르셋을 착용해 곡선적인 S-실루엣(S-curve silhouette)을 이루는 드레스가 등장했다. 여성의 곡선미를 강조했던 S-실루엣은 유기적인 곡선미를 강조했던 아르누보 양식과 유사하여 아르누보(art nouveau) 스타일로 불렸다. 이 실루엣은 에드워디언(Edwardian) 시대에 더욱 유행하게 된다. 매끄럽게 흐르는 곡선을 이루기 위해 코르셋은 엉덩이 아래까지 내려오도록 길어졌고, 가슴을 돌출시키기 위해 손수건이나 부드러운 헝겊을 가슴 속에 넣기도 했다. 색상은 주로 환상적인 것을 많이 썼고, 부드러운 분위기를 만들어 내기 위하여 시폰(chiffon), 조젯(georgette), 크레이프(crepe)나 얇은 리넨, 레

25 ◀
S-실루엣의 산책 의상(1898). 소매의 부피가 줄어들고 스커트의 폭이 좁아지면서 1900년대를 대표하는 새로운 실루엣으로 변화해 갔다.

26 ◀◀
부드럽게 흐르는 아르누보 곡선의 이미지가 강조된 산책 의상(1899). 앞으로 내민 가슴에서 엉덩이를 지나 스커트 밑단으로 이어지는 곡선을 이루기 위해 빅토리안 코르셋 대신 새로운 스타일의 S자형 코르셋을 입었다.

이스를 많이 사용했다.

　19세기 말과 20세기 초에는 미국의 일러스트레이터 깁슨(Charles Dana Gibson)이 그린 그림에 등장하는 여성이 이상적인 여성상이었다. 키가 크고 날씬하지만 큰 가슴에서 엉덩이로 이어지는 곡선적인 몸매를 가진 깁슨 걸(Gibson Girl)이 입고 있는 의상은 유행에 많은 영향을 미쳤다. 아우어글라스 실루엣과 S-실루엣 의상을 깁슨 걸 스타일이라고 한다.

속옷

드레스 안에 입는 속옷(underwear)으로는 드로어즈(drawers)와 슈미즈(chemise)를 입거나 드로어즈와 슈미즈가 하나로 연결된 콤비네이션(combination)을 입었다. 1870년대에 콤비네이션이 널리 채택된 이유는 이 시대 유행 드레스의 꼭 끼는 실루엣에 적합했기 때문이다. 코르셋(corset)은 퀴라스 보디스에서 드러나는 배 부분의 형태를 보정하기 위해 허리선 아래로 길어졌고 곡선적인 형태로 만들어졌다. 1890년대 말에는 S-실루엣 드레스가 등장하면서 가슴을 앞으로 내밀고 엉덩이를 뒤로 밀어주기 위해 앞면이 직선적인 형태로 변화했다.

스커트 형태를 유지하기 위해서 버슬과 페티코트(petticoat)를 입었다. 버슬은 대체로 두 가지 형태로 하나는 버슬 패드를 만들어 페티코트의 엉덩이 부분에만 달아 준 것이고, 또 하나는 강철로 틀을 만들어 페티코트 위에 입는 것이다. 스커트 밑단만 퍼지는 좁은 실루엣이 유행했던 1870년대 말에는 버슬 없이 밑단에 프릴이 달린 페티코트를 입었다.

19세기 후반의 코르셋

로맨틱 스타일 드레스의 어깨 부피 과장은 착시효과로 허리를 가늘어 보이게 했는데, 19세기 중반 이후 어깨 과장이 사라지면서 같은 효과를 주기 위해 허리를 더욱 심하게 조이기 시작하면서 새로운 스타일의 빅토리안 코르셋(Victorian corset)이 등장했다. 초기의 코르셋은 허리길이의 깔때기 모양(funnel-shape)이었지만, 빅토리안 코르셋은 허리 아래로 내려오는 곡선적인 형태로 나선형 철사를 이용해 과장된 곡선적 형태를 유지했다. 1870년대와 1880년대의 빅토리안 코르셋으로 허리를 조이면 두 가슴의 분리가 거의 없는 낮고 부피 큰 가슴과 아우어글라스 허리곡선이 완성된다.

세기의 전환점인 1890년대 말에는 앞면이 직선적인 S자형 코르셋(S-bend corset)이 등장했다. 매우 딱딱한 코르셋 버스크(busk)를 앞 중심에 끼워 넣은 이 코르셋은 가슴을 위로 향하게 하고 엉덩이가 뒤로 돌출되게 만든다. 원래는 복부에 압력이 덜 가해지도록 함으로써 건강에 이롭게 하기 위해 개발되었기 때문에 헬스 코르셋(health corset)이라고 불렸지만, 비정상적인 자세로 인해 오히려 여성들의 건강에 악영향을 끼쳤다.

한편으로는 코르셋을 두 부분으로 분리한 새로운 속옷이 등장했다. 허리부위를 가늘게 눌러주는 거들과 유사한 속옷, 그리고 가슴을 올려 어깨 끈으로 고정하는 브래지어와 유사한 속옷이 개발되었다. 1890년대 말에 개발된 가슴 바로 아래까지 오는 새로운 코르셋(bust bodice)은 브래지어의 시초로 볼 수 있다. 볼륨이 부족한 몸매를 위해 면 패드를 이용하기도 했다.

그런데 19세기에도 가난한 여성들은 일하는 데 적합하게 하기 위해 철이나 뼈로 만든 코르셋 대신 밧줄로 뼈대를 넣은 코르셋을 입었다.

27 ▲
가는 허리로 유명했던 배우 폴레르의 사진(1890). 당시에는 사진에 보정을 많이 했기 때문에 실제보다는 과장되었을 것으로 추측된다. 그러나 "그녀의 가는 허리는 두 손의 손가락으로 만드는 원 안에 들어올 것이다" 라는 표현을 통해 그녀의 허리가 얼마나 가늘었는지를 짐작할 수 있다.

29 ▲
새틴과 가죽으로 만든 코르셋(1883). 가죽으로 만든 앞여밈 부분에 스푼 버스크(spoon busk)가 있다. 19세기 후반에 새로 등장한 스푼 버스크는 위에 해가 없도록 하기 위해 고안된 것이다.

28 ▲
면, 금속 버스크, 본으로 만든 코르셋(1868~1873). 가슴둘레가 84cm, 허리둘레가 54cm이다.

30 ▲
봉제선이 없는 코르셋(1893). 54개의 살대를 사용했다.

앞   뒤

31 ▲
코르셋의 앞모양과 뒷모양(1885~1889). 가슴둘레가 89cm, 허리둘레가 59cm이다. 19세기 후반의 코르셋은 앞에서는 버스크로 여미고 뒤에서는 끈으로 엮어서 죌 수 있도록 되어 있다.

32 ▶

철사와 면직물로 만들어진 버슬
(1870년대). 철사를 안에 넣어 형
태를 만든 것을 철사로 위로 연결
해 형태를 유지하게 했고, 뒤의 아
랫부분에는 실크 태피터로 만든
플리츠를 달았다.

33 ▶▶

철사와 면직물로 만들어진 버슬
(1870년대).

34 ▶

철사 후프와 리넨 테이프로 만들
어진 버슬(1870~1874).

35 ▶▶

여러 가지 모양의 버슬

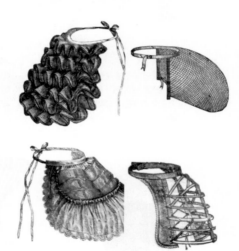

티가운

1870년대 초에는 여성들끼리 집에서 티파티를 즐길 때 착용하는 티가운(tea gown)이 새롭게 등장했다. 티가운은 코르셋을 입지 않는 넉넉한 스타일로 어깨부터 자연스럽게 내려오는 실루엣을 이루었다. 라파엘전파(Pre-Raphaelite Brotherhood)의 영향을 받은 유미주의 복식(aesthetic dress)은 유미주의자들 사이에서만 유행한 한계가 있었지만, 일반 여성들의 패션인 티가운의 등장에 영향을 미친 것이다. 1890년대에는 집에서만 입던 티가운이 여름 리조트웨어로 유행하면서 집 밖에서도 입을 수 있게 되었다.

36 ▼ ◀
제임스 맥닐 휘슬러의 〈레이랜드 부인〉(1871~1873). 유미주의 드레스는 1880년대 유행한 티가운의 원형이 되었다. 뉴욕 프릭 컬렉션 소장

37 ▼
실크 새틴 위에 실크 시폰, 레이스, 리본, 프린지가 있는 티가운 (1905).

테일러드 패션

1890년대에는 같은 직물로 만든 재킷과 스커트를 셔츠웨이스트와 함께 착용하는 외출복이 유행했다. 이러한 수트는 남성복의 영향을 받은 테일러드수트(tailored suit)부터 러플과 레이스 등으로 화려하게 장식한 스타일까지 다양했다. 테일러드수트는 여성복 제작자(dressmaker)가 아니라 남성복 제작자(tailor)가 만들었다(그림 38).

수트와 함께 입는 셔츠웨이스트(shirtwaist) 또는 웨이스트(waist)는 남성 셔츠처럼 보이는 스타일부터 레이스, 자수, 프릴 등으로 장식한 스타일까지 다양했는데, 레그 오브 머튼 슬리브와 하이 네크라인이 주를 이루었다. 셔츠웨이스트는 직장여성에게 인기를 끌었고, 미국 기성복 산업의 성장에 기여한 첫 번째 상품이었다. 레그 오브 머튼 슬리브가 있는 셔츠웨이스트는 깁슨 걸(Gibson Girl) 스타일에 자주 등장해 후대에 깁슨 걸 블라우스(Gibson Girl blouse)라는 명칭을 갖게 되었다.

여성의 외투

1870년대와 1880년대 여성의 외출용 재킷은 일반적으로 뒤에서는 꼭 끼고 앞은 여유 있는 스타일이었는데, 버슬의 형태 변화에 따라 재킷의 형태도 변화했다. 코트로는 붙였다 떼었다 할 수 있는 후드나 케이프가 있고 허리에 벨트를 두르는 얼스터(ulster), 넓은 소매가 달린 돌먼(dolman)이 있었다. 1890년대에는 아워글라스 드레스의 커다란 소매로 인해 어깨에 높은 퍼프가 있는 케이프가 많이 착용되었다.

여성의 스포츠웨어

19세기 후반 여성들은 활동적인 스포츠에 점점 더 많은 관심을 갖

38 ▲
여성의 테일러드 패션(1893). 레그 오브 머튼 슬리브가 달린 테일러드재킷과 조끼, 스커트, 풀 먹인 높은 칼라와 커프스의 셔츠웨이스트로 구성된 19세기 말 여성의 테일러드 수트

39 ▼
워릭 백작부인(1886). 흰색의 이브닝드레스 위에 모피로 선을 두른 수놓은 외투를 입었다. 1880년대의 외투는 버슬의 부피 때문에 뒤가 오픈된 형태가 많다.

기 시작했다. 그러나 1870년대 테니스, 골프 또는 산책을 위한 스포
츠웨어는 길이가 약간 짧긴 했지만 버슬 위에 정교한 드레이퍼리
를 장식한 일반 복식과 유사한 형태였다. 1870년대 수영복(bathing
costume)은 무릎길이의 블루머(bloomer)와 스토킹(stocking) 위에
오버스커트를 입고 머리에 캡(cap)을 썼는데, 소매는 점점 작아져
1885년에는 슬리브리스(sleeveless) 수영복이 등장했다. 1880년대
승마복(Riding habits)은 같은 직물로 된 재킷과 스커트, 하이칼라
셔츠, 톱 해트(top hat)와 베일(veil)로 구성되었다. 스커트 안에 버
슬을 입지는 않았지만, 재킷은 유행 실루엣을 따랐다.

1890년대에는 여성의 활동에 대한 사회적 태도가 변화하고 여성
의 건강을 위한 이성적 복식(rational dress)이 폭 넓게 논의되면서
여성을 위한 스포츠웨어가 크게 발전했다. 벨트를 맨 셔츠웨이스트
와 넓은 스커트의 하키복이 등장했고, 사이클링을 할 때 오버스커트
없이 블루머만을 착용하는 여성들이 증가했다. 특히, 블루머는 영국
이나 미국보다는 파리에서 더 일반적으로 입혀졌다.

40 ▲
블루머를 입고 자전거를 타는 여성(1894). 1890년대 후반 사이클링 의상은 재킷과 폭이 넓은 스커트 또는 재킷과 블루머였다. 영국에서는 블루머를 레이셔널즈(rationals)라 부르기도 했다. 스커트로 보일 정도로 많이 부풀린 블루머도 있었다.

코트

코트는 남성복에서 가장 중요한 아이템이었다. 프록코트의 유행은
19세기 후반까지 지속되었는데, 프록코트는 일상복으로 입었을 뿐
아니라 결혼식, 장례식에서의 예복이나 비즈니스웨어로도 착용되
었다. 그러나 1890년부터 일상복으로는 색코트가 일반화되었고, 예
복으로는 모닝코트가 더욱 사랑받게 되었다. 저녁모임을 위한 가장
공식적인 예복으로는 어두운 색상의 테일코트를 입었고, 보다 가벼
운 저녁모임에는 턱시도를 입었다.

남성예복으로는 일반적으로 프록코트, 실크 라펠이 있는 조끼에
줄무늬 바지를 또는 같은 직물의 코트와 조끼에 대비되는 색상의

41 ▲
독일의 잡지 〈유겐트〉의 1896년 9월호 표지. 여성의 수영복으로 풍성한 블루머 위에 아워글라스 실루엣의 스커트를 입는 스타일과 슬리브리스 수영복이 보인다. 이 잡지의 이름에서 독일의 아르누보 양식을 의미하는 유겐트스틸이라는 용어가 나왔다.

바지를 착용했다. 코트, 조끼, 바지를 모두 같은 직물로 만든 디토 (ditto) 수트는 보다 일상적인 생활에 적합한 의상으로 점차 대중화 되었다. 특히, 단추가 높이 달린 색코트로 구성된 디토 수트를 많이 입었다(그림 42).

42 ▶
조반니 볼티니의 〈로베르 드 몽 테스키우 페센자크 백작〉(1897), 같은 소재로 코트, 재킷, 바지를 만든 디토 수트. 파리 오르세 미 술관

빅토리아 여왕 시대의 대표적인 남성 예복이었던 프록(frock)코트는 허리선까지 몸에 꼭 맞고 허리선부터 퍼지는 아워글라스 실루엣의 무릎 길이 코트이다. 일반적으로 뒤트임(vent)이 있고, 라펠의 끝을 다른 천으로 구성했으며, 싱글브레스티드 또는 더블브레스티드였다(그림 43, 44).

43 ▲
〈폴 휴고의 초상〉(1878). 1870년대의 파리 남성복의 특징을 잘 보여 주는 패션. 대비되는 칼라의 코트, 시계줄로 장식한 조끼, 넓은 애스콧 타이, 앞이 네모난 구두와 톱 해트를 쓰고 있다.

44 ◀
프록코트를 입고 애스콧 타이를 맨 남성과 색코트를 입고 리본 타이를 맨 남성

45 ▲
모닝코트와 옆선에 선을 장식한
바지로 구성된 여름 수트(1875)

46 ▲▶
패션 리더였던 영국 황태자(후에
에드워드 7세)(1875). 모닝코트,
조끼, 밝은 색상의 바지를 입고
톱 해트를 썼다. 바지에는 앞 주
름이 아니라 봉제선을 이용한 라
인이 보인다.

47 ▲▶▶
영국의 비어트리스 공주와 바텐
베르크의 헨리왕자(1885). 칼라,
여밈선, 밑단선 둘레로 선을 장식
한 모닝코트. 코트의 단추가 높게
달려 포 인 핸드 타이와 윙칼라 셔
츠가 적게 노출된다.

모닝(morning)코트는 1870년대에 비공식적인 일상복으로 입혀
지다가 1890년대부터는 공식적인 예복의 역할을 하게 되었다. 뒷길
의 길이는 무릎까지 오지만 앞길의 자락이 뒤쪽을 향해 사선으로 재
단되고 앞 중심에서 하나의 단추로 여며 조끼의 아랫부분과 바지 앞
부분이 드러나 보인다. 사선으로 재단된 형태로 인해 미국에서는 컷
어웨이(cutaway)라고 불렸다(그림 45~47).

오늘날 남성용 테일러드 재킷과 유사한 색(sack)코트는 보다 캐
주얼한 상황에서 착용되던 스타일로 영국에서는 라운지(lounge)코
트 또는 라운지재킷이라 불렸다. 프록코트나 모닝코트와는 달리 허
리재봉선(waist seam)이 없는 박스형으로 프록코트보다 길이가 짧
고 소매통이 넓어 활동하기에 편했다(그림 48, 49).

가장 공식적인 이브닝웨어는 어두운 색상의 테일(tail)코트였다.
뒤에는 무릎길이의 테일이 두 개 있고 앞과 옆은 허리길이여서 마
치 코트의 앞부분이 사각형으로 잘려나간 것처럼 보이며, 위보다 아
래가 약간 좁은 실루엣을 형성했다. 앞 중심 양쪽에 달린 단추는 단

지 장식용으로 앞에서 여미지 않았으며, 새틴 라펠의 리버스 칼라가 달렸다. 1880년대 중반에는 보다 가벼운 저녁모임에 입을 수 있는 디너(dinner)재킷이 등장했는데, 미국에서는 턱시도(tuxedo)라 불렀다. 턱시도는 박스형의 여유 있는 형태에 새틴 숄칼라가 달렸다.

스포츠를 즐길 때는 예복용 코트 대신 스포츠 재킷을 입었다. 블레이저(blazer)는 색코트와 유사하게 여유 있는 형태에 패치(patch) 포켓과 청동단추가 달렸다. 해양 스포츠를 즐길 때 뿐만 아니라 캐주얼한 활동에 널리 활용되었다. 사냥이나 골프 등을 즐길 때 입었던 노퍽(norfolk)재킷은 엉덩이 길이로 뒤에 맞주름이 있고 허리에 벨트를 둘러 활동하기 편하고, 튼튼한 트위드로 만들어 실용적이었다. 주로 같은 직물로 만든 무릎길이의 니커보커즈(knickerbockers)와 함께 입었다.

1870년대에는 코트의 단추가 높게 달리는 경향이 있어서 안에 입는 조끼(waistcoat or vest)가 중요하지 않았다. 주로 코트와 같은 직물로 만들었으며, 직선적인 앞 허리선에 칼라와 라펠이 있는 것이 일반적이었다. 그러나 1890년대 코트를 여미지 않고 입는 것이 유행하면서 조끼가 많이 드러나게 되었다. 대비되는 색상의 조끼가 유행하게 되고, 장식적인 직물을 사용하게 되었다. 칼라와 라펠이 없는 것도 많았고, 싱글브레스티드가 일반적이었다. 공식적인 저녁 행사에서 테일코트와 함께 착용하는 조끼는 일반적으로 더블브레스티드였고, 어두운 색상을 선호하는 경향이 있었다.

발목길이 바지가 정착한 이후로 기본적인 구성은 현재까지 크게 변화하지 않았는데, 19세기 후반의 바지는 직선적이고 약간 좁았다. 테일코트와 함께 착용하는 바지는 더 좁았고 코트와 같은 직물로 만들었으며, 양옆에 두 줄의 브레이드를 장식했다. 1890년대에는 영국 황태자(후의 에드워드 7세)에 의해 주름잡은 바지가 유행

48 ▲
싱글 브레스티드의 라운지재킷 (1884). 앞여밈선이 사선으로 재단되어 모닝코트와 유사해 보이지만 허리재봉선이 없는 라운지재킷 또는 색코트이다.

49 ▼
더블 브레스티드의 색코트(1886). 더블 브레스티드의 색코트와 세일러해트로 구성된 해변 의상

하게 되었다. 무릎길이의 니커보커즈는 골프, 사냥, 테니스 등의 스포츠를 즐길 때에만 입었다(그림 51, 52).

50 ▲
리퍼 재킷을 입고 있는 레오폴드
(Leopold) 왕자(1870). 레오폴드
왕자는 황태자(에드워드 7세)처럼
새로운 패션을 받아들이는 데 매
우 빠른 패션리더였다. 홈버그 모
자와 포 인 핸드 타이를 착용한 선
두주자이다. 루이즈(Louise) 공주
는 버슬 드레스 위에 모피를 장식
한 짧은 재킷을 입고 있다.

51 ▶
19세기 말의 골프웨어(1889). 체
크무늬 색코트와 니커보커즈에
작은 캡을 쓰고, 긴 스타킹과 볼
이 좁은 구두를 신었다.

코트, 재킷, 오버코트의 구분

서양복식사에서 코트(coat), 재킷(jacket) 그리고 오버코트(overcoat)는 의미를 혼동하기 쉬운 용어이다. 오늘날 한국에서 코트는 '추위를 막기 위하여 겉옷 위에 입는 옷', 즉 외투의 뜻으로 사용되고 있지만 서양복식사에서 코트는 남성복 상의를 의미했고, 현대에는 재킷이 남성복 상의를 의미하고 있기 때문이다.

중세 남녀의 복식이었던 코트(cotte)를 어원으로 하는 코트(coat)는 중세 후기 이후 허리길이의 남성복 상의를 의미하게 되었고, 근세에 이르러 다시 길어져 몸에 꼭 맞는 무릎길이의 남성복 상의로 변화했다. 19세기 초에는 언더코트(undercoat)와 오버코트(overcoat)로 의미가 분화되었다. 언더코트라는 용어는 현재에는 사용하지 않지만 프록코트나 모닝코트 등의 코트가 언더코트에 해당하고, 이러한 코트 위에 입는 오버코트는 코트보다 길고 넉넉한 형태였다. 오버코트는 외투로써의 케이프(cape)와 클록(cloak)을 대체하게 되었다. 현대에 재킷(jacket)은 엉덩이를 가리는 짧은 길이의 상의를 총칭하는데, 19세기에는 특정 스타일의 코트를 언급하는 데 사용되었다. 19세기 중반 이후에 등장한 짧은 색코트를 영국에서는 라운지재킷이라 불렀으며, 색코트가 변형된 턱시도를 디너 재킷이라 불렀다.

셔츠와 넥타이

1870년대 남성복의 중요한 혁신은 셔츠에 패턴이 있는 직물을 사용하게 되었다는 것과 보타이에서 현대적인 넥타이와 애스콧타이로의 변화가 본격화되었다는 점이다.

셔츠의 스탠딩 칼라는 점점 넓어졌는데, 1890년대에는 3인치 높이에 달했다. 1870년대부터 스탠딩 칼라의 앞 중심 끝을 꺾어 놓은 윙 칼라가 유행했고, 1880년경에는 현재의 와이셔츠처럼 커프스, 요크의 형태가 정착했으며 스트레이트(straight)칼라 등 칼라의 종류가 다양해졌다. 캐주얼한 상황에서는 다양한 색상의 줄무늬 셔츠를 입기도 했다. 격식을 차린 예복에는 앞가슴에 플리츠 없이 뻣뻣하게 풀 먹인 천이나 플리츠나 핀턱을 장식한 흰색의 보일드(boiled) 셔츠를 입었다.

현대적인 넥타이의 등장은 복식의 현대화로 해석할 수 있다. 산업혁명 이후 생활방식의 변화로 인해 남성들은 착용하기 쉽고, 편안하고, 하루 종일 풀리지 않는 넥웨어(neckwear)를 필요로 했다. 이러한 요구에 따라 길고, 얇고, 묶기 편한 넥타이가 탄생했다. 영국에서는 이를 포 인 핸드(four in hand)라 불렀는데, 그 매듭이 네 마리의 말이 끄는 마차의 고삐를 닮았기 때문에 붙여진 이름이다. 넓은 플랩을 접어 가슴에 핀으로 고정하는 애스콧타이(ascot tie)도 새롭게 등장했다. 이브닝웨어에는 여전히 흰색의 좁은 보타이를 착용했다.

53 ▶
윙칼라 셔츠와 좁은 보타이

54 ▶▶
윙칼라 셔츠와 애스콧타이

55 ▶▶▶
턴오버칼라 셔츠와 포 인 핸드타이

남성의 외투

오버코트(overcoats)의 길이는 일반적으로 종아리 길이였는데, 1870년대에는 약간 짧았지만 1880년대와 1890년대에는 좀 더 길어졌다. 프록코트 위에는 허리재봉선이 있고 허리를 꼭 맞게 강조한 톱 프록코트(top frock coat)를 입었다. 허리재봉선이 없는 박스형의 체스터필드(chesterfield)코트는 색코트의 유행과 함께 19세기 후반의 대표적인 오버코트로 사랑받았다. 이전의 오버코트들은 대부분 더블브레스티드였지만, 체스터필드코트는 싱글브레스티드도 가능했다. 모피로 안감을 댄 긴 오버코트는 부를 상징했다.

그 외에, 앞에서는 케이프로 보이지만 뒤에서는 일반적인 오버코트처럼 보이는 인버네스 케이프(inverness cape)와 떼었다 붙였다 할 수 있는 후드와 허리벨트가 있는 얼스터(ulster)를 입었다.

56 ▲
체스터필드코트

57 ◀
톱 프록코트와 케이프코트

아동복

19세기를 통해 아동들은 비교적 비슷한 스타일을 입었다. 특히, 유아나 어린 아동의 복식이 비슷했는데, 흰색의 긴 드레스, 일명 프록(frock)을 입거나 그 밑에 속바지인 드로어즈(drawers)를 입었다.

5, 6세 이후 남자 아동은 스커트를 입지 않고, 바지나 니커즈(knickers)를 입었다. 1870년대경 니커즈는 18세기의 무릎까지 오는 브리치즈와 비슷하게 꼭 끼었으며, 1880년경부터 무릎까지 오는 짧은 반바지 형태로 변했다. 수트는 크리놀린시대와 마찬가지로, 이튼(Eton) 수트, 세일러(sailor) 수트 등을 입었고, 어른들과 마찬가지로 리퍼 재킷이나 노퍽 재킷, 스포츠용으로 줄무늬가 있는 플란넬 블레이저를 입었다. 그리고 소설 《소공자》의 영향으로 레이스 칼라 블라우스와 검은색 벨벳 수트로 이루어진 소공자 룩이 유행했다.

여자 아동도 성인 여자와 비슷한 실루엣의 드레스를 입었는데, 길이가 약간 짧았다. 버슬 드레스가 유행할 때는 버슬 스타일을 입었으며, 1880년경 퀴라스(cuirass) 스타일이 유행했을 때는 어깨에서부터 스커트 단까지 일자로 내려오는 드레스를 입고 스커트 단에서 몇 인치 올라간 위치에 벨트를 맸다. 1890년대경에는 어른과 마찬가지로 커다란 레그 오브 머튼 슬리브가 있는 드레스를 입었다. 그 외 러시안 블라우스, 스카치 줄무늬 드레스, 스목(smock) 드레스와 세일러 드레스를 입었다.

어린 남자 아동은 드레스를 입었을 때 머리를 약간 길게 했으나, 바지를 입었을 때는 어른과 같이 짧게 잘랐다. 소녀들은 길고 자연스럽게 웨이브가 있는 머리 스타일을 했는데, 커다란 리본으로 머리를 장식하기도 하였다. 남자 아이들은 캡을 쓰기도 하였으며, 남녀 아동 모두 세일러 해트를 쓰기도 했다.

58 ▲
세일러수트를 입고 세일러 해트를
쓴 조지 왕자(1870)

59 ▲
19세기 후반 유행했던 소공자 룩

60 ◀
스목 드레스를 입고 티파티를 하고 있는 어린이들(1880년경)

61 ◀
덴마크의 루이즈 왕비와 손녀들 (1882). 좁은 퀴라스 보디스가 유행했던 시기로 어린 공주들도 좁은 드레스를 입고 있다.

62 ▶
크게 장식한 모자를 쓴 여성들과
보울러를 쓴 남성들(1890년대)

63 ▲
1860년대 말의 정교한 헤어스타
일(1868~1869)

64 ▼
앞에 다이아몬드 별을 장식한 헤
어스타일(1891)

헤어스타일과 머리 장식
19세기 후반 남성의 헤어스타일로는 짧은 머리와 콧수염이 유행했다. 턱수염이나 구레나룻을 콧수염과 함께 기르기도 했지만, 콧수염만 기르고 깨끗이 면도한 얼굴을 선호하는 경향이 있었다. 일반적으로 보울러(bowlers)를 많이 썼고, 페도라(fedora)나 홈버그(homburg) 등 다양한 형태의 부드러운 펠트 모자가 있었다. 가장 공식적인 이브닝웨어로는 이전 시대와 마찬가지로 실크 톱 해트(top hats)를 애용했고, 해상스포츠를 즐길 때는 납작한 밀짚모자(flat straw boaters)를 썼다.

1870년대에는 여성 드레스의 실루엣이 좁아지고 하이네크라인이 유행하면서 위로 높게 올린 헤어스타일이 유행하게 되었다. 옆머리는 붙이고 이마에 프린지(fringe) 또는 뱅(bangs)을 내리고 나머지 머리는 높게 매듭을 짓거나 작은 컬을 만들어 정교하게 쌓아 올렸다. 올린 머리 위에 챙이 달린 작은 모자를 썼다.

1880년대 후반에는 모자가 커지면서 리본, 레이스, 깃털, 꽃, 플라운스 등을 과도하게 장식했다. 실내에서 모자를 쓰는 관습은 나이 든 여성들에서만 유지되었다. 1890년대에는 깊고 부드러운 웨이브의 깁슨 걸(Gibson girl) 헤어스타일이나 퐁파두르(Pompadour) 헤어스타일을 즐겨했다. 모자는 외출할 때만 착용하게 되었고, 페이스베일(face veil)이 유행했다. 깃털로 장식한 커다란 모자가 유행했는데, 이를 영국 디자이너의 이름을 따서 루실(Lucile)이라고 하거나 당시 패션 리더였던 여배우 릴리 앨리스(Lily Elsie)가 메리 위도(The Merry Widow)라는 연극에서 썼던 모자라고 하여 메리 위도라고도 불렀다.

65 ▲
1890년대 말에 유행했던 헤어스타일

66 ◄
가는 목과 어깨를 강조해 주는 1890년대의 거대한 모자

67 ▼
테일러드 수트에 타이를 매고 밀짚모자의 일종인 보우터를 쓴 여성(1895)

신 발 19세기 후반 남성들은 활동하기에 편하도록 발목까지 오는
부츠나 구두를 신었다. 부츠와 구두는 앞에서 끈으로 엮어 묶었다.
에나멜 가죽으로 만든 구두, 옥스퍼드화(oxfords), 고무바닥에 캔버
스로 만든 운동용 구두 등이 유행했다. 무릎길이의 부츠는 니커보커
즈를 입고 사냥할 때에만 착용했다. 니커보커즈를 입고 사이클링이
나 골프를 즐길 때는 무릎길이 양말과 낮은 구두를 신었다.

　1870~1880년대 여성의 구두와 부츠는 앞부리가 뾰족하고 중간
높이의 힐이 유행했다. 1890년대에는 앞부리가 둥근 구두가 유행했
다. 부츠보다는 구두를 더 애용했는데, 부츠는 종아리 아래까지 올
라오는 높이에 앞에서 끈으로 엮어 묶거나 단추로 여몄다. 테니스
등 스포츠에는 바닥이 고무로 되고 캔버스나 벅스킨(buckskin)으로
만든 구두를, 하이킹이나 스케이트를 탈 때는 부츠를 신었다.

68 ▼
19세기 말 여성의 구두

장신구　남성들은 남자가 보석류로 치장하는 것은 남성답지 못하다고 여겼기 때문에, 시계나 커프스단추, 타이핀만을 장식할 수 있었다. 그 외에 장갑과 지팡이를 들고 다녔다.

여성들은 장갑, 부채, 파라솔, 머프, 보아 등을 애용했다. 평상시에는 주로 짧은 장갑을 꼈고, 어깨를 드러내고 소매가 없는 이브닝드레스에는 부드러운 가죽이나 스웨이드로 만든 팔꿈치나 어깨까지 올라오는 긴 장갑을 꼈다. 머프는 작은 사이즈를 선호했지만, 파라솔은 리본과 레이스로 장식한 큰 파라솔이 유행했다. 평상복에는 여성들도 보석을 거의 사용하지 않고, 이브닝드레스에 보석으로 만든 목걸이, 귀걸이, 머리핀을 장식했다. 영국 황태자비인 알렉산드라(Alexandra)의 영향으로 벨벳 리본을 목에 둘러 뒤에 늘어뜨리는 초커(choker necklace)와 보석 박힌 칼라목걸이(jewelled collars)가 유행했다. 특히, 세기말에는 아르누보의 영향을 받은 화려한 보석 장신구들이 사랑받았다.

69 ◀◀
세기의 전환점 시기에 유행했던 외알 안경을 쓴 남성(1900)

70 ◀
알렉산드라 황태자비의 영향으로 유행한 초커 스타일 목걸이를 한 여성(1885). 머리와 가슴, 버슬에 꽃을 장식했다.

71 ▶
영국 황태자(에드워드 7세)의 부인
인 알렉산드라 황태자비는 1890
년대 여성의 이상미였다. 제복을
입고 있지만 당대의 세련된 패션
을 참고로 하고 있다.

화 장 정숙한 빅토리안 여성상의 영향으로 립스틱과 메이크업을 부도덕한 것으로 여겼다. 그러나 약한 향수와 크림, 미용비누, 쌀가루 파우더를 사용했다. 특히, 사치가 아니라 건강상의 이유로 사용하는 조제 화장품은 사용할 수 있었는데, 주로 의상제작자들로부터 구입했다. 그리고 시중에 판매되는 메이크업 제품의 독성에 대한 인식이 확산되면서 직접 화장품을 만들어 쓰는 방법이 유행하기도 했다.

72 ◀
향수회사 겔랑(Guerlain)은 유제니 황후의 애용으로 인기를 끌게 되었다. 1889년에 출시된 겔랑의 지키(Jicky)는 현대적 향수로의 혁신이었다.

영화 속의 복식_〈순수의 시대〉, 〈물랑루즈〉

영화 〈순수의 시대〉(1993)에 나타
난 버슬 드레스의 고증과 〈물랑루
즈〉(2001)에 나타난 19세기말 테
일러드 수트의 고증

순수의 시대

물랑루즈

Historical Mode

칼 라거펠드는 르네상스 시대의 새
시 장식을 재킷에 적용하면서 거대
한 러프칼라를 현대적인 라운드 칼
라로 변형하였고, 준야 와타나베는
거대한 러프칼라의 부피를 더욱 과
장한 극단적인 디자인을 선보였다.
　19세기 말 여성복을 대표하는 버
슬 드레스의 형태는 20세기말 여러
디자이너들에 의해 재해석되었다.
요지 야마모토(1986 A/W)는 스커트
속에 입던 버슬을 노출시키면서 야
구모자와 함께 조화시켜 현대적으로
재해석했고, 빅터 앤 롤프(1994)는
18세기 남성복과 조화시켰고, 후세
인 샬라얀(2000 S/S)는 기계 작동으
로 움직이면서 버슬 형태로 변화하
는 현대적 버슬 드레스를 선보였다.

주요 인물

찰스 워스 Charles F. Worth (1825~1895)

영국 출신으로 프랑스에서 활동했던 패션디자이너. 1846년 파리로 이주하여 패션제작을 시작한 후 유제니(Eugénie) 왕비의 전속 디자이너로 명성을 얻게 되었다. 19세기까지 패션 리더는 왕과 왕비였고, 재단사나 재봉사는 그들의 주문에 따라 단순히 재단과 봉제를 하는 기술자에 불과했다. 그러나 워스는 패션은 여성을 아름답게 하는 작업이므로 이를 수행하는 사람은 미를 창조하는 예술가라고 생각하고, 버슬 스타일 등의 새로운 스타일을 창조해 내고 자신의 의상에 서명(signature)과 상표(brand)를 도입하여 복식사상 최초로 패션 리더 역할을 하는 패션 디자이너가 되었다.

에드워드 7세 Edward VII (1841~1910)

영국 윈저왕가의 왕(재위 1901~1910). 빅토리아 여왕의 장남으로 국제 외교에 많은 역할을 했다. 청년시절부터 프랑스를 비롯한 여러 나라를 여행해 국제적 안목이 있고 스포츠·문화 등에도 조예가 깊어 왕에 오르기 전인 19세기 후반부터 영국의 황태자로서 남성 패션 리더의 역할을 했다. 1890년대에는 그의 영향으로 주름잡은 바지가 유행했고, 홈버그 모자를 영국에 소개했다. 황태자비였던 알렉산드라는 19세기 말 여성미의 이상형으로서의 역할을 했다.

릴리 랭트리 Lillie Langtry (1853~1929)

영국의 여배우로 본명은 에밀리 샤롯데 르 브레톤(Le Breton)이며 저지 아일랜드 출신어어서 '저지 릴리(Jersey Lily)'라는 별명으로 불렸다. 클래식한 얼굴과 환상적인 몸매의 빼어난 미모를 자랑했던 그녀는 훗날 왕위에 오른 에드워드 7세를 포함한 수많은 고위층 인사들과 연인관계였던 것으로도 유명하다. 1870년대 중반 처음 영국 사교계에 선보였을 때 당시 화려했던 여성드레스와 대조적으로 단순한 검은색 드레스에 장신구를 착용하지 않음에도 불구하고 미모로 주목을 받았는데, 후에 단순한 검은 드레스는 그녀의 상징이 되었다. 그녀의 이름을 따서 1880년대 후반 착용된 반원형 후프로 된 가볍고 접을 수 있는 버슬을 랭트리 버슬, 외출복에 달린 분리할 수 있는 후드를 랭트리 후드라 불렀다. 또한 그녀가 테니스 의상으로 울 니트 패브릭을 채택한데서, 니트 패브릭을 저지라 부르게 되었다.

오스카 와일드 Oscar Wilde (1854~1900)

영국 더블린 출생의 유미주의 시인. 클래식한 얼굴과 매우 가는 허리의 환상적인 몸매를 가졌다. 학문으로 유명해졌지만, 기이한 옷차림과 행동으로도 유명했다. 벨벳의 니커보커 수트를 입고 백합과 해바라기를 손에 들고 다니거나 라펠에 꽂고 다녔는데, 백합과 해바라기는 공작새와 더불어 유미주의에서 아름다움을 상징하는 것이었다. '예술과 복식의 관계(The Relation of Dress to Art)'를 연재하며 유미주의 복식운동을 전개했다.

Part 5
Contemprorary Period

현 대

새로운 세기의 기운이 전 세계를 낙관과 희망으로 물들이고 있을 때 발생한 제1차

세계대전은 좋은 시대(벨 에포크)에 종언을 고하면서 세계 질서를 재편하였다. 양차

세계대전의 규제 속에서 억눌린 젊음은 전쟁의 종식과 함께 대중문화, 히피문화, 젊

음의 시대를 탄생시켰으며, 과학기술의 쾌거인 인간의 달 착륙은 역사상 최초로 우

주시대를 열었다. 구 소련연방의 해체로 냉전시대가 끝난 후 IT 기술을 비롯한 과학

의 급속한 발달은 세계를 하나의 지구촌으로 만드는 데 지대한 공헌을 하였으며 그

결과 예술이나 패션에서도 세계화 현상은 가속화되고 있다.

Chapter 14

20세기 전반

좋은 시대, 즉 벨 에포크로 불리면서 20세기 초는 과학, 예술, 여성 지위 등 제반 분야에서 이전에 볼 수 없었던 큰 향상을 경험하였다. 제1차 세계대전이 발발하면서 인류는 대규모의 전쟁이 가져온 파괴에 고통을 겪었으나 동시에 전 세계의 과학기술과 예술이 더욱 활발한 교류를 하는 계기가 되기도 했다. 전쟁 후의 피폐함을 극복하는 과정에서 재즈는 아르데코 예술과 미국 취향의 경향과 함께 새로운 활기를 불러와 말괄량이 같은 플래퍼 룩을 탄생시켰다. 연이어 전 세계를 강타한 대공황의 여파로 현실을 벗어나고자 하는 초현실주의와 현실을 더욱 간결하게 표현하는 모더니즘이 정신과 삶 속에 스며들었다.

제2차 세계대전 중에는 의복규제법이 실시되었고 오락과 영화, 스포츠가 위안거리가 되면서 밀리터리 룩, 스포츠웨어의 발달을 가져왔다.

◀ 구스타프 클림트의 〈키스〉
(1907~1909), 오스트리아
미술관 소장

Chronology

벨 에포크 시대 (1900~1913)

풍요와 번영의 신나는 재즈시대 (1920~1928)

사회문화적 배경

새천년이 시작되는 20세기로 접어들면서 낙관주의와 희망이 세계를 지배하고 벨 에포크, 즉 좋은 시대라고 불리는 기간이 도래하였다. 예술과 과학의 발달은 자동차, 영화, 의류산업의 발달을 가져왔고 이와 함께 여성의 권익도 신장되어 갔다. 그러나 1914년에 발발한 제1차 세계대전은 전례없는 대규모의 파괴를 초래하였고, 전후의 회복기가 되자 삶을 즐기려는 태도와 함께 재즈열풍이 풍미하였다. 곧이어 닥친 대공황은 유럽에서 전체주의 정권의 등장을 초래했고 결과적으로 제2차 세계대전으로 이어졌다. 전쟁의 규제 속에서도 모더니즘 정신은 이어져 지속적인 문화의 발전에 기여하였다.

벨 에포크 시대 : 아름다운 새천년의 기운

창의적인 예술과 과학의 발달 20세기를 맞이하면서 세계는 새로운 시대에 대한 기대로 가득했다. 특히, 그 전 세기를 통해 민주사회로 구조적 변화를 이룩한 서구에서는 예술, 문화, 과학 그리고 패션에서 창의적이며 열정적이고 왕성한 변화와 실험이 다양하게 시도되었다. 개인 자유의 급격한 신장을 경험한 프랑스에서는 수많은 창의적인 예술가들과 과학자들이 배출되면서 새 세기의 변화를 이끌었는데, 문학에서는 졸라·모파상·아나톨 프랑스·말라르메, 미술에서는 모네·마네·르느와르·드가·세잔·고호 등이, 음악에서는 마스네·생상·비제·드뷔시·라벨 등이 그리고 과학 분야에서는 피에르와 마리 퀴리 부부 및 루이 파스퇴르가 새 세기를 이끄는 뛰어난 인물들이었다. 파리에서 1900년에 열린 대규모의 국제 박람회(Exposition Universelle)는 파리 디자이너들의 우수성을 세계에 알리는 국제적인 포럼 역할을 하였다.

벨 에포크 시대

이 시기는 영국에서는 1901년 빅토리아 여왕의 서거와 함께 에드워디안시대라고도 부르고, 미국에서는 'the good years', 'the age of optimism' 라고 하며 프랑스에서는 'belle epoch(아름다운 시대)' 라고 부를 만큼 모든 면에서 낙관주의와 삶의 즐거움이 풍미하는 시대였다. 1905년 아인슈타인이 제시한 상대성이론을 비롯하여 라이트형제의 비행 성공, 전기의 발명 등으로 산업사회로의 급속한 진행은 더욱 박차를 가하게 되었고, 거리에서는 마차 대신 자동차들이 달리기 시작하였다.

자동차 문화의 확산과 기성복의 등장

20세기의 견인차였던 이 시기에 이탈리아의 발명가 마르코니의 라디오 전파가 대서양을 건넜고, 1903년에는 라이트 형제가 최초로 하늘을 날았으며, 최초의 영화 〈대열차 강도〉가 발표되어 서구가 영상오락에 빠지기도 하였다. 1908년에 헨리 포드 (Henry Ford)는 T-Ford 모델 자동차를 개발하였는데, 이 새로운 자동차를 타기 위하여 먼지막이 덧옷이나 베일로 가려진 모자 등 새로운 패션이 나타나기도 하였다(그림 1). 의류제조기술이 발전하여 백화점이 구매의 중심이 되고 기성품의 등장으로 중류층의 수요자가 증가하기 시작하였다.

01 ▼
왼쪽은 자동차 열광에 동참한 영국여성자동차협회장의 모습. 오른쪽은 초창기 자동차와 패션

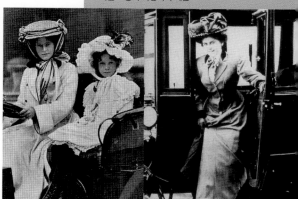

02 ▲
여성참정권 운동

신여성의 등장과 여성 참정권운동

1900년대의 처음 10년을 지나면서 19세기 후반에 씨앗이 뿌려진 사회변화는 점점 더 분명해지기 시작했다. 독립심이 강한 많은 '신여성'은 사회에 그들 존재를 인식시키고 진지하게 받아들여지게 만들었다. 더 많은 여성들이 대학교육을 받고 전문직에 종사였으며, 사이클링, 테니스, 골프와 같은 활동적인 운동에 참가하고 여성 참정권 운동에도 적극적으로 참여했다. 신여성의 새로운 태도는, 패션 도판에 묘사된 여성들보다 더 실용적이고 덜 화려하며 프릴 장식이 적은 그들의 의상에 실제로 반영되고 있었다. 당시의 많은 남자들은 이들 현대 여성들의 태도를 좋아하지 않았고 이 여성들의 견해와 외모를 비난하였다(그림 2).

제1차 세계대전 : 삶의 변화를 초래한 세계 전쟁

전쟁과 세계의 변화

1914년 한 보스니아 민족주의자가 오스트리아 왕자를 향해 쏜 총탄이 전 세계를 전쟁으로 몰아넣었다. 1917년 러시아에서 레닌은 공산주의혁명에 성공하고 국가전체주의를 시행하면서 스탈린, 마오쩌둥(모택동), 히틀러로 이어지는 독재자의 원형을 창출하였다.

미국은 제1차 세계대전 전에는 유럽의 패션을 모방하거나 상류사회의 경우 직접 수입에 의존하였으나, 전쟁 후는 보그(Vouge) 잡지가 중심이 되어 미국 디자이너에 의한 패션쇼를 하게 된다. 또한 전쟁 중 여성들은 패션에 관심을 기울이지 못하고, 노동복, 유니폼, 상복 등을 많이 착용하게 되어 패션의 쇠퇴기로 평가된다.

일본이 러·일 전쟁에서 승리하자 일본 특유의 복식과 색감, 실루엣은 유럽인들에게 관심의 대상이 되었다. 그러한 관심은 1910년

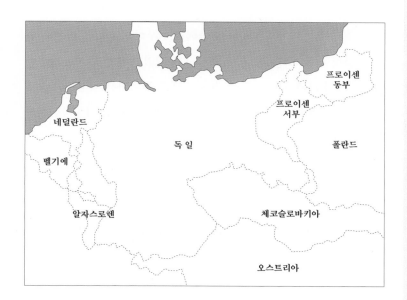

대 유럽과 중국, 일본의 무역 교류로 이어졌고 러시아 발레단의 공연 또한 유럽 복식에 동양적 요소를 사용하는 계기가 되었다. 대량생산의 촉진으로 이 시기에 기성복의 보급이 원활해졌으며, 대량생산 외에도 P.P.S(Parcel Post System ; 우편주문제도)를 이용한 판매가 시작되어 지방에 사는 사람들도 카탈로그를 보고 우편으로 물건을 구입할 수 있게 되었다.

아르데코의 등장 미술과 패션에서는 19세기 말의 세기말적 경향과 동방적 이국주의와의 연계 위에서 수공예적 아름다움과 유기적 곡선의 미를 추구한 아르누보 스타일을 거쳐, 아르데코가 등장하였다. 이 스타일은 데스틸 운동의 신 조형주의와 바우하우스의 기능주의에 자극을 받아 기능주의와 합리주의를 표방하였다. 피카소와 브라크가 주도한 입체파운동은 현대미술의 기반을 마련하였다(그림 4).

05 ▲
제복을 입은 여성 차장

06 ▲
최초로 대서양을 횡단한 여류비
행사 아멜리아 에어하트.

여성의 사회참여 증가　과학 분야에서 이루어진 놀라운 발전은 인류의 삶의 질을 향상시켰으나 역사상 유례없이 광범위하고 잔혹한 세계대전의 파괴력을 더욱 높였다. 전쟁을 겪으면서 여성들의 삶과 패션에도 큰 변화가 일어났다. 20세기 초에 열렬하던 여성참정권운동을 기반으로 전쟁기간 중에 남성의 영역으로 편입된 여성들의 활동범위와 권익은 놀랍게 향상되었다(그림 5).

풍요와 번영의 신나는 재즈시대 : 의식의 변화와 과학·예술의 영향

여성 의식의 변화　제1차 세계대전 중 직업 여성의 수가 늘어나면서 여성이 경제적으로 독립하고 자유로운 생활을 영위할 수 있게 됨에 따라, 플래퍼(flapper)라는 젊은 여성을 상징하는 신조어가 생겨났다. 이는 신여성들의 급하고 참을성 없는 성질을 핵심적으로 표현한 것으로, 관습에 얽매이지 않으며 공공 장소에서 화장을 하고 담배를 피는 이들의 단발머리는 새로운 여성의 자유롭고 독립적인 모습을 반영하고 있다. 빅토리안시대까지 여성에게는 전통적인 모성미를 요구하였으나 이 시기에는 키가 크고 마른 이미지가 선호되었다. 스포츠에도 여성의 참여가 활발하여 1928년 최초 여류비행사 아멜리아 에어하트(Amelia Earhart)가 대서양 횡단이라는 쾌거를 이루어냈다(그림 6).

미국의 재즈 문화와 영화　20년대 초, 서구세계는 세계대전의 악몽에서 벗어나 회복기에 진입했다. 전쟁 후의 공허함과 우울증은 젊음

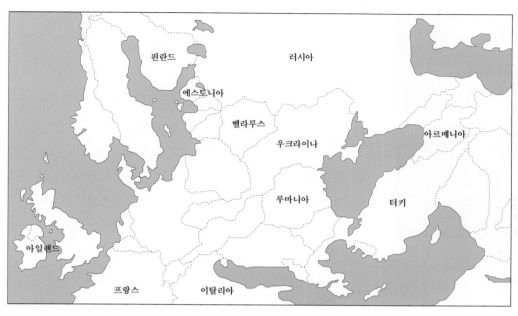

프랑스   이탈리아

07 ▲
제1차 세계대전 후의 유럽지도
(1920년)

08 ▼
만인의 연인 그레타 가르보

을 최대한 만끽해야 한다는 사고로 변화하면서 재즈가 풍미하고 스
피드와 스릴을 제공하는 자동차가 큰 인기를 끌었다. 미국인들에게
1920년대는 굳 올드 데이즈(good old days)이다. 전쟁의 폐허에서
벗어난 거리에는 영화스타, 문학, 재즈, 자동차가 넘쳤고 격렬한 춤
인 찰스턴이 유행하면서 파격적인 의상 스타일을 등장시켰다. 영화
감상은 대중에게 가장 인기 있는 오락이었고 젊은 여성들은 자기가
좋아하는 배우를 열렬히 모방하였으므로 유명배우의 의상과 헤어스
타일은 복식의 유행을 주도하였다. 헐리우드의 의상디자이너 길버트
아드리안(Gillbert Adrian)은 1920~1930년대 흥행에 성공한 많은 영
화의상을 담당하였고 여배우 그레타 가르보(Greta Garbo)는 당시 만
인의 연인과도 같은 존재였으며(그림 8) 멋지게 차려입은 갱들을 거
리와 식당에서 직접 볼 수 있었다. 대표적 인물인 알 카포네는 1919
년 통과된 금주법을 악용하여 뉴욕에서 밀주제조로 거부가 되고 늘

Chapter 14 20세기 전반 **385**

09 ▲
알 카포네의 갱 스타일

말끔한 양복차림으로 언론과 대중으로부터 인기를 끌면서, 알 카포네 스타일은 갱 집단의 대표적인 모습으로 정착하게 된다(그림 9).

과학기술의 발달

과학기술의 발달로 가내 노동을 단축하는 도구들과 자동차가 보급되자 여성들이 집 밖에서 보내는 시간이 증가했고 녹음기, 라디오, 전화 등의 보급으로 정보전달이 급증하였다. 특히, 웨스팅하우스가 KDKA 방송을 만들어 최초로 상업광고와 재즈 음악이 담긴 라디오 전파를 송출하였다. 인공합성염료의 발달은 자연에서 추출될 수 없는 인공적인 색, 주관적이고 자유로운 색을 복식에 사용할 수 있게 만들었다.

전등의 보급과 그에 의해 강렬히 빛나는 금속의 광택은 19세기까지는 없었던 새로운 아름다움으로 번쩍이는 것, 매끈매끈한 것 등을 선호하게 만들었으며, 기능주의와 흑인예술의 도입으로 블랙의 의미가 현대미로 정착되기 시작하였다.

아르데코 양식과 이국 취향

아르데코는 1925년 파리에서 개최된 '현대장식미술, 산업미술전시회'를 통해 파리를 중심으로 풍미했던 1920, 1930년대의 장식 미술 아르 데코라티프(art decoratif)의 약칭이다. 아르데코 양식은 기능주의에 자극을 받아 기능성과 단순화를 추구하는 직선미와 기하학적인 특성과 함께 유선형의 매끄러운 선의 특성도 나타났다. 강하고 단순한 형상을 적절히 표출하기 위해 원색과 검은색 그리고 금색, 은색을 사용하여 강렬하고 뚜렷한 색채 대비를 구사하였다. 더불어 1922년 이집트 투탄카문(Tutankhamun) 왕의 무덤 발견으로 이국취향과 동방취향, 그리고 아프로-아프리칸 취향은 더욱 고취되었다.

복식디자인과 예술 양식의 상관성은 화가들과 오트 쿠튀르와의 관계에서 찾아볼 수 있다. 이 시기의 신조형주의 화가 몬드리안의 작품에 나타난 수직선과 수평선, 야수파의 강렬한 원색, 입체파의 표현기법 등이 복식디자인에 큰 영향을 주었다(그림 10).

세계 대공황기 : 대공황과 초현실주의 예술 · 모더니즘의 시대

세계 대공황의 시대
1929년 뉴욕의 주가가 폭락하면서 세계는 대공황에 빠져들어 갔다. 이로 인해 유럽의 많은 나라에서 민족주의 성향이 고취되었고 전 세계에는 실업자가 거리에 넘쳤다. 제1차 세계대전 종결 후 세계를 휩쓴 혁명에 이어 대규모 노동운동이 발생했다. 미국에서는 산업여성을 가정으로 되돌려 보내려는 기운이 일어났고 여성에게 아름다움을 요구하는 태도가 생기기 시작했다. 파시즘은 이탈리아에 뿌리를 내렸으며, 독일의 히틀러가 나치당을 창당하여 독일 민족의 우수성을 입증하고자 했고 결국 폴란드를 침공하면서 제2차 세계대전이 발발하게 되었다.

10 ▲
신조형주의 회화의 수직과
수평선을 차용한 드레스

오락산업의 증가와 영화
1933년 미국 대통령 루즈벨트의 뉴딜(New Deal) 정책은 경제난에 빠진 국민들에게 희망을 주었고 1930년대 후반에는 대공황에서 회복되기 시작했다. 새로운 에너지와 활력이 미국 사람들에게 새로운 생활방식을 제공하면서 오락산업이 증가하였다. 특히, 마를렌 디트리히(Marlene Dietrich), 그레타 가르보(Greta Garbo), 캐서린 헵번(Katharine Hepburn)과 같은 은막의 스타들은 일반 여성들에게 패션의 영감을 제공하였다(그림 12). 대

11 ▶
1930년대 유럽

중의 오락거리로 〈바람과 함께 사라지다〉와 같은 대작 영화가 상영
되었으며 〈백설공주〉나 〈미키마우스〉 등의 디즈니 만화가 인기를
끌었다. 또한 찰리 채플린의 〈모던 타임즈〉가 상영되어 현대 생활
의 물질만능과 기계주의를 비판하였다(그림 13).

초현실주의 예술   1930년대를 지배한 예술의 흐름은 초현실주의
였다. 초현실주의는 제1차 세계대전의 참상을 통해 표출된 인간성
의 파괴적 측면에서 도피하여 무의식의 세계를 통해 심층심리를 표
현하고자 하였다. 살바도르 달리로 대표되는 초현실주의 미술 양식
은 패션디자이너 엘자 스키아파렐리(Elsa Schiaparelli)에게 많은 영
감을 제공하기도 했다.

왕실과 카페문화   1936년 영국의 국왕 에드워드 8세가 평민인 심
슨 부인과 결혼하기 위해 왕위를 포기한 일은 '세기의 사랑'으로 기

12 ▲
은막의 스타 그레타 가르보

억되었다. 왕실이나 부유층이 파티나 테니스, 승마 혹은 스키장에서
입었던 패션은 잡지나 신문에서 흥밋거리로 게재되었고 대중은 이들
의 패션을 모방했다. 특히, 심슨 부인의 아메리칸 스포츠 룩은 영국
에서 널리 유행하였다. 시민들은 여가시간에 잘 차려입고 카페에 앉
아 담소를 나누거나 토론에 열중하면서 새로운 문화를 형성하였다.

모더니즘적 사회현상   모더니즘은 19세기 말엽부터 20세기 전반
에 걸쳐 서구예술에 풍미한 전위적이고 실험적인 예술운동, 혹은 예

술의 작품형식과 사상을 설명하는 개념이다. 기계 시대의 도래와 함께 대량 생산 시스템에 적합한 형태의 창출이 불가피해졌고, 이러한 시대의 요구에 따른 형태를 현대 디자인으로 완성시킨 것은 1920년경이다. 월터 그로피우스(Walter Gropius)가 설립한 바우하우스(Bauhaus)의 이념에 나타난 간결하고 기하학적이고 기능적인 형태의 조형물들이 탄생하면서 사회 전반에 모더니즘적 특징들이 나타났다. 이성에 기반을 둔 객관성의 논리로 무장한 모더니즘은 20세기 전반의 시대정신을 형성하는 주요인으로 작용하게 되었다. 이러한 객관성의 논리에 따라 모던시대는 전체성, 보편성, 총체성, 통일성 등을 중시하여 가장 이상적인 하나의 규범과 체제 아래 모든 삶들이 종속되는 사회구조를 형성하였다.

제2차 세계대전 : 전쟁의 규제 속에 꽃 핀 문화

제2차 세계대전(1939~1945)

1920년대 싹튼 극우 민족주의 성향의 파시즘이 1930년대에 만개하고 독일, 이탈리아, 일본이 국제연맹을 탈퇴하면서 제2차 세계대전은 시작되었다. 1941년 '도라 도라 도라' 암호명을 쓴 일본의 미국 진주만 기습공격을 기점으로 전쟁은 전대미문의 세계대전으로 비화됐다. 독일, 이탈리아, 일본 등 추축국과 미국, 영국, 소련, 중국 등 연합국이 격돌한 전쟁의 초반은 추축국이 우세했으나 연합군의 반격과 피점령 민족의 무장투쟁에 의해 양상이 변화하기 시작했다. 1944년 노르망디 상륙작전과 1945년 일본 히로시마와 나가사키에 투하된 원자폭탄으로 1940년대 전반기를 광기로 장식했던 제2차 세계대전이 막을 내렸다.

1945년 종전은 대부분의 식민지 해방을 가져왔다. 한국, 인도, 인도

네시아, 베트남 등이 모두 독립했고 중동과 아프리카도 독립대열에 합류했다. 수천 년을 나라 없이 떠돈 유태인도 이스라엘을 건국했다. 평화로운 세계질서를 위한 인류의 염원은 UN탄생으로 결실을 맺었다.

오락과 스포츠 전쟁 중 여전히 오락은 있었다. 주크 박스에서는 언제나 저음 가수 프랑크 시나트라의 레코드가 돌아가고, 극작가 아서 밀러(Arthur Miller)는 드라마 부문 퓰리처상을 수상한다. 〈카사블랑카〉, 〈우리 생애 최고의 해〉와 같은 전쟁영화가 인기를 끌었으며, 미국에서는 야구가 전 국민의 인기를 끌면서 재키 로빈슨(Jackie Robinson)이 스포츠에서 백인과 흑인 간의 장벽을 깨기도 하였다.

의복의 배급 규제 제2차 세계대전 중 파리의 함락으로 디자이너들은 외부 세계와의 접촉을 잃게 되었으며 영국과 유럽 대륙 간의 고립도 심화되었다. 1941년 영국에서는 무역청이 직물사업에 대한 규정을 발표했다. 유틸리티 클로스(utility cloth)는 옷감을 절약해서 만들 수 있는 간단한 디자인의 의상으로, 민간인들은 각각 20개의 배급권을 발급받았고 주어진 배급권으로만 의복을 충당할 수 있었다. 이 규정은 모든 의류 생산업자들에게 각 종류의 의상마다 정해진 양의 직물만 사용하도록 규제하고 한 의류회사가 1년에 50가지 스타일 이상 생산하는 것을 금지했다. 이러한 규제로 옷감의 양을 15% 절약할 수 있었으나 결과적으로 패션의 발전을 저해하는 요소가 되었다.

나일론의 보급 전쟁기간 동안 파리와 단절된 미국은 패션의 중심지가 되었고 많은 디자이너들이 뉴욕에 그들의 의상실을 열었다. 미국은 패션 창조에 있어서 그 영향력을 계속 넓히고 있었다. 미국에서도 스타킹의 부족함을 대신하기 위해 발목 길이의 목양말인 바비 삭스(bobby sox)가 유행하기 시작했다. 그러나 1940년부터는 나일론이 출현하여 커다란 변화를 가져왔다. 나일론이 가진 내구성과 탄력성, 가벼움, 손쉬운 세탁 등은 복식 발전에 또 다른 가능성을 주었다.

복식미
S-커브의 여성미에서 플래퍼 룩과 모더니즘으로의 이행

20세기 초는 여러 가지 면에서 19세기의 연장이었으며, 패션은 상류층의 최상층에서 시작하여 성장하는 중류층에 의해 추종되다가 점차 낮은 계층으로 퍼져나갔다. 20세기 초 여성들은 아직 코르셋을 착용했고 의상은 종전과 마찬가지로 정교했으며, 복식을 통한 부나 지위의 과시는 계속됐다. 여자들은 지나치게 여성적이고 비실용적인 방식으로 옷을 입었고 그런 차림으로는 바쁜 집안일이나 사업을 할 수 없었다. 1910년경까지 나타난 S-커브 실루엣은 바로 이러한 여성성을 극명하게 드러내는 복식이었다. 그러나 오트 쿠튀르가 형성되고 개별디자이너들의 디자인하우스가 생기면서 그 중 폴 푸와레가 코르셋을 폐기하고 여성 신체의 자유를 부여하는 혁신이 일어났다. 동시에 여성의 사회참여가 늘어나면서 남성복의 디자인을 모방한 테일러드 수트가 여성에게 소개되었고, 스포츠웨어의 발달도 병행하게 되었다. 전쟁 중에 캐주얼이라는 단어가 여성복에 소개되었으며, 이러한 전반적 사회분위기는 복식에서의 기능미를 강조하는 요인이 되었다. 제1차 세계대전 후에 유행한 플래퍼 룩·가르손느 스타일과 함께 여성의 다리가 노출되고 활동성이 더욱 강조되는가 하면 등이 완전히 드러나는 드레스도 등장하였다. 여성미의 초점이 이전의 가슴에서 다리와 등으로 옮겨간 것이다. 1920년대 아르데코 미술, 1930년대 초현실주의 미술과 패션의 흥미로운 결합은 패션의 예술성을 부각시키는 계기로 작용하였고, 이

14 ▼
S-커브의 애프터눈 드레스

어 등장한 샤넬은 여성 복식에 모더니즘을 실현시킨 큰 공로자가 되었
다. 제2차 세계대전과 함께 시작된 밀리터리룩의 유행과 스포츠웨어의
강세는 그 이후 계속하여 패션의 주제로 자리 잡았다.

복식의 종류와 형태
벨 에포크 시대

의 복
여성 복식
S-커브 실루엣(S-curve silhouette, 1900~1910)
1897년경 아워글라스 실루엣의 거대했던 소매가 갑자기 좁은 소매
형태로 줄어들기 시작하면서 관심의 초점이 엉덩이로 옮겨갔다(그
림 14, 15). 가슴은 지나치게 앞으로 내밀게 되었고 허리는 뼈로 심

15 ◀
S-커브 드레스를 입은 배우 카미
유 클리포드

16 ▲
1907년 가을 패션지에 묘사된
S-커브 이브닝드레스. 코르셋을
사용해 가슴을 앞으로 내밀고 엉
덩이를 뒤로 빼며 가는 허리를 강
조했고, 깊은 V-네크라인과 트
레인이 달린 풍성한 스커트로 구
성되어 있다.

을 넣은 코르셋으로 단단히 조였다. 조여진 허리와 더불어 엉덩이는
매우 둥글고 굽어져서 나타났다. 과장된 스타일은 엉덩이는 꼭 맞
고 허벅지부터 돌려지기 시작하여 넓게 플라운스지게 했으며 트럼
펫 라인의 스커트가 바닥을 끌었고 그 결과 옆에서 본 모양이 S자 형
태를 이루었다. S자 형태를 강조하기 위해 바스트라인부터 허리 사
이의 미드리프(midriff)를 블라우징시키고 그 안에 손수건이나 부드
러운 헝겊을 채워 넣었다(그림 16).

　1890년 이전에는 뻣뻣하며 윤기나는 두꺼운 브로케이드가 많이
사용되었던 데 비해 이 시기에는 시폰, 오간디, 조젯(georgette), 크
레이프(crepe), 얇은 리넨, 레이스 등 주로 가볍고 부드러운 직물
을 사용했다. 이중적인 색채 효과를 얻기 위해 비치는 얇은 옷감이
나 레이스로 오버 드레스를 만들어 튜닉식으로 덧입기도 했다(그림

17). 칼라와 소매, 스커
트 자락에는 많은 레이
스나 러플 장식으로 율
동감을 표현하였다. 특
히, S 실루엣은 스커트의
밑단에 고어(gore)가 들
어가 나팔꽃잎처럼 넓게
퍼지고 길게 늘어져, 걸
을 때는 치맛자락을 걷
어 올리거나 들고 다녔
다. 들추어진 치마 밑으
로 프릴을 화려하게 단
페티코트가 보였다.

17 ▶
튜닉식으로 만든 오버 드레스

호블스커트와 미나레 스타일

20세기에 접어들면서 패션에서 주요한 변화가 일어났다. 파리에서 오트 쿠튀르(haute couture)가 형성되고 워스(Worth), 두세(Doucet), 파킨(Paquin), 루프(Rouf), 세뤼(Cheruit), 레드펀(Redfern), 포튜니(Fortuny), 푸아레(Poiret) 등 패션디자이너가 디자인 하우스를 열게 된 것이다. 특히, 1903년부터 제1차 세계대전 기간 동안 푸아레는 최고의 디자이너로서 활약하였는데, 그는 오랫동안 입어왔던 여성의 코르셋을 폐기시키고 속옷을 감소시키며 느슨한 가운스타일을 여성에게 입힘으로써 신체를 자유롭게 해주었다(그림 18). 동시에 그는 밑단을 좁게 한 호블(hobble)스커트를 고안하여 여성들이 걸음을 자유롭게 걷기 힘들게 만들기도 했다(그림 19).

18 ▲
폴 푸아레의 느슨한 가운드레스

19 ◀
밑단이 좁은 호블스커트를 입고 치맛단을 끌어올려 걷는 여성의 모습

벨 에포크 시대 복식의 패턴

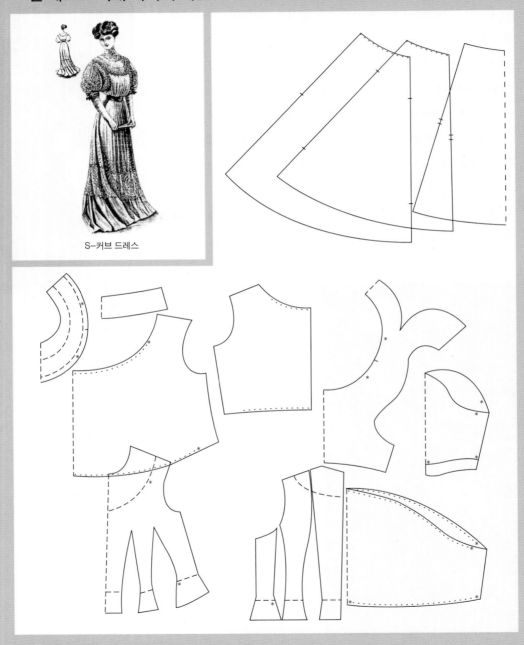

S-커브 드레스

푸아레는 당시 예술이나 문화에 영향을 준 신고전주의, 동방풍그리고 러시아 발레단에서 많은 디자인의 영감을 받았다. 바로 전 시대의 유기적·곡선적이며 비대칭적인 아르누보 양식에서 벗어나 직선적이고 단순한 기모노 슬리브(그림 20), 하이 웨이스트라인, 대칭적이며 리듬이 잘 표현된 디자인을 선보인 그는 시대의 흐름을 반영하여 여성의 아름다운 신체 곡선을 자유롭게 표현하는 스타일을 창안해 내었다(그림 21).

1911년에는 허리선에서부터 드레스 밑단 부분까지 자연스럽게 이어지며 장식이 들어간 페그탑(peg top)스커트가 인기가 있었다. 허리선 부분에 드레이프를 넣어 엉덩이는 부풀고 아래쪽으로 내려갈수록 좁아지는 실루엣이다(그림 22). 이것은 호블스커트의 다른 이름이기도 하다.

20 ▲
폴 푸아레의 기모노 슬리브 드레스

21 ◄◄
폴 푸아레의 이브닝드레스. 다양한 색의 비즈와 금사로 자수를 한 베이지색 실크드레스

22 ◄
매우 폭이 좁은 페그 탑 스커트와 양산

1912년 푸아레는 호블스커트 위에 느슨한 튜닉을 입힌 미나레 스타일을 만들었는데, 도련 부분에 털 장식을 하고 철사를 넣어 둥글어지게 하고 아래로 내려올수록 좁아지는 스커트이다. 또한 여성들은 남성의 테일러드 수트를 모방하여 입기 시작했으며, 수트 속에 블라우스를 받쳐 입었다. 이국풍에 대한 관심의 증가는 복식에도 나타났다(그림 23).

탱고 열풍이 유럽을 휩쓸면서 타이트한 스커트와 타조깃털 모자의 야회복이 인기를 끌기도 했다(그림 24).

23 ▶
터번이 있는 이국적인 이브닝드레스

24 ▲
'주르날 데 담므 에 데 모드' 의 일러스트레이션, 유럽을 휩쓴 탱고 열풍, 깃털 달린 모자와 타이트한 스커트를 입은 여성, 1910년경

코르셋

몸을 억압하는 코르셋은 여성 신체의 모든 곡선을 과장하기 위해 디자인된 것이다. 19세기 초의 짧은 기간을 제외하고 코르셋은 수백 년 동안 착용되었으며 유행하는 몸매를 얻는 데 영원한 기본 요건으로 간주되었다.

심하게 졸라맨 허리는 점점 가늘게 강조하고 배는 딱딱한 바스크로 압박되어 납작해졌으며, 유방은 코르셋의 상단에서 떠올려 받쳐진 과장된 실루엣으로 발전하여 S-커브로 알려진 자태가 만들어졌다. S-커브 실루엣은 1904~1905년에 걸쳐 유행의 절정을 이루었고 그 이후 점차 몸매를 직선적으로 만들려는 경향이 생겼다. 코르셋에 사용된 직물은 다채로운 색상의 새틴이나 브로케이드 등의 견직물로 자수를 하거나 레이스 장식을 달아 호화롭게 만들었다(그림 25).

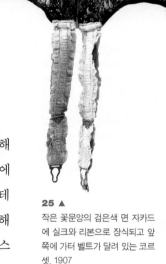

25 ▲
작은 꽃문양의 검은색 면 자카드에 실크와 리본으로 장식되고 앞쪽에 가터 벨트가 달려 있는 코르셋. 1907

테일러드 수트

산업혁명 이후 여성 근로자가 많아지고 여성의 사회참여가 활발해지자 여성의 사회적 지위 향상을 위한 노력이 시도되면서 남성복에서 디자인을 모방한 테일러드 수트(tailored suit)가 등장하였다. 테일러드 수트는 1880년대에 영국 디자이너 레드펀(Redfern)에 의해 고안되어 전 유럽에 유행하는데, 착용하기 편리하고 원피스 드레스보다 더 기능적이었기 때문에 사회에서 일하는 여성의 증가와 함께 인기를 더해 갔다. 투피스 수트에 받쳐 입는 블라우스도 함께 등장하여 여러 가지 형태로 디자인되었는데, 특히 목 주위를 장식할 수 있도록 화려한 레이스가 많이 이용되었고 일부 여성들은 남자처럼 높고 둥근 칼라가 달린 셔츠와 타이를 매었다. 테일러드 재킷은 그에 어울리는 스커트와 같이 착용되었고 활동을 용이하게 하기 위해 플리츠가 잡히고 길이가 짧아졌다. 스포츠 붐은 더욱 다양한 테일러드 수트 개발에 영향을 주었다.

운동복

여성의 사회적 활동이 활발해짐에 따라 스포츠에 참여하는 여성의 수가 매우 증가하였다. 전통적으로 여성이 참여하던 스포츠인 승마 외에도 자전거, 자동차 운전, 테니스, 수영 등 격렬한 야외 스포츠를 위한 기능적인 의복이 필요하게 되었고 과학기술의 발전에 따른 새로운 소재의 개발은 스포츠웨어에 다양한 디자인을 제공할 수 있는 기반이 되었다(그림 26).

남성 복식
포멀 수트

19세기 후반에 확립된 남성복은 재킷, 조끼, 바지의 비즈니스 수트(business suit)의 구성이 갖추어진 이후 형태와 종류 면에서 큰 변화를 보이지 않고 유행에 따른 디테일 면에서만 변화를 나타냈다. 즉, 재킷의 품과 길이, 어깨의 크기와 높이, 칼라와 라펠(lapel)의 크기 및 너치(notch)의 위치, 바지의 폭과 길이, 주머니의 디자인 등에서 유행의 변화를 보이게 된다.

　외출용 정장이나 비즈니스 남성복은 셔츠, 넥타이, 재킷, 베스트와 바지를 포함하는 수트 차림이었다. 직종에 따라 복장에 차이가 있었으며 노동자들은 사무직보다 좀 더 질긴 수트를 착용했다. 여가시간이 증가되면서 이를 즐기기 위하여 남성들은 스포츠웨어를 입기 시작했다. 여름에는 가벼운 플란넬과 리넨 소재를 즐겨 입었으며, 그 외의 계절에는 어두운 색 혹은 짙은 블루의 울 저지가 유행하였다. 20세기 초에는 라펠이 작고 앞 단추가 높게 달린 길이가 긴 재킷과 코트가 유행하였다.

26 ▲
1900~1910년의 수영복. 왼쪽은 무릎길이의 울바지와 풀오버로 붉은색의 커다란 칼라와 허리, 커프스, 단에 붉은 브레이드 장식이 있다. 오른쪽은 흰색과 붉은색 면 스트라이프 플란넬로 만든 무릎길이의 점퍼 수트이다.

저녁모임이나 특별한 행사가 있을 경우에 입는 정장을 포멀 수트 (formal suit)라고 한다(그림 27). 이와 비슷한 느낌의 옷인 포멀 데이 드레스(formal day dress)는 프록코트와 함께 입었다. 프록코트는 앞과 뒤의 길이가 같은 것과 길이가 다른 두 종류가 있는데, 앞자락이 잘린 모양의 코트를 모닝코트라고 한다. 모닝코트는 지팡이와 행커치프, 실크 해트 등의 액세서리를 갖추게 되는데, 특별한 행사 때 입었다. 다소 딱딱한 느낌인 포멀 이브닝 테일 코트(formal evening tail coat)는 빳빳한 느낌의 셔츠와 보타이를 매고 블랙코트, 바지와 함께 화이트 베스트를 함께 입었다. 인포멀 디너코트(informal dinner coat)는 벨벳과 실크의 턱시도 칼라가 달린 재킷을 옆선에 실크로 된 선이 아래위로 길게 박힌 바지와 함께 입었다.

27 ▼
남성 정장의 종류 : 컷어웨이 모닝코트, 더블 여밈 프록코트, 이브닝 테일코트, 1912

28 ▲
깃털을 장식한 커다란 모자를 쓴
여인

29 ▼
메리 위도우 해트

헤어스타일과 머리 장식 이 시대 여성들에게는 깃털로 장식한 커다란 모자를 쓰는 것이 유행했다(그림 28). 큰 모자는 영국 디자이너 루실(Lucile)의 이름을 따서 '루실'이라고 불리거나, 당시 패션 리더였던 여배우 릴리 엘시(Lily Elsie)가 〈메리 위도우(The Merry Widow)〉라는 연극에서 썼던 모자라고 하여 '메리 위도우 해트'라고 불리기도 했다(그림 29).

신 발 남성들은 측면에서 단추로 잠그거나 고무줄이 든 헝겊을 대어 신고 벗기 편리한 형태로 되어 있는 발목길이의 부츠, 혹은 앞 끝이 뾰족하거나 네모난 구두를 신었다. 일반적으로 색상은 검은색이었으며 갈색이나 흰색 구두도 있었다. 여러 가지 재료로 만들어진 콤비네이션은 스포츠용으로 신었다. 구두창은 고무로 되어 있고 위는 면직물(캔버스)로 만든 테니스 슈즈도 나왔다.

여성 구두는 중간 높이의 힐이 달린 단화형(그림 30)이나 가죽, 헝겊으로 만든 것(그림 31) 등이 있었고, 비단 펌프스는 결혼의상이나 이브닝웨어에 맞추어 신었다. 그 밖에 비단으로 만든 슬리퍼형의 신발도 유행하였다. 아름답게 장식된 스타킹도 패션의 중요 요소였다(그림 32).

30 ▲
중간 높이의 힐이 달린 구두

31 ▲
헝겊으로 만든 구두

장신구 평상복에서까지 고가의 보석이 많이 착용되었다. 티아라(보석 박은 머리장식관), 목걸이, 특히 여러 줄의 진주로 된 초우커, 팔찌, 브로치 그리고 반지들이 모두 착용되었고, 가짜 보석을 착용하는 것은 매우 좋지 않은 심미안으로 간주되었다. 모피 장식은 복식사에서 언제나 부의 상징이었으나 모피 사용의 대중성에 있어 1900년대를 따라갈 시대는 없었다. 흰 담비와 검은 담비 털이 인기였지만 후에는 여우 털도 대중화되었고, 어깨를 두르는 여우 털과 털모자, 그리고 그와 어울리는 털 머프스(토시)도 많이 착용했다.

여러 가지 소재로 만든 백이 의상의 완벽한 마무리를 위해 사용되었는데, 끈의 길이가 다양해졌으며 장식용 술이나 고리 등으로 잠글 수 있게 하였다. 화려한 색상의 비즈로 꽃무늬를 비롯한 자연물 또는 건축물, 풍경 등을 표현하여 정교한 아름다움을 나타내 주었다(그림 33, 34).

32 ▲
국제 박람회에 출품된 장식적 스타킹

33 ▼◀
루이힐 슈즈, 끈이 긴 백, 비즈목걸이, 모노그램손수건, 1908~1914

34 ▼
1910년경의 정교한 장식의 백

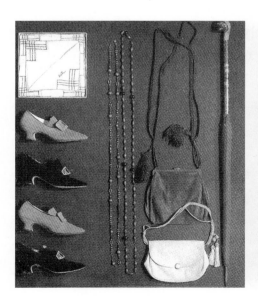

제1차 세계대전 시기

의복

여성 복식

제1차 세계대전 기간 중 원피스 드레스보다는 투피스나 코트 드레스를 선호하였는데, 싱글이나 더블브레스트 재킷으로 허리에 벨트를 매었다. 1916년경 스커트는 땅에서 6인치나 짧아졌고 테일러드 재킷의 밀리터리룩이 유행하였다(그림 35). 재킷 속에 레그 오브 머튼 슬리브(leg of mutton sleeve)의 블라우스를 입기도 하였다. 1917년에는 통(barrel) 모양의 실루엣을 가진 코트가 유행하였다. 활동적인 의상과 더불어 겨울 스포츠용 옷도 새롭게 선보이게 되었다. 1916년 전쟁기간 중 군복의 영향을 받아 헐렁한 무릎길이의 바지인 니커보커스(knickerbockers)가 유행했고, 전쟁이 끝나갈 즈음 승마용 짧은 팬츠가 유행하게 되었다. 전쟁으로 인해 여성의 의복은 길이가 점점 짧아지거나 심플한 스타일의 단순한 스타일이 많아졌지만 그렇다고 기능적 복장인 것은 아니었다. 이 시기에 여자 의복에 '캐주얼'이란 용어가 생겨났다고 할 수 있다.

35 ▶
전시의 여성 유니폼 : 남성 유니폼과 매우 유사했다.

남성 복식

남성들은 모닝코트의 정장을 주로 입었는데, 베스트와 대조되는, 혹은 어울리는 코트와 바지를 함께 착용하였으며 제1차 세계대전 후에는 이러한 정장이 상류층이나 결혼식 예복으로 입혀졌다(그림 36). 정장차림에는 탑 해트를 착용하였으며 남성에게도 캐주얼 복장이 생겨나서 편안하고 격식을 차리지 않는 경우에는 더비나 홈버그라는 모자를 썼다(그림 37). 영국인들은 라운지코트라고 부르고 미국인들은 색코트라고 하는 일반적인 수트 차림이 주를 이루었고 스포츠웨어로도 이 색코트를 입었다.

1920년대에는 대체로 자연스러운 어깨선, 넓은 라펠 그리고 허리선이 뚜렷한 재킷에 바지폭이 넓은 옥스퍼드 백(Oxford bag) 바지를 입었다. 1930년대에는 어깨가 다시 넓게 강조되고 허리선이 좀 더 끼는 재킷이 유행했는데, 이를 잉글리시 드레이프 수트(English drape suit)라 불렀다. 바지는 좀 더 폭이 좁아졌으며 단추 대신 지퍼가 사용되기 시작하였다. 1940년대에는 전쟁기간 중 옷감을 절약하기 위해 재킷 길이는 짧아졌고 베스트나 더블 브레스트 수트, 커프나 주름이 있는 바지 착용을 제한하였다.

36 ▶
3-피스 모닝웨어, 여름용 라운지웨어, 윙칼라와 지팡이, 보울러해트

37 ◀
짧은 바지와 화려한 스타킹으로 편안해진 젊은이의 옷차림

헤어스타일과 머리 장식

여성의 모자는 스커트가 홀쭉하게 좁아짐에 따라 더욱 커지는 경향을 보였다. 챙이 넓고 깃털 장식을 한 커다란 모자(그림 38)나 크라운이 높고 챙이 좁은 모자, 토크(toque)형의 모자 등이 있었다. 베일은 얼굴의 일부를 가리는 것에서부터 베일을 모자의 뒷부분에 드레이프시키거나 머리를 전부 덮는 것 등이 있었다.

남성에게는 1910년부터 모자 중심이 움푹 들어간 펠트로 만들어진 중절모자가 애용되기 시작하였다. 독일 홈부르크(Homburg) 남자들이 처음 쓰기 시작하여 많이 사용하게 된 홈부르크(홈버그) 모자도 이 시대에 애용되었는데, 양 옆 챙이 위로 말려 올라가고 크라운 앞 · 뒤쪽이 들어간 것이다. 영국 남성들이 많이 사용한 더비(derby)는 딱딱한 모자로 크라운이 둥근 것이 특징이다. 미국 남성들에게 사랑받은 보울러(bowler)는 더비와 모양은 비슷하지만 챙이 좀 더 넓고 승마 시 사용되었다(그림 39).

38 ▶
넓은 챙과 깃털 장식이 있는 여성 모자

39 ▼
왼쪽 남자가 쓴 보울러(bowler), 오른쪽 남자가 쓴 캐주얼한 밀집모자 보터(boater)

신발과 장신구 스커트 길이가 짧아지면서 스타킹과 신발이 중요한 품목이 되었다. 스타킹의 색상은 여러 가지가 있었으나 일상복에는 검은색을 주로 신었고(그림 40) 여름철이나 테니스를 할 때는 흰색을 신었다. 스타킹의 재료에는 면, 실크, 모가 이용되었고 저녁 옷차림에서는 스타킹에 레이스 장식을 하였다.

신발은 호블 스커트를 입을 경우 발목에 리본 끈으로 묶는 탱고 슈즈를 신었다. 그 밖에 단추나 끈으로 채우는 목이 긴 부츠와 앞이 뾰족하고 굽이 높은 구두가 유행하였다.

1916년에는 적지 않은 수의 여성들이 직·간접적으로 전쟁에 참여하고 있었다. 남성 노동력을 대신하는 고된 노동은 편하고 튼튼한 기능성 신발을 요구했다. 우아한 맵시를 뽐내는 고급구두가 여전히 패션잡지의 지면을 장식하곤 했지만, 광고 지면을 채우는 신발은 그래도 굽이 낮고 튼튼한 구두였다. 구두는 검은색이 주조를 이루면서 마치 여성들이 모두 상을 치르는 것 같은 분위기를 연출했다. 중요한 액세서리로는 털로 만든 둥근 베개 모양의 토시와 가죽이나 헝겊의 핸드백(그림 41), 흰 장갑 등이 있었다.

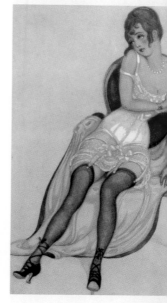

40 ▲
검은색 스타킹과 발목을 묶는 구두를 신은 여인

41 ◀
1910년대의 이브닝 백

풍요와 번영의 신나는 재즈시대

의 복

유명 디자이너들의 활약

1920년대에 활약한 디자이너에는 가브리엘 샤넬(Gabrielle Cha-
nel), 마들렌 비오네(Madeleine Bionnet), 랑뱅(Lanvin), 폴 푸아레
(Paul Poiret), 장 파투(Jean Patou) 등이 있다. 그 중에서도 샤넬은
대표적인 존재로 그 당시뿐만 아니라 현대에 이르기까지 패션에 끼
친 그녀의 영향력은 지대하다. 기능성을 살린 니트 재킷, 니트 점퍼,
누빈 코트, 주름치마 등을 고안한 샤넬은 저지를 정장에 사용한 최
초의 디자이너로, 샤넬 수트는 현재까지 대중에게 애용되는 수트
의 고전으로 살아 있다. 비오네 또한 위대한 디자이너로서 파고팅
(fagotting)을 의상에 적용시켰으며 그의 바이어스 재단은 선풍적인
인기를 끌었다(그림 42, 43).

42 ▶
바이어스 재단된 앞뒤판이 있는
마들렌 비오네의 튜브형 드레스,
1922

43 ▶▶
마들렌 비오네의 몸판이 바이어
스 컷으로 재단된 핑크색 실크 보
일 드레스. 카울 네크라인과 9개
의 패널로 이루어진 스커트에 벨
트가 달려 있다. 1929

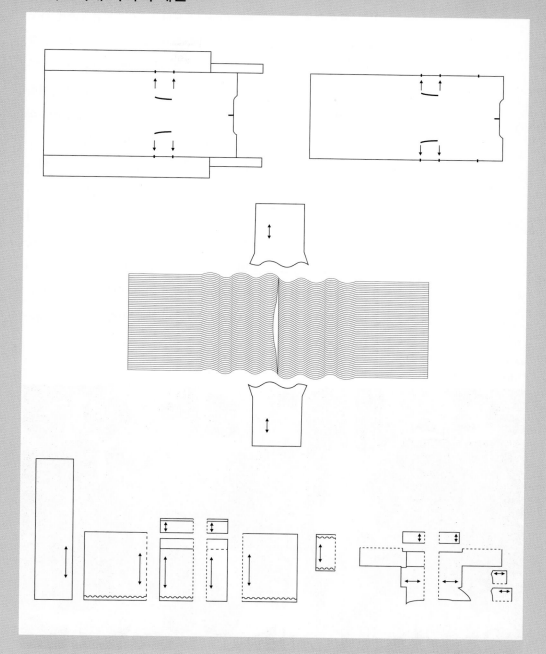

플래퍼 룩 · 가르손느 스타일

제1차 세계대전 후 여성들은 여자다움보다는 가슴을 납작하게 하고 허리선이 드러나지 않는 스트레이트 박스(straight box) 실루엣을 선호하였다. 남성적 요소가 가미된 이러한 스타일을 말괄량이 아가씨 스타일, 즉 플래퍼 스타일(flapper style)(그림 44), 보이시(boyish) 스타일이라고 하였다. 1925년 후반부터는 스커트 길이가 차츰 길어지면서 여성적인 분위기의 가르손느(Garçonne) 스타일로 변해갔다(그림 44).

1927년에는 스커트 길이가 바닥에서 14~16인치까지 짧아져서 역사상 처음으로 여성의 다리가 무릎까지 완전히 노출되면서 스타킹과 구두의 중요성이 증가하게 되었다(그림 46). 1928년부터는 다시 길이가 길어지기 시작하였다. 낮에 입는 드레스에 소매 없는 옷이 등장했고 등을 노출한 이브닝드레스가 출현했다. 이 시기에는 디자이너들이 여성다운 우아한 멋을 살리기 위해 몸에 감기는 부드러운 옷감인 시폰, 레이스, 섬세한 실크를 소재로 작품을 만들어 내는 경향이 있었다.

44 ▶
다양한 플래퍼 룩 드레스

45 ◄◄
가르손느 스타일 이브닝드레스,
1926년경.

46 ◄
테니스 선수이자 스포츠웨어 전
문가인 Régency의 무릎길이 드
레스, 1927.

47 ▲
깊게 파인 V넥 드레스

이브닝드레스는 일상복과 같이 튜블러한 실루엣으로 이중 드레이
프, 주름, 행커치프 포인트, 플레어, 꽃잎 모양, 러플 등으로 스커트에
장식성을 살렸다. 스커트 도련의 들쑥날쑥한 불규칙한 형태는 걸음
을 걸을 때나 춤을 출 때 나풀거리면서 노출된 다리를 강조하는 효과
를 자아냈다. 이 시기에는 목을 얼마나 아름답게 돋보이게 할 것인가
에 패션의 중점을 두었으므로 깊게 파인 V자형, U자형, 보트형 네크
라인이 유행하였다(그림 47). 포튜니(Fortuny)는 직물 전체에 섬세한
플리츠를 잡는 기법을 개발하여 우아한 아름다움을 지닌 드레스를
디자인했는데, 그 기법은 아직도 미스터리로 남아 있다(그림 48, 49).

48 ▼
플리츠와 재질감을 유지하기 위해 말려 있는 포튜니의 델포스 이브닝드레스

49 ▼
포튜니의 델포스 드레스를 입고
있는 나타샤 람보바, 1924

플래퍼 드레스

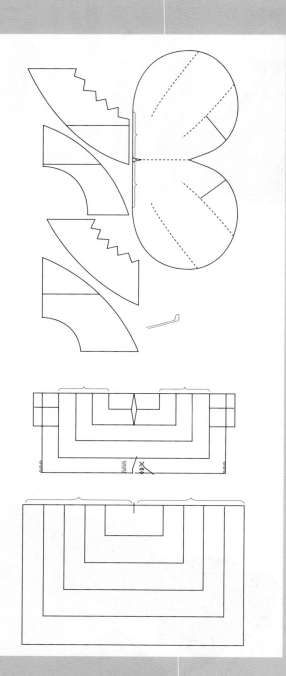

50 ◀
1920년대 스포티 이미지를 잘 보
여 주는 해변의 여성

여성 바지

1920년대 여성의 바지는 주로 스포츠웨어로 이용되거나 해변가에서
착용되어 오다가(그림 50) 1926년에 바지 수트(trouser suit)가 이브
닝웨어로 등장하였다. 1928년에는 남성복처럼 바짓단을 위로 접은
모양의 바지가 나타났으며, 이브닝웨어의 바지는 바지통을 넓게 하
여 스커트 모양으로 하였고 시폰, 레이스 등으로 만들었다(그림 51).

51 ▼
바지통을 넓게 한 트라우저 수트
의 이브닝웨어, 1926

브래지어와 슬립

제1차 세계대전 이후 20세기 패션은 완전히 새로운 방향으로 나아
갔다. 여성 신체를 수세기 동안 억압해 온 코르셋이 완전히 사라지
고 그 자리를 브래지어가 대신하게 되었다(그림 52). 덜 구속적인 구
조와 납작한 실루엣을 가진 브래지어는(그림 53) 1920년대의 자유
롭고 활동적인 가르손느 스타일에 적합하였다. 또 다른 현대적 속
옷의 하나인 슬립(slip)은 그 당시의 유행인 원피스 드레스에 맞도
록 발명된 것이다.

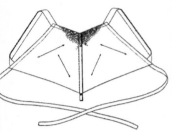

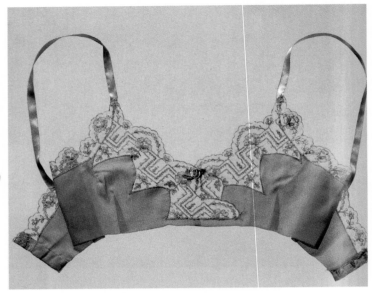

남성 코트

직선적이고 보다 남성적인 체스터필드(chesterfield)코트와 얼스터
(ulster), 인버네스(inverness)코트는 1920년대까지 인기가 있었다.
길이가 긴 오버코트와 털 장식이 가미된 길이가 짧은 코트도 있었
다. 밀리터리 스타일의 코트도 유행이었고, 1924년에는 레인코트
가 등장했다.

헤어스타일과 머리 장식　여성의 경우 옷에서의 보이시 스타일에 어

울리는 봅(bob)스타일의 짧은 머리형이 동시에 유행하였다. 제1차 세
계대전 이전에 아이린 캐슬(Irene Castle)이 뉴욕에서 짧은 머리 모양
을 선보인 후, 현대 무용가 이사도라 던컨(Isadora Duncan)이 춤출 때
짧은 스커트에 짧은 머리를 한 것으로 유행이 시작되었던 봅 스타일은
전시 패션이 없어진 후에도 1920년대 내내 계속 유행하였다.

남성의 헤어스타일은 옆가르마나 앞가르마를 타고 머릿기름을
발라 윤이 나게 하는 것이 유행이었다. 이러한 올백형의 남자 머리
는 에나멜가죽처럼 보여 페이턴트 레더 룩(patent leather look)이라
고 불리기도 하였다.

모자는 클로슈 해트(cloche hat)를 일반적으로 널리 썼는데, 이 모
자는 머리통에 꼭 맞고 눈썹까지 내려 덮이게 썼다(그림 54). 클로슈
해트는 브리튼형, 버섯형, 종형 모양에 베이지색이나 검은색의 펠트
직물로 만들었고(그림 55) 여름용, 겨울용이 있었다. 여름용 모자는
밀짚으로 만들고 인조과일을 장식했으며(그림 56) 겨울용 모자는
타조 깃털 장식을 하였다.

54 ▲
머리를 감싼 클로슈 해트

55 ▲
펠트로 만든 클로슈 해트

56 ◀
여름용 클로슈, 핑크색 밀짚으로 만들고
아플리케 트림을 장식했다.

57 ◀
가터가 달린 스타킹과 구두, 1920
년대

신 발

스커트 길이가 짧아지자 스타킹이나 구두에 관심이 집중되면서 여러 가지 색상의 양말이나 구두가 유행하였다. 스타킹의 재료는 면, 모, 견, 레이온, 색깔은 검은색, 회색, 베이지색, 황갈색 등이 유행했는데, 이브닝드레스에는 금사나 은사로 짠 레이스 스타킹을 신었다(그림 57). 전쟁을 거치면서 치맛단이 짧아지고 여자 옷의 재단이 단순해지자 구두는 더욱 각광을 받게 되었다. 런던의 웨스트엔드에 화려한 구두가게들이 문을 연 것은 1921년이다. 구두코의 전면을 짧게 강조하여 발의 크기가 앙증맞게 보이는 스타일이나 T자형으로 끈을 매는 구두가 새로 도입되었다(그림 58). 검은색이 주조를 이루는 가운데 진주색의 유리구슬로 만든 곤충 모양이나 얇은 천으로 만든 나비, 납유리 버클 등 장식이 새로이 등장했다(그림 59, 60).

걸개처럼 잠글 수 있게 만든 '파스텡네트(fastennettes)' 라 부르는 변형된 버클을 비롯하여 진기한 스타일이 폭발적인 인기를 얻고, 거북 껍질 모양이나 진주 모로 표면 처리를 한 것, 흐릿한 황금색 색조를 띠게 처리한 것 등 온갖 굽이 등장했다(그림 61). 평상화와 정장 구두로 옥스퍼드화가 사랑을 받았으며 혁신적인 색상 배합과 과감한 장식이 맞물리면서 구두는 이전에 볼 수 없던 새롭고 충격적인 인상을 주었다. 여성 구두에 비하여 남성 구두의 스타일의 변화는 거의 없었으며 끈으로 묶는 검은색이나 갈색 구두가 대부분이었다.

58 ▲
T자형의 구두

59 ▼
얇은 천으로 나비 문양을 낸 구두

60 ▲
화려한 자수 장식이 있는 구두

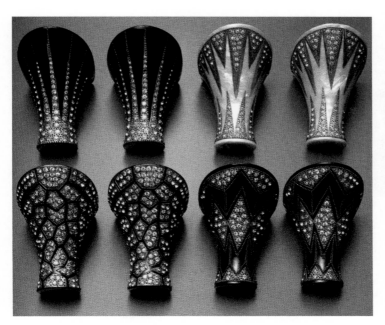

61 ◄

에나멜과 수지로 칠한 나무굽에 모조 다이아몬드가 장식되어 있다. 1925

62 ▲

아르데코 양식의 장갑 디자인

장신구　1920년대 중반의 아르데코 양식이 추구한 예술과 산업의 조화라는 이상은, 현대성을 추구하면서도 각각의 대상을 생산하는 데 있어 충분히 공예적인 기법을 가미하는 것으로 표현되었다. 아르데코 양식은 의상뿐만 아니라 장갑 디자인에도 반영되었는데, 검정과 베이지색, 흰색의 양가죽을 이용해 강력한 색채대비와 기하학적 패턴을 가진 다양한 문양으로 현대성을 강조하여 디자인하였다(그림 62).

콤팩트 케이스와 버클 등에 사용된 문양에서도 현대 아르데코적 디자인이 두드러지며 제작방법에서는 이국취향의 유행과 함께 일본의 옷칠기법의 영향이 보인다(그림 63).

63 ▼

아르데코 디자인의 콤팩트 케이스

세계 대공황기

의 복

여성 복식

초현실주의 패션

디자이너 엘자 스키아파렐리는 모드의 초현실주의자로 당대의 화가, 조각가가 제공하는 아이디어를 활용하여 1930년대 패션에 새로운 방향을 제시하였다(그림 64, 65). 스키아파렐리 작품의 직물디자인을 해주던 화가 베라르(Berard)의 발상에 의한 밝은 핑크색조는 쇼킹핑크라고 해서 그녀의 대명사가 되었으며 현재까지 패션에서 활용되고 있다(그림 66).

64 ▲
달리와 공동 디자인한 스키아파렐리의 슈해트와 입술아플리케 포켓이 달린 수트, 1937

65 ▼
장 콕토가 디자인한 스키아파렐리의 이브닝 수트, 1937

66 ▶
밝은 쇼킹 핑크 색조의 의상

샤넬과 모더니즘

모더니즘적 경향을 일찍 인지한 샤넬은, 독창적이면서 편안함을 중시하여 단순성과 기능성을 강조한 디자인을 제공함으로써 패션에 지속적이고 중요한 영향을 주었다. 샤넬이 창조한 납작한 가슴의 소년 같은 보이시 스타일(boyish style)의 유행은 모드상 완전한 혁신 혹은 여자다움의 개념상에서 전면적인 혁명이었다(그림 67). 허리와 가슴의 곡선미가 사라진 직선적인 실루엣에 스커트의 길이는 무릎 정도까지 짧게 하여 시대의 요구인 자유로움과 활동성을 부여하였으며, 그에 따라 길고 세련된 다리가 각광을 받았다. 색상에 있어서도 기존의 유행색인 파스텔색이나 원색에 반대하며 검은색과 베이지를 과감하게 사용하여 현대성을 드러냈고, 특히 검은색을 '모든 색을 이기는 절대적인 색'으로 승화시켜 대중의 색으로 만들었다. 1930년대 중반의 날씬한 엉덩이와 각진 남성적 스타일의 모던한 수트 역시 이러한 경향을 보여 준다(그림 68).

홀터네크라인 이브닝드레스

1930년대에 가장 놀랄 만한 의상 디자인은 등을 드러내고 앞가슴은 가리는 홀터네크라인의 이브닝드레스가 출현한 것이다(그림 69). U자형이나 V자형으로 허리선까지 뒷등이 노출되고 스커트는 플

67 ▲
자신이 디자인한 수트를 입고 있는 샤넬

68 ◀
스키아파렐리의 모던한 여성복 '장난감병정' 실루엣, 1936

레어지게 하였는데, 여자의 가슴, 어깨, 다리처럼 등이 패션에서 여자의 미적·성적 매력의 주요 부위가 되었다.

슬림 앤드 롱 스타일

1930년에 보이시 스타일은 자취를 감추고 허리선이 제자리로 올라가고 스커트길이가 종아리까지 길어진 프로포션이 큰 변화없이 10년간 계속되었다. 일반적으로 드레스에는 이러한 길고 날씬한 슬림 앤드 롱(slim & long) 스타일이 유행했는데, 바이어스 컷이나 고어 스커트로 스커트가 플레어진 형태도 일부 있었다(그림 70~71).

69 ▲
U자형으로 등을 드러낸 이브닝 드레스

70 ▶
슬림 앤드 롱 이브닝드레스와 넓게 플레어진 스커트의 드레스

71 ▶▶
블랙 레이온 저지로 된 슬림 앤드 롱 스타일의 비오네 드레스, 1933

73 ▲
남장을 한 마를린 디트리히

여성 테일러드 수트

1933년 스키아파렐리는 어깨를 넓게 강조한 재킷과 스커트로 된 투피스를 발표하였다. 스키아파렐리는 재킷의 어깨에 패드를 넣어 각이 지는 어깨선을 만들었는데 이것은 전쟁 전·후에 계속 인기를 끌었다. 모든 종류의 의복소매에 붙여진 이 어깨패드는 어깨를 각지고 넓게 만들어 대조적으로 허리와 엉덩이가 날씬해 보이는 효과를 주었다. 여성의 테일러드 수트는 백화점의 맞춤코너에서 만들어 입었고 직업적으로 성공한 여자들은 테일러드 수트를 거의 유니폼처럼 입었다. 테일러칼라의 수트는 변화를 거듭하면서 속에 받쳐 입은 블라우스와 함께 여성 정장의 역할을 하게 되었다. 맞춤의 검은색 수트에 흰색 실크블라우스, 진주 장식의 흰 장갑, 시크 해트(chic hat)의 옷차림은 그 당시 전문직 여성들이 활동하면서 완전히 벗어날 수 없었던 열등감이나 불안정한 느낌을 씻어내는 심리적인 효과를 주었다(그림 73). 1930년대 초의 어깨가 넓고 각이 진 박스형 재킷을 제외하면 대체로 허리에 꼭 끼는 싱글 혹은 더블 브레스트였으며 허리에 벨트를 매기도 하였다. 또 재킷 길이는 짧고 라펠은 넓었으나 후에는 재킷 길이가 길어졌으며 라펠은 좁고 길어졌다. 기성복이 나오면서 개인 체형별로 진동둘레를 알맞게 재단·봉제하는 문제가 해결되었다.

셔츠 웨이스트 원피스

1930년대 중반 셔츠 웨이스트는 운동복에 많이 이용되었고 이 스타일은 현대 의복에서도 가장 애용되는 스타일로 남아 있다.

수영복

일광욕이 대중에게 일반화되면서 비치웨어나 수영복 패션이 잡지에 자주 소개되었다. 햇볕에 몸을 태우는 것이 남다른 사치를 즐기는 방편이었으므로 프랑스 남부 해수욕장은 국제적인 휴양지가 되었고 비치웨어 패션의 경연장과 같았다. 몸에 달라붙는 저지로 만든 원피스형의 수영복은 1920년대 말에 등을 내놓은 홀터네크라인이 되었고, 1930년대에는 좁은 어깨끈이 달리고 등을 완전히 드러내는 형태가 되었는데, 스키아파렐리가 만들어 낸 것으로 손으로 짠(hand knitted) 수영복이 선풍적인 인기를 끌었다.

스포츠웨어와 스포츠웨어룩

무릎길이의 여자 반바지(shorts)는 미국에서 처음 입기 시작하였고 영국에서도 자전거 탈 때나 휴일 레저복으로 인기가 있었다. 비치웨어로 바지통이 넓은 파자마 위에는 소매 없는 블라우스를 입거나 등을 노출시키는 일광욕복이 유행되었다. 선드레스(sun dress)와 같이 어깨, 등, 가슴 부분이 많이 파이고 소매가 없는 비치웨어가 대중에게 널리 입혀지게 된 것은 새로운 의상 품목의 개발로서 앞으로 유행하게 될 편리한 일상복(casual wear)의 시작으로 볼 수 있다. 스키아파렐리는 지퍼(fastener) 사용을 최초로 개발하였는데, 처음에는 이것을 운동복에 이용하였고 점차 이브닝드레스에도 여밈방법으로 활용하였다.

1930년대에 좀 더 캐주얼한 의복이나 스포츠웨어가 유행했는데, 풀오버 스타일의 스웨터와 고어(gored) 스커트나 주름이 많이 잡힌 던들(dirndl)스커트가 주로 인기를 끌었다. 1940년대에 청소년들은 슬로피 조스(sloppy joes)라 불리는 크고 헐렁한 풀오버 스웨터나 몸에 꼭끼어 가슴이 두드러지게 드러나는 스웨터를 즐겨 입었다(그림 75). 주로 여름에는 얇은 울이나 코튼니트가 겨울에는 두꺼운 소재가 애용되었다.

74 ▲
스커트와 바지의 리조트웨어

75 ▼
가슴을 한껏 부풀린 스웨터 걸

또한 이 시기에는 권투선수들의 유니폼인 복서 쇼츠(boxer shorts)와 수영복의 탑에서 응용된 니트 코튼의 운동복 셔츠, 짧은 바지형의 조키 셔츠(jockey shirts)가 유행하였다.

속 옷
겉옷의 여성화에 따라 속옷도 여성다운 실루엣을 나타내기 위해 가슴을 강조한 업리프트(up-lift)스타일로 브래지어를 하였고 올인원(all-in-one)이나 투웨이 스트레치(two-way-stretch) 파운데이션 등 새로운 속옷이 다양하게 개발되었다.

남성 복식 : 수트 · 바지 · 코트
1920년대 남자 복식은 전체적으로 여유 있는 실루엣이었지만 1930년대 남성복의 실루엣은 슬림해졌고 영국의 윈저공(Windsor公)이 남자 복식 유행의 선구자가 되었다. 또한 셔츠 칼라는 붙임 형식이 아닌 현대의 셔츠 칼라 모양과 흡사한 형태가 되었다. 넓은 어깨와 근육질의 몸매는 대부분의 사람들에게 좋은 이미지로 환영받았고 어깨는 몸, 소매 모두 여유 있게 재단되었다. 수트 재킷 역시 넓은 각진 어깨와 큰 리버스가 달렸다. 허리라인은 슬림하게 제작되어 당시 여성들의 의복 실루엣과 비슷한 형태가 되었다. 남성용 수트인 색 수트(sack suit)는 양쪽 어깨에 패드를 넣은 수트로 품이 좁지 않은 스타일이었다. 1930년대 초 허리에 주름이 들어간 더블 여밈의 비즈니스 수트(business suit)는 베스트와 통 넓은 바지와 매치되었는데, 칼라 라펠 부분에 장식 상침을 했고 양쪽에 주머니가 있으며 왼쪽 가슴에도 조그마한 주머니가 달려 있다.

바지류는 허리선부터 접힌 바짓단까지 헐렁하고 여유 있는 핏으로 그 종류가 다양했다. 외투는 더블로 여미는 박스형태의 오버 코트가 유행하였고 레인코트도 등장하였다.

헤어스타일과 머리 장식

1929년부터 여성들의 헤어스타일은 긴 머리가 다시 애호받았으며 영화배우의 헤어스타일이 대중화되어 페이지보이 밥(page boy bob) 스타일이 젊은 여성들 간에 유행하였다. 모자는 편평하고 챙이 있는 것으로 한쪽 귀와 눈이 가려질 정도로 비스듬히 기울여 쓰는 것이 유행했고 1930년대 초에는 베레모를 많이 썼는데, 모자를 비스듬히 쓰고 앞이마에 짧은 베일을 늘어뜨렸다. 이 당시 도시의 멋쟁이 여성이라면 모자를 쓰지 않는다는 것은 상상조차 할 수 없을 정도의 필수품이었다(그림 76).

남성의 헤어스타일은 처음에는 윤이 나게 기름을 발라 올백형으로 올린 짧은 머리가 유행하다가 시간이 지남에 따라 기름을 바르지 않은 자연스럽게 풀어헤친 머리가 유행하기 시작하였다. 길이가 길어지면서 머리의 웨이브가 등장했고 대부분의 남성들이 다양한 스타일의 모자를 착용했다(그림 77).

76 ▲
모자를 쓴 마를렌 디트리히, 1934

77 ◀
베레모를 쓴 그레타 가르보와 멜빈 더글러스, 1939

78 ▲
타운 슈즈 : 고가의 악어, 도마뱀,
타조 재질을 사용하였다.

79 ▲
심플한 스타일의 구두

80 ▲
코르크를 이용한 페라가모의 플
랫폼구두

81 ▲
두 가지 색조의 남성·여성용 옥
스퍼드 구두

신 발 구두는 1920년대보다 재료와 형태가 더욱 다양해져서 악어, 뱀가죽, 스웨이드 등이 사용되고(그림 78), 이브닝웨어에는 의복의 색과 조화되도록 염색한 비단이나 금색, 은색의 새끼염소가죽이 쓰였다. 1930년대에 슬림 앤드 롱 이브닝드레스가 유행하면서 구두도 더욱 간결하고 선이 분명해졌다(그림 79).

1935년에는 각종 스포츠 피트니스 클럽들이 생겨나면서 건강의 중요성이 강조되자 '웰빙' 선풍은 발에까지 미쳤다. 하이힐의 위험을 경고하는 목소리가 높아지고 좀 더 발을 확실하게 받쳐줄 수 있는 코가 둥글고 굽이 평평한 디자인이 계속 고안되었다. 1930년대 말에는 이탈리아 출신 디자이너 페라가모가 고무로 만든 피서용 해변 신발이나 샌들 등에서 볼 수 있던 쐐기 굽(wedge heal)과 플랫폼 구두를 최신 감각으로 창조하여 패션계를 휩쓸었다(그림 80).

남성 구두의 패션의 변화는 그렇게 크지 않았다. 캐주얼 모카신과 같은 새로운 스타일이 개발되었으며 여름에는 샌들을 더 즐겨 신었다. 두 가지 색조의 가죽을 배합한 스포츠 구두가 전통적인 옥스퍼드화와 더비를 누르고 현란함을 자랑하면서 인기를 끌었다(그림 81).

제2차 세계대전 시기

의 복

여성 복식

밀리터리 룩

1930년대 후반부터 유행을 예고했던 밀리터리 룩(military look)은 제2차 세계대전으로 인해 전 세계 여성복으로 결정지어졌다. 각진

어깨, 짧은 스커트의 테일러드 수트 스타일인 밀리터리 룩은 이제
완전히 실용적인 기능복이 되었고, 그것이 모드로 변천되었다(그림
82, 83). 전쟁기간 중에 하류층의 일반시민 다수가 군대에 입대하여
정장을 입어 볼 기회가 생겼고 비교적 품질이 좋은 의복에 대한 인
식을 높일 수 있었기 때문에, 제2차 세계대전은 시민복의 근대화를
유도하여 과거 어느 때보다도 단순하고 기능적인 의복을 일반대중
에게 보급시킴으로써 패션을 특수계층만의 것이 아닌 일반대중에게
확대시키는 요인이 되었다.

전쟁 중 미국은 파리와 패션교류를 할 수 없었으므로 미국 출신의
재능 있는 디자이너들이 파리에 의존하지 않고 선도적으로 작품 활동
을 하여 처음으로 미국이 세계패션을 주도하게 되었다. 스포츠용 의
복과 캐주얼한 의복이 젊은 디자이너들에 의해 개발되었고, 미국의 디
자이너 및 의류전문인들이 고안한 미국 여군제복은 세계적으로 격찬
을 받았다. 특히, 클래어 맥카델(Claire McCardell)은 스포츠웨어나 캐
주얼웨어 디자이너로 명성을 날렸다. 전쟁이 끝나고 파리의 디자이너
들은 미국에 빼앗겼던 패션
의 주도권을 회복시키기 위
해 저명한 예술가들과 공동
으로 모드발표무대(Theatre
de la Mode)를 만들었다.
1940년 1월 파리에서 첫 번
째 컬렉션이 열렸는데, 여자
테일러드 수트는 무릎 바로
아래 길이의 스커트에 재킷
은 약간 부드러운 라인으로
군복의 영향을 덜 받는 형태

82 ▲
전쟁 중의 패션은 군복의 영향
을 받았다. 병영에서의 보조 훈
련 모습

83 ◀
여성복 밀리터리 룩의 스케치

84 ▲
네이비 울 플란넬로 된 자크 파스
의 재킷과 스커트 세트. 벨벳 트리
밍과 스커트 앞쪽의 플리츠가 보
인다. 1940~1944

85 ▼
전시에도 지속된 이브닝드레스

였다. 그러나 1944년까지 점차 스커트의 폭은 좁아지고 어깨는 각이
진 밀리터리 룩이 지배적으로 나타났다(그림 84). 전쟁의 영향을 받지
않는 일부 계층의 패션도 존재했다(그림 85).

바 지

1930년대 말까지도 바지는 단지 비치웨어나 작업복으로 입혀졌으
나 전쟁 기간 동안 여자들이 일상복으로 바지를 많이 착용하게 되었
고, 조드퍼즈(jodhpurs)라는 엉덩이에서 무릎까지는 품이 넓고 발목
에서는 꼭 끼는 승마복 스타일의 바지가 유행하였다.

미국의 틴에이저 패션

1940년대 두드러지는 패션현상 중 하나는 틴에이저들의 패션 문화였
는데, 넘쳐나는 틴에이저 잡지 중 〈세븐틴〉이 선두주자의 역할을 하
였다. 틴에이저들의 패션 문화 성립은 교육을 받는 10대가 늘어나면
서 확립되었으며, 이들의 패션은 '밍스 모드(minx mode)', '조나
단 로건(jonathan logan)'이라고 불렸다. 학생들의 캐주얼한 의복이
사랑받게 되자 직장여성이나 30대의 여성들도 실용적인 이 의상에
관심을 가졌다. 그러면서 '캐주얼웨어'가 탄생하게 되었고 전 세계
적으로 인기를 끌었다. 하지만 캐주얼의복의 하나인 진(jean)은 아
직도 노동자의 옷으로 생각하는 사람이 많았다.

브래지어와 페티코트

어깨를 드러내는 이브닝드레스를 위해 끈이 없는 브래지어가 나왔
고 속치마나 팬티에 레이스를 장식하였다. 스커트를 퍼지게 하기 위
해 페티코트를 두 개 또는 세 개 겹쳐 입거나 말털 심을 넣은 크리놀
린이나 주름을 많이 잡아 부풀리게 하는 페티코트를 입기도 했다.

남성 복식

남성복에서 특별한 변화는 없었으나, 1930년대 말부터 1940년 초까지 더블브레스트 재킷과 통이 넓은 바지로 이루어진 수트가 유행하였다. 또한 대부분의 남자들은 자신의 소속을 나타내기 위해 마크를 달거나 제복 종류의 의상을 입었다. 비슷한 모양의 제복 중에서도 유행이 생겨났는데, 카키색 울 소재의 더플코트가 그것이다. 몽고메리 장군의 더플코트로 불린 이 코트는 무릎길이까지 내려오는 헐렁한 실루엣의 옷이었다. 1940년대 초기의 외투는 전부터 입어오던 체스터필드코트(chesterfield coat)나 레인코트 등을 입었고 터틀넥 스웨터나 카디건이 인기가 있었다.

86 ▲
머리에 스카프를 두른 스타일

87 ▼
군모에서 차용한 베레모

헤어스타일과 머리 장식

헤어스타일은 앞머리는 뒤로 빗어 넘기고 뒷목을 덮는 페이지보이 밥(page boy bob)형에 끝 부분을 웨이브지게 하거나 위쪽으로 빗어 올린 형이 있었다. 1944년부터는 여성들이 모자 대신에 터번이나 스카프를 쓰는 것이 유행했는데, 스카프를 턱에서 매거나 머리꼭대기에서 매는 것은 공장 노동자들이 머리를 단정하게 하기 위해 스카프로 잡아매는 스타일과 비슷하였다(그림 86). 여자 모자는 작은 베레를 많이 썼고(그림 87) 챙이 넓은 모자는 옆으로 기울게 썼다. 모자에 한 개의 깃털을 꽂거나 얼굴을 가리는 베일(veil)이 달린 보닛형의 모자도 있었다(그림 88).

88 ◀
깃털을 꽂은 스타일의 모자

신 발 구두는 둥근 앞부리의 중간 힐이 유행하였고 앞부리에서 발 뒤꿈치까지 편평한 코르크나 나무창으로 된 웨지(wedge) 타입의 구두가 전쟁 말기에 나타나 계속해서 수년간 유행하였다(그림 89). 전쟁 중 미국의 패션 통제는 굽의 높이가 2.5cm였지만 영국은 5cm 였다. 군대 제복의 영향으로 각진 스타일의 맞춤복과 쐐기 굽의 단화가 유행이었다(그림 90). 물자가 부족하였으므로 싼 재료를 이용한 구두들이 많이 나왔는데, 삼베 같은 질긴 천으로 윗부분을 만들고 밑창에는 크레이프 고무를 사용하였으며 가죽 끈은 플라스틱으로 대체되었다.

남성 구두의 패션은 수수하고 실용적이었으며 여성 구두와 같은 제약을 받지 않았다. 남성의 바지는 통이 넉넉해서 그에 맞추어 구두 역시 육중해졌고 브로그도 더 튼튼해졌다. 스팻과 각반은 1941년의 배급품에 올라 있을 정도로 많은 사람들이 찾았다. 제2차 세계대전이 끝나자 일곱 가지 스타일의 '데몹(demob)' 구두가 등장했는데, '데몹'이란 군대의 동원해제를 뜻하는 'demobilization'을 줄인 말로 전쟁이 끝난 것에 대한 기쁨을 표현한 것이다. 다섯 쌍의 구멍으로 구두끈을 매게 만든 이 구두는 옥스퍼드와 형태가 거의 비슷하였으며 대중의 인기를 끌었다.

89 ▼
페라가모의 웨지힐, 1944

90 ▶
쐐기 굽의 단화, 1943

영화 속의 복식_〈일루셔니스트〉, 〈타이타닉〉, 〈위대한 개츠비〉, 〈로드 투 퍼디션〉, 〈에비타〉

여성복에는 앞으로 튀어나온 가슴과 엉덩이를 강조한 S-실루엣 드레스, 짧은 단발과 보이시한 분위기의 플래퍼 룩, 군복의 영향을 받은 밀리터리 룩 등이 있고, 남성복은 셔츠, 조끼, 재킷으로 구성된 수트에 외투와 모자를 착용한 모습이 일반적이다.

타이타닉

일루셔니스트

위대한 개츠비

에비타

로드 투 퍼니션

Historical Mode

짧은 머리와 납작한 가슴의 플래퍼
룩, 남성 정장을 모방한 테일러드
수트, 군복의 영향을 받은 밀리터
리 룩의 21세기적 해석이다.

주요 인물

폴 푸아레 Paul Poiret

20세기 초 특히 1903년부터 제1차 세계대전 기간 동안 가장 대표적 디자이너라 할 수 있는 푸아레는, 여성의 몸을 처음으로 코르셋에서 해방시킨 인물로 기억된다. 느슨한 가운 스타일의 드레스를 디자인함으로써 수세기 동안 여성의 몸을 옥죄던 코르셋은 폐기되었다. 그러나 스커트 밑단을 극도로 좁게 한 호블(hobble)스커트를 고 안하여 걸음걸이를 불편하게 만들기도 했다.

엘자 스키아파렐리 Elsa Schiaparelli

살바도르 달리, 장 콕토 등을 비롯한 당대의 저명한 초현실주의 예술가들과 깊은 교분을 가진 그녀는 모드의 초 현실주의자로서 1930년대 패션에 새로운 방향을 제시했다. 회화에 사용된 눈속임기법(trompe l' oeil)을 수트나 이브닝드레스에 도입하기도 하고 직물디자인을 해주던 화가 베라르의 발상에 의한 쇼킹핑크를 사용하는 등 그 녀 특유의 작품세계는 현재에도 많이 참조되고 있다.

가브리엘 샤넬 Gabrielle Chanel, 1883~1971

고아원에서 자라다 기숙학교를 거쳐 보조 양재사로 일하면서 카바레에서 노래하던 중 코코라는 별명을 얻는 등 불우한 시절을 견뎌내고 패션의 여왕 자리에 오른 세계적인 디자이너이다. 1910년 파리에 여성 모자점을 내는 것을 시작으로 1913년 프랑스 도빌에 첫 부티크를 오픈하면서 여성복 디자이너로 출발한 샤넬은, 1921년 향수 NO.5를 히트시키고 1926년 깃이나 단추가 전혀 없이 간결하고 모던한 '리틀 블랙드레스'로 주목을 받았다. 남성 수트에서 영감을 얻은 단순·편리한 샤넬 수트는 지금도 세계의 전 여성이 갖고 싶어하는 명품이 되었다.

찰리 채플린 Charles Spencer Chaplin, 1898~1977

8살에 극단에 들어간 후 희극배우로 명성을 쌓아오다가 힐리우드로 진출한 그는 헐렁한 바지에 꼭끼는 재킷, 큼직한 구두와 지팡이에 중산모, 콧수염으로 전형적인 부랑자 캐릭터를 창조하였다. 〈키드〉, 〈도시의 불빛〉, 〈모던 타임즈〉 등 소시민의 세계를 따뜻한 시선으로 바라보는 영화사에 남을 여러 영화의 주연으로 최고의 배 우가 되었으며, 감독으로도 명성을 떨쳤다.

마들렌 비오네 Madeleine Vionnet, 1876~1975

프랑스에서 출생하고 런던에서 수업한 후 1912년 파리에 첫 메종을 열었다. 직물의 직조 방향과 대각선으로 재 단하는 '바이어스 커트' 기법을 창안하여 인체의 실루엣을 흐르는듯 편안한 선으로 표현함으로써 드레스디자 인에 일대 혁신을 일으켰으며, 후일 레종 도뇌르 훈장을 받았다.

Chapter 15

20세기 후반

제2차 세계대전이 끝나고 세계는 자본주의의 미국과 사회주의의 소련 간의 냉전

체제로 재편되었다. 이후 1990년대 초 소련이 붕괴되어 미국이 유일한 강대국으로

부상하기까지 계속된 미소 간의 적대적 대립 상황으로 인해 각종 무기 생산이 경

쟁적으로 이루어졌고, 경제적 발전 또한 가속화되었다. 20세기 후반기 동안 과학

의 발전과 기술의 진보로, 모든 물자가 풍부해졌고, 대중 문화의 성장이 두드러졌

다. 전후 출산의 증가로 베이비붐 세대가 형성되었으며, 이들은 1960년대의 젊은

이 중심의 문화, 1980년대의 여피 문화를 이끌어 가면서, 20세기 후반 패션산업의

주 소비자층을 이루었다. 20세기 후반에서 최근까지 기성복산업이 커지면서 디자

이너들이 대중을 위한 다양한 패션을 제안하였으며, 젊은이들의 하위 문화가 전체

문화에 미치는 영향력이 커지고, 의복이 점차 캐주얼해졌으며, 여성들의 사회 진출

기회가 늘어남에 따라 여성 복식에서 활동성을 고려한 새로운 실루엣이 등장하였

다. 또한 소비자의 개성이 패션 상품의 구매에 점차 중요하게 작용하면서, 패션 시

장도 그에 맞추어 변화하고 있다.

◀ 로이 리히텐슈타인(Roy Lichten-
stein)의 〈음 어쩌면(M-Maybe)〉,
유화, 1965년, 루드비히박물관 소장

사회문화적 배경

제2차 세계대전이 끝나고 세계는 미국과 소련의 경쟁적 냉전 체제로 재편되었다. 1960년대에는 우주시대의 막을 올렸고, 젊은이 문화가 사회 전체 분위기를 주도하게 되면서 매우 활기찬 시기가 되었다. 그러나 1960년대 후반 들어 젊은이들의 베트남전쟁 반대 시위가 가시화되었고, 이후 주요 서양국가에서 보수 성향의 정권이 집권하였으며, 1991년 소련 연방이 해체되었다. 오늘날에 이르기까지 세계 곳곳에서의 테러의 발발, 잦은 자연 재해, 미국과 아프가니스탄의 전쟁과 21세기 이후 세계 경제의 장기 침체 등으로 인해 전 세계는 여전히 갈등의 불씨를 안고 있다.

냉전시대 : 주도권을 위한 경쟁

전후 새로운 강대국의 부상 제2차 세계대전 결과, 독일, 이탈리아, 일본이 패배하였고, 소련, 미국, 영국, 프랑스, 중화민국은 승리하였다. 그러나 전후 세계를 지배할 것처럼 보인 이들 5개국들 가운데 중국은 공산주의 혁명으로, 전후 복구에 힘쓰던 영국과 프랑스는 미국에 점점 의존하게 되면서 힘을 잃었다. 결국, 세계는 자본주의의 미국과 사회주의의 소련 간의 냉전 체제로 돌입하였으며, 전후 첫 10년 동안 공산주의 세력과 비공산주의 세력 간의 가장 심각한 충돌은 1950년 한국전쟁에서 일어났다. 미소 간의 적대적 대립 상황으로 인해 각종 무기 생산이 경쟁적으로 이루어졌고, 경제적 발전 또한 가속화되었다(그림 1).

01 ▲
1947년의 유럽 지도

대중 문화의 성장과 패션 리더 전후 과학의 발전과 기술의 진보로 모든 물자가 풍부해졌으며, 1951년 미국 내 칼라 TV 방영 시작과 할리우드 영화산업의 발전으로 인한 TV와 영화의 경쟁 속에서 대중문화가 사람들의 생활에 큰 영향을 미치게 되었다. 그레이스 켈리(Grace Kelly), 오드리 헵번(Audrey Hepburn), 마릴린 먼로(Marilyne Munro), 엘리자베스 테일러(Elizabeth Taylor), 브리지트 바르도(Brigitte Bardot), 소피아 로렌(Sophia Loren), 지나 롤로브리지다(Gina Lollobrigida) 등의 여자배우들(그림 2)과 말론 브란도(Marlon Brando), 제임스 딘(James Dean)과 같은 남자 배우들, 로큰롤의 제왕으로 등극한 엘비스 프레슬리(Elvis Presley, 그림 3)가 대중 문화의 스타로 등장하였다.

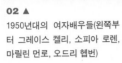

그리고 점차 이들이 패션리더로 자리
매김하는 경우가 많아짐에 따라, 디자
이너 지방시(Givenchy)가 오드리 헵번
의 의상을 디자인하는 등 유명 디자이

너가 유명 영화배우의 의상을 전속으로 해주는 경우도 생겼다. 한
편, 1952년 25세의 엘리자베스 2세 영국 여왕 즉위, 1961년 미국의
선거에 의한 최연소 대통령인 44세 존 F. 케네디 대통령의 취임 등
젊은 지도자의 등장으로 그들 역시 대중의 옷차림에 영향을 주었다
(그림 4).

파리 패션의 부활과 다양해진 패션 상품 판매 경로 파리 오트 쿠
튀르의 디자이너들은 1년에 두 차례 새로운 스타일을 소개하였고, 최
고의 구매자들은 미국인들이었다. 오트 쿠튀르가 다시 이익을 내기
시작하면서 파리는 패션 분야에서 주도권을 쥐었다. 반면 미국은 다
수의 기성복 디자이너들이 자신의 이름을 걸고 활동하게 되면서, 캐
주얼웨어의 중심지로 자리매김하기 시작하였다. 한편, 새로운 합성
섬유가 등장하고, 의류 생산과 유통방법이 개선되어 의류 상품의 가
격이 싸지고, 대도시, 지방 관계없이 신속하게 소개되고, 공급되어 유
행 주기는 점차 짧아지게 되었다. 소비자들은 빠르게 변화하는 유행
에 적응하기 위하여 패션 잡지를 구독하였다.

새로운 소재와 직물 가공 전후에 새로운 소재와 새로운 가공기술
로 처리한 직물이 쏟아져 나왔다. 1950년 아크릴(acrylic), 1953년 폴
리에스터(polyester), 1954년 트리아세테이트(triacetate), 1959년 스
판덱스(spandex)가 나왔고, 빨아도 구겨지지 않고 다림질을 할 필
요가 없는 워시 앤드 웨어(wash-and-wear) 가공은 실용적이라는 점
에서 중산층의 호응을 얻어 유행하였다. 또한 나일론으로 만든 블
라우스, 스커트, 속옷류, 스타킹 등의 의류 제품이 많이 나와서 패션
의 새로운 장을 열었다.

젊음의 시대 : 혼돈의 활기찬 시대

사회 갈등과 베트남전쟁 1960년대는 제2차 세계대전 이후 냉전
분위기 속에서도 젊은이 문화가 사회 전체 분위기를 주도하게 되

면서 매우 활기찬 시기가 되었다. 미국과 소련 사이의 긴장은 1950년대 말에서 1960년대에 이르는 동안 상당히 누그러졌다. 그러나 1960년대 초에서 1970년대 중반까지의 기간은 미국의 케네디 대통령의 암살과, 미국 내 흑백 갈등, 마틴 루터 킹의 암살, 아일랜드의 정치적 투쟁, 베트남전쟁, 긴장감을 더해가는 쿠바 · 중동 지역이 있었고, 파리에서 미국 시골에 이르기까지 학생들의 시위가 계속되는 등 정치적 갈등과 사회적 변화의 시기였다. 미국에서는 1950년대에 시민의 권리 문제가 중요하게 부각되었고, 이러한 분위기는 1970년대 들어 흑인, 청년, 여성이 평등권을 주장하고 나섬으로써 더욱더 강조되었다. 1960년대 초 베트남에 군대를 파견하였던 미국과 베트남의 전쟁은 1975년 공식 종전될 때까지 끊임없는 반전시위로 점철되었으며(그림 5), 미국과 중국 사이의 국교 수립, 일본의 경제 강국 부상 등의 국제적 변화가 있었다.

05 ▶
런던에서 있었던 베트남 반전 시위, 1965년

우주시대의 도래

1957년 가을, 소련은 세계 최초의 인공위성 '수프트니크(sputnik)'의 발사에 성공하여 우주개발경쟁의 첫 장을 장식하였다. 1962년에는 뒤늦게 출발한 미국이 유인위성을 발사하였고 1969년 두 명의 미국인 우주비행사 닐 암스트롱과 에드윈 유겐 올드린 2세가 우주선에서 나와 지구인으로서 최초로 달에서 걷는 모습이 TV를 통해 방송되었다(그림 6). 이로써, 전 세계는 우주시대를 맞이하게 되었으며, 스타 트랙(Star Trek)과 같은 텔레비전 프로그램이 미래적인 상품의 인기를 올리는 데 역할을 하였다.

06 ▲
우주 비행사 암스트롱이 달에서 걷고 있는 모습, 1969년 7월 20일

젊은이 문화

이 시기 젊은이들은 기성 세대가 이룬 사회의 모순을 비난하고, 특히 냉전 체제의 첨예한 대립 무대였던 베트남전쟁의 폐해에 대해 비난하였다. 당시 젊은이 하위 문화로 1950년대의 비트닉(beatnik), 1960년대의 모즈(mods)와 락커(rockers), 히피(hippies)가 있었다. 이 가운데 모즈와 히피의 패션은 특히 영향력이 컸다. 모즈는 1960년대 런던에서 시작되었으며, 이들의 삶의 중심은 패션과 쇼핑으로, 약간 넓은 어깨선과 좁고 꼭 맞는 짧은 길이의 재킷, 가는 타이, 밑단으로 갈수록 좁아지는 바지, 앞이 뾰족한 구두나 앵클 부츠를 착용하였다(그림 7). 한편, 히피는 1960년대 중반에 최초의 히피들이 미국의 샌프란시스코와 뉴욕에 모이기 시작하면서 가시적으로 드러나게 되었다. 이들은 자신들을 '꽃의 아이들(flower child)'이

07 ▶
비틀스의 모즈 룩, 1963년

라고 부르면서 반 부르주아적이고 평화적인 방법으로 자신들의 뜻
을 표출하였다. 유럽의 페전트 스타일 블라우스와 드레스, 미국식
패치워크, 자수된 인디안 튜닉, 멕시칸 웨딩 셔츠를 입어, 민속적인
요소를 보여 주었고, 데님 진, 긴 원피스, 긴 헤어스타일을 보여 주
었다(그림 8). 의복에 홀치기염, 자수, 패치를 직접 하기도 했다. 청
바지는 노동 계층의 상징이자 젊음과 저항의 상징, 그리고 베트남전
쟁 저항의 상징으로 널리 입혀졌다. 이 당시 모델 트위기(Twiggy)
는 깡마른 소년과 같은 몸매로 당시 이상적인 미의 기준으로 여겨
졌다(그림 9).

로큰롤에 이어 '몸을 비트는' 트위스트(twist)가 나왔으며, 비틀
스(Beatles)와 롤링 스톤스(Rolling Stones)가 당시 팝 음악의 가장
유명한 그룹으로 젊은이들의 열광적인 호응을 얻었다(그림 7). 젊
은이 문화의 전체 문화에 대한 영향력은 점차 커져서, 유행 전파에
있어서도 이제까지의 하향 전파설과 함께 상향 전파설이 나오게 되
었다.

옵 아트와 팝 아트   1960년대의 대표적인 예술사조는 옵 아트와 팝 아트로, 이들 예술 사조의 특징이 의복에서도 많이 보였다. 그래픽 적이고, 현란한 프린트의 이탈리아 디자이너 에밀리오 푸치(Emilio Pucci)에서부터 옵 아트에서 영감을 받은 영국 디자이너 오시 클락(Ossie Clak)에 이르기까지 옵 아트 무늬가 그대로 직물에 디자인된 의복이나, 선명한 색채와 양식화된 도안의 팝 아트적인 의복이 많이 선보였다.

디스코시대 : 보수와 실용

불안한 세계   1970년대에는 미국과 소련의 냉전체제가 지속되는 가운데 1979년 초 미국의 동맹국인 이란의 국왕 팔레비가 국외로 쫓겨나게 되면서 마지막 절대 군주제가 종말을 고했다. 중동은 여전히 갈등의 불씨를 안고 있었으며, 1975년 베트남전쟁이 일단락되었고, 중국이 문호를 개방함으로써 새롭게 주요 국가로 떠올랐다. 1980년 경에는 주요 서양국가의 국내에서 보수적인 성향의 정권이 집권하였고, 1985년 소련에 고르바초프가 등장하여 대내적으로는 개혁을, 대외적으로는 개방 정책을 쓰면서 실용정책을 펼쳤다. 1980년대 국제 정세의 이슈는 나토의 중거리 로켓의 유럽 배치 움직임과 미국의 SDI(대륙 간 탄도미사일 방어장비 개발계획), 그리고 전반적인 군비 축소와 핵전쟁 억제를 위한 움직임을 들 수 있다. 1989년 베를린 장벽이 무너지고, 1990년 동·서독이 통일되었다. 1980년대 중반 에이즈(AIDS)의 확산 역시 치료약이 없는 불치병으로, 세계를 불안하게 하는 원인이 되었다.

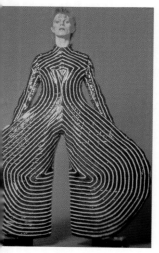

10 ▲
데이비드 보위의 앨범인 〈지기 스타더스트(Ziggy Stardust)〉를 위한 진한 화장, 플랫폼 신발, 현란하게 반짝이는 의상, 1972년

11 ▼
마돈나, 1980년대

석유 파동과 환경문제

1970년대 있었던 두 차례의 석유 파동으로 에너지 확보문제가 처음으로 중요하게 부각되었고, 1986년의 체르노빌의 원전 사고, 7명의 우주비행사를 태운 우주왕복선 챌린저호의 폭발 사고는 기술적 진보에 대한 우려와 자연과 환경에 대한 인식을 강화시켰다. 1970, 1980년대의 패션산업은 자연 섬유를 생산하고, 인조 모피를 개발하고, 직물을 생산하고 폐기하는 친환경적인 방법을 모색 · 실천함으로써 패션산업이 일으킬 수 있는 환경문제에 대응하고 있음을 보여 주었다.

록 가수와 영화

1970~1990년대까지 많은 사람들이 데이비드 보위(David Bowie, 그림 10), 마돈나(Madonna, 그림 11), 그레이스 존스(Grace Jones), 프린스(Prince), 보이 조지(Boy George), 신디 로퍼(Cindi Lauper), 마이클 잭슨(Michael Jackson) 등 록 가수의 패션을 모방하였다. 광택 있는 의상의 글램 록, 찢어진 청바지, 물 빠진 청조끼, 체크무늬 셔츠의 낡은 듯한 그런지 룩의 의상을 따라했고, 특히 펑크 락에 열광했던 펑크족의 낡은 듯한 가죽 의류, 찢은 군복, 보디 피어싱, 모히칸 헤어스타일, 지퍼, 금속징, 배지, 면도날, 안전핀의 액세서리, 무정부주의자적인 차림새는 디자이너 컬렉션의 영감으로 등장할 정도로 확산되었다.

1977년에는 영화 〈스타 워즈(Star Wars)〉의 미래주의적인 패션이 많은 관심을 일으켰다. 그러나 그 해 영화 가운데 〈토요일밤의 열기(Saturday Night Fever)〉야말로 가장 영향력 있는 영화로 이 영화에 나왔던 디스코 춤과 의복이 큰 인기를 얻었다. 거의 전 세계의 남자들이 이 영화의 남자 주인공 존 트라볼타(John Travolta)의 옷차림새, 즉 밝은색의 셔츠, 폴리에스터 수트, 금색 체인과 플랫폼 신발을 따라 했으며, 여자들은 영화 속에서 나왔던 것처럼 트리코 니트 원

피스와 스판덱스 상의를 따라 입었다(그림 12). 1978년 존 트라볼타
가 나왔던 다른 영화 그리스(Grease)의 여자 주인공 올리비아 뉴튼
존(Olivia Newton-John)이 10대의 우상으로 떠올랐다. 영화 〈탑 건
(Top Gun)〉(1985년), 〈월 스트리트(Wall Street)〉(1987년), 미국의 텔
레비전 프로그램인 〈달라스(Dallas)〉(1978~1991년)와 〈다이너스티
(Daynasty)〉(1981~1989년)가 패션에 영향을 주었으며, 신디 크로포
드(Cindy Crawford), 린다 에반젤리스타(Linda Evangelista) 등 슈퍼
모델들이 유명해졌다. 1981년 설립된 MTV(Music Television)는 텔레
비전, 음악, 패션의 완벽한 조합을 보여 주었다. 뮤직 비디오에서는 수많은
가수들의 모습을 계속 보여 주었고, 프린스의 노출이 많은 현란한 색의 패
션, 신디 로퍼의 인공적인 색의 머리카락과 겹겹이 착용한 장신구, 마이클
잭슨의 흰 양말과 검정 구두의 조합 등이 유행하였다. 또 배기 팬츠와 야
구 셔츠를 입고 야구 모자를 거꾸로 쓰고, 발목까지 오는 운동화 끈을 묶
지 않고 신는 비보이(B-boy) 스타일의 힙합풍 패션이 유행하기 시작하였다.

기성복 시장의 확대

1970년대 말 오트 쿠튀르의 주 소비자는 산유국의 부유층 여성들이었으며, 대중 소비자들은 보다 편안한 캐주얼 의류를 구매하기 시작하였다. 기성복 시장이 확대되었고, 프레타 포르테 디자이너들의 영향력은 점차 커졌다. 1970년대 말에는 디자이너들이 대중시장을 위한 기성복 라인을 만들고, 라이센스 상품을 만들었다. 프랑스의 이브 생 로랑(Yves Saint Laurent), 피에르 발망(Pierre Balmain), 위베르 드 지방시(Hubert de Givenchy), 피에르 가르뎅(Pierre Cardin), 엠마누엘 웅가로(Emmanuel Ungaro) 등이 활약하였고, 이탈리아, 일본의 디자이너들도 부상하였다. 이탈리아의 디자이너와 기성복 브랜드로는 조르지오 아르마니(Giorgio Armani), 라우라 비아조티(Laura Biagiotti), 지안프랑코 페레(Gianfranco Ferré), 돌체 앤 가바나(Dolce & Gabamma), 크리지아(Krizia), 프라다(Prada), 미소니(Missoni), 펜디(Fendi), 구치(Gucci), 페라가모(Ferragamo) 등이 있었고, 일본의 디자이너들은 이세이 미야케(Issey Miyake), 요지 야마모토(Yohji Yamamoto), 콤므 데 가르송(Comme de Garçons), 겐조(Kenzo) 등이 대표적이었다. 1980년대 일본의 패션 디자인은 기존의 패션 기준과 다른, 형태를 파괴한 실루엣에 무채색이나 검은색을 사용하는 스타일로 열광적인 지지를 받았다. 미국 경제의 안정은 도나 카란(Donna Karan), 페리 엘리스(perry Ellis), 랄프 로렌(Ralph Lauren), 캘빈 클라인(Calvin Klein) 등의 미국 캐주얼웨어 디자이너의 세계적인 붐을 도와주었다. 영국에서는 1977년경에 잔드라 로즈(Zandra Rhodes)의 펑크 스타일이 유행하였고, 1980년대에는 스트리트 패션에서 영향받은 다양하고, 혁신적인 스타일을 보여 주기 시작하였다. 당시 영국의 황태자비인 다이애나비(Princess Diana)는 패션 리더로서, 영국 패션업계를 후원하였다(그림 13). 또한, 피에르 가르뎅이 1979년

13 ◀

영국의 황태자와 황태자비 다이애나비의 모습, 1980년대

중국에서 자신의 컬렉션을 여는 등 서구 디자이너들의 해외 진출이 계속되었으며, 미국에서는 1985년부터 홈쇼핑 네트워크가 시작되어 소비자들의 선택의 폭을 넓혔다.

세계재편시대 : 컴퓨터 혁명과 세계화

냉전 체제 종식과 잇따른 분규
1991년 소련 연방이 해체되었고, 1996년 러시아 공화국에서 최초의 민주적 선거에 의해 보리스 옐친이 대통령으로 당선되었다. 이로써, 미소 양국을 중심으로 하는 냉전 체제가 끝나자 세계 곳곳에서 국가 간, 민족 간 세력 다툼이 잇따랐다. 지구의 한편에서는 동구권 국가들의 소련으로부터 독립 주장, 아프리카의 끊임없는 민족 분쟁, 걸프전의 발발, 미국의 흑인 폭동이 있었고, 다른 한편에서는 이스라엘과 PLO가 평화 협정을 조인했으며, 북아일랜드에서 오랜 신-구교도 유혈 분쟁이 끝남으로써 밀레니엄을 앞둔 세계에 희망을 안겨 주었다.

세계 경제 자유화와 패션의 세계화
냉전 체제 이후 미국이 유일 강대국으로 부상하였고, 1994년 유럽공동체(EC)가 회원국들 간에는 국경 없이 하나의 시장과 같이 경제활동이 이루어지는 단일 시장(Single Market)제도를 시행하였다. 1995년 세계무역기구(WTO)의 설립과 다수의 국가 간 자유무역협정(FTA)이 체결되었고, 서구의 의류 생산업자들은 세계화에 대응하기 위해 임금이 더 싼 제3세계 국가에서 의복을 제작, 조립하게 되었다. 1990년대 패션의 세계화는 아시아, 유럽 등 세계 각지 디자이너들의 파리 컬렉션 진출과 프랑스의 역사 있는 쿠튀르 하우스에서 젊은 디자이너를 영입한 예에서도 찾아볼 수 있다. 1990년대 중반, 지방시에서 디오르로 자리를 옮긴 영국의 디자이너 존 갈리아노(John Galliano), 루이 뷔통으로 간 미국의 마크 제이콥스(Marc Jacobs)는 쿠튀르 하우스의 이미지 재창출과 사업적인 큰 성공을 안겨줬다. 또 세계적인 패션 브랜드를 거느린 패션 거대 기업의 국제적 마케팅, 국제적 생산과 소비역시 세계화된 패션기업들의 경제력과 커가는 문화적 영향력을 뒷받침해 주었다.

환경에 대한 관심   엘니뇨와 라니냐 등 기상이변이 계속되어 환경의 중요성이 대두됨에 따라 환경보호론자들이 국제비정부기구(NGO)를 만들어 연대 활동하면서 환경문제를 일으키는 기업이나 정부에 대한 반대 시위를 하는 등의 움직임이 두드러졌다. 이에 대해 패션 기업에서는 환경친화적인 활동을 하고 있음을 알리거나, 프라다, 카르티에 브랜드와 같이 이익을 사회에 환원하는 의미에서 미술관을 직접 짓는 등, 여러 방면으로 브랜드의 사회 기여에 대해 홍보 활동을 하였다.

컴퓨터 혁명과 인터넷의 생활화   케이블 텔레비전, 전자 통신과 인터넷의 확산은 패션이 급속히 전파되는 데 크게 이바지하였다. 특히, 인터넷은 패션 정보의 새로운 제공처로서, 젊은 소비자들에게 많은 영향을 주었다. 인터넷 사용자는 온라인 패션 잡지, 스토어 카탈로그, 디자이너의 웹사이트, 패션쇼를 인터넷상에서 볼 수 있었다. 소매업자들은 인터넷으로 의류 생산업자와 정확한 정보를 주고받을 수가 있었고, 신속한 주문, 생산, 배달이 가능해졌다. 의류의 가격 조절이나, 물량 조절이 더 쉬워졌고, 맞춤, 혹은 글로컬화된(glocalized) 상품을 인터넷을 통하여 전 세계시장에 팔 수 있었다(그림 14).

14 ◀
리바이스 스트라우스사의 온라
인 쇼핑을 위한 인터넷 화면

다양한 소비자 집단의 출현

패션업체들은 다양한 소비자 집단의 특성을 구축하고, 그들 집단을 지칭하는 이름을 만들어 냄으로써 사회의 관심을 끌고 마케팅 도구로 사용하였다. 예를 들어, 키덜트(kidult), 메트로섹슈얼(metrosexual), 콘트라섹슈얼(contra-sexual) 등의 용어를 만들어 내고 그들의 특징을 구체화하였다.

하이테크 직물

1980년대와 1990년대에 하이테크(high-tech)직물이 많이 개발되면서 이 직물들의 기능을 살린 액티브 스포츠웨어 디자인이 대거 출시되었다. 방수와 통풍이 되는 다양한 브랜드의 신소재, 신축성 직물, 나일론과 폴리에스터로 만들어진 극세섬유(micro-fiber, 그림 15), 수분이 빨리 마르는 폴리프로필렌(polypropylene)은 액티브 스포츠웨어뿐만 아니라, 일상 의류용으로도 활용되었다. 1990년대 중반에 액티브 스포츠웨어 디자인이 중요해지면서 많은 유명 디자이너들이 액티브 스포츠웨어를 디자인했다.

15 ▼
스피도사의 패스트 스킨 보디 수
트 형태의 수영복

16 ▲
2008년의 유럽 지도

새로운 밀레니엄 : 기대와 우려

테러와 전쟁, 경제 침체　전 세계는 미래에 대한 기대로 2000년을
맞이하였다. 그러나 2001년 9·11 테러로 미국 뉴욕의 무역센터 빌
딩이 붕괴되고, 2002년 미국이 이라크를 상대로 전쟁을 일으켰다. 게
다가 런던을 비롯한 세계 곳곳에서의 테러의 발발, 잦은 자연 재해 등
으로 인해 전 세계는 불안감에 휩싸이게 되었다. 또한 1990년대 혜성
과 같이 등장하였던 인터넷 기업의 몰락과 미국, 일본 등의 경제 강대
국의 경기 하락으로 전 세계 경제는 21세기의 첫 10년간 전반적인 침
체기를 보내고 있다. 한편, 미국은 2008년 최초의 흑인 대통령 당선

으로 새로운 역사의 장을 열었고, 유럽은 2002년부터 유로(euro)의 단일통화제도를 실시하고 있으며, 유럽연합(EU)은 2010년 27개국의 거대한 통합체로 확대된 유럽의 대표기구로, 유럽의 이익을 대변하고 있다. 중국은 2001년 WTO에 가입하고, 새로운 경제 강국으로 부상하여 세계 경제에서 큰 비중을 차지하고 있다(그림 16).

웰빙의 추구와 소비

인간 게놈 지도의 초안이 완성되고, 유전자 조작 등의 연구가 활발히 진행되는 가운데, 광우병, 조류 독감, 구제역, 사스 등이 발생하였다. 이는 인간 존엄성의 문제와 더불어 인류의 생활방식에 대한 경각심을 일깨우고 있으며 소비자들의 '웰빙(well-being)'에 대한 관심으로 나타나고 있다. 이로써, 패션계에서는 환경적으로 책임 있는 상품을 만들고, 지속 가능한 패션 스타일을 개발하고 홍보하는 데 몰두하게 되었다. 의복 생산에 있어서 노동력 착취가 없음을 보여 주거나, 사회에 기업 이익을 환원함을 보여 주는 광고를 하는 예, 소비자들이 상점에 와서 헌 옷을 팔고, 사고, 교환할 수 있는 미국의 버팔로 익스체인지(Buffalo Exchange, 그림 17)의 의복 재사용의 예, 2005년 세계 최대 소매업체인 월마트의 100% 재생에너지 공급, 쓰레기를 완전히 없애는 데 도전, 지속 가능한 재료로 된 제품 판매 선언 등은 2000년 이후 달라진 소비자들의 웰빙과 관련한 태도변화와 패션 관련 업계의 대응 방향 변화를 보여 주고 있다.

17 ▲
버팔로 익스체인지의 홈페이지
화면. 2010년

기술과 패션

과거에 비해 기술, 미디어 그리고 연예산업과 패션의 관계가 더욱더 밀착되고 있으며, 패션과 기술의 관계는 가시적으로 드러나고 있다. MP3 플레이어(MP3 player), 디지털 카메라(digital camera), PMP(Portable Multimedia Player) 등 다양한 디지털 기기가 시장에 나오고 빠르게 패션 액세서리가 되었다. 2007년 애플사에서 출시한 스마트폰인 아이폰(iPhone) 역시 출시되자마자 사람들이 가장 가지고 싶어하는 디지털 기기로 폭발적인 관심을 받았다. 2006년에 리바이 스트라우스(Levi Strauss)사는 MP3 플레이어인 아이파드(iPod)를 청바지 주머니에 꽂고 다니면서 듣기 편하도록 전용 주머니를 단 아이파드용 청바지(iPods ready jeans)를 발표하였고, 이외에도 MP3 플레이어를 갖고 다니면서 듣기에 보다 편하도록 옷 내부에 전용 주머니를 달거나, 모바일 기기의 이어폰선을 걸도록 옷에 디자인을 추가 고안하는 등의 디자인 사례는 매우 많다(그림 18).

18 ▼
샘소나이트 블랙라벨의 2001년
S/S 시즌 여행복 컬렉션

대중문화와 인터넷
미국의 TV 시리즈 드라마인 〈프렌즈(freinds)〉 (1994~2004년), 〈섹스 앤 더 시티(sex and the city)〉 (1998~2004년)에서 보였던 패션과 라이프 스타일은 대중들에게 영향을 주었고, 드라마의 인기가 드라마에 등장한 패션 브랜드의 실제 매출로 이어지는 등 대중문화의 영향이 다방면으로 미치고 있다. 그 밖에 다양한 '변신'에 관한 리얼리티 프로그램들이 패션, 화장품, 성형 수술에 대한 여러 가지 정보를 소비자에게 전달하고 있다. 또한 1990년대부터 시작된 생활 속의 인터넷은 2000년 들어 정보 전달과 패션을 비롯한 상품의 구매와 판매에 있어서 큰 비중을 차지하는 도구가 되고 있다.

패스트 패션과 협업
2000년 이후 이른바 SPA(Speciality store retailer of Private label Apparel) 패션 브랜드가 급속히 부상하였다. 이것은 제조업과 소매업이 일체가 된 새로운 유통형태로, 미국의 갭(GAP), 스페인의 자라(ZARA), 스웨덴의 H & M, 일본의 유니클로(Uniqlo) 등이 해당된다. 비교적 저렴한 가격의 유행 의류를 신속하게 공급한다는 의미에서 패스트 패션(fast fashion)이라고도 부르는데, SPA 패션 브랜드들은 브랜드 이미지를 높이고 다양한 상품을 갖추는 데 협업(collaboration) 전략을 활용하고 있다. H & M은 칼 라거펠트(Karl Lagerfeld), 소니아 리키엘(Sonia Rykiel), 가수 마돈나와, 갭은 로다테(Rodarte), 두리(Doo.Ri), 알렉산더 왕(Alexander Wang)과, 유니클로는 질 샌더(Jil Sander)와 협업을 진행하였다. 2002년 미국 할인점 체인인 타겟(Target)은 아이작 미즈라히(Izaac Mizrahi)와, 스포츠웨어 브랜드인 아디다스(adidas)는 스텔라 매카트니, 요지 야마모토와 협업을 진행하여 상호 이익을 추구하였다. 뿐만 아니라, 패션계와 미술, 패션계와 IT 분야의 협업 등도 진행되고 있다.

복식미
모두를 위한 역동적 다원주의 패션

제2차 세계대전 이후 20세기 후반기의 패션은 세계화 · 표준화의 큰 흐름 가운데, 각 소비자의 취향이 존중되는 다소 역설적인 것이었다. 사회 전반에 대한 패션의 영향력이 점차 커지고 있는 대중 문화와 기술의 빠른 발전과 밀접한 관련을 가지고 변화하였으며, 복합적이고 다원적인 패션이 동시다발적으로 제안되고 확산되었다.

캐주얼웨어와 스포츠웨어의 일상복화
1970년대의 스포츠 열풍으로 스포츠웨어를 일상복으로 입기 시작했고, 라이프 스타일 자체가 점차 여가 시간을 즐기고 중시하는 경향으로 바뀌면서 캐주얼웨어를 입는 경우도 늘어났다. 하이테크의 스포츠용 소재가 일상복에서도 쓰였으며, 패션 디자이너들이 액티브 스포츠웨어 디자인에 관심을 기울였다.

여성의 역할 변화와 남녀 복식의 교차
여성들의 사회 진출이 늘어나고, 사회 내 여성의 역할이 점차 변화됨에 따라, 1980년대, 1990년대 여성복 수트는 남성복의 비지니스 수트와 같은 모양으로 제안되었다. 재킷의 어깨와 소매는 넓어지고, 거의 모든 옷에 어깨 심을 대어 마치 남성복 수트의 어깨와 같은 형태를 지니게 되었다. 반면, 1960년대 말 이후 남성복에서는 점차 의복이 캐주얼해지는 가운데에서도 종래 여성복에서만 쓰이던 디테일이나, 여성적이라고 여겨지던 색채, 패턴의 직물, 여성복 아이템을 차용함으로써 새로움을 시도하였다. 20세기 후반기를 통해 복식에서의 성적 특징은 교차적으로 나타나고 있다.

스트리트 스타일의 영향　테디 보이와 모즈, 히피, 펑크, 그런지, 힙
합에 이르기까지 제2차 세계대전 이후의 패션은 어느 때보다도 민주
화되어 거리에서, 젊은이들이 시작한 다양한 스타일이 주류 패션에
등장하고 수용되었으며, 유행의 확산 이론에 대해서도 그 이전 시기
의 유행 확산을 설명하기에 적절했던 하향전파설 외에 상향전파설,
수평전파설에 의해 설명할 수 있게 되었다. 거리 패션에서 시작되고
유명 디자이너에 의해 주류 패션에 소개되기도 하였다.

중요해진 소비자의 개성　디자이너가 컬렉션에서 보여 주는 스타일
은 각 소비자의 개성에 따라 변형된다. 패션에서의 개성의 힘은 이전 시
기에서는 중요시되지 않던 것들로, 이제는 동조하지 않는 것이 바람직
한 것이다. 21세기에는 즉각적으로 이루어지는 의사 소통으로 인해 세
계는 좁아지고 있다. 그러나 의사 소통에서 물리적 거리가 무관해짐에
따라 오히려 개인의 독립적 힘은 더 존중되고, 강조되고 있는 것이다.

19 ▼
디오르의 뉴 룩, 1947년

복식의 종류와 형태
냉전시대 : 뉴 룩과 라인의 시대

의 복

여성 복식

디오르의 뉴 룩

제2차 세계대전이 끝나고 전쟁 중에 적용되었던 의복에 관한 규정들
은 철폐되었다. 1947년 크리스티앙 디오르(Christian Dior)는 뉴 룩
(New Look)을 발표하여 큰 성공을 거두었다(그림 19). 어깨는 둥글게,

20 ▶

디오르는 뉴 룩의 형태를 만들기
위해 20세기 전반기 동안에는 볼
수 없었던 오트 쿠튀르의 의복 제
작 기술을 부활시켰다. 의복의 모
든 솔기에 테이프를 붙여서 형태
를 고정하였으며, 가슴 부분은 뼈
대를 대어 모양을 만들고, 허리는
조일 수 있도록 벨트를 안에 덧대
었다. 그리고 스커트는 모양이 잡
힌 안감으로 밖으로 부풀렸고, 엉
덩이 부분에는 심지를 대었다. 이
모든 기법은 가벼운 안감과 얇지만
뻣뻣한 나일론이 없었다면 불가능
하였을 것이다.

21 ▼

디오르가 매년 두 차례씩 새로운
라인을 발표했던 1950년대의 여
성복 디자인으로, 실루엣은 각각
다르지만, 치마 길이는 모두 무
릎 아래에 머무르고 있음을 볼
수 있다.

1951/52 – Ligne Longue

1952 – Ligne Sinueuse

1952/53 – Ligne Profilée

1953 – Ligne Tulipe

1953/54 – Ligne Vivante

1954 – Ligne Muguet

1954/55 – Ligne H

1955 – Ligne A

1955/56 – Ligne Y

1956 – Ligne Flèche

가슴선은 높게, 허리는 가늘게 조이고, 엉덩이 부분에는 패드를 대고, 치마는 무릎 아래 길이로 넓게 부풀린 모양(그림 20)의 뉴 룩의 성공은 실루엣의 변화에 대한 단순한 호응이었다기보다는 보다 안정적이었던 과거시대에 대한 향수를 불러일으켰다는 점에서 중요하다. 엄청난 반향을 불러일으킨 뉴 룩 이후 크리스티앙 디오르의 창작은 파리에서뿐만 아니라 국제적인 패션에서 척도가 되었고, 1950년대 여성복은 뉴 룩을 시작으로, 여러 디자이너들의 다양한 실루엣이 발표되었던 '라인의 시대'가 되었다.

디오르의 뉴 룩(1947년), H라인(1954년), A라인(1955년), Y라인(1955년 겨울), 애로(arrow) 라인(1956년, 그림 21)에 이어 1957년 디오르의 사후, 후계자가 된 이브 생 로랑(Yves Saint-Laurent)의 사다리꼴 모양의 실루엣(1958년, 그림 22), 그 외에도 발렌시아가(Balenciaga), 지방시, 파투(Patou), 발망(Balmain) 등이 발표한 새로운 라인이 1950

22 ▶
이브 생 로랑의 첫 번째 디오르 컬렉션에서 선보인 사다리꼴 모양 트라페즈 라인, 1958년 봄

년대 라인의 시대를 이루었다.

라인의 시대 여성들은 성숙한 숙녀와 같이 기품 있고 우아하게 차려 입었다. 1955년까지는 뉴 룩의 영향을 받아 허리를 강조한 원피스 드레스(그림 23), 허리가 들어간 재킷의 수트와 단순하고 실용적인 블라우스, 허리띠 부분 없이 허리선 위까지 올라가는 코르셋 스커트를 많이 입었다. 치마는 플리츠 스커트, 벨 스커트, 고어

23 ▶
1950년대 여성들의 풍성한 원피스 드레스

24 ◀
1954년, 런던 유명 디자이너들의
우아하고 보수적인 패션으로, 여
전히 테일러드 수트와 코트가 중
요했음을 보여 준다

드 스커트, 타이트 스커트 등 타이트한 형태와 넓은 형태가 모두 입혀졌고, 길이는 무릎 아래였다(그림 24). 그러나 1950년대 후반으로 가면서 실루엣은 허리를 강조하지 않는 H실루엣이거나, A실루엣으로 점차 변화되었다(그림 25). 허리 부분이 느슨하게 맞는 재킷이 나왔으며, 치마 길이가 점차 짧아졌다. 코트는 1950년대 초반에는 상체는 허리가 딱 맞고 스커트는 통이 넓은 르댕고트 형태이거나 전체적으로 통이 넓은 형태를 많이 입었다(그림 24). 1940년대와 1950년대의 베이비붐시대에 맞추어 임부복이 많이 나왔는데, 대부분 투피스로, 헐렁한 상의와 품을 조절할 수 있는 좁은 스커트로 이루어져 있었다.

25 ▼
발렌시아가와 지방시의 길고 여
유가 있는 실루엣, 1957년

샤넬 수트

1954년 샤넬(Chanel)이 15년간의 공백을 깨고 살롱을 다시 열었다. 샤넬의 수트는 저지나 트위드로 되어 있으며, 칼라가 없는 카디건 스타일의 재킷과 무릎을 덮는 길이의 스커트로, 재킷 가장자리에 브레이드 장식을 한 것이었다. 많은 기성복업자들이 샤넬 수트를 단순하게 만들어, 모방하였으며 1960년대에 큰 유행이 되었다(그림 26).

바지와 스포츠웨어

전후 여성복에서 큰 변화 중의 하나는 여성들의 바지 착용이 일반화되었다는 점이다. 1950년대 초반 스포츠웨어의 하나로 바지를 입기 시작하였으나, 점차 대중화되면서 무릎 길이나, 종아리 중간 길이, 혹은 발목까지 오는 길이의, 통은 좁은 바지를 일상복으로 착용하였다(그림 27). 1950년대 중반에 '슬라피 조(sloppy Joe)'라고 불렀던 크고 느슨한 스웨터나 카디건, 푸들 스커트(푸들이 아플리케 되어 있는 360° 치마), 발목 양말, 새들 슈즈나 로퍼, 흰색 셔츠나 스웨터 셋과 목에 스카프를 두르는 것이 대학교 여학생 사이에서 잠시 유행하였

26 ▶
디자이너 샤넬이 자신의 카디건 스타일 샤넬 수트를 입고 있다.

27 ▶▶
1950년대의 스웨터 걸

다. 스포츠웨어로는 '비키니(bikini)' 수영복이 유럽에서 먼저 소개되었는데, 이제까지 나왔던 수영복 가운데 노출이 가장 많은 투피스 형태였다. 수영복용 직물로는 면, 나일론, 라스텍스(Lastex)가 많이 사용되었다. 스키용으로는 1956년 이래 스트레치 원단으로 만든 통이 좁은 바지를 착용하였으며, 테니스용으로는 흰색의 짧은 스커트를 입고, 니트 상의를 함께 입었다.

속 옷

뉴 룩 스타일의 옷을 입을 때 여성들은 딱딱한 뼈대를 덧대어 가슴 모양을 받쳐주는 브라와 퍼지는 치마 모양을 유지하기 위해 페티코트를 착용하였다. 그러나 1950년대 '스웨터 걸(sweater girl)' 이 유행하자(그림 27), 꼭 끼는 풀 오버 안에 실제 가슴보다 훨씬 커 보이도록 만든 깔때기 모양의 딱딱한 브래지어와, 허리를 가늘어 보이게 하는 웨이스트 니퍼를 착용하였다(그림 28). 또한 여성들은 비치는 긴 나일론 스타킹을 신었다(그림 29). 초기에는 스타킹의 재봉선이 있는 것이 더 인기가 있었으나, 이후에는 재봉선이 없는 스타킹이 더 인기가 있었다. 또 팬티 스타킹을 많이 착용하였다.

28 ▲
속옷 광고(좌 : 1954년, 우 : 1950년)

29 ▲
듀폰사의 나일론 스타킹 광고,
1956년

남성 복식

비즈니스 수트

전후 여성복에서는 1947년의 뉴 룩과 같은 급격한 변화가 있었지만, 전후 남성복에서는 큰 변화는 없이, 전쟁 전에 입었던 영국식 수트와 비슷한 볼드 룩(bold look)이 소개되었다. 재킷의 길이가 길고, 어깨와 칼라가 넓으며, 더블 브레스티드인 것이 유행하였고, 커프스가 있는 바지, 나일론이나 면으로 된 셔츠와 함께 입었다(그림 30). 그러다가 테디 보이의 영향으로 일반 신사들의 비즈니스 수트

30 ▼
남성 수트, 1951년

31 ▲
영화 〈회색 양복을 입은 사나이 (The Man in the Gray Flannel Suit)〉에서 회색 플란넬 수트를 입은 영화 배우 그레고리 팩, 1956년

32 ▼
남성용 캐주얼웨어 광고, 1958년

의 실루엣도 점차 좁은 실루엣으로 변해갔다. 어깨 패드가 작아졌고, 싱글 브레스티드 타입이 압도적으로 많았으며, 어두운 회색이 가장 인기 있는 색이었다. 그래서 1950년대를 가리켜 '회색 플란넬 수트의 시대' 라고 하기도 한다(그림 31). 비즈니스 수트와 함께 분홍이나, 연한 하늘색의 셔츠도 많이 입었는데, 셔츠의 칼라는 작고, 버튼-다운(button-down) 스타일이었다. 1950년대 후반과 1960년대 남성들은 재킷의 길이가 짧아지고, 몸 부분이 더 맞고, 재킷의 앞여밈선이 둥글어진 콘티넨털 수트(continental suits)를 비즈니스 수트로 입었다. 전후에 입었던 코트로는 어깨는 강조하고 허리는 꼭맞는, 비교적 길이가 길고 뾰족하고 넓은 라펠이 달린 색 코트(sack coat)가 있고, 이후 1950년대에는 자연스러운 어깨와 날씬한 형태의 코트를 입었다.

캐주얼웨어와 이브닝웨어

1950년대 남성들의 캐주얼웨어는 더플 코트, 타탄 체크의 스포츠 재킷, 가죽 단추의 코듀로이 재킷, 치노(chino), 버튼 다운 셔츠, 크루 넥, 글씨 있는 스웻셔츠의 아이비 리그 룩(Ivy league Look)이 입혀졌다(그림 32). 더플 코트는 원래 영국 해군이 입었던 후드와 막대 모양의 단추가 있는 베이지 색의 코트로, 전후에는 대개 감색으로 염색해서 입었다. 캐주얼 코트는 보다 종류가 많았으며, 엉덩이까지 혹은 허리까지 오는 길이를 모두 입었다. 1954년경에는 남성들 사이에서 버뮤다 셔츠가 유행하였고, 남성들의 캐주얼 셔츠로는 밝은색의 하와이안 프린트 셔츠, 인디안 마드라스 티셔츠, 니트 폴로를 입었다. 당시 영화배우 제임스 딘(그림 33)과 말론 브란도의 '반항아' 스타일 티셔츠, 진, 가죽 재킷이 유행하였다. 이브닝웨어는 턱시도나 디너 재킷을 입었고, 흰색의 디너 재킷이 여름용 이브닝웨어로 인기가 있었다. 1950년대 수영복으로는 중간 길이의 트렁크를 입었다.

헤어스타일과 머리 장식

1950년대 초반에는 턱까지 오는 길이의 컬이 있는, 단순하고 여성적인 머리 스타일이 유행하다가 1950년대 말부터는 머리를 부풀린 부팡(bouffant) 스타일이 유행하였다(그림 34). 모자는 1930년대에 유행했던 챙 없는 작은 모자의 변형과 베레모, 또 미국의 케네디 대통령 취임식에서 재클린 케네디가 착용하였던 필박스 해트(pillbox hat)를 많이 착용하였다. 그러나 1950년대에 장갑과 모자는 여성들의 필수품이었지만, 1960년대로 가면서 평상시에는 모자를 착용하지 않게 되었다. 여성들의 화장은 1952년 이후 눈화장이 더 강조되었다.

남자들의 헤어스타일은 전쟁 직후에는 군인들의 짧게 자른 머리인 크루 컷(crew-cut)이 많았으나, 1950년대가 되자 영국의 테디 보이, 미국의 엘비스 프레슬리의 머리와 같이 앞부분은 컬을 하고, 뒷부분은 뭉툭하게 모양을 낸 헤어스타일이 유행하였다(그림 35). 남자들의 모자는 페도라(fedora)가 가장 일반적이었고, 새롭게 유행한 더플 코트에 맞춰 챙이 없는 모자도 많이 썼다. 그러나 1950년대 보통 남자들이 모자를 일상적

으로 썼던 것에서 1960년대가 되면서 점차 모자를 쓰지 않게 되었다.

신 발   평상시에는 모카신, 로퍼, 발레 슬리퍼, 샌들, 캔버스 스니커즈 등을 신었는데, 이때 구두의 앞은 아주 약간만 파이고 뒤꿈치 부분이 높이 올라왔으며 굽은 적당히 넓으면서 높은 형태로, 하늘색과 연분홍색이 인기 있었다. 로저 비비에르(Roger Vivier)가 스틸레토 힐(stiletto heel)을 소개한 이후(그림 36) 매우 뾰족하고 날렵한 형태의 구두가 유행하였다. 남성들은 옥스퍼드, 모카신을 많이 신었고, 벅스킨 슈즈는 캐주얼한 경우나, 대학생들이 많이 착용하였다(그림 37).

장신구   1950년대 여성들 사이에서 목에 붙는 진주 목걸이가 유행하였다. 목걸이, 팔찌, 귀걸이가 이 시기 여성들의 중요한 장신구였으며, 유색보석, 라인스톤(rhinestone), 인조 진주 등이 사용되었다. 남자들의 장신구는 손목시계, 손수건, 우산, 반지 정도로 실용적인 것들을 착용하였다. 남자들의 양말에 사용된 고무가 제 역할을 하지 못했기 때문에 대님을 계속해서 쓰지 않을 수 없었고, 대님을 종아리 위에 둘러 양말을 고정시켰다.

젊음의 시대 : 우주시대를 위한 미래 패션

의 복

여성 복식

우주시대 패션

1960년대 중엽에 가장 파격적인 의상을 선보였던 디자이너는 앙드레

21 **젊음의 시대 복식의 패턴**

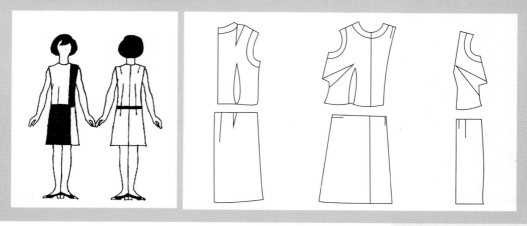

쿠레주(André Courrèges)와 이브 생 로랑(Yves Saint Laurent), 파코 라반(Paco Rabanne)이다. 앙드레 쿠레주는 1964년 '문 걸(Moon Girl)' 컬렉션을 선보이며 우주시대를 위한 패션의 시작을 알렸으며, 이어 계속되는 미래적 패션 컬렉션에서 군더더기 없는 디자인선과 기하학적 형태의 의복을 선보였다(그림 38). 피에르 가르뎅 역시 1964년 그의 우주시대 라인을 선보였고, 파코 라반은 사각형의 플라스틱판이나 금속 판들을 가느다란 금속사슬로 연결하여 만든 '유토피아적' 드레스로

38 ▼
앙드레 쿠레주의 1968/1969년
F/W 시즌 컬렉션

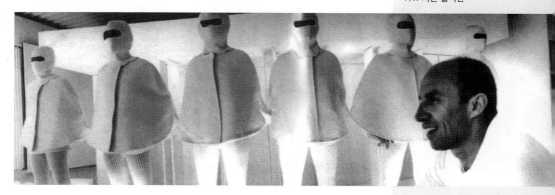

39 ▲
금속과 플라스틱으로 된 원판을
연결한 파코 라반의 1966년 컬
렉션

40 ▼
메리 퀀트(가운데)의 미니스커트,
1967년

대단한 반향을 불러일으켰다(그림 39). 디자이너들은 우주시대를 위한 패션에서는 벨크로(velcro)나 나일론 테이프를 여밈에 쓰는 등, 새로이 개발된 재료들을 썼으며, 옵 아트와 우주시대 패션의 느낌이 혼합된, 흰색과 은색을 사용했다. 신발로는 여름에도 부츠를 제안하여 굽이 낮은 흰색의 에나멜 반 부츠를 내놓았다.

미니 스커트와 팬츠 수트

해가 갈수록 영국은 청소년 패션의 천국이 되었다. 1962년 영국의 디자이너 메리 퀀트(Mary Quant)가 미니 스커트(mini skirt)를 선보였고, 3년 후인 1965년 전 세계적인 히트상품이 되었다. 최소 무릎 위 10cm까지 올 정도로 짧아서 천이 적게 드는 미니 스커트의 선풍적인 인기로(그림 40), 직물업자들은 도산 직전까지 몰리게 되었고, 1960년대 말 패션업체들은 치마 길이가 바닥까지 끌리는 맥시(maxi)와, 종아리 중간쯤에 오는 미디(midi)를 소개하였다. 그러나 소비자들은 여전히 미니 스커트를 고수하였고, 1970년대 중반쯤에 가서야 맥시와 미디를 입었다. 히피의 영향으로 전원풍의 드레스를 입는 경우도 있었다(그림 41).

1960년대 중반 이후, 여성들이 일상에서나, 비즈니스, 이브닝웨어로 재킷에 바지를 입기 시작하여, 1960년대 후반에는 치마 수트를 입는 것보다 바지 수트를 입는 경우가 더 많았다. 바지가 유행하자, 니커즈(knickers), 가우초 팬츠(gaucho pants), 핫 팬츠(hot pants) 등의 다양한 스타일의 바지가 나왔다(그림 42). 1970년대 초반에 핫 팬츠가 크게 유행하였다. 바지 수트는 폴리에스터나 모직의 니트 직물로 만들어졌으며, 재킷 안에는 몸에 맞는 터틀넥을 많이 입었는데, 모헤어로 된 스웨터를 많이 입었고, 카디건과 풀오버를 함께 입는 경우도 있었다.

41 ◀◀
1970년대의 전원풍 드레스

42 ◀
1970년대의 여성용 바지

이브닝웨어로는 1960년대 후반에는 이전의 미니 스커트 대신 미디나 맥시 드레스를 입기 시작하였고, 화려한 직물의 팬츠 수트도 이브닝웨어로 입었다. 팔라조 파자마(palazzo pajama)라고 불렀던, 폭이 넓고, 화려한 색깔의 실크 튜닉과 바지를 입기도 했다.

유니섹스 패션과 청바지

청바지는 히피들이 입기 시작한 이래 젊은 층에서 받아들여지고, 이어 주류 패션에도 등장하였으며, 1970년대가 되자, 성별, 연령에 무관하게 입는 가장 인기 있는 유니섹스 의복이 되었다(그림 43). 모양은 바지 허리가 골반에 걸쳐지고, 밑으로 내려갈수록 바지통이 넓어지는 형태의 청바지

43 ▶
유니섹스 패션, 1970년대

44 ▲
루디 건리치의 모노키니, 1967년

가 가장 유행하였다. 청바지는 슬로건과 상징 문구가 적힌 티셔츠와 함께 입는 경우가 많았다.

    1964년 루디 건리치(Rudi Gernreich)는 여성용 수영복으로 남성과 같이 가슴이 드러나는 모노키니(monokini)를 발표하여(그림 44) 프랑스에서 유행하였다.

45 ▲
옵 아트 패션디자인, 1966년

46 ◀
이브 생 로랑의 몬드리안 드레스,
1965년

옵 아트 · 팝 아트 패션과 몬드리안 드레스

1960년대에는 흑백의 선과 무늬로 착시를 유도하는 옵 아트 패션(그림 45)과 팝 아트의 경쾌한 이미지를 패션에 적용한 디자인들이 많이 나왔다. 또한 이브 생 로랑은 20세기 초반에 활동한 화가 몬드리안 (Modrian)의 회화를 이용하여 디자인 한 '몬드리안 드레스'를 발표하여 큰 반향을 일으켰다(그림 46).

남성 복식

몸의 선이 드러나는 남성 수트

1960년대 중반이 되자 남자들이 이전 시기의 컨티넨탈 수트는 더 이상 입지 않고, 대신 모즈의 수트를 입었다. 모즈의 재킷은 얇은 어깨 패드, 넓은 라펠, 아래쪽으로 갈수록 약간 넓어지는 몸판과 옆트임이나 뒷트임이 있고 몸의 선이 드러나는 영국식의 재킷이다(그림 47). 이 시기에 젊은 남성들을 중심으로 몸이 드러나는 실루엣에 화

47 ▶
모즈의 영향을 받은 1960년대 중반 젊은이의 패션을 보여 주는 영국 그룹 좀비즈(the Zombies)

려한 색채, 대담한 패턴의 천을 쓰고, 러플과 같은 여성적인 디테일
이 있는 옷을 입기 시작하였고, 이에 대해 언론에서는 '피코크 레
볼루션(peacock revolution)' 이라고 하였다. 1970년대의 수트 재킷
은 싱글 브레스티드에 라펠이 넓어지고, 더 몸에 맞게 되었고, 바지
는 아래로 올수록 넓어지는 형태가 되었다. 셔츠 역시 1960년대부
터 몸의 선을 드러내는 것이 유행하였다. 차려 입을 경우에는 조끼
를 함께 입었다. 넥타이는 넓어졌고 색깔과 무늬가 더욱 중요해졌
다. 특히, 더운 계절에는 넥타이 대신 스카프를 하는 경우가 많았다.
남성들의 외투는 칼라에 모피를 대거나, 가죽으로 된 코트가 유행했
는데, 코트의 길이는 1960년대 후반에는 여자들의 스커트처럼 길이
가 짧았고, 1970년대 초반이 되자 다양해졌다. 전통적인 인도의 재
킷에서 나온 것으로 인도 수상 네루(Jawaharlal Nehru, 1889~1964)
의 이름을 딴 네루 재킷이 소개되었는데, 폭이 좁고 작은 칼라가 있
고, 단추가 목의 윗부분까지 있었으며, 보통 터틀넥과 함께 입었다
(그림 48).

48 ◀
네루 재킷의 남성 수트 광고, 1968년

49 ▲
1960년대 후반 이탈리아의 남성
패션으로 사파리 재킷의 수트에
넥타이 대신 스카프를 매고, 앵클
부츠를 신고 있다.

50 ▲▶
체크 무늬 남성 바지 광고, 1972년

1960년대 후반과 1970년대에는 사파리 재킷과 노픽(norfolk) 스타일의 재킷을 입었고(그림 49), 1970년대 초반에는 상하의를 폴리에스터의 이중니트직물로 같이 만든 캐주얼웨어가 유행하였다. 1960년대 중반에 남성용 바지는 엉덩이 부분에는 주름이 없이 잘 맞았으나, 바지 밑단으로 갈수록 통이 넓어지는 형태로 바뀌었다. 줄무늬나 바둑판무늬, 하운드투스 체크, 헤링본 혹은 자카드 무늬가 있는 바지가 인기가 있었다(그림 50). 과거 운동복으로만 입던 풀오버를 평상복으로 입게 되었다.

헤어스타일과 머리 장식 여성들의 경우에도 모자를 거의 쓰지 않게 되면서, 대신 헤어스타일과 메이크업이 더 중요해졌다. 짧은 헤어스타일, 턱까지 내려오는 길이의 머리를 드라이어로 형태를 만든 스타일, 컬을 주지 않은 긴 머리, 히피 스타일의 길게 풀어헤친 자연스러운 스타일 등의 헤어스타일이 유행하였다. 영국의 헤어 스타일리스트 비달 사순(Vidal Sassoon) 역시 긴 머리의 대안으로 기하학적으로 자른 짧은 헤어 스타일을 선보였다(그림 51).

1960년대의 남자 머리 길이에 큰 변화가 있었다. 젊은이들이 머리를 기르기 시작했는데, 점차 머리를 기르고, 콧수염, 턱수염, 구레나룻을 하는 남자들이 많아지면서 확산되었다. 당시 인기를 끌었던 비틀스의 헤어스타일은 머리카락이 이마와 목덜미를 덮는 긴 길이로, 사회 관습에 맞지 않았고, 부모 세대는 이에 대해 거부감을 느꼈다. 그러나 고등학생이나, 대학생들은 어깨보다 더 긴 길이의 머리를 하는 것이 금지되었음에도 불구하고, 비틀스의 헤어스타일을 모방하였다(그림 52). 또한 머리를 기르게 되면서 모자를 쓰지 않게 되었다.

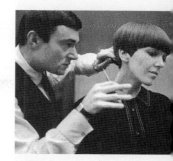

51 ▲
짧고 기하학적인 형태의 헤어스타일로 자르고 있는 비달 사순, 1960년대

52 ◀
비틀스의 히피 스타일, 1967년

신 발 여성들의 경우 1960년대에 다양한 길이의 여성용 부츠가 기본 아이템이 되었다. 대부분은 스웨이드나 암사슴 가죽으로 된 것이었으며, 금색, 은색의 이브닝 부츠도 유행하였다. 여성들이 미니 스커트를 입게 되면서 구두 굽은 낮아졌다. 1970년대 중반까지 구두 앞코가 둥글었으며, 1970년대 초반에는 플랫폼 굽이 나와서, 거의 모든 신발에 쓰였다. 색깔이 있고 질감이 있는 스타킹이나 타이즈가 유행하였고, 무릎 길이의 양말 역시 많이 신었다. 겨울에는 미니 스커트에 두꺼운 모직 스타킹을 신었다. 봉제선이 생기지 않게 짤 수 있는 원형 편물기의 발명 덕분에 1959년 여성용 팬티 스타킹이 출시되었고, 이 외에도 발목까지 오는 양말, 무릎까지 오는 긴 양말, 레이스 스타킹, 신축성 있는 타이즈가 등장하였다. 또한 속옷, 양말, 겉옷의 경계가 모호해졌고, 몸 전체 길이의 니트 재질의 보디 스타킹(body stocking)이나, 몸통 길이의 보디 수트(body suit)가 나왔다.

남성의 신발로는 발목 부분까지 오는 신발 혹은 부츠로, 앞코가 네모인 형태가 유행하였다. 편하고 스포티한 신발을 많이 신었는데, 여성들과 마찬가지로 플랫폼 슈즈도 신었고, 물결무늬의 고무창이 있는 구두와 발등 부분이 많이 올라오는 슬립온(slip-on) 슈즈를 평상시에 많이 신었다.

장신구 1960년대 가장 중요한 액세서리는 선글라스로 심지어 흐린 날씨에도 머리에 꽂거나 옷 바깥쪽에 꽂고 다녔다(그림 53). 이 시기부터 디자이너들이 선글라스를 디자인하기 시작했다.

1950년대 말 이후 많은 여성들이 귀를 뚫어 귀걸이를 하기 시작했으며 이 경향은 1960년대가 되자 청소년들에게까지 확산되었다. 1960년대 초반에는 기하학적 형태의 색이 있는 플라스틱 장신구가, 1960

년대 후반에는 크기가 크고 장식적인 팔찌, 금색 체인과 색 있는 구슬 장신구가 유행하였다. 남자들은 터틀넥 스웨터를 입을 때 목걸이를 하는 것이 유행하였다.

여자들의 메이크업에서는 이전의 밝고 연한 립스틱 대신 밝은 빨간 색의 립스틱을 많이 했으며 보라, 파랑, 그린, 노랑 등의 색으로 마스 카라, 아이라이너, 아이섀도가 시판되었다. 1970년대에 들어서는 보 다 자연스러운 룩을 선호하였으며, 1971년 미국에서 립글로오스가 처 음 시판되었다. 아이섀도의 색을 옷의 색과 맞출 정도로 중요하게 여 겼고, 가짜 속눈썹을 붙일 정도로 길고 짙은 속눈썹을 중요하게 생각 했다.

디스코 시대 : 파워 수트와 앤드로지너스 룩

의 복

여성 복식

파워 수트

1978, 1979년경부터 의복의 실루엣이 변화하기 시작하여 1980년대 가 되자 어깨를 강조한 새로운 수트 스타일인 빅 룩(big look)이 등 장했다. 이 수트는 어깨심을 넣은 넓은 어깨와 엉덩이를 덮는 길이 의 재킷과 재킷 아래로 조금 보일 정도의 무릎 위 10cm에 이르는 짧 은 스커트로 이루어지며, 이를 파워 수트(power suit)라고 일컬었다 (그림 54). 존 몰리(John T. Molly)는 그의 책인 《성공을 위한 옷차 림(Dress for success)》에서 직장 여성들에게 바지 정장보다는 남성 정장의 여성스러운 해석인 어두운 색의 테일러드 재킷과 치마로 이 루어진 정장을 입되, 남성의 와이셔츠와 유사한 블라우스를 입을 것

54 ▼
파워 수트, 크리스티앙 디오르의
1987년 S/S 시즌 컬렉션

55 ▲
조르지오 아르마니의 여성용 팬
츠 수트, 1984/1985년

56 ▼
빅 룩의 일러스트레이션과 도식
화, 1986/1987년 F/W 시즌

을 제안하였다. 파워 수트는 당시 여성들의 사회 진출이 눈에 띄게 늘어나면서 대부분의 여성들에게 환영받았으며, 1977년에서 1987년까지 거의 10년 동안 지속되었다.

1970년대 중반부터 미디 스커트가 유행하고, 1980년대 후반 파워 수트의 치마 길이가 점점 짧아지자, 변덕 심한 치마 길이에 지친 여성들이 치마 대신 바지를 재킷과 함께 입기 시작했다. 팬츠 수트는 이브닝웨어로도 입을 수 있었고, 캐주얼웨어로도 입을 수 있을 정도로 모든 경우에 치마를 대신했다. 폴리에스터 니트와 울 개버딘으로 만들어졌고, 다양한 가격대에서 구매할 수 있었다. 이 시기 즈음에 남성복의 재단법을 여성복에 적용한 조르지오 아르마니의 여성용 팬츠 수트가 큰 호응을 얻었다(그림 55). 조르지오 아르마니는 1987년 반바지와 재킷의 수트를 제안하였고, 이는 쇼츠 수트(shorts suit)라고 일컬어지면서, 짧아진 치마와 재킷의 수트 대신으로 입기도 하였다. 이때, 반바지는 품이 넉넉한 디바이디드 스커트였다. 바지통이 넓은 팬츠 수트가 대중의 인기를 얻었고, 통굽 구두와 함께 신는 것이 대유행하였다.

전체적으로 어깨가 매우 강조되는 실루엣이 유행하는 가운데(그림 56), 1980년대 중반에는 전형적인 샤넬 수트가 다시 돌아왔고, 1990년에는 재킷 길이가 길어지면서, 재킷과 몸에 붙는 치마나 반바지, 긴 바지를 함께 입었다. 1990년대의 유행 블라우스는 프릴이 있는 흰색의 블라우스로 가는 실루엣의 검은색 바지와 함께 이브닝웨어로 입기도 하였다.

스포츠의 영향

1970년대 말부터 건강과 피트니스에 관심을 갖고, 에어로빅, 조깅 등의 스포츠를 즐기는 것이 사람들이 동경하는 라이프 스타일이 되었고, 트레이닝복은 멋있는 일상복이 되었다(그림 57). 의류업계에서도 이에 맞추어 웜업 수트(warm-up suits), 러닝과 조깅 운동복, 운동화를 생산하기 시작하였고, 스포츠를 할 때 입는 옷과 일상에서 입는 옷 사이의 경계가 무너졌다. 전문 운동선수들이 스포츠 의류업계의 광고를 하였다. 1977년 이세이 미야케는 오버 사이즈의 스웨터 상의를 레깅스와 함께 선보였고, 아제딘 알라이아, 장 폴 고티에, 모스키노, 로메오 질리, 칼 라거펠트 등의 스포츠웨어 디자인이 인기를 얻었다. 미국 디자이너 노마 카말리(Norma Kamali)는 스웻셔츠를 만드는 선명한 색채의 직물로, 치마, 원피스, 심지어 이브닝웨어로 입을 수 있는 패션 라인을 발표했다. 1983년 영화 〈플래시 댄스(Flashdance)〉에 나온 의상을 따라하여, 스웻셔츠의 목 부분을 잘라내고 어깨를 노출하는 모습을 연출하기도 하였다. 스포츠가 생활에 큰 영향을 줌에 따라 레저복도 많이 판매되었다. 1980년대에 수영복에서 거의 허리선에 이를 정도로 다리선을 깊게 파고, 등 부분 역시 깊게 판 수영복이 나타났다. 레그 워머(leg warmer)는 다리에 느슨하게 맞는 발부분이 없는 스타킹으로, 운동때 뿐만이 아니라 젊은 여성들이 일상에서도 입었다. 1980년대에는 레깅스가 스포츠와 일상에서 유행하였고 1990년대에는 타이츠가 입혀졌다. 1980년대 초반에 스웻셔츠가 유행하였다.

민속풍

1970년대 파리 컬렉션에서는 세계 여러 지역의 민속의상을 디자인 영감으로 한 패션이 유행하였다(그림 58). 1975년경에는 카프탄 드레스와 이브 생 로랑이 창안한 오버올 룩이 유행했고, 이와 동시에 차이나 룩이

57 ▲
1980년대의 운동복을 입은 남녀

58 ▼
이브 생 로랑의 러시아에서 영감을 얻은 민속풍 디자인, 1976/1977년

유행하였는데, 아시아권의 영향은 1976년에도 지속되었다. 중국의 장삼과 일본의 기모노, 말레이시아의 사롱 등을 영감으로 삼은 것들이었다.

레이어드 룩

1970년대 석유파동으로 사람들은 실용적이며 저렴한 가격의 옷들을 층층으로 겹쳐 입어 다양한 효과를 낼 수 있는 레이어드 룩(lay-ered look)을 시도하였고, 전체적으로 헐렁하게 입는 것도 유행하였다(그림 59). 레이어드 룩은 의복을 겹쳐 입는 방법에 따라 다양

59 ▶
1970년대의 레이어드 룩

한 효과를 낼 수 있어 크게 유행하였다. 또한 1970년대 말에는 솜을 댄 중국식 코트나 오리털로 안을 채운 스키 재킷에 영감을 받은 오리털 코트가 유행하였다.

일본 디자이너들의 아방가르드 룩

1980년대 초반 일본 디자이너들의 아방가르드 룩이 서구 패션계에 큰 영향을 끼쳤다. 일본인들의 옷에 대한 이해는 서구인들과 근본적으로 달랐고 이러한 차이는 서구인의 시각에서 볼 때 급진적인 패션 스타일을 만들어 냈다. 요지 야마모토, 레이 가와쿠보 등은 기존의 서양 복식을 해체, 재해석하였으며(그림 60), 이세이 미야케는 1980

레이 가와쿠보의 디자인, 1981년

61 ▲
이세이 미야케의 플리츠를 이용
한 디자인, 1989년 S/S 시즌

년대 말 플리츠를 이용한 디자인으로 주목을 받았다(그림 61). 1980
년대의 일본 디자이너들의 영향은 1980년대 패션에서 검정과 회색
이 유행하는 데 기여했으며, 그들의 혁신적인 커팅선은 다른 디자이
너들에게 영향을 주었다.

디자이너 진즈와 가죽 소재

청바지를 일상복으로 많이 입게 됨에 따라 1970년대 말에 디자이너
들은 청바지 뒷주머니에 자신의 이름을 넣은 상표를 붙인 상품을 내
놓았다. 이 청바지를 '디자이너 진즈(designer jeans)'라고 하였으
며, 보통 청바지보다 2배 이상 가격이 비쌌음에도 불구하고, 큰 인
기를 끌었다(그림 62). 이 시기에 데님 천으로 만든 재킷, 스커트, 수
트가 나왔다. 직물 제조업자들은 데님 천에 다양한 염색 및 후처리
기술을 적용하였는데, 프리워싱, 스톤 워싱, 산처리 등을 하여 다양
한 효과를 낼 수 있도록 개발하였다. 1980년대 젊은이들은 다양한
후처리방법으로 무릎 부분에 크게 가로로 찢어져 있는 청바지를 구
입하여 입었다.

　가죽은 1980년대의 소재라고 칭할 수 있을 정도로 각광을 받았으
며, 새로운 가공법, 새로운 소재가 개발되었다. 1980년대 말에 몸에
꽉 끼는 타이츠나 레깅스에 스판덱스를 사용하였다.

남성 복식

여피족 남성의 수트

1980년대 경기가 좋을 때 높은 사회경제적 지위를 획득한 젊은이들
을 여피족(yuppies, young urban professional)이라고 불렸는데, 남
성들의 성공이 직업적 성공과 자동차, 주거, 의복 등 생활과 관련한
모든 환경적 요소를 종합적으로 고려하여 평가하는 경향이 나타나
자 여피족 남성들도 점차 외모에 신경을 쓰게 되었다. 1980년대의

62 ▼
캘빈 클라인의 청바지 광고, 1980년

여피족 남성들은 유명 상표와 옷차림에 원칙을 가지고 있었다. 이탈
리아제 파워 수트를 선호하였고, 셔츠와 넥타이 등에도 큰 관심을 가
졌다(그림 63). 1980년대 이탈리아 디자이너들의 남성복의 인기는
남성복에서 실루엣의 변화로 이어졌다. 이들이 보여 준 수트는 어깨
선이 넓고, 맞음새가 편안해 보이는 부드러운 실루엣이 특징적으로,
대표적으로 조르지오 아르마니의 수트가 있으며, 그의 수트는 이제
까지의 딱딱한 남성의 비즈니스 수트와는 달랐다.

남성들의 앤드로지너스 룩
부티크에서 남성용 디자이너 의복을 팔았고, 더 많은 여성복 디
자이너들이 남성복 라인을 출시하였다. 1980년대, 1990년대 남성

복은 여성들의 직장용 의복에 영감을 제공하였다. 뿐만 아니라, 1985~1986년에는 남성이냐, 여성이냐 혹은 남성과 여성의 경쟁이 아니라 공통성, 즉 같은 느낌으로 남녀가 함께 입을 수 있는 옷이 관심사였다(그림 64). 즉, 앤드로지니(androgyny)와 앤드로지너스 룩(androgynous look)이 유행하였다. 또한 앤드로지너스 룩과 펑크 룩의 영향으로 종전에 비하여 화려하게 꾸미는 팝스타들이 많아지면서(그림 65, 66) 그들의 영향 또한 지대하였다.

남성의 캐주얼웨어
1960년대 이후 여성과 마찬가지로 남성 패션의 시장은 점차 세분화되어 갔다. 1970년대, 1980년대에도 여전히 직장에서는 전통적인 비즈니스 수트를 입어야 했지만, 경우에 따라 다양하게 의복을 착용할 수 있었다.

64 ▲
종래 남성복에서는 쓰지 않던 화려한 직물의 조합을 보여 주는 1980년대 남성복

65 ▶
프린스, 1980년대

66 ▶▶
컬처 클럽의 보이 조지, 1984년

의복이 점차 캐주얼해지는 경향으로, 1980년대 초반 재킷과 바지가 모두 데님천으로 된 데님 수트가 나왔다. 1980년대에는 캐주얼웨어로 울 트위드나 리넨으로 만들어진 재킷을 입었다(그림 67). 1980년대 말의 남성 캐주얼 팬츠는 허리선이 높고 앞허리에 주름을 잡아 허리 부분은 풍성하다가, 바지통이 발목에서 가늘어지고 좁아지는 형태가 많았고, 큰 주머니가 옆에 달린 카고 바지, 멜빵 단추가 있고 커프스가 없는 바지도 유행하였다.

캐주얼 셔츠는 티셔츠, 폴로셔츠, 직물로 된 반팔 스타일을 입었다. 티셔츠나 스웻셔츠는 앞에 어떤 메시지나, 만화 캐릭터, 스포츠 로고로 장식된 것이 많았다. 여름에는 탱크 톱도 입었다. 날씨가 추울 때에는 터틀넥이나 벨로아 풀오버나 셔츠, 자카드 패턴의 니트 스웨터, 스웻셔츠를 입었다. 1980년대에 미식축구 선수들이 입던 망사로 된 셔츠를 캐주얼 스포츠웨어로 입었다.

1970년대의 스웨터는 몸에 맞으면서 허리선 바로 위에까지 왔었는데, 1970년대 말과 1980년대에는 스웨터가 더 크고 느슨해졌다. 손뜨개 느낌으로, 자연 소재를 이용한 것이 많았다(그림 68).

캐주얼웨어로 가죽 모터 사이클 재킷, 안에는 파일 직물로 안감이 대어져 있는 카우보이 스타일의 소가죽 재킷, 오리털 조끼, 오리털 재킷, 파카를 입었다(그림 68). 가죽 모터 사이클 재킷은 1950년대 영화 〈위험한 질주(The Wild One)〉에서 말론 브란도가 입었던 것으로 반항적인 젊은이의 패션을 의미하였지만, 이후 록 가수들이 입게 되고, 1980년대, 1990년대에 오트 쿠튀르의 쇼에 등장하였으며, 이후 오트 쿠튀르를 모방하는 기성복 패션에 나타나게 되었다. 1980년대 말에는 신축성 있는 직물로 남성용 수영복이 만들어졌다.

67 ▲
부드러운 어깨의 모직 재킷과 앞 주름이 있는 회색 플란넬 바지, 1981년

68 ▲
1970년대에 유행한 패딩 점퍼와 큰 스웨터, 그리고 직선적 실루엣의 코듀로이 바지

69 ▶
〈미녀 삼총사〉의 파라 포셋(왼쪽), 1970년대

70 ▼
영국의 펑크족, 1977년

71 ▶▶
런던의 펑크족 남녀, 1970년대 말

헤어스타일과 화장

여성들의 헤어스타일로는 1970년대 말로 가면서 잘게 곱슬거리는(frizzy) 컬의 헤어스타일이 인기를 얻었다. 1977년 이후에는 당시 인기 있었던 TV 드라마 시리즈인 〈미녀 삼총사(Charlie's Angels)〉의 파라 포셋(Farah Fawcett)이 한 풍성한 금발의 바람머리가 인기 있었다(그림 69). 1980년대에는 아주 짧은 머리가 남녀 모두에게서 유행하였는데, 여성들은 영국의 다이애나비의 직선적인 짧은 단발의 헤어스타일을 따라 하기도 했다.

1970년대에는 남성들의 긴 머리가 유행하였고, 펑크족의 머리 형태나, 닭벼슬 모양으로 머리 정수리 부분을 세운 섀기 컷(shaggy cut)도 유행하였다(그림 70, 71). 이후 1980년대에는 짧은 머리가 유행하였다. 모자는 거의 쓰지 않았지만, 쓸 경우에는 야구모자를 많이 썼다.

여성들의 경우 1980년대에는 1970년대의 자연스러운 화장은 사라지고, 더 선명한 메이크업이 유행하였다. 립스틱 색이 진해지고, 아이 메이크업이 더 뚜렷해졌다(그림 72). 어떤 때에는 립라인을 더 짙은색으로 그리고, 더 옅은색으로 입술 안을 메우기도 하였으며, 부은 듯이 보이는 두터운 입술 모양이 인기 있었다. 피부색은 창백해 보이는 것이 그을린 듯한 피부색보다 인기 있었고, 젊은 여성들 사이에서는 문신과 보디 피어싱도 유행하였다.

1980년대의 남자들이 외모에 더 많은 관심을 기울이기 시작하면서 더 많은 남자들이 향수, 애프터셰이브 로션 등의 화장품을 쓰고 있었으며, 새로운 남성용 화장품이 많이 출시되었다. 1987년 통계를 보면, 남자들의 화장품 지출액은 10년 전에 비해 약 2배로 늘어났다고 한다.

72 ◀
여성의 헤어스타일과 화장, 1984년

신발 여자들의 신발은 플랫폼 슈즈 대신 보다 날렵한 스타일의 신발이 인기 있었으며 부츠를 많이 신었다. 색이 있는 스타킹이나 타이츠를 많이 신었고, 치마가 짧아지면서 1980년대 말에는 낮은 굽의 신발이 많이 나왔고 캐주얼웨어와 함께 다양한 모양의 스니커즈를 신었다.

남성들 역시 계절에 관계없이 부츠를 많이 신었으며, 1980년대에는 웨스턴 부츠, 하이킹 슈즈, 워킹 슈즈를 많이 신었다. 1980년대 남성들은 운동화를 청바지에도, 정장용 바지에도 신는 등 여러 용도로 신었다.

장신구 1970년대 동안에 여성들은 샤넬백과 같이 작은 사각형의 퀼트되어 있고, 체인 줄이 있는 핸드백을 어깨에 메고 다녔다. 작은 사각형의 백을 선호하다가, 1976년경에는 큰 토트백을, 1979년에는 크고 부드러운 소재의 사첼(satchel)을 들었다. '성공하기 위한 옷차림(dress for success)'을 따르는 여성 직장인들은 핸드백보다는 서류 가방을 들고 다니는 것을 더 선호하였다. 1985년 프라다가 방수 나일론으로 가볍고 튼튼한 가방을 만들어 큰 인기를 얻었다. 1980년대 여성 패션에서 귀걸이, 목걸이 등 다양한 큰 인조 액세서리로 대담한 모습을 연출하는 것이 또 다른 특징 가운데 하나로, 패션 액세서리가 매우 중요해졌다(그림 73). 금이나 준보석, 특히 금색 체인이나 금색 링 귀걸이, 금색 체인에 다이아몬드가 드문드문 박힌 것도 유행하였다. 1980년대에는 숄이나 큰 스카프들을 많이 썼다.

남자들의 넥타이는 1970년대 말까지는 그 폭이 좁아지다가, 1990년대에 가까워지면서 다시 넓어졌다. 그리고 많은 남자들이 골드체인이나, 귀걸이 등의 보석을 착용하기 시작하였지만, 일반적으로 일

상에서는 기념 반지, 점잖은 시계, 타이 클립, 타이핀, 커프스 단추 정
도를 착용하였다. 시각이 숫자로 표시되는 시계가 1976년에 처음 소
개되었다.

세계재편시대 : 미니멀리즘 패션과 캐주얼 프라이데이

의 복

여성 복식

미니멀리즘 패션

미니멀리즘(Minimalism)은 1990년대에 건축, 인테리어, 예술을 지
배하던 경향 가운데 하나로, 이브닝웨어나 정장에서도 장식이 배
제되어 있는 미니멀리즘 패션이 1990년대를 특징짓는 중요한 경향
이다. 미니멀리즘 패션에서는 단순한 형태에 흰색 또는 검은색을

74 ▲
질 샌더 광고 속의 미니멀리즘 패
션, 1991/1992년 F/W 시즌

75 ▶
구치의 광고, 1996년

사용하며, 캘빈 클라인 질 샌더(Jil Sander), 도나 카란, 헬무트 랑
(Helmut Lang), 프라다 등의 디자이너들이 미니멀리즘 패션을 선보
였다(그림 74). 한편, 디자이너 하우스 구치(Gucci)는 미국이나, 영
국의 젊은 디자이너를 고용함으로써 이미지 쇄신을 꾀한 최초의 패
션 하우스로서, 1990년 톰 포드를 고용하였고, 톰 포드(Tom Ford)
는 미니멀리즘적인 디자인으로 명성을 얻었다(그림 75).

명품 라벨(luxury label)의 대중화

디자이너들은 그들의 라벨을 마케팅이나 디자인에 보다 적극적으로 사용하기 시작하였다. 루이 뷔통(Louis Vuitton), 샤넬, 구치, 에르메스(Hermes) 등의 로고, 지아니 베르사체(Gianni Versace)의 메두사, 랄프 로렌의 폴로 모양을 제품 차별화를 위하여 사용하였다. 명품 라벨(luxury label)의 사용이 어느 때보다도 많아져서 대중들도 명품에 관심을 가지게 되었다. 일반여성들도 핸드백, 안경, 신발 등 자신의 경제력 범위 내에서 알맞은 것을 구매하였다(그림 76).

라벨이 패션제품 판매에 점점 중요해지면서, 1990년대 중반 이후 라이센스 제품도 점차 많아졌다. 1990년대에는 남성복의 정장, 스포츠웨어, 액세서리 등 거의 모든 아이템에서 디자이너 라벨을 볼 수 있었고, 라이센스나 로고는 아동복에서도 중요하게 생각되었다.

76 ▲
디자이너 로고가 보이도록 디자인한 크리스티앙 디오르의 2000년 S/S 시즌 컬렉션

77 ▼
마크 제이콥스가 디자인한 페리 엘리스의 그런지 패션, 1993년 S/S 시즌

젊은이들의 힙합 패션

1993년 페리 엘리스사의 디자이너 마크 제이콥스(Marc Jacobs)는 거리의 젊은이 문화에 영향을 받은 '그런지(Grunge)' 컬렉션을 발표하였다(그림 77). 그런지 락커에서 영향을 받은 젊은이들의 그런지 패션은 이후 안나 수이(Anna Sui)를 비롯한 여러 패션 디자이너들의 컬렉션에서도 선보였지만, 패션의 주소비자에게서 환영받지 못하고 곧 사라졌다.

1990년대를 특징짓는 것 가운데 하나는 역시 1980년대 거리에서 시작되어 1990년대에 젊은이들을 중심으로 폭발적으로 확산된 힙합 패션이다. 힙합 패션을 따르는 젊은이들은 밑위 길이가 길어 무릎까지 올 정도인 큰 배기 팬츠(baggy pants)를 안에 입은 유명 브랜드의 박서 쇼츠(boxer shorts)의 허리고무줄의 로고가 보이도록 제

허리 위치보다 더 낮추어 입고, 넓은 바지 밑단으로 거리를 쓸고 다
닐 정도로 바지를 길게 입었다(그림 78). 상의로는 과감한 그래피티
프린트나 브랜드 로고가 쓰여 있는 티셔츠, 스웨터를 입고, 트랙수
트를 입기도 했다. 야구 모자를 거꾸로 쓰고, 발목까지 오는 운동화
끈을 묶지 않고 신었다.

민속풍과 복고풍

21세기가 가까워지면서 패션의 세계화를 반영하듯 민속풍의 디자
인을 하는 디자이너가 많아졌다. 민속풍의 영감의 원천은 아시아,

아프리카 등 다양하였으며, 장 폴 고티에(그림 79)와, 디오르(Dior) 컬렉션에서의 존 갈리아노(John Galliano)가, 특히 민속풍의 디자인을 많이 선보였다(그림 80). 1990년대의 디자이너들은 민속풍과 함께 복고풍 디자인도 많이 보여 주었다. 레트로(retro)라고 불리는, 과거에서 영감을 받은 복고풍 스타일의 유행으로, 20세기를 마감하면서 20세기의 유행 스타일이 1990년대의 런웨이에 등장한 것이다. 1920년대의 플래퍼 스타일, 엠파이어 웨이스트 라인, 1960년대의 모즈 스타일이 다시 선보였다.

시스루 룩(see-through Look)

1990년대는 비치는 직물이 많이 사용되어 속이 비쳐 보이는 시스루 룩을 연출하였다. 디자이너가 컬렉션에서 발표하는 시스루 룩은 일상에서는 비치는 직물의 옷을 여러 겹 겹쳐 입는 방법으로 수용되었고, 이전에 비해 속옷이 중요해졌다. 시스루 룩은 1990년대 성공한 유행 가운데 하나로, 대표적 아이템인 슬립 드레스(slip dress)는 꾸준히 사랑받는 유행 아이템이 되었다(그림 81).

여성 속옷과 신소재

1990년 미국 가수 마돈나(Madonna)가 장 폴 고티에가 디자인한 가슴이 강조된 뷔스티에(bustier)를 입고 나옴으로써 코르셋(corset)류에 대한 열광을 다시 일으켰다(그림 82). 또한 1990년대 패션이 인체의 선을 드러내는 스타일로 변해감에 따라서 속옷은 인체의 형태를 보정하는 방향으로 변했다. 여성들은 코르셋을 입었고, 팬티에 패드를 대어 엉덩이의 뒤쪽을 강조하는 것도 입었다. 원더 브라(Wonder bra)의 유행은 여성들의 높은 가슴에 대한 바람을 그대로 보여 주는 것이었다(그림 83). 스트레치 소재가 각광을 받게 됨에 따라 듀

80 ▲
존 갈리아노의 디오르 쿠튀르 디자인으로 민속풍 디자인을 볼 수 있다. 1998/1999년 F/W 시즌.

81 ▼
캘빈 클라인의 시스루 드레스, 1998년 S/S 시즌

82 ▶
장 폴 고티에가 디자인한 마돈나
의 뷔스티에, 1990년

83 ▶▶
1990년대에 유행했던 원더 브라

퐁(DuPont)사의 라이크라(Lycra)가 많이 사용되었고, 속옷뿐만 아
니라 겉옷, 티셔츠 등에도 사용되었다. 라이크라는 스판덱스의 상
품명으로, 당시 캐주얼 일상복에서 워크아웃웨어(work-out wear),
디자이너 패션 라인에 이르기까지 많이 사용되었던 소재이다.

남성 복식
정통적 신사 패션과 새로운 남성복 입기

84 ▼
콤므 데 가르송의 남성용 스리 버
튼 재킷과 통이 좁은 바지의 수
트, 1992-1993년 F/W 시즌

1980년대 여피족들에게 사랑을 받던 휴고 보스나 조르지오 아르마
니 등의 브랜드에서는 정통적인 남성상을 표현하는 남성복을 꾸준
히 출시하였고, 남성들의 비즈니스 수트로 입혀졌다. 1990년대가 되
자, 보다 몸에 잘 맞는 수트가 유행하였는데, 라펠이 작아 여밈선이
높고, 앞 여밈선의 단추가 3개 있는 스리 버튼(three-buttoned) 스타
일이 인기를 끌었다(그림 84). 이때, 수트를 보다 몸에 꽉 끼게 맞추
기 위해서 신축성 있는 소재를 쓰는 경우도 있었다. 또 1990년대의
패션 경향에 따라 남성복에서도 미니멀리즘 디자인의 수트가 많이
나와서 인기를 끌었다(그림 85). 이브닝웨어로는 1960년대에 입었

던 셔츠 앞 부분에 러플이 있는 셔츠와 턱시도를 함께 입었고, 턱시도에 화려한 색채의 조끼를 입기도 하였다. 캐주얼웨어로는 비즈니스 수트에 캐주얼 셔츠를 함께 입는 경우가 많았다.

1980년대부터 남성들이 조금씩 여성복 아이템, 혹은 여성적인 패션 디테일을 차용하던 경향이 1990년대 말에 이르러서는 여성복 아이템을 입는 남성들이 패셔너블하게 보이는 것으로 진전되어, 남성들을 위한 치마 바지가 영국에서 높은 판매를 보이기도 하였다(그림 86). 실제로 성적으로 모호한 상태인 앤드로지니가 1980년대에 이어 1990년대에도 남성 패션의 주요 특징 중 하나로 남성복에서의 화려한 색채의 사용이나(그림 87), 부드러운 실루엣이 특징적으로 나타났다.

85 ◀
캘빈 클라인의 미니멀리즘 패션.
1996년

86 ◀◀
남성용 치마. 1999년

87 ▼
화려한 스카프의 남성복. 1996년
S/S 시즌

캐주얼 프라이데이와 캐주얼웨어

1990년대에 이르자 금요일에는 캐주얼하게 옷을 입을 수 있도록
허락하는 직장이 많아졌다. 이른바 '캐주얼 프라이데이(casual fri-
day)'라고 하는 것으로 수트업계, 스타킹업계와 넥타이업계의 매
출이 줄어들었지만, 캐주얼웨어업계의 매출은 늘었다. 직장인들
은 캐주얼 프라이데이에 재킷과 바지가 다른 천으로 된 세퍼레이츠
(seperates)를 많이 입었고, 캐주얼 재킷으로 트위드, 체크무늬의 재
킷을 입었다(그림 88).

헤어스타일과 메이크업
미니멀리즘 패션의 유행으로, 의복 스타
일이 매우 단순해짐에 따라 여성들의 머리 모양은 상대적으로 중요

해졌다. 머리에 젤(gel)이나 스프레이(spray)를 많이 쓰지 않았기 때문에 머리를 자른 모양이나, 머리색이 중요해졌다. 1990년대에는 다시 길고, 직모의 헤어스타일 유행이 돌아 와서, 직모의 긴 머리를 층지게 자르거나, 끝을 삐치게 자른 헤어스타일이 유행하였다(그림 89). 1990년대에 야구 모자 앞의 챙이 뒤로 오도록 하여 쓰는 것이 인기가 있었다.

화장은 자연스럽고 신선한 모습이 각광받게 됨에 따라 막 씻고 나온 듯한 반짝이는, 촉촉한 입술, 빛나는 깨끗한 머릿결을 표현하기 위한 화장품이 출시되어 선호되었다. 일명 '누드'라 불리는 새로운 파우더(powder)와 메이크업 제품이 유행하였다.

90 ▲
고유한 로고가 드러나도록 디자인한 샤넬의 운동화, 1991/1992년 F/W 시즌

신 발 1990년대에 여러 회사들의 캐주얼 프라이데이제도 시행에 맞추어, 신발 회사들은 다양한 스니커즈, 윙팁 스타일 슈즈, 투톤 슈즈 등 캐주얼웨어에 어울리는 신발들을 출시하였다.

1990년대 여자 신발로는 플랫폼 슈즈, 스틸레토 힐, 흑백의 투톤 신발이 특징적이었고, 청소년들 사이에서 고가의 스니커즈는 지위의 상징이 되기도 하였다. 스포츠의 꾸준한 영향으로 전통 스포츠 용품 브랜드에서 운동화 스타일에 더 관심을 지니게 되었으며, 패션 브랜드에서도 구두와 운동화의 중간 정도라고 할 수 있는 스니커즈 (sneakers)를 대거 출시하였다(그림 90).

91 ▼
방수되는 나일론으로 만든 프라다의 배낭으로 1985년부터 꾸준히 판매되었다.

장신구 명품 브랜드에서 출시한 다양한 이름이 붙은 백들이 유행하였으며, 1985년 프라다가 방수 나일론으로 가볍고 튼튼한 가방을 만들어 인기를 얻은 이후로 1990년대에는 밀리터리 룩과 스포티 룩의 유행과 함께 이의 영향을 받은 유틸리티 백(utility bag)이 유행하였다(그림 91).

새로운 밀레니엄 : 멀티 트렌드의 시대

의 복

여성 복식

새로운 쿠레주 룩

2001년 이후 패션의 대표적인 경향 가운데 하나로 1960년대의 앙드레 쿠레주 룩의 새로운 등장을 들 수 있다. 이 경향은 1960년대의 우주 패션과 모즈의 영향을 받은 듯한 디자인으로 1960년대 패션의 전반적인 느낌처럼 경쾌한 이미지를 나타내면서 선명한 색채나, 미래적인 느낌이 나는 직물을 사용하여 미래적이면서도 시대에 맞는 감성으로 표현하고 있다(그림 92).

92 ▲
루이 뷔통, 2003년 F/W 시즌

히피 스타일의 꾸준한 인기

2002년 가을 1960, 1970년대의 히피 스타일을 보다 캐주얼하게 표현한 디자인으로, 패치워크나 손뜨개 등 수공예적인 디테일(그림 93)을 볼 수 있다. 히피 스타일은 2003~2005년 사이에는 보호 시크(boho chick) 룩이라는 이름으로 유행하기도 했는데, 집시와 보헤미안 의복에서 영감을 얻은 디자인이다.

93 ▼
안나 수이, 2002년 F/W 시즌

민속풍과 리조트웨어

2000년 이후에도 꾸준히 민속풍의 디자인이 나오고 있다. 아시아, 아프리카, 남미, 러시아에 이르기까지 다양한 지역이 민속풍의 영감의 원천으로 등장하고 있다. 21세기 들어 젯셋(jet-set)이나, 잡 노마드(job nomad)의 등장은 지역색이 강한 복식을 단지 디자인 영감의 원천으로만 사용하는 데 그치지 않고, 여행지에서 입을 리조트웨어의 디자인에서도 활용할 수 있도록 제안하고 있다. 2003년 S/S

94 ◄◄
미우미우, 2003년 S/S 시즌

95 ◄
피에르 발망, 2009년 S/S 시즌

시즌 미우미우(Miu Miu)의 아시아에서 영감을 얻은 디자인이나(그
림 94), 2003년 F/W 시즌의 마르니(Marni)의 아프리카풍 디자인을
예로 들 수 있다.

다시 등장한 파워 수트

2009년에 어깨에 심을 넣어 과장한 상의가 유행하였다(그림 95).
1980년대의 파워 수트와 같이 어깨를 강조한 남성적인 느낌의 수트
나, 캐주얼하거나, 부드러운 천을 이용한 카울(cowl) 디자인으로 어
깨를 감싸거나, 소매를 변형하여, 어깨 부분을 시각적으로 강조하는
등 보다 여성스럽게 어깨를 강조하였다.

여성적인 복고풍

1950, 1960년대의 여성스럽고, 단정한 클래식 룩이 꾸준히 나오고
있는데, 2000년 S/S 시즌 프라다의 니트웨어와 얇은 천의 치마와 딱

96 ▲
프라다, 2000년 S/S 시즌

딱한 느낌의 가방의 조화(그림 96), 2010년 F/W 시즌 루이 비통의 단정하고 보수적인 레이디 클래식의 예를 들 수 있다. 이 밖에도 여성적인 의복으로, 코르셋 상의, 나풀거리는 미니스커트 등을 입었으며, 1980년대의 영향에 고스(goth) 분위기가 혼합된 디자인도 있었다.

실용적 미니멀리즘 패션
여성들의 보다 포멀한 정장이나 코트로, 1990년대 영향을 받은 미니멀리즘 스타일(그림 97), 남성적인 댄디 스타일, 매니시 스타일의 팬츠 수트가 있었는데, 안에 입는 블라우스나 셔츠는 부드러운 볼륨감을 넣어 여성스럽게 디자인한 경우가 많았다(그림 98). 또한 한동안 여성들의 옷장에서 사라졌던 조끼가 모든 연령대, 정장, 캐주얼웨어 모두에서 활용도가 높은 아이템으로 편하게 입혀졌다. 2008년 S/S 시즌에 재킷이 가벼워지면서 등장한 조끼는, 재킷에서 소매만 없앤 듯한 테일러드 스타일이 주를 이루었다. 조끼를 여러 겹 겹쳐 입기

97 ▼
재스퍼 콘란, 2003년 F/W 시즌

98 ▼▶
헬무트 랑, 2005년 S/S 시즌

99 ▼▶▶
안나 몰리나리, 2008년 S/S 시즌

도 했으며, 광택 있는 실크나, 실크와 면의 혼직 등 고급스러운 소재를 사용하였다(그림 99).

트레이닝웨어

환경의 폐해와 올바른 먹거리에 관심, 그리고 대안의 삶에 대한 모색으로, 2000년대에는 동양의 요가가 전 세계적으로 유행하였다. 요가복이 패션 아이템의 하나가 되어 신축성이 좋은 천으로 만들어진 요가 바지를 운동할 때에도, 일상복으로서도 착용하였다.

아웃도어 룩

2000년대 중반에 겨울 코트, 점퍼 등의 아우터로는 북부 유럽 지역의 눈덮인 산을 연상케 하는 아웃 도어 룩을 많이 입었다. 이것은 몇 가지 색이 섞인, 거친 느낌의 긴 털의 모피를 칼라나, 소매 끝에 대거나, 혹은 안감 전체에 대어 보온성을 더한 디자인으로 많이 나왔다. 길이는 다양했으나, 허벅지 중간 정도에 오는 길이의 디자인을 많이 입었으며, 이 디자인은 남녀 노소 모두의 겨울 아우터로 큰 인기를 얻었다. 여성스러우면서도 지퍼나 큰 포켓 등의 스포티하고 실용적인 디테일이 더해진 여성의 캐주얼웨어나(그림 100), 보다 아웃도어 룩에 충실한 디자인이 있다.

100 ▼
루이 뷔통, 2002년 F/W 시즌

로 라이즈 청바지와 스키니 팬츠

청바지는 2000년 이후에도 계속 패션 아이템으로 남아 있었다. 스톤 워싱이나, 약품처리하여 낡게 만들고, 색을 빼고, 색을 덧입히는 등의 후처리를 하였고, 허리선이 낮은 로 라이즈(low-rise) 스타일이 대중적인 인기를 얻었다(그림 96). 로 라이즈 청바지는 원래는 여성용으로 나왔지만, 점차 남자들의 바지로도 입혀졌다. 비즈니스

101 ▲
폴 스미스, 2005년 S/S 시즌

102 ▼
드리스 반 노튼, 2002년 F/W 시즌

바지, 캐주얼 바지 모두에서 바지 허리의 앞 부분에 주름이 없는 바지가 유행하였다. 드로우 스트링 팬츠(drawstring pants), 카고 팬츠(cargo pants), 카프리 팬츠(capri pants)도 입었다. 바지통은 점차 다리에 딱 맞는 좁은 통의 스키니(skinny) 팬츠가 나와서 캐주얼웨어 뿐만 아니라 정장, 특히, 젊은이들을 위한 날씬한 실루엣의 정장에서는 좁은 통의 바지를 입었다(그림 101). 2000년대 후반에 여성들은 레깅스를 많이 신었다.

남성 복식

남성 정장과 캐주얼 웨어 아이템의 조화

2000년대 중반 컬렉션에서 다시 정통 신사복이 많이 선보이는 등, 남성들이 정통 신사복은 계속 입었다.

그러나 전반적으로 직장 내 남성의 옷 입기가 보다 자유로와지면서 상하의를 다른 색상으로 매치하는 세퍼레이츠를 많이 입었고(그림 101), 정장과 캐주얼 웨어를 함께 입는 자유로운 코디네이션이 유행하였다. 정장 재킷, 코듀로이 재킷, 벨벳 재킷을 정장용 셔츠, 티셔츠, 후드 달린 티셔츠와 함께 입는 등 이제까지와는 다른 의복 아이템의 코디네이션이 시도되었고(그림 102), 의복을 겹쳐 입는 것이 유행하였다.

특히, 2005년 F/W 시즌 컬렉션에서 전형적인 남성 정장에서 벗어나 반바지와 정장 재킷을 함께 입는 것이 나왔으며, 이후에도 남성 정장 재킷과 반바지를 함께 입는 것은 캐주얼 웨어나 리조트 웨어로서 꾸준히 나왔다(그림 103). 남성 코트로는 2000년대 초반에는 허벅지 중간 길이의 코트가 유행하였으며, 전체적으로 슬림한 실루엣을 많이 입었다(그림 104).

103 ◄
루이 뷔통, 2009년 S/S 시즌

104 ▼
코스튬 내셔날, 2000년 F/W 시즌

헤어 스타일과 메이크업

여성의 헤어 스타일로는 패션에서와 마찬가지로 여러 경향들이 동시다발적으로 유행하였다. 젊은 남녀의 헤어 스타일로 중간 길이의 자연스러운 컬이 있는 머리와, 끝이 뻗치도록 자르는 섀기 컷, 모히칸 헤어스타일이 유행하였다(그림 105). 한편, 외모를 가꾸는 데 보다 적극적인 남성을 일컫는 '메트로 섹슈얼(metro-sexual)' 소비자가 2000년 들어서 패션산업뿐만 아니라 미용산업에서 중요한 소비자로 떠올랐다. 영국의 축구선수 데이비드 베컴이 메트로 섹슈얼의 대표적 인물이라고 할 수 있다. 이 시기에 남성들의 피부 가꾸기 유행으로, 남성 화장품 시장이 크게 성장하였다.

신 발

캐주얼 신발로 가죽 샌들, 고무로 된 플립 플랍(flip-flop)을 많이 신었는데, 특히, 2000년대 중반 여성들의 샌들로는 끈이 많은 글라디에이터(gladiator) 샌들이 선풍적인 인기를 끌었다. 2000년대 후반에는 샌들이나, 앞이 막힌 신발 모두에서 높은 굽이 유행하였으며, 구두의 굽이 계속 높아지면서, 구두의 앞 쪽에도 굽을 댄 디자인이 나왔다(그림 106). 여성들은 샌들을 여름에만 신지 않고, 1년 내내 신었으며, 부츠의 앞코가 뚫려 있는 디자인이 나오는 등 신발에서 새로운 디자인이 많았다. 남성들의 구두로는 앞코가 뾰족한 신발이 정장 신발로 많이 나왔으며, 남자·여자 모두 신발이 점차 캐주얼해지면서, 정장이나, 캐주얼의 구분이 점차 모호해졌다.

장신구

2000년 이후 여성 장신구 가운데 가방이 가장 큰 비중을 차지한다고 해도 과언이 아닐 정도로 이 시기의 여성들은 디자이너 브랜드의 가방에 열광하였다. 목걸이, 귀걸이, 선글라스를 많이 착용했으며, 2010년이 가까워지면서 큰 목걸이가 유행하였다(그림 107). 청소년들의 경우 브리트니 스피어스(Britney Spears), 크리스티나 아길레라(Christina Aguilera)와 같은 가수들이 하는 문신이나, 배꼽 등의 신체에 하는 보디 피어싱(body piercing)을 모방하였고, 이는 1970년대 펑크 이미지의 재해석이라 할 수 있다. 힙합의 영향으로 젊은이들이 화려하고 번쩍거리는, '블링 블링(bling bling)' 한 큰 보석 장신구를 착용하기도 했다.

107 ◀
드리스 반 노튼, 2009년 S/S 시즌

영화 속의 복식_ 〈파 프롬 헤븐〉, 〈위험한 질주〉, 〈7년만의 외출〉, 〈웨스트 사이드 스토리〉, 〈보니 앤 클라이드〉, 〈토요일 밤의 열기〉, 〈워킹 걸〉, 〈귀여운 여인〉

20세기 후반을 배경으로 하는 영화들로, 당시 패션을 잘 보여 주고 있다.

파 프롬 헤븐

위험한 질주

7년만의 외출

웨스트 사이드 스토리

보니 앤 클라이드

토요일 밤의 열기

워킹 걸

귀여운 여인

Historical Mode

20세기 후반의 패션 이미지를 표현한 최근 패션 디자인의 예이다.

주요 인물

크리스티앙 디오르 Chistian Dior 1905~1957

프랑스 출생으로 화랑을 경영하면서 생활의 방편으로 한 모자의 디자인 스케치가 호평을 받아 디자이너로 입문했다. 1946년 크리스티앙 디오르 하우스를 설립했다. 1947년 발표한 뉴 룩의 대성공으로 디오르는 10년간 세계 모드를 이끌어 갔다. 디오르사는 1960년대 중반부터 프레타포르테에 진출하였다.

이브 생 로랑 Yves Saint Laurent, 1936~2008

알제리 오랑 출생으로 18세에 디오르사에 들어갔다. 1957년 디오르가 갑자기 세상을 뜨자 디오르사의 후계자로 지명되었고, 1958년 봄 첫 컬렉션에서 사다리꼴 모양의 트라페즈 라인을 발표하여 대성공을 거두었다. 1961년 자신의 하우스를 열고 대담한 색으로 분할된 몬드리안 룩, 팝 아트에 의한 디자인, 아프리카 룩 등을 발표했으며 1965년에는 프레타포르테의 부티크 리브 고슈를 열고 해외 주요 도시에까지 확장하였다. 1970년대 매니시 룩, 복고풍, 민속풍 등의 참신한 주제로 세계의 패션을 주도하였다.

앙드레 쿠레주 André Courrèges, 1923~

프랑스 출신으로 발렌시아가의 문하생으로 감각을 익힌 다음 1961년 자신의 살롱을 열고 데뷔하였다. 1964년 '문 걸' 컬렉션을 발표하였으며, 검정과 빨강의 줄무늬 재킷, 흰색의 미니 스커트, 대담하게 파인 진동선, 건축적이며, 각이 진 실루엣의 드레스를 선보였다. 1960년대 우주시대의 패션을 이끌어 갔던 선구자이다.

메리 퀸트 Mary Quant, 1934~

영국 출생으로, 1960년대 모즈 룩을 보여 주었고, 미니 스커트의 창시자로 알려져 있다. 1962년 획기적인 미니 스커트를 발표하여 1960년대 미니 스커트의 유행을 전 세계적으로 확산시켰다.

조르지오 아르마니 Giorgio Armani, 1934~

이탈리아 출생의 디자이너이다. 1960년 니노세루티 남성복 디자이너로 활동했으며, 힐튼에서 7년간 고급 남성복을 디자인하였다. 1972년 첫 컬렉션을 가졌으며 1974년 처음으로 아르마니라는 자신의 의상실을 열고 남성복을 디자인하였고, 1975년부터 여성복도 디자인하기 시작하였다. 1980년대를 대표하는 디자이너라고 할 수 있다.

비비안 웨스트우드 Vivienne Westwood, 1941~

가장 영향력 있는 영국 출신 디자이너 중 한 명이다. 펑크 록 가수인 말콤 맥라렌(Malcolm Mclarn)을 만난 후 패션 디자이너로 활약했다. 그녀의 작품은 무정부주의적인 것이 특색이며, 부조화의 미, 불균형의 미를 추구하였다.

이세이 미야케 Issey Miyake, 1938~

일본 출생으로 하나에 모리, 다카다 겐조와 함께 세계 무대에서 활약하는 일본 디자이너이다. 1965년 파리로 유학, 1966년에 기라로시의 보조 디자이너로 2년간 근무하고 1968년에는 지방시 밑에서 일했다. 1969년과 1970년에는 뉴욕에서 제프리 빈의 기성복을 디자인했고, 1973년에는 동경, 뉴욕 등지에서 첫 번째 컬렉션을 가졌다. 플리츠 의복 디자인으로 유명하나, 기타 실험적인 디자인을 많이 하였던 디자이너이다.

캘빈 클라인 Calvin Klein, 1942~

미국 출생의 디자이너로, 1968년 시작한 사업이 빠른 속도로 번창하여 이름이 전 세계에 알려지게 되었다. 1972년 스포츠웨어 부문에 진출한 이래, 1990년대 초 여성복, 남성복뿐만 아니라 구두, 언더웨어, 가방, 수영복, 스타킹, 안경 그리고 향수까지 토털 패션 라인을 전개하고 있다.

도나 카란 Donna Karan, 1948~

미국의 패션 디자이너이다. 앤 클라인(Ann Klein)에서 디자이너로 일하다가 1984년에 뉴욕에서 개인 회사 DKNY를 설립하였다. 직장 여성들을 위한 여성스러우면서도 활동적인 옷을 디자인하였다.

미우치아 프라다 Miuccia Prada, 1949~

이탈리아 출생으로 프라다(Prada), 미우미우(Miu Miu), 남성복 워모(Uomo), 언더웨어 프라다 인티모(Intimo) 브랜드의 디자이너이다. 1989년부터 숙녀복 사업을 시작하였으며, 실용적인 소재와 평범하면서도 고급스럽고 세련된 디자인 경향을 보인다.

알렉산더 맥퀸 Alexander McQueen, 1969~2010

영국 출신의 패션 디자이너이다. 런던의 고급 양복점과 무대의상점에서 일을 배웠고, 21세에 로메오 질리(Romeo Gigli)의 어시스턴트 디자이너로 고용되었다. 1996~2001년까지 지방시의 수석 디자이너로 일했다. 이후 자신의 브랜드를 통해 활동하였으며, 실험적이고 창조적인 디자인으로 주목받으며 패션계의 앙팡테리블로 불렸다. 2010년 2월 자살하였다.

참고문헌

국내문헌

- 고애란. 서양의 복식문화와 역사. 교문사. 2008.
- 곰브리치 에른스트 저, 최민 역. 서양미술사. 열화당. 1995.
- 곰브리치 에른스트 저, 최훈 역. 서양미술사. 열화당. 1996.
- 금기숙 외 10인. 현대 패션 100년. 교문사. 2002.
- 김민자. 복식미학 강의 1. 교문사. 2004.
- 김민자. 복식미학 강의 2. 교문사. 2004.
- 김민자 · 정흥숙. 문화 정보산업 매체로서의 의상제작에 대한 사례연구-고대 이집트 문명전 복식고증을 중심으로-. 한국복식학회지, 46. 1999, pp. 171-185.
- 김형곤. 영화로 배우는 서양사. 도서출판 선인. 2006.
- 김형곤. 영화로 읽는 서양의 역사. 새문사. 2008.
- 두산동아편집위원회. 두산세계대백과사전. 두산동아. 1997.
- 로버트 램 저, 이희재 역. 서양 문화의 역사 III-중세, 르네상스 편(The Humanities in Western Culture). 사군자. 2004, p. 51.
- 루시 프래트 저, 김희상 역. 구두 그 취향과 우아함의 역사. 작가정신. 2005.
- 르누아르 전시회 도록. 행복을 그린 화가 르누아르. 서울시립미술관. 2009.
- 마리 오마호니, 사라 E. 브래독 저, 차임선 역. 스포츠테크. 예경. 2004.
- 막스 폰 뵌 저, 천미수 역. 패션의 역사. 한길아트. 2000.
- 모하메드 살레흐 저. 고대 이집트 문명의 이해, 고대 이집트 문명: 인류문명의 기원을 찾아서. 도서출판 (주) API. 1997.
- 미셸 카플란 저, 노대명 역. 비잔틴 제국. 시공사. 1998.
- 민석홍 · 나종일. 서양문화사(개정판). 서울대학교 출판부. 2008.
- 바우라 C. M. 저, 이창대 역. 그리스 문화 예술의 이해. 철학과 현실사. 2006.
- 번즈 E. M., 러너 R., 미첨 S. 저, 박상익 역. 서양문명의 역사 I. 소나무. 2006.
- 보링거, W. 저, 권원순 역. 추상과 감정이입(Abstraction and Empathy). 계명대학교 출판부. 1982.

- 블랑쉬 페인 저, 이종남 · 안혜준 · 김선영 · 정명숙 역. 복식의 역사. 까치. 1988.
- 서울역사박물관. 로마 제국의 인간과 신-전시회 도록. 2004.
- 손주영. 이집트문명, 그 장구한 역사, 고대 이집트 문명: 인류문명의 기원을 찾아서, 도서출판 (주) API. 1997.
- 신상옥. 서양복식사. 교문사. 1999.
- 신선희 · 김상엽. 이야기 그리스 · 로마사. 청아출판사. 2003.
- 움베르토 에코 저, 손효주 역. 중세의 미와 예술(Arte E Bellezza Nell'Estetica Medievale). 열린책들. 1998.
- 움베르토 에코 저. 이현경 역. 미의 역사. 열린책들. 2005.
- 윤진. 아테네인, 스파르타인. (주)살림출판사. 2007.
- 이덕형. 비잔티움, 빛의 모자이크. 성균관대학교 출판부. 2006.
- 임영방. 중세미술과 도상. 서울대학교 출판부. 2006.
- 장 피에르 드레주 저, 이은국 역. 실크 로드-사막을 넘은 모험자들. 시공사. 1995.
- 잰슨, H. W. 저, 김윤수 외 역. 미술의 역사. 삼성출판사. 1978.
- 정흥숙. 고대 이집트 복식미의 특성에 관한 연구. 중앙대학교 생활과학논집, 11. 1998.
- 정흥숙. 복식문화사-서양복식사. 교문사. 1989.
- 정흥숙. 서양복식문화사. 교문사. 2003.
- 정흥숙 · 김민자. 불멸의 상징, 이집트의상, 고대 이집트 문명: 인류문명의 기원을 찾아서, 도서출판 (주) API. 1997.
- 조규화. 복식미학. 수학사. 1989.
- 조르주 타트 저, 안정미 역. 십자군 전쟁-성전탈환의 시나리오. 시공사. 1998.
- 차하순. 서양사 총론. 탐구당. 1981.
- 토니 주트 저, 조행복 역, 포스트워 1945-2005, 1권. 플래닛. 2008.
- 토니 주트 저, 조행복 역, 포스트워 1945-2005, 2권. 플래닛. 2008.
- 페니 스파크 외 6인 저, 한국미술연구소 역. 새로운 아이디어를 위한 디자인 소스북. 시공사. 2000.

- 페터 아렌스 저, 이재원 역. 게르만족의 대이동-유럽의 폭풍. 들녘. 2006, p. 42.
- 프레데리크 들루슈 편, 윤승준 역. 개정판 새유럽의 역사. 까치. 2003.
- 허버트 리드 저, 박용숙 역. 예술의 의미(The Meaning of Art). 문예출판사. 1986.

국외문헌

- Ackerman, J. S.. A Theory of Style, in Aesthetic Inquiry: Essays on Art Criticism and the Philosophy of Art, edited by Beardsley, M. C. & Schueller, H.M., Dickenson Publishing Company, Inc., Belmont, California. 1967, pp. 54-66.
- A Companion to Aesthetics, edited by Cooper, David, Blackwell Publishers Ltd. 1995.
- Adrian Bailey. The PASSION for FASHION: Three centuries of changing styles. Dragon's World : Britain. 1998.
- Aileen Ribeiro. Dress in Eighteenth-Century Europe. London: Yale University Press. 2002.
- Aileen Ribeiro. The Art of Dress: Fashion in England France 1750-1820. London: Yale University Press. 1995.
- Amiet, Pierre. Art in the Ancient World. Rizzoli International Publications, Inc., 1981.
- Ancient Egypt: Sacred Symbols. Thames & Hudson.
- anthonygeorge.wordpress.com/tag/jane-fonda/
- Arnold, J. Patterns of Fashion: The Cut and Construction of Clothes for Men and Women c1560-1620, QSM Ltd. 1985.
- Arnold, J. Patterns of Fashion2: English Women's Dresses and Their Construction c1860-1940, QSM Ltd. 1977.
- Ashelford, J. The Art of Dress: Clothes and Society 1500-1914. Harry N. Abrams. 1996.
- Avril Hart and Susan North. HISTORICAL FASHION IN DETAIL: The 17th and 18th Centuries. V&A Publications. 1998.
- Barbara g. s. hagerty, Handbags: A PEEK INSIDE A WOMAN'S MOST TRUST-ED ACCESSORY. Philadelphia·London: Running Press. 2002.
- Barton, L. Historic Costume for the Stage, Walter H. Baker Company. 1963.

- Battistini, M., Impelluso, L., Zuffi, S. Le Portrait. Gallimard. 2001.
- Baudot, François, Fashion. London: Thames and Hudson. 1999.
- Bigelow, Marybelle S. Fashion in History. Minneapolis: Burgess Publishing Company. 1979.
- Black, J. Anderson and Garland, Madge, A History of Fashion, London: Orbis Publishing Ltd., 1985.
- Blum, D. E. & H. K. Haugland, Best Dressed, Philadelphia Museum of Art. 1997.
- Boardman, John, Greek Art, New York: Frederick A. Praeger, Publishers. 1964.
- Bond, David. The Guinness Guide to 20th Century Fashion, London: Guinness Publishing Ltd.. 1992.
- Boucher, F. A.. A History of Costume in the West. New Edition. NY: Thames & Hudson. 1987.
- Boucher, Françoise, 20,000 Years of Fashion. New York: Harry N. Abrams, Inc., 1987.
- Breward, C.. Fashion. Oxford University Press, 2003.
- Breward, C.. The Culture of Fashion. New York: Menchester University Press, 1995.
- Breward, Christopher. The Culture of Fashion. Manchester & NY: Manchester University Press. 1995.
- Broby-Johansen, R.. Body and Clothes. London: Faber and Faber Ltd., 1968.
- Buxbaum, Gerda. Icons of Fashion. Munich, London. New York: Prestel Verlag, 1999.
- Carnegy, Vicky. Fashions of a Decade-the 1980s. New York: Facts on File, Inc., 1990.
- Cawthorne, Nigel., Evans, Emily. Kitchen-Smith, Marc. Kate, Mulvey, and Richards, Melissa, Key Moments of Fashion, London: Hamlyn. 1998.
- Chenoune, Farid. A History of Men's Fashion. Paris: Flammarion. 1993.
- Christiane Desroched-Noblecourt, Tutankhamen, New York Graphic Society. 1963.
- Clark, Kenneth. Civilisation-A Personal View. NY : Harper & Row Publishers. 1969.
- Colin Mcdowell. fashion today. Phaidon: New York. 2000.
- Colin Mcdowell. SHOES: FASHION AND FANTASY. Thames & Hudson London. 1989.
- Collin Mcdowell, Mcdowell's Directory of Twentieth Century Fashion, London: Frederick Muller. 1984.
- Collin Mcdowell, THE MAN OF FASHION, London: Thames & Hudson. 1997.
- Comstock, Mary B. and Vermeule, Cornelius C., Sculpture in Stone-The Greek, Roman and Etruscan Collections of the Museum of Fine Arts Boston, Boston: the Museum of Fine Arts Boston, 1976.

- Connikie, Yvonne, Fashions of a Decade-The 1960s, London: Batsford Ltd.. 1994.
- Contini, M.. Fashion, from ancient Egypt to the present day, The Odyssey Press. 1965.
- Contini, M.. Fashion. New York: Odyssey Press. 1965.
- Contini, Mila. Fashion from Ancient Egypt to the Present Day. Crescent Books, New York.
  - Crowfoot. Elisabeth et al.. Textiles and Clothing 1150~1450, Boydell. 2006.
- Davenport, Millia. The Book of Costume. Crown Publishers, Inc., New York. 1976.
- Davies V. and R. Friedman, Egypt Uncovered. New York: Stewart, Tabori & Chang. 1998.
- Delouche, Frédéric. Histoire de L'Europe, Paris : Hachette. 1997.
- DESCHOT POLI FORTUNY. New York: Harry N. Abrams. 2000.
- Douarinou. Jean. Les Modèles Hiver 86/87, Paris: m.p.g.l.. 1985.
- Engelmeier, Regine, and Engelmeier, Peter W., Fashion in Film, Munich, New York: Prestel. 1997.
- Evans, C. and Thornton, M. Women & Fashion. London: Quartebooks Ltd.. 1989.
- Evans, C. Fashion at the edge: Spectacle, modernity and deathliness. New Haven and London: Yale Univ. Press. 2003.
- Evans, Helen C.(ed). Byzantium-Faith and Power (1261~1557): The Metropolitan Museum of Art. 2004.
- Fontanel, B. Support & Seduction-A History of Corsets & Bras, Harry N. Abrams. 1997.
- Foundation Cartier pour l'art contemporain, Issey Miyake, Zurich, Berlin, New York: Scalo. 1999.
- Francois Boucher, 20,000 YEARS OF FASHION, Harry N. Abrams : New York. 1987.
- Fukai, Akiko(edited), The Collection of the Kyoto Costume Institute- Fashion, Köln: Taschen. 2002.
- Geoffroy-Schneiter, Bérénice, Greek Beauty, New York: Assouline Publishing. 2003.
- Gernsheim, A. Victorian & Edwardian Fashion, Dover Publications. 1981.
- Gore, Rick, Ramses The Greate, National Geographic, 179(4), April. 1991.
- Hall, Rosalind, Egyptian Textiles, Shire Publication Ltd.. 1986.
- Hamilton, J. A., Dress as a Cultural Sub-system: A Unifying Metatheory for Clothing and Textiles, CTRJ, 6(3). 1988.

- Hamlyn, key moments in FASHION the evolution of style, Reed consumer books: london. 1998.
- Hansen, H.. Costume Cavalcade, Eyre Methuen: London. 1954.
- Hansen, H.. Costume Cavalcade, London: Eyre Methuen. 1975.
- Hause, Steven & Maltby, William. Western Civilization-A History of European Society, Belmont: Wadsworth Publishing Company. 1999.
- Heimann, Jim(edited), 60's Fashion, Köln: Taschen. 2007.
- Heimann, Jim(edited), 70's Fashion, Köln: Taschen. 2009.
- Herald, Jacqueline, Fashions of a Decade-The 1970s, London: Batsford Ltd.. 1994. Higgins, Reynold, Minoan and Mycenaean Art, New York: Oxford University Press. 1967.
- Hinton, M. Using the Dress Collection at the V&A, Victoria and Albert Museum. 1995.
- Holeboer, K. S.. Patterns for Theatrical Costumes, Prentice Hall. 1984.
- Hollander, A.. Seeing Through Clothes. New York: Avon Books. 1980.
- Hollander, A.. Seeing through Clothes, AVON. 1978.
- Houston, M. G. & Hornblower, F. S., DAR AL-FERGIANI, Heliopolis Cairo. Egypt.
- Icon of FASHION: THE 20TH CENTURY. Prestel: New York. 1999.
- Introductory guide to the Egyptian Collections, The British Museum, Oxford Press. 1976.
- Jacqueline Herald, FASHION OF A DECADE SERIES: THE 1920s, B. T. BATSFORD: London. 1991.
- James Laver, A Concise History of Costume, London: Thames & Hudson. 1982.
- Jane Ashelford, The Art of Dress: CLOTH AND SOCIETY 1500-1914, Lodon: The National Trust. 1996.
- Janet Arnold, Pattern of Fashion 2: English women's dresses and their construction, 1850-1940, London: Macmillan. 1977.
- Jarvis, A. Liverpool Fashion, Merseyside County Museums. 1981.
- John Peacock, MEN'S FASHION, London: Thames & Hudson. 1996.
- John Peacock. Shoes: The complete Source book. London: Thames & Hudson. 2005.
- John Peecock. 20th Century Fashion, Thames & Hudson : London. 1993.
- Kate Mulvey & Melssa Richards, DECADES OF BEAUTY: THE CHANGING IMAGE OF WOMEN 1890s-1990s, Checkmark Books : New York. 1998.

- Kleiner, Fred S., A History of Roman Art, Boston: Wadsworth. 2007.
- Koda, H. Extreme Beauty: The Body Transformed. New York: The Metropolitan Museum of Art. 2001.
- Köhler, C., A History of Costume, Toronto: Dover Publication. 1963.
- Köhler, Carl, A History of Costume, Dover Publications, Inc..
- Landis, Deborah Nadoolman, Dressed, New York: Collins. 2007.
- Laver, J. Costume & Fashion, Thames & Hudson. 1982.
- Laver, J. Costume & Fashion. London: Thames and Hudson. 1995.
- Lehnert, G. Fashion, Barron's. 1998.
- Lehnert, Gertrud, A History of Fashion, Germany: Könemann. 2000.
- Leithe-Jasper. Manfred und Distelberger, Rudolf. Kunsthistorisches Museum Wien. Philip Wilson Publishers Ltd und Summerfield Press Ltd. 1982.
- Leo Van Witsen. The Agony of Fashion, Blandford Press. 1980.
- Linda O'keefe, Shoes, Workman: New York. 1996.
- Lipovetsky. G. The Empire of Fashion. Porter, C.(trans.). Princeton: Priceton University Press. 1994.
- Los Angeles County Museum of Art. Hollywood and History-Costume Design in Film, Thames and Hudson Ltd. 1987.
- Lucy Pratt & Linda Woodlley. SHOES, London: Victoria and Albert Museum. 1999.
- Maeder, Edward. Hollywood and History, London: Thames and Hudson, Los Angelels County Museum of Art. 1987.
- Maria Costantino. FASHION OF A DECADE SERIES: THE 1930s, B. T. BATSFORD: London. 1991.
- Martin, R. & H. Koda. The Historical Mode. Rizzoli. 1989.
- Martin, R. The Ceaseless Century. Metropolitan Museum of Art. 1998.
- Martin, R. The Four Seasons, Metropolitan Museum of Art. 1997.
- Martin, Richard, Koda, Harold. The Historical Mode-Fashion and Art in the 1980s. Rizzoli. 1990.
- McDonald, J.K., The Tomb of Nefertari, The Getty Conservation Institute and the J. Paul Getty Museum. 1996.
- Mila Contini, Fashion from Ancient Egypt to the Present Day, CRESCENT: New York BOOKS. 1969.

- Milbank. Carolinolds. Couture. New York: Stewart, Tabori & Chang, Inc.. 1985.
- Mulvey, K. & M. Richards. Decades of Beauty, Hamlyn. 1998.
- Mulvey, Kate. Richards, Melisa, Decades of Beauty, London: Hamyln. 1998.
- Norris, H. Medieval Costume and Fashion, Dover. 1999.
- Norris, H., Ancient European Costume & Fashion, Mineola, New York: Dover Publications. Inc.. 1999.
- O' Neill, John, P.(ed). The Metropolitan Museum of Art-Europe in the Middle Ages. NY:The Metropolitan Museum of Art. 1987.
- O' Neill, John, P.(ed). Treasures From the Klemlin-An Exhibition from the State Museums of the Moscow Kremlin at The Metropolitan Museum of Art, NY: The Metropolitan Museum of Art. 1979.
- Patricia Baker, FASHION OF A DECADE SERIES: THE 1940s B.T.BATSFORD: London. 1991.
- Pavitt, Jane, Fear and Fashion, London: V & A Publishing. 2008.
- Payne, B. History of Costume. New York: Harper & Row Publishers. 1965.
- Payne, Blanche. The History of Costume. Harper Collins Publishers. 1992.
- Peggy Vance. European Costume. London: Collins & Brown. 2000.
- Perrot, P. Fashioning the Bourgeoisie: A History of Clothing in the Nineteenth Century. Princeton: Princeton University Press. 1994.
- Polhemus, Ted, Street Style, New York: Thames and Hudson. 1994.
- Quinn, B.. The Fashion of Architecture. Oxford: Berg. 2003.
- Ruppert, J.. Le Costume, Flammarion. 1990.
- Russell, Douglas A., Costume History and Style, New Jersey: Prentice-Hall, Inc., 1983.
- Scamuzzi, Rernesto, Egyptian Art, Harry N. Abrams, Inc., New york. 1965.
- Schnurnberger, L.. Let There be Clothes. Workman. 1991.
- Seeling, Charlotte. Fashion. Germany: Könemann. 2000.
- Spivey, Nigel, Greek Art, London: Phaidon Press Limited. 1997.
- Sprenger, Maja and Bartoloni, Gilda. The Etruscans. New York: Garry N. Abrams, Inc.. Publishers. 1983.
- Steele, Valerie, Fifty Years of Fashion. New Haven and London: Yale University Press. 2000.

- Stewart, Peter, Roman Art-New Surveys in the Classics No.34, Oxford: Oxford University. 2004.
- Stierlin, Henri, Greece. Köln: Taschen. 1997.
- Stierlin, Henri. The Roman Empire, Köln: Taschen. 1996.
- Suzanne Lussier. ART DECO FASHION. Bulfinch Press: New York. 2003.
- Taburet-Delahaye. Elisabeth. Paris 1400-Les arts sous Charles VI, Fayard. 2004.
- The Collection of the Kyoto Costume Institute FASHION; A History from the 18th to the 20th Century, Taschen : Köln. 2002.
- The Metropolitan Museum of Art-Greece and Rome, New York: The Metropolitan Museum of Art. 2004.
- Tortora, P. G. & K. Eubank. Survey of Historic Costume: A History of Western Dress. New York: Fairchild Publications. 1994.
- Tortora, P., Eubank, K.. Survey of Historic Costume. New York: Fairchild Publication. 1995.
- Troy, N. J.. Couture Culture, MIT Press. 2003.
- Vailerie Mendes & Amy De La Haye. 20TH CENTURY FASHION. London: Thames & Hudson. 1999.
- Valerie Steele. WOMEN OF FASHION: TWENTY-CENTURY DESIGNERS, Rizzoli: New York. 1991.
- Valerie Steele. WOMENS OF FASHION-TWENTIETH-CENTURY DESIGNERS. Rizzoli: New York. 1990.
- Victoria & Albert Museum. Four Hundred Years of FASHION. Wiliam Collins: London. 1984.
- Walther, Ingo E.(editor). Eschenburg, Barbara, Güssow, Ingeborg, Lengerke, Christa von, and Essers, Volkmar. Masterpieces of Western Art. Köln: Taschen. 2005.
- Welsh, F.. Tutankhamun's Egypt. Shire Publications Ltd.. 1993.
- Wheeler, Sir Mortimer. Roman Art and Architecture. London: Thames and Hudson Ltd.. 1996.
- Wilcox, R. T.. The Mode in Costume. Charles Scribner's Sons. 1948.
- Wilcox, R. T.. The Mode in Costume. New York: Charles Scribner's Sons. 1958.
- Wilcox, R.T.. The Mode in Costume. New York: Charles Scribner's Sons. 1969.
- Wilson, E. & L. Taylor, Through the Looking Glass, London: BBC Books. 1989.

- Woodford, Susan, The Art of Greece and Rome, Cambridge: Cambridge University Press. 1988.
- Worsley, Harriet. Decades of Fashion. Germany: Könemann. 2000.

- www.cartoondollemporium.com
- www.firstviewkorea.com
- www.yeah5.com

그림출처

PART 1 고대

Chapter 1 이집트

장 표지 포스트카드, 대영박물관

02 고대 이집트 문명전 조직위원회. 고대 이집트 문명 : 인류 문명의 기원을 찾아서(도록). Editions API. 1997.

03 Francois Boucher. 20,000 Years of Fashion : the History of Costume and Personal Adornment. New York: Harry N. Abrams. 1967, p. 96.

04 신비의 이집트(도록). Editions API. 1997.

05 신비의 이집트(도록). Editions API. 1997.

06 신비의 이집트(도록). Editions API. 1997.

07 신비의 이집트(도록). Editions API. 1997.

08 신비의 이집트(도록). Editions API. 1997.

09 신비의 이집트(도록). Editions API. 1997.

10 신비의 이집트(도록). Editions API. 1997.

11 신비의 이집트(도록). Editions API. 1997.

12 대영박물관 한국전 도록, 예술의 전당, (주)솔대, 2005. p. 87.

13 고대 이집트 문명전 조직위원회. 고대 이집트 문명: 인류 문명의 기원을 찾아서(도록). Editions API. 1997.

14 고대 이집트 문명전 조직위원회. 고대 이집트 문명: 인류 문명의 기원을 찾아서(도록). Editions API. 1997.

15 Francois Boucher. 20,000 Years of Fashion: the History of Costume and Personal Adornment. New York: Harry N. Abrams. 1967, p. 99.

16 대영박물관 한국전 도록. 예술의 전당, (주)솔대. 2005, p. 90.

17 대영박물관 한국어판 도록. The British Museum Press. 2004, p. 35.

18 대영박물관 한국전 도록. 예술의 전당, (주)솔대. 2005, p. 94.

19 Hansen, Henry H.. Costume Cavalcade. London: Eyre Methuen. 1954.

20 고대 이집트 문명전 조직위원회. 고대 이집트 문명: 인류 문명의 기원을 찾아서(도록). Editions API. 1997.

21 Hall, Rosalind, Egyptian Textiles, Shire Publications Ltd. 1990, p. 34.

22 대영박물관 한국전 도록. 예술의 전당, (주)솔대. 2005, p. 79.

23 Black, J. A. & M. Garland. A History of Fashion. Orbis London. 1985.

24 대영박물관 한국전 도록. 예술의 전당, (주)솔대. 2005, p. 84.

25 Francois Boucher. 20,000 Years of Fashion: the History of Costume and Personal Adornment, New York: Harry N. Abrams. 1967, p. 98.

26 Black, J. A. & M. Garland. A History of Fashion. Orbis London. 1985.

27 Hansen, Henry H.. Costume Cavalcade. London: Eyre Methuen. 1954.

28 Francois Boucher. 20,000 Years of Fashion: the History of Costume and Personal Adornment. New York: Harry N. Abrams. 1967, p. 93.

29 Francois Boucher. 20,000 Years of Fashion: the History of Costume and Personal Adornment, New York: Harry N. Abrams. 1967, p. 93.

30 Black, J. A. & M. Garland. A History of Fashion. Orbis London. 1985.

31 Köhler, C. A History of Costume. Dover Publications, Inc.. 1963, p. 59.

32 Francois Boucher. 20,000 Years of Fashion: the History of Costume and Personal Adornment, New York: Harry N. Abrams. 1967, p. 102.

33 Hall, Rosalind. Egyptian Textiles. Shire Publications Ltd.. 1990, p. 31.

34 Francois Boucher. 20,000 Years of Fashion: the History of Costume and Personal Adornment. New York: Harry N. Abrams. 1967, p. 96.

35 고대 이집트 문명전 조직위원회. 고대 이집트 문명: 인류 문명의 기원을 찾아서(도록). Editions API. 1997.

36 대영박물관 한국전 도록. 예술의 전당, (주)솔대. 2005, p. 96.

37 대영박물관 한국전 도록. 예술의 전당, (주)솔대. 2005, p. 98.

38 대영박물관 한국전 도록. 예술의 전당, (주)솔대. 2005, p. 98.

39 대영박물관 한국전 도록. 예술의 전당, (주)솔대. 2005, p. 97.

40 Francois Boucher. 20,000 Years of Fashion: the History of Costume and Personal Adornment. New York: Harry N. Abrams. 1967, p. 95

41 Francois Boucher. 20,000 Years of Fashion: the History of Costume and Personal Adornment. New York: Harry N. Abrams. 1967, p. 97

42 Davenport, M.. The Book of Costume. New York: Crown Publishers, Inc.. 1976, p. 19.

43 Davenport, M.. The Book of Costume. New York: Crown Publishers, Inc.. 1976, p. 19.

44 대영박물관 한국어판 도록. The British Museum Press. 2004, p. 30.

45 Hall, Rosalind. Egyptian Textiles. Shire Publications Ltd.. 1990, p. 51.

46 Hall, Rosalind. Egyptian Textiles. Shire Publications Ltd.. 1990, p. 11(아마)

영화 속의 복식 Hollywood and History: Costume Design in Film, organized by Edward Maeder ; Thames and Hudson, Los Angeles County Museum of Art, 1987, p. 18. ; Engelmeier, R.. Fashion in Film. New York; Prestel. 1997, p. 179. ; Engelmeier, R.. Fashion in Film. New York; Prestel. 1997, p. 181. ; Engelmeier, R.. Fashion in Film. New York; Prestel. 1997, p. 210.

Historical mode Basilsoda Cocture. Haute Couture Collezioni: Paris, Roma Fashion Show A/W 2007-2008, Vol. 124. ; Prototype, Schumacher, Donna Collezioni: Paris, London, Athens, Kiev, A/W 2008-2009, Vol. 129. ; Martin, richard and H. Koda, The Historical Mode, Rizzoli. 1989, p. 19.

Chapter 2 메소포타미아

장 표지 Laver, James, Costume & Fashion, Thames and Hudson. 1995, p. 9.

02 대영박물관 한국어판 도록. The British Museum Press. 2004, p. 13.

03 대영박물관 한국전 도록. 예술의 전당, (주)솔대. 2005, p. 66.

04 대영박물관 한국전 도록. 예술의 전당, (주)솔대. 2005, p. 66.

05 대영박물관 한국전 도록. 예술의 전당, (주)솔대. 2005, p. 67.

06 Francois Boucher. 20,000 Years of Fashion: the History of Costume and Personal Adornment. New York: Harry N. Abrams. 1967, p. 35.

07 Francois Boucher. 20,000 Years of Fashion: the History of Costume and Personal Adornment. New York: Harry N. Abrams. 1967, p. 49.

08 Francois Boucher. 20,000 Years of Fashion: the History of Costume and Personal Adornment. New York: Harry N. Abrams. 1967, p. 38.

09 Francois Boucher. 20,000 Years of Fashion: the History of Costume and Personal Adornment. New York: Harry N. Abrams. 1967, p. 38.

10 대영박물관 한국전 도록. 예술의 전당, (주)솔대. 2005, p. 64.

11 대영박물관 한국전 도록. 예술의 전당, (주)솔대. 2005, p. 71.

12 Francois Boucher. 20,000 Years of Fashion: the History of Costume and Personal Adornment. New York: Harry N. Abrams. 1967, p. 38.

13 Francois Boucher. 20,000 Years of Fashion: the History of Costume and Personal Adornment. New York: Harry N. Abrams. 1967, p. 40.

14 Francois Boucher. 20,000 Years of Fashion: the History of Costume and Personal Adornment. New York: Harry N. Abrams. 1967, p. 43.

15 Francois Boucher. 20,000 Years of Fashion: the History of Costume and Personal Adornment. New York: Harry N. Abrams. 1967, p. 45.

16 Black, J. A. & M. Garland , A History of Fashion, Orbis London. 1985, p. 20.

17 대영박물관 한국전 도록. 예술의 전당, (주)솔대. 2005, p. 69.

18 대영박물관 한국어판 도록. The British Museum Press. 2004, p. 16.

19 Black, J. A. & M. Garland , A History of Fashion, Orbis London. 1985, p. 20.

20 Davenport, M.. The Book of Costume. New York: Crown Publishers, Inc.. 1976, p. 9.

21 Laver, James. Costume & Fashion. Thames and Hudson. 1995, p. 13.

22 대영박물관 한국어판 도록. The British Museum Press. 2004, p. 17.

23 대영박물관 한국전 도록. 예술의 전당, (주)솔대. 2005, p. 63.

24 Barton, L. Historic Costume For The Stage, BostonL Walter H. Baker Company. 1963, p. 41.

25 Barton, L. Historic Costume For The Stage, BostonL Walter H. Baker Company. 1963, p. 41.

26 Barton, L. Historic Costume For The Stage, BostonL Walter H. Baker Company. 1963, p. 41.

영화 속의 복식   Hollywood and History: Costume Design in Film, organized by Edward Maeder, Thames and Hudson, Los Angeles County Museum of Art. 1987, p. 117. ; Hollywood and History: Costume Design in Film, organized by Edward Maeder, Thames and Hudson, Los Angeles County Museum of Art. 1987, p. 123. ; Hollywood and History: Costume Design in Film, organized by Edward Maeder, Thames and Hudson, Los Angeles County Museum of Art. 1987, p. 122. ; Hollywood and History: Costume Design in Film, organized by Edward Maeder, Thames and

Hudson, Los Angeles County Museum of Art. 1987, p. 195.

Historical mode Givenchy, haute Couture Collezioni: Paris, Roma Fashion Show, A/W 2007-2008, Vol. 124. ; Paul & Joe, Donna Collezioni: Paris, London, Athens, Kiev, A/W 2008-2009, Vol. 129.

Chapter 3 크레타 · 그리스

장 표지 Geoffroy-Schneiter. Bérénice. Greek Beauty. New York: Assouline Publishing. 2003, p. 57.

02 Spivey. Nigel. Greek Art. London: Phaidon Press Limited. 1997, p. 37.

03 Spivey. Nigel. Greek Art. London: Phaidon Press Limited. 1997, p. 38.

04 http://en.wikipedia.org/wiki/File:Knossos_bull.jpg

05 Laver. James. Costume & Fashion. London: Thames & Hudson. 1995, p. 20.

06 http://en.wikipedia.org/wiki/File:NAMA_X15118_Marathon_Boy_3.JPG

07 Stierlin. Henri. Greece. Köln: Taschen. 1997, p. 190.

08 Stierlin. Henri. Greece. Köln: Taschen. 1997, p. 226.

09 Laver. James. Costume & Fashion. London: Thames & Hudson. 1995, p. 21. ; Boucher. Françoise. 20,000 Years of Fashion. New York: Harry N. Abrams, Inc.. 1987, p. 79.

10 Laver. James. Costume & Fashion. London: Thames & Hudson. 1995, p. 28.

11 신선희·김상엽. 이야기 그리스·로마사. 청아출판사. 2003, p. 37.

12 Boucher. Françoise. 20,000 Years of Fashion. New York: Harry N. Abrams, Inc.. 1987, p. 89.

13 Hansen. Henry Harald. Costume Cavalcade. London: Eyre Methuen Ltd. 1975, p. 13.

14 Tortora. Phyllis. & Eubank. Keith. Survey of Historic Costume. New York: Fairchild Publication. 1995, p. 48.

15 Boucher. Françoise. 20,000 Years of Fashion. New York: Harry N. Abrams, Inc.. 1987, p. 76.

16 Boucher. Françoise. 20,000 Years of Fashion. New York: Harry N. Abrams, Inc.. 1987, p. 84.

17　Higgins, Reynold, Minoan and Mycean Art, New York: Thames and Hudson, Ltd., 1967, p. 45.

18　The Metropolitan Museum of Art-Greece and Rome, New York: The Metropolitan Museum of Art, 2004, p. 58

19　Boucher, Françoise, 20,000 Years of Fashion, New York: Harry N. Abrams, Inc., 1987, p. 106.

20　The Metropolitan Museum of Art-Greece and Rome, New York: The Metropolitan Museum of Art, 2004, p. 61.

21　Norris, Herbert, Ancient European Costume and Fashion, Mineola, New York: Dover Publications, Inc., 1999, p. 29.

22　The Metropolitan Museum of Art-Greece and Rome, New York: The Metropolitan Museum of Art, 2004, p. 61.

23　Boucher, Françoise, 20,000 Years of Fashion, New York: Harry N. Abrams, Inc., 1987, p. 103.

24　Norris, Herbert, Ancient European Costume and Fashion, Mineola, New York: Dover Publications, Icn., 1999, pp. 30-31.

25　Woodford, Susan, The Art of Greece and Rome, Cambridge: Cambrige University Press, 1988, p. 26.

26　Laver, James, Costume & Fashion, London: Thames & Hudson, 1995, p. 28.

27　Spivey, Nigel, Greek Art, London: Phaidon Press Limited, 1997, p. 302.

28　The Metropolitan Museum of Art-Greece and Rome, New York: The Metropolitan Museum of Art, 2004, p. 60.

29　Spivey, Nigel, Greek Art, London: Phaidon Press Limited, 1997, p. 215.

30　The Metropolitan Museum of Art-Greece and Rome, New York: The Metropolitan Museum of Art, 2004, p. 65.

31　Spivey, Nigel, Greek Art, London: Phaidon Press Limited, 1997, p. 162.

32　The Metropolitan Museum of Art-Greece and Rome, New York: The Metropolitan Museum of Art, 2004, p. 68.

33　Boardman, John, Greek Art, Frederick A, New York: Praeger Publishers, 1964, p. 260.

34　Tortora, Phyllis, & Eubank, Keith, Survey of Historic Costume, New York: Fairchild Publication, 1995, p. 57.

35　Tortora, Phyllis, & Eubank, Keith, Survey of Historic Costume, New York: Fairchild Publication, 1995, p. 57.

36 Köhler, Carl., A History of Costume, Toronto: Dover Publication. 1963, p. 110.

37 Norris, Herbert. Ancient European Costume and Fashion. Mineola, New York: Dover Publications, Inc., 1999, p .63.

38 Geoffroy-Schneiter. Bérénice. Greek Beauty. New York: Assouline Publishing. 2003, p. 66. ; Geoffroy-Schneiter. Bérénice. Greek Beauty. New York: Assouline Publishing. 2003, p. 43.

영화 속의 복식 Maeder. Edward. Hollywood and History. London: Thames and Hudson. Los Angelels County Museum of Art. 1987, p. 196. ; http://images.search.yahoo.com

Historical mode Rick Owens 2010 S/S ; Lanvin 2010 S/S ; Lanvin 2002 F/W ; www.firstviewkorea.com

Chapter 4 에트루리아 · 로마

장 표지 Kleiner. Fred S. A History of Roman Art. Boston: Wadsworth. 2007, p. 120.

연대기표에 들어간 그림 Sprenger. Maja and Bartoloni. Gilda. The Etruscans., New York: Garry N. Abrams, Inc. Publishers. 1983, p. 120. ; Stewart. Peter. Roman Art-New Surveys in the Classics No.34. Oxford: Oxford University. 2004, p. 91.

01 Sprenger. Maja and Bartoloni. Gilda. The Etruscans. New York: Garry N. Abrams, Inc., Publishers. 1983, p. 93. ; Sprenger. Maja and Bartoloni. Gilda. The Etruscans. New York: Garry N. Abrams, Inc., Publishers. 1983, p. 91.

02 Comstock. Mary B. and Vermeule. Cornelius C.. Sculpture in Stone-The Greek. Roman and Etruscan Collections of the Museum of Fine Arts Boston. Boston: the Museum of Fine Arts Boston. 1976, p. 246.

04 Stierlin., Henri. The Roman Empire. Köln: Taschen. 1996, p. 78.

05 Kleiner. Fred S. A History of Roman Art. Boston: Wadsworth. 2007, p. 34.

06 Stierlin., Henri. The Roman Empire. Köln: Taschen. 1996, p. 84.

07 Sprenger. Maja and Bartoloni. Gilda. The Etruscans., New York: Garry N. Abrams. Inc. Publishers. 1983, p. 151.

08 Black. J. Anderson and Garland. Madge. A History of Fashion. London: Orbis Publishing Ltd.. 1985, p. 43. ; Black. J. Anderson and Garland. Madge. A History of Fashion. London: Orbis Publishing Ltd..

1985, p. 41.

09 Boucher. Françoise. 20,000 Years of Fashion. New York: Harry N. Abrams, Inc.. 1987, p. 112.

10 Laver, James. Costume & Fashion. London: Thames & Hudson. 1995, p. 37.

11 Hansen. H. Costume Cavalcade. London: Eyre Methuen. 1975, p. 20.

12 Laver, James. Costume & Fashion. London: Thames & Hudson. 1995, p. 36.

13 Sprenger. Maja and Bartoloni. Gilda. The Etruscans. New York: Garry N. Abrams, Inc.. Publishers. 1983, p. 183.

14 블랑쉬 페인 저, 이종남·안혜준·김선영·정명숙 역. 복식의 역사, 까치. 1988, p. 117.

15 Tortora. P. and Eubank. K. Survey of Historic Costume. New York: Fairchild Publication. 1995, p. 68.

16 prenger. Maja and Bartoloni. Gilda. The Etruscans. New York: Garry N. Abrams, Inc.. Publishers. 1983, p. 283.

17 Boucher. Françoise. 20,000 Years of Fashion. New York: Harry N. Abrams, Inc.. 1987, p. 115.

18 Tortora. P. and Eubank. K. Survey of Historic Costume. New York: Fairchild Publication. 1995, p. 73.

19 Tortora. P. and Eubank. K. Survey of Historic Costume. New York: Fairchild Publication. 1995, p. 73.

20 Boucher. Françoise. 20,000 Years of Fashion. New York: Harry N. Abrams, Inc.. 1987, p. 121.

21 Boucher. Françoise. 20,000 Years of Fashion. New York: Harry N. Abrams, Inc.. 1987, p. 121.

22 Boucher. Françoise. 20,000 Years of Fashion. New York: Harry N. Abrams, Inc.. 1987, p. 125.

23 Boucher. Françoise. 20,000 Years of Fashion. New York: Harry N. Abrams, Inc.. 1987, p. 119.

24 Black. J. Anderson and Garland. Madge. A History of Fashion. London: Orbis Publishing Ltd. 1985, p. 40.

25 블랑쉬 페인 저. 이종남·안혜준·김선영·정명숙 역. 복식의 역사, 까치. 1988, p. 123.

26 Boucher. Françoise. 20,000 Years of Fashion. New York: Harry N. Abrams, Inc.. 1987, p. 122.

27 블랑쉬 페인 저. 이종남·안혜준·김선영·정명숙 역. 복식의 역사. 까치. 1988, p. 131.

28 Woodford. Susan. The Art of Greece and Rome. Cambridge: Cambridge University Press. 1988, p. 85.

29 Norris, H. Ancient European Costume & Fashion. Mineola, New York: Dover Publications. Inc. 1999, p. 79. ; Norris, H. Ancient European Costume & Fashion. Mineola, New York: Dover Publications. Inc. 1999, p. 78.

30 Boucher. Françoise. 20,000 Years of Fashion. New York: Harry N. Abrams, Inc.. 1987, p. 122.

31 Tortora. P. and Eubank. K. Survey of Historic Costume. New York: Fairchild Publication. 1995, p. 79.

32 Tortora. P. and Eubank. K. Survey of Historic Costume. New York: Fairchild Publication. 1995, p. 79.

33 Kleiner. Fred S. A History of Roman Art. Boston: Wadsworth. 2007, p. 125.

34 로마 제국의 인간과 신-전시회 도록. 서울역사박물관 발행. 2004, p. 30.

35 Boucher. Françoise. 20,000 Years of Fashion. New York: Harry N. Abrams, Inc.. 1987, p. 125.

36 Norris, H. Ancient European Costume & Fashion. Mineola, New York: Dover Publications. Inc. 1999, pp. 130-131.

에트루리아 복식의 패턴   Köhler. C. A History of Costume. Toronto: Dover Publication. 1963, p. 112.

로마 복식의 패턴 1   Köhler. C. A History of Costume. Toronto: Dover Publication. 1963, p. 114.

로마 복식의 패턴 2   Köhler. C. A History of Costume. Toronto: Dover Publication. 1963, p. 115.

Historical mode   BCBG Max Azria 2002 F/W ; Missoni 2008 S/S ; Versace 2010 F/W ; Balenciaga 2008 S/S ; www.firstviewkorea.com

Chapter 5   비잔틴

장 표지   Evans, Helen C.(ed). Byzantium. 2004, p. 213.

02   미셸 카플란 저, 노대명 역. 비잔틴 제국. 시공사. 1998, p. 20.

03 이덕형. 비잔티움, 빛의 모자이크. 2006, p. 109.

04 Evans, Helen C.(ed), Byzantium. 2004, p. 53.

05 Tortora, P., Eubank, K.. Survey of Historic Costume. 1995, p. 82.

06 Tortora, P., Eubank, K.. Survey of Historic Costume. 1995, p. 81.

07 Evans, Helen C.(ed). Byzantium. 2004, p. 192.

08 Evans, Helen C.(ed). Byzantium. 2004, p. 300.

09 Black, J. Anderson, Garland, Madge. A History of Fashion. 1985, p. 46.

10 Hansen, H.. Costume Cavalcade. 1954, p. 26.

11 Tortora,P., Eubank, K.. Survey of Historic Costume. 1995, p. 81.

12 O'Neill, John, P.(ed). The Metropolitan Museum of Art-Europe in the Middle Ages. 1987, p. 29.

13 O'Neill, John, P.(ed). Treasures From the Klemlin. 1979, p. 50.

14 Evans, Helen C.(ed). Byzantium. 2004, p. 46.

15 O'Neill, John, P.(ed). Treasures From the Klemlin. 1979, p. 76.

16 미셸 카플란 저, 노대명 역. 비잔틴 제국. 시공사. 1998, pp. 36-37.

17 Black, J. Anderson, Garland, Madge. A History of Fashion. 1985, p. 48.

18 John Lowden. Early Christian & Byzantine Art. p. 250.

Historical mode Lacroix (1988~1989 F/W) : Martin, Richard & Koda, Herold, The Historical Mode, p. 31 ; Chanel (1990~1991 F/W) : 1990/1991 F/W Fashion News ; Lacroix (2007 S/S Haute Couture) : www.style.com

Chapter 6 로마네스크

장 표지 Black, J. Anderson, Garland, Madge. A History of Fashion. 1985, p. 68.

01 Tortora, P. Eubank, K., Survey of Historic Costume. 1995, p. 89.

02 Hause, Steven & Maltby, William, Western Civilization-A History of European Society, p. 218.

03 Delouche, Frédéric, Histoire de L'Europe, Paris : Hachette. 1997, p. 134.

04 Hause, Steven & Maltby, William, Western Civilization - A History of European Society, p. 237.

05 Norris, H.. Medieval Costume and Fashion. 1999, p. 57.

06 Norris, H.. Medieval Costume and Fashion. 1999, p. 37.

07 Boucher, F.. A History of Costume in the West. 1987, p. 156.

08 Köhler, C.. A History of Costume. 1963, p. 146.

09 Boucher, F.. A History of Costume in the West. 1987, p. 161

10 Black, J. Anderson, Garland, Madge. A History of Fashion. 1985, p. 67.

11 Norris, H.. Medieval Costume and Fashion. 1999, p. 40.

12 Laver, J.. Costume & Fashion. 1982, p. 58.

13 Black, J. Anderson, Garland, Madge. A History of Fashion. 1985, p. 73.

14 Contini, M.. Fashion. 1965, p. 75.

15 Norris, H.. Medieval Costume and Fashion. 1999, p. 48.

16 Hause, Steven & Maltby, William. Western Civilization-A History of European Society. 1999, p. 295.

17 O'Neill, John, P.(ed). The Metropolitan Museum of Art-Europe in the Middle Ages. 1987, p. 121.

18 Norris, H.. Medieval Costume and Fashion. 1999, p. 42.

19 Boucher, F.. A History of Costume in the West. 1987, p. 161.

20 Contini, M.. Fashion. 1965, p. 71.

21 Norris, H.. Medieval Costume and Fashion. 1999, p. 42.

22 Boucher, F., A History of Costume in the West. 1987, p. 182 ; Elisabeth Taburet-Delahaye. Paris 1400-Les arts sous Charles VI. 2004, p. 67.

23 Boucher, F.. A History of Costume in the West. 1987, p. 185.

24 Boucher, F.. A History of Costume in the West. 1987, p. 186.

25 Boucher, F.. A History of Costume in the West. 1987, p. 173.

26 Black, J. Anderson, Garland, Madge. A History of Fashion. 1985, p. 76.

27 Boucher, F.. A History of Costume in the West. 1987, p. 187.

영화 속의 복식 스타워즈 : Hollywood and History, p. 104.

Historical mode Sebastian Jones(2004 F/W) www.style.com

Chapter 7 고 딕

장 표지 Laver, J.. Costume & Fashion. 1982, p. 65.

01 Hause, Steven & Maltby, William. Western Civilization-A History of European Society. 1999, p. 277.

02 Laver, J.. Costume & Fashion. 1982, p. 72.

03 Delouche, Frédéric, 1997 Histoire de L'Europe. Paris : Hachette.

1997, p. 179.

04 Hause, Steven & Maltby, William. Western Civilization-A History of European Society. 1999, p. 239.

05 Crowfoot Elisabeth et al. Textiles and Clothing 1150~1450. 2006, p. 170.

06 Crowfoot Elisabeth et al. Textiles and Clothing 1150~1450. 2006, p. 164.

07 Black, J. Anderson, Garland, Madge. A History of Fashion. 1985, p. 88.

08 Laver, J.. Costume & Fashion. 1982, p. 61.

09 Taburet-Delahaye, Elisabeth. Paris 1400-Les arts sous Charles VI. 2004, p. 120.

10 Norris, H.. Medieval Costume and Fashion. 1999, p. 362.

11 Crowfoot, Elisabeth et al.. Textiles and Clothing 1150~1450. 2006, p. 196.

12 Contini, M.. Fashion. 1965, p. 54.

13 O'Neill, John, P.(ed). The Metropolitan Museum of Art-Europe in the Middle Ages. 1987, p. 138.

14 Tortora, P., Eubank, K.. Survey of Historic Costume. 1995, p. 205.

15 Laver, J.. Costume & Fashion. 1982, p. 57.

16 Boucher, F.. A History of Costume in the West. 1987, p. 206.

17 Boucher, F.. A History of Costume in the West. 1987, p. 197, 199.

18 Boucher, F.. A History of Costume in the West. 1987, p. 178.

19 Boucher, F.. A History of Costume in the West. 1987, p. 193.

20 Taburet-Delahaye, Elisabeth. Paris 1400-Les arts sous Charles VI. 2004, p. 124.

21 Boucher, F.. A History of Costume in the West. 1987, p. 197.

22 Norris, H.. Medieval Costume and Fashion. 1999, p. 222.

23 Clark, Kenneth. Civilisation-A Personal View. 1969, p. 108.

24 Norris, H.. Medieval Costume and Fashion. 1999, pp. 384–385.

25 Crowfoot, Elisabeth et al.. Textiles and Clothing 1150~1450. 2006, p. 191, 193.

26 Contini, M.. Fashion. 1965, p. 100. ; Taburet-Delahaye, Elisabeth. Paris 1400-Les arts sous Charles VI. 2004, p. 257.

27 Battistini, M., Impelluso, L., Zuffi, S.. Le Portrait. 2001, p. 21.

28 O'Neill, John, P.(ed).. The Metropolitan Museum of Art-Europe in the Middle Ages. 1987, p. 127.

29 Taburet-Delahaye, Elisabeth. Paris 1400-Les arts sous Charles VI. 1987, p. 257.

30 Fontanel, B.. Support & Seduction. 1997, p. 19.

31 Boucher, F.. A History of Costume in the West. 1987, p. 208.

32 Norris, H.. Medieval Costume and Fashion. 1999, pp. 446-447.

33 Laver, J.. Costume & Fashion. 1982, p. 73.

34 Tortora, P., Eubank, K.. Survey of Historic Costume. 1995, p. 114.

35 Laver, J.. Costume & Fashion. 1982, p. 65.

36 Boucher, F.. A History of Costume in the West. 1987, p. 193.

37 Hause, Steven & Maltby, William. Western Civilization-A History. of European Society. 1999, p. 334.

38 Tortora, P., Eubank, K.. Survey of Historic Costume. 1995, p. 126.

39 Norris, H.. Medieval Costume and Fashion. 1999, p. 170.

40 Tortora, P.. Eubank, K., Survey of Historic Costume. 1995, p. 204.

Historical mode Alexander McQueen 2007~2008 F/W ; Dior 2006 Fall Couture ; www.style.com ; Yohji Yamamoto 1998~1999 F/W : 1998/1999 F/W Fashion News

PART 3
근 세

Chapter 8 르네상스

장 표지 Ashelford, J. The Art of Dress: Clothes and Society 1500-1914. Harry N. Abrams. 1996, p. 420.

01 피렌체 아카데미아미술관 소장

02 Library of Congress Prints and Photographs Division Washington, D.C. 소장

04 로마 국립 고대 미술관 소장, 움베르토 에코 저, 이현경 역. 미의 역사. 열린 책들. 2005, p. 200.

05 Ruppert, J. Le Costume, Flammarion, 1990, p. 10.

06 Boucher, F. 20,000 Years of Fashion, Abrams, Inc. 1987, p. 228.

07 Black, J. A. & M. A. Garland, A History of Fashion. London: Orbis Publishing Limited, 1985, p. 116.

08 마드리드 프라도미술관 소장, http://www.museodelprado.es/en/the-col-lection/online-gallery/on-line-gallery/obra/self-portrait/?no_cache=1 ; 밀라노 개인 소장, http://en.wikipedia.org/wiki/File:Melzi_portrait.jpg ; 베를린 Gemäldegalerie 소장, http://en.wikipedia.org/wiki/File:Hans_Holbein_d._J._072.jpg

09 Laver, J.. Costume & Fashion. London: Thames and Hudson. 1995, p. 77.

10 Laver, J.. Costume & Fashion. London: Thames and Hudson. 1995, p. 80.

11 Black, J. A. & M. A. Garland. A History of Fashion. London: Orbis Publishing Limited. 1985, p. 115.

12 Black, J. A. & M. A. Garland. A History of Fashion. London: Orbis Publishing Limited. 1985, p. 113.

14 바르셀로나 카달란 미술관 소장, http://jessamynscloset.com/15thgallery.html

15 Black, J. A. & M. A. Garland. A History of Fashion. London: Orbis Publishing Limited. 1985, p. 98.

16 Contini, M.. Fashion, from ancient Egypt to the present day. The Odyssey Press, 1965, p. 136.

17 Pozzoli, M. E. Schlösser der Loire. Bassermann. 1996, p. 75.

18 Black, J. A. & M. A. Garland. A History of Fashion. London: Orbis Publishing Limited. 1985, p. 123.

19 http://en.wikipedia.org/wiki/File:Archduchess_Isabella_Clara_Eugenia_and_her_Dwarf,_c.1599.jpg

20 1490-1496 루브르 박물관 소장, 움베르토 에코 저, 이현경 역. 미의 역사. 열린책들. 2005, p. 215. ; 1540 피렌체 우피치 미술관 소장, 움베르토 에코 저, 이현경 역. 미의 역사. 열린책들. 2005, p. 215.1554 http://en.wikipedia.org/wiki/File:Mary1_by_Eworth_2.jpg ; 1536 피렌체 피티궁전 소장, The Yorck Project: 10,000 Meisterwerke der Malerei. DVD-ROM, 2002 ; 1545 피렌체 우피치 미술관 소장, The Yorck Project: 10,000 Meisterwerke der Malerei. DVD-ROM, 2002.

21 Ruppert, J.. Le Costume, Flammarion. 1990, p. 35.

22 Arnold, J. Patterns of Fashion: The Cut and Construction of Clothes for Men and Women c1560-1620, QSM Ltd. 1985, p. 11.

23 Ashelford, J.. The Art of Dress: Clothes and Society 1500-1914. Harry

24 피렌체 피티궁전 소장. The Yorck Project: 10,000 Meisterwerke der Malerei. DVD-ROM, 2002 ; 베르사유박물관 소장. http://www.photo.rmn.

fr/LowRes2/TR1/FMPTBI/92-000216.jpg ; Arnold, J.. Patterns of Fashion: The Cut and Construction of Clothes for Men and Women c1560-1620. QSM Ltd. 1985, p. 32. ; Arnold, J.. Patterns of Fashion: The Cut and Construction of Clothes for Men and Women c1560-1620. QSM Ltd. 1985, p. 33.

25 워싱턴 D. C. 미국국립미술관 소장. http://www.nga.gov/cgi-bin/pinfo? Object=1195+0+none

26 런던 초상화박물관 소장, www.marileecody.com/henry7images.html ; 세인트루이스 시립미술관 소장. The Yorck Project: 10,000 Meisterwerke der Malerei. DVD-ROM, 2002. ; 런던 초상화박물관 소장, Williamson, D. The National Portrait Gallery History of the Kings and Queens of England, The National Portrait Gallery, 2006. ; 런던 초상화박물관 소장.

27 Contini, M. Fashion, from ancient Egypt to the present day, The Odyssey Press. 1965, p. 135. ; 마드리드 프라도미술관 소장. http://commons.wikimedia.org/wiki/File:Isabel_de_Valois1.jpg ; http://www.tudor-portraits.com/UnknownLady10.jpg

영화 속의 복식 http://cfile89.uf.daum.net/image/1925E0234B223C7039674F
http://cfile189.uf.daum.net/image/156F1B10AC67E64CE84DC1
http://cfile89.uf.daum.net/image/136F1B10AC67DEFBE5F732

Historical mode Martin, R. & H. Koda, The Historical Mode. Rizzoli, p. 52. ; Martin, R. & H. Koda. The Historical Mode. Rizzoli, p. 53. ; Koda, H.. Extreme Beauty: The Body Transformed. New York: The Metropolitan Museum of Art, 2001 표지

Chapter 9 바로크

장 표지 P. O'Neill, J. (Ed.). Masterpieces of The Metropolitan Museum of Art. New York: Metropolitan Museum of Art. 2005, p. 156.

01 P. O'Neill, J. (Ed.). The Metropolitan Museum of Art: Europe in the Age of Monarchy. New York: Metropolitan Museum of Art. 1987.

02 P. O'Neill, J. (Ed.). Masterpieces of The Metropolitan Museum of Art. New York: Metropolitan Museum of Art. 2005, p. 158.

03 P. O'Neill, J. (Ed.). Masterpieces of The Metropolitan Museum of Art.

New York: Metropolitan Museum of Art. 2005, p. 143.

04 THE MUSEUM OF COSTUME & ASSEMBLY ROOMS BATH THE OF-FICIAL GUIDE, p. 21.

05 The Art of Fashion 1600~1939.

06 Arnold, J. Patterns of Fashion: The cut and construction of clothes for men and women c1560-1620. CA: QSM, p. 86.

패턴 1 패턴1 Arnold, J. Patterns of Fashion: The cut and construction of
07 clothes for men and women c1560-1620. CA: QSM. pp. 90-91. The Art of Fashion 1600~1939.

패턴 2 Arnold, J. Patterns of Fashion: The cut and construction of clothes for men and women c1560-1620. CA: QSM. pp. 86-87.

08 P. O'Neill, J. (Ed.). The Metropolitan Museum of Art: Europe in the Age of Monarchy. New York: Metropolitan Museum of Art. 1987, p. 73.

09 The Art of Fashion 1600~1939.

10 P. O'Neill, J. (Ed.). Masterpieces of The Metropolitan Museum of Art. New York: Metropolitan Museum of Art. 2005, p. 210.

11 P. O'Neill, J. (Ed.). Masterpieces of The Metropolitan Museum of Art. New York: Metropolitan Museum of Art. 2005, p. 157.

12 P. O'Neill, J. (Ed.). The Metropolitan Museum of Art: Europe in the Age of Monarchy. New York: Metropolitan Museum of Art. 1987. p. 146.The Museum of Costume & Assembly Rooms Bath The Official Guide, p. 22.

13 13 Reynolds., H. A Fashionable History of Jewelry & Accessories. London: David West Children's Books. 2003, p. 26.

14 Reynolds., H. A Fashionable History of Jewelry & Accessories. London: David West Children's Books. 2003, p. 17.

Historical mode 장 폴 고티에 2005 F/W ; 크리스티앙 디오르 2004 F/W

Chapter 10 로코코

장 표지 P. O'Neill, J. (Ed.). Masterpieces of The Metropolitan Museum of Art. New York: Metropolitan Museum of Art. 2005, p. 206.

01 P. O'Neill, J. (Ed.). Masterpieces of The Metropolitan Museum of Art. New York: Metropolitan Museum of Art. 2005, p. 211.

02 P. O'Neill, J. (Ed.). Masterpieces of The Metropolitan Museum of Art. New York: Metropolitan Museum of Art. 2005, p. 208.

03 P. O'Neill, J. (Ed.). The Metropolitan Museum of Art: Europe in the Age of Monarchy. New York: Metropolitan Museum of Art. 1987, p. 116.

04 THE MUSEUM OF COSTUME & ASSEMBLY ROOMS BATH THE OFFICIAL GUIDE, p. 6.

05 THE MUSEUM OF COSTUME & ASSEMBLY ROOMS BATH THE OFFICIAL GUIDE, p. 24.

06 Kyoto Costume Institute. Revolution in Fashion 1715-1815. 1989, p. 59.

07 Kyoto Costume Institute. Revolution in Fashion 1715-1815. 1989, p. 44.

08 Kyoto Costume Institute. Revolution in Fashion 1715-1815. 1989, p. 39.

09 Arnold, J. Patterns of Fashion 1: Englishwomen's dresses and their construction c.1660-1860. CA: QSM, p. 22.

10 P. O'Neill, J. (Ed.). Masterpieces of The Metropolitan Museum of Art. New York: Metropolitan Museum of Art. 2005, p. 205.

로코코 복식의 패턴 Arnold, J. Patterns of Fashion 1: Englishwomen's dresses and their construction c.1660-1860. CA: QSM, p. 34.

11 Kyoto Costume Institute. Revolution in Fashion 1715-1815. 1989, p. 57.

12 Arnold, J. Patterns of Fashion 1: Englishwomen's dresses and their construction c.1660-1860. CA: QSM, p. 37.

13 Arnold, J. Patterns of Fashion 1: Englishwomen's dresses and their construction c.1660-1860. CA: QSM, p. 24.

14 Arnold, J. Patterns of Fashion 1: Englishwomen's dresses and their construction c.1660-1860. CA: QSM, p. 24.

15 P. O'Neill, J. (Ed.). The Metropolitan Museum of Art: Europe in the Age of Monarchy. New York: Metropolitan Museum of Art. 1987, p. 153.

16 Koda, H & Bolton, A. Dangerous Liaisons: Fashion and Furniture In the Eighteenth Century. New York: Metropolitan Museum of Art. 2007, p. 21.

17 Carried Away – all about bags, Vendome Hermes.

18 Kyoto Costume Institute. Revolution in Fashion 1715-1815. 1989, p. 69.

19 Carried Away – all about bags, Vendome Hermes.

Historical mode 크리스티앙 라크와르 2005-2006 F/W ; 크리스티앙 디오르 2003 S/S

주요인물 Koda, H & Bolton, A. Dangerous Liaisons: Fashion and Furniture In the Eighteenth Century. New York: Metropolitan Museum of Art. 2007. p. 61

Chapter 11 신고전주의

01 Aileen Ribeiro. Dress in Eighteenth Century Europe 1715-1789. Yale University Press. 2002.

02 Aileen Ribeiro. Dress in Eighteenth Century Europe 1715-1789. Yale University Press. 2002, p. 217.

03 Mila Contini. Fashion from Ancient Egypt to the Present Day, New York: CRESCENT BOOKS.1969, p. 227.

04 Aileen Ribeiro. Dress in Eighteenth-Century Europe. Yale University Press. 2002, p. 72.

05 Francois Boucher. 20,000 YEARS OF FASHION. New York: Harry N. Abrams. 1987, p. 345.

06 The Collection of the Kyoto Costume Institute. FASHION; A History from the 18th to the 20 Century. Köln: Taschen. 2002, p. 142.

07 Francois Boucher. 20,000 YEARS OF FASHION. New York: Harry N. Abrams. 1987, p. 340.

08 Francois Boucher. 20,000 YEARS OF FASHION. New York: Harry N. Abrams. 1987, p. 332.

09 James Laver. A Concise History of Costume. London: Thames & Hudson. 1982, p. 171.

10 Francois Boucher. 20,000 YEARS OF FASHION. New York: Harry N. Abrams. 1987, p. 342.

11 Peggy Vance. European Costume. London: Collins & Brown. 2000, p. 97.

12 The Collection of the Kyoto Costume Institute. FASHION; A History from the 18th to the 20 Century. Köln: Taschen. 2002, p. 165.

13 Francois Boucher. 20,000 YEARS OF FASHION. New York: Harry N. Abrams. 1987, p. 345.

14 The Collection of the Kyoto Costume Institute. FASHION; A History from the 18th to the 20 Century. Köln: Taschen. 2002, p. 169.

15 James Laver. A Concise History of Costume. London: Thames & Hudson. 1982, p. 157.

16 The Collection of the Kyoto Costume Institute. FASHION; A History from the 18th to the 20 Century. Köln: Taschen. 2002, p. 176.

17 The Collection of the Kyoto Costume Institute. FASHION; A History from the 18th to the 20 Century. Köln: Taschen. 2002, p. 176.

18 Adrian Bailey. The PASSION for FASHION: Three Centuries of Changing Styles. Britain: Dragon's World, p. 45.

19 Francois Boucher. 20,000 YEARS OF FASHION. New York: Harry N. Abrams. 1987, p. 336.

20 Francois Boucher. 20,000 YEARS OF FASHION. New York: Harry N. Abrams. 1987, p. 337.

21 Francois Boucher. 20,000 YEARS OF FASHION. New York: Harry N. Abrams. 1987, p. 337.

22 James Laver. A Concise History of Costume. London: Thames & Hudson. 1982, p. 178.

23 Collin Mcdowell. THE MAN OF FASHION. London: Thames & Hudson.1997, p. 57.

24 Jane Ashelford. The Art of Dress: CLOTH AND SOCIETY 1500-1914. Lodon: The National Trust. 1996, p. 187.

25 Jane Ashelford. The Art of Dress: CLOTH AND SOCIETY 1500-1914. Lodon: The National Trust. 1996, p. 188.

26 Jane Ashelford. The Art of Dress: CLOTH AND SOCIETY 1500-1914. Lodon: The National Trust. 1996, p. 190.

27 Jane Ashelford. The Art of Dress: CLOTH AND SOCIETY 1500-1914. Lodon: The National Trust. 1996, p. 281.

28 LA MODE ET L'ENFANT 1780~2000. Musée Galliera. 2001.

29 J. Anderson Black & Madge Garland. A History of Fashion. London, ORBIS. 1985, p. 172.

30 Giorgio Reillo & Peter McNeil, Shoes, Berg. 2006, p. 22.

31 Peggy Vance. European Costume. London: Collins & Brown. 2000, p. 101.

32 The Collection of the Kyoto Costume Institute. FASHION; A History from the 18th to the 20 Century. Köln: Taschen. 2002, p. 180.

33 Althea McCkenzie. Buttons & Trimming. The National Trust. 2004, p. 86.

34 The Collection of the Kyoto Costume Institute. FASHION; A History from the 18th to the 20 Century. Köln: Taschen. 2002, p. 180.

Historical mode 샤넬 2009 S/S

Chapter 12 낭만주의

장 표지 P. O'Neill, J. (Ed.). Masterpieces of The Metropolitan Museum of Art. New York: Metropolitan Museum of Art. 2005, p. 234.

01 Kyoto Costume Institute. Revolution in Fashion 1715-1815. 1989, p. 94.

02 Kyoto Costume Institute. Revolution in Fashion 1715-1815. 1989, p. 33.

03 Kyoto Costume Institute. Revolution in Fashion 1715-1815. 1989, p. 33.

04 THE MUSEUM OF COSTUME & ASSEMBLY ROOMS BATH The Official Guide, p. 34.

낭만주의 복식의 패턴 Arnold, J. Patterns of Fashion 2: Englishwomen's dresses and their construction c.1860-1940. CA: QSM, p. 22.

05 P. O'Neill, J. (Ed.). Masterpieces of The Metropolitan Museum of Art. New York: Metropolitan Museum of Art. 2005, p. 218.

06 THE MUSEUM OF COSTUME & ASSEMBLY ROOMS BATH The Official Guide, p. 37.

Historical mode 크리스티앙 디오르 2009 S/S ; 잭 포즌 2006 S/S

Chapter 13 19세기 말

01 http://en.wikipedia.org/wiki/File:Paris-LOC_cph_3b40741.jpg

02 파리 오르세 미술관 소장, 르누아르 전시회 도록, 행복을 그린 화가 르누아르, 서울시립미술관, 2009, p. 22.

03 런던 테이트 갤러리 소장

04 페니 스파크 외 6인 저, 한국미술연구소 역. 새로운 아이디어를 위한 디자인 소스 북, 시공사, 2000, p. 26.

05 페니 스파크 외 6인 저, 한국미술연구소 역. 새로운 아이디어를 위한 디자인 소스 북. 시공사. 2000, p. 27.

06 Beardsley, A. & Oscar Wilde, Salome, Dover Publications, 1967.

07 페니 스파크 외 6인 저, 한국미술연구소 역. 새로운 아이디어를 위한 디자인 소스 북. 시공사. 2000, p. 38.

08 Boucher, F.. 20,000 Years of Fashion. Abrams, Inc.. 1987, p. 391.

09 Wilson, E. & L. Taylor, Through the Looking Glass, London: BBC Books, 1989, p. 58.

11 테이트 갤러리 소장, Grimbert, J. T. Tristan and Isolde: A Casebook, Routledge. 2002.

12 Breward, C. Fashion. Oxford University Press. 2003, p. 67.

13 Hinton, M. Using the Dress Collection at the V&A, Victoria and Albert Museum. 1995, p .8.

14 Gernsheim, A. Victorian & Edwardian Fashion, Dover Publications. 1981.

15 Blum, D. E. & H. K. Haugland, Best Dressed, Philadelphia Museum of Art. 1997, pp.10-11.

16 Laver, J.. Costume & Fashion. London: Thames and Hudson. 1995, p. 197.

17 Gernsheim, A.. Victorian & Edwardian Fashion. Dover Publications, 1981.

18 Gernsheim, A.. Victorian & Edwardian Fashion. Dover Publications, 1981.

19 Martin, R. & H.. Koda. The Historical Mode. Rizzoli. 1989, p. 111.

20 Martin, R.. The Ceaseless Century. Metropolitan Museum of Art. 1998.

21 Martin, R.. The Ceaseless Century. Metropolitan Museum of Art, 1998.

22 Breward, C.. Fashion. Oxford University Press. 2003, p. 33.

23 Laver, J.. Costume & Fashion. London: Thames and Hudson. 1995, p. 210.

24 http://www.artrenewal.org/pages/artwork.php?artworkid=4434

25 Laver, J.. Costume & Fashion. London: Thames and Hudson. 1995, p. 211.

26 Mulvey, K. & M.. Richards. Decades of Beauty. Hamlyn. 1998, p. 17.

27 Fontanel, B.. Support and Seduction. Abrams, Inc.. 1997, p. 55.

28 Lehnert, G.. Fashion. Barron's. 1998, p. 278.

29 Hinton, M.. Using the Dress Collection at the V&A, Victoria and Albert Museum. 1995, p. 8.

30 Fontanel, B.. Support and Seduction, Abrams, Inc. 1997, p. 54.

31 Lehnert, G.. Fashion. Barron's. 1998, p. 279.

32 Lehnert, G.. Fashion. Barron's. 1998, p. 289.

33 Lehnert, G.. Fashion. Barron's. 1998, p. 288.

34 Lehnert, G.. Fashion. Barron's. 1998, p. 280.

35 Laver, J.. Costume & Fashion. London: Thames and Hudson. 1995, p. 201.

36 Simon, M. & V. Westwood. Fashion in Art. Philip Wilson Pub Ltd. 1995, p.119.

37 Blum, D. E. & H. K.. Haugland, Best Dressed. Philadelphia Museum of Art. 1997, p. 14.

38 Gernsheim, A.. Victorian & Edwardian Fashion. Dover Publications, 1981.

39 Gernsheim, A.. Victorian & Edwardian Fashion. Dover Publications, 1981.

40 Laver, J.. Costume & Fashion. London: Thames and Hudson. 1995, p. 208.

41 페니 스파크 외 6인 저, 한국미술연구소 역. 새로운 아이디어를 위한 디자인 소스 북. 시공사. 2000, p. 58.

42 움베르토 에코 저, 이현경 역. 미의 역사. 열린책들. 2005, p. 335.

43 http://www.artrenewal.org/asp/database/image.asp?id=28751

44 Black, J. A. & M. A.. Garland, A History of Fashion. London: Orbis Publishing Limited. 1985, p. 212.

45 Boucher, F.. 20,000 Years of Fashion. Abrams, Inc. 1987, p. 401.

46 Gernsheim, A.. Victorian & Edwardian Fashion. Dover Publications, 1981.

47 Gernsheim, A.. Victorian & Edwardian Fashion. Dover Publications, 1981.

48 Laver, J.. Costume & Fashion. London: Thames and Hudson. 1995, p. 205.

49 Laver, J.. Costume & Fashion. London: Thames and Hudson. 1995, p. 204.

50 Gernsheim, A.. Victorian & Edwardian Fashion. Dover Publications, 1981.

51 Gernsheim, A.. Victorian & Edwardian Fashion. Dover Publications, 1981.

52 Gernsheim, A.. Victorian & Edwardian Fashion. Dover Publications, 1981.

56 Laver, J.. Costume & Fashion. London: Thames and Hudson. 1995, p. 205.

57 Black, J. A. & M. A.. Garland, A History of Fashion. London: Orbis Publishing Limited. 1985, p. 212.

59 Tortora, P. G. & K. Eubank, Survey of Historic Costume: A History of Western Dress. New York: Fairchild Publications. 1994, p. 343.

60 움베르토 에코 저, 이현경 역. 미의 역사. 열린책들. 2005, p. 363.

61 Gernsheim, A.. Victorian & Edwardian Fashion. Dover Publications, 1981.

62 Ashelford, J.. The Art of Dress: Clothes and Society 1500-1914. Harry N. Abrams. 1996.

63 Gernsheim, A.. Victorian & Edwardian Fashion. Dover Publications, 1981.

64 Gernsheim, A.. Victorian & Edwardian Fashion. Dover Publications, 1981.

65 Mulvey, K. & M.. Richards, Decades of Beauty. Hamlyn. 1998, p. 16.

66 Mulvey, K. & M.. Richards, Decades of Beauty. Hamlyn. 1998, p. 18.

67 Gernsheim, A.. Victorian & Edwardian Fashion. Dover Publications, 1981.

68 Tortora, P. G. & K. Eubank. Survey of Historic Costume: A History of Western Dress. New York: Fairchild Publications. 1994, p. 338.

69 Gernsheim, A.. Victorian & Edwardian Fashion. Dover Publications, 1981.

70 디트로이트 미술관 소장, http://www.artrenewal.org/pages/artwork.

php?artworkid=10484

71 Mulvey, K. & M. Richards. Decades of Beauty. Hamlyn. 1998, p. 13.

72 Mulvey, K. & M. Richards. Decades of Beauty. Hamlyn. 1998, p. 21.

Historical mode Martin, R. & H. Koda. The Historical Mode. Rizzoli, p. 105. ; Koda, H. Extreme Beauty: The Body Transformed. New York: The Metropolitan Museum of Art. 2001, p.134.

**PART 5
현 대**

Chapter 14 20세기 전반

장 표지 Jane Ashelford, The Art of Dress: CLOTH AND SOCIETY 1500-1914,

01 Vailerie Mendes & Amy De La Haye, 20TH CENTURY FASHION, London: Thames & Hudson, 1999, p. 30. ; Kate Mulvey & Melssa Richards, DECADES OF BEAUTY: THE CHANGING IMAGE OF WOMEN 1890s-1990s, New York : Checkmark Books, 1998, p. 43.

02 Mila Contini, Fashion from Ancient Egypt to the Present Day, New York: CRESCENT BOOKS, 1969, p. 274.

04 The Pusikin State Museum of Fine Art, Moscow. 1910.

05 Kate Mulvey & Melssa Richards, DECADES OF BEAUTY: THE CHANGING IMAGE OF WOMEN 1890s-1990s, New York : Checkmark Books, 1998, p. 61.

06 Kate Mulvey & Melssa Richards, DECADES OF BEAUTY: THE CHANGING IMAGE OF WOMEN 1890s-1990s, New York : Checkmark Books, 1998, p. 51.

08 blog.chosun.com/hansakds/2756684.

09 http://www.joysf.com/?mid=club_military&page=8&category=3081441&document_srl=3868700.

10 Icons of FASHION : THE 20TH CENTURY, Munich·Berlin·London·New York: Prestel. 1999, p. 33.

12 www.cine21.com/Index/magazine.php?mag_id=33710.

13 Kate Mulvey & Melssa Richards, DECADES OF BEAUTY: THE CHANGING IMAGE OF WOMEN 1890s-1990s, New York : Checkmark Books. 1998, p. 51.

14 Icons of FASHION : THE 20TH CENTURY, Munich·Berlin·London·New

York: Prestel. 1999, p. 23.

15 Vailerie Mendes & Amy De La Haye, 20TH CENTURY FASHION, London: Thames & Hudson. 1999, p. 23.

16 Jane Ashelford, The Art of Dress: CLOTH AND SOCIETY 1500-1914, Lodon : The National Trust. 1996, p. 250.

17 Icons of FASHION : THE 20TH CENTURY, Munich · Berlin · London · New York: Prestel. 1999, p. 20.

18 Icons of FASHION : THE 20TH CENTURY, Munich · Berlin · London · New York: Prestel. 1999, p. 17.

19 Vailerie Mendes & Amy De La Haye, 20TH CENTURY FASHION, London: Thames & Hudson, 1999, p. 41.

20 Suzanne Lussier, ART DECO FASHION, New York: Bulfinch Press. 2003, p. 12, 38.

21 The Collection of the Kyoto Costume Institute, FASHION; A History from the 18th to the 20 Century, Köln : Taschen. 2002, p. 346.

22 Vailerie Mendes & Amy De La Haye, 20TH CENTURY FASHION, London: Thames & Hudson. 1999, p. 35.

23 Icons of FASHION : THE 20TH CENTURY, Munich · Berlin · London · New York: Prestel. 1999, p. 19.

24 Mila Contini, Fashion from Ancient Egypt to the Present Day, New York: CRESCENT BOOKS, 1969, p. 280.

25 The Collection of the Kyoto Costume Institute, FASHION; A History from the 18th to the 20th Century, Köln : Taschen, 2002, p. 345.

26 The Collection of the Kyoto Costume Institute FASHION; A History from the 18th to the 20th Century, Köln : Taschen, 2002, p. 329.

27 Vailerie Mendes & Amy De La Haye, 20TH CENTURY FASHION, London: Thames & Hudson, 1999, p. 44.

28 Kate Mulvey & Melssa Richards, DECADES OF BEAUTY: THE CHANGING IMAGE OF WOMEN 1890s-1990s, New York: Checkmark Books. 1998. p. 37.

29 David Bond, The Guinness Guide to 20C Fashion, Guiness Superlative. 1989, p. 29.

30 Linda O'keefe, Shoes, New York : Workman, 1996, p. 144.

31 Linda O'keefe, Shoes, New York : Workman, 1996, p. 34.

32 Vailerie Mendes & Amy De La Haye, 20TH CENTURY FASHION, London: Thames & Hudson, 1999, p. 14.

33 Vailerie Mendes & Amy De La Haye, 20TH CENTURY FASHION, London: Thames & Hudson, 1999, p. 15.

34 ibid, p. 15.

35 The Collection of the Kyoto Costume Institute, FASHION; A History from the 18th to the 20th Century, Köln : Taschen, 2002, p. 353.

36 David Bond, The Guinness Guide to 20C Fashion, Guiness Superlative, 1989, p. 109.

37 Vailerie Mendes & Amy De La Haye, 20TH CENTURY FASHION, London: Thames & Hudson, 1999, p. 45.

38 고애란. 서양의 복식문화와 역사. 교문사. 2008, p. 377.

39 Reilly & Detrich, Women's Hats: of the 20th Century. A Schiffer Book : Hong kong. 2000, p. 241.

40 Kate Mulvey & Melssa Richards, DECADES OF BEAUTY: THE CHANGING IMAGE OF WOMEN 1890s-1990s, New York : Checkmark Books, 1998, p. 58.

41 The Collection of the Kyoto Costume Institute, FASHION; A History from the 18th to the 20 Century, Köln : Taschen. 2002, p. 455.

42 The Collection of the Kyoto Costume Institute FASHION; A History from the 18th to the 20 Century, Köln : Taschen. 2002, p. 410.

43 The Collection of the Kyoto Costume Institute FASHION; A History from the 18th to the 20 Century, Köln : Taschen. 2002, p. 468.

44 Mila Contini, Fashion from Ancient Egypt to the Present Day, New York: CRESCENT BOOKS. 1969, p. 293.

45 Valerie Steele, WOMEN OF FASHION: TWENTIETH-CENTURY DESIGNERS, New York: Rizzoli. 1991, p. 72.

46 Valerie Steele, WOMEN OF FASHION: TWENTIETH-CENTURY DESIGNERS, New York: Rizzoli. 1991, p. 72.

47 Suzanne Lussier, ART DECO FASHION, New York: Bulfinch Press, 2003, p. 15.

48 Deschot Poli, FORTUNY, New York: Harry N. Abrams. 2000, p. 95.

49 Adrian Bailey, The PASSION for FASHION: Three Centuries of Changing Styles, Britain: Dragon's World. 1998, p. 129.

50 Kate Mulvey & Melssa Richards, DECADES OF BEAUTY: THE CHANG-ING IMAGE OF WOMEN 1890s-1990s, New York : Checkmark Books, 1998, p. 79.

51 Suzanne Lussier, ART DECO FASHION, New York: Bulfinch Press, 2003, p. 16.

52 The Collection of the Kyoto Costume Institute, FASHION; A History from the 18th to the 20th Century, Köln : Taschen. 2002, p. 456.

53 Hamlyn, Key Moments in FASHION the Evolution of Style, London : Reed Consumer Books. 1998, p. 23.

54 Reilly & Detrich, Women's Hats: of the 20th Century. Hong Kong, A Schiffer Book. 2000, p. 235.

55 Reilly & Detrich, Women's Hats: of the 20th Century. Hong Kong : A Schiffer Book. 2000, p. 241.

56 Suzanne Lussier, ART DECO FASHION, New York: Bulfinch Press. 2003, p. 60.

57 Suzanne Lussier, ART DECO FASHION, New York: Bulfinch Press. 2003, p. 5.

58 Linda O'keefe, Shoes, New York : Workman. 1996, p. 202.

59 Linda O'keefe, Shoes, New York : Workman. 1996, p. 468.

60 The Collection of the Kyoto Costume Institute, FASHION; A History from the 18th to the 20th Century, Köln: Taschen. 2002, p. 454.

61 The Collection of the Kyoto Costume Institute, FASHION; A History from the 18th to the 20th Century, Köln: Taschen. 2002, p. 455.

62 The Collection of the Kyoto Costume Institute, FASHION; A History from the 18th to the 20th Century, Köln: Taschen. 2002, p. 453

63 The Collection of the Kyoto Costume Institute, FASHION; A History from the 18th to the 20th Century, Köln: Taschen. 2002, p. 452

64 Valerie Steele, WOMEN OF FASHION: TWENTIETH-CENTURY DE-SIGNERS, New York: Rizzoli. 1991, p. 64.

65 Valerie Steele, WOMEN OF FASHION: TWENTIETH-CENTURY DE-SIGNERS, Rizzoli : New York,1991, p. 69.

66 Erte's THEATRICAL COSTUMES IN FULL COLOR. p. 38.

67 Suzanne Lussier, ART DECO FASHION, New York : Bulfinch Press, 2003, p. 38.

68 Adrian Bailey, The PASSION for FASHION: Three Centuries of Changing Styles, Britain: Dragon's World. 1998, p. 171.

69 Icons of FASHION : THE 20TH CENTURY, Munich·Berlin·London·New York: Prestel. 1999, p. 43.

70 David Bond, The Guinness Guide to 20th Fashion, Guiness Superlative, 1989, p. 102.

71 The Collection of the Kyoto Costume Institute, FASHION; A History from the 18th to the 20th Century, Köln: Taschen. 2002, p. 471.

72 Valerie Steele, WOMEN OF FASHION: TWENTIETH-CENTURY DESIGNERS. New York : Rizzoli.1991, p. 60.

73 Kate Mulvey & Melssa Richards, DECADES OF BEAUTY: THE CHANGING IMAGE OF WOMEN 1890s-1990s, New York : Checkmark Books. 1998, p. 85. ; Hamlyn, Key Moments in FASHION the Evolution of Style, London : Reed Consumer Books. 1998, p. 56.

74 Kate Mulvey & Melssa Richards, DECADES OF BEAUTY: THE CHANGING IMAGE OF WOMEN 1890s-1990s, New York : Checkmark Books. 1998, p. 96.

75 Hamlyn, Key Moments in FASHION the Evolution of Style, London : Reed Consumer Books. 1998, p. 23.

76 Reqine Engelmeier, Fashion in Film. Munich : Prestel-Verlag. 1997, p. 43.

77 Reqine Engelmeier, Fashion in Film. Munich : Prestel-Verlag, 1997, 1990, p. 39.

78 David Bond, The Guinness Guide to 20c Fashion. Guiness Superlative. 1989, p. 71.

79 Linda O'keefe, Shoes, New York : Workman. 1996, p. 41.

80 Linda O'keefe, Shoes, New York : Workman. 1996, p. 355.

81 루시 프래트 저, 김희상 역. 구두 그취향과 우아함의 역사. 작가정신. 2005. p. 182.

82 Mila Contini, Fashion from Ancient Egypt to the Present Day, New York : CRESCENT BOOKS. 1969, p. 306.

83 Icons of FASHION : THE 20TH CENTURY, Munich·Berlin·London·New York: Prestel. 1999, p. 53.

84 The Collection of the Kyoto Costume Institute, FASHION; A History from the 18th to the 20th Century, Köln : Taschen. 2002, p. 500.

85 Icons of FASHION : THE 20TH CENTURY, Munich · Berlin · London · New York: Prestel. 1999. p. 49.

86 Reilly & Detrich, Women's Hats: of the 20th Century. Hong Kong : A Schiffer Book. 2000, p. 48.

87 Reilly & Detrich, Women's Hats: of the 20th Century. Hong Kong : A Schiffer Book. 2000, p. 5.

88 Reilly & Detrich, Women's Hats: of the 20th Century. Hong Kong : A Schiffer Book. 2000, p. 185.

89 Linda O'keefe, Shoes, Workman: New York : 1996, p. 364.

90 Linda O'keefe, Shoes, Workman: New York : 1996, p. 367.

Historical mode 프라다 2008 F/W ; 스텔라 2010 S/S ; 람방 2010 S/S ; 켈빈클라인 2006 F/W ; 아르마니 2008 F/W ; 오스카 드 라렌타 2008 F/W ; 모스키노2009 F/W ; 람방 2009 F/W

Chapter 15   20세기 후반

장 표지 Walther. Ingo E.(editor). Eschenburg. Barbara. Güssow. Ingeborg. Lengerke. Christa von. and Essers. Volkmar. Masterpieces of Western Art. Köln: Taschen. 2005. p.662.

01 토니 주트 저, 조행복 역. 포스트워 1945-2005. 1권. 플래닛. 2008.

02 Seeling. Charlotte. Fashion. Germany: Könemann. 2000, p. 280.

03 Bond. David. Glamour in Fashion. London: Guinness Publishing Ltd.. 1992, p. 116.

04 Seeling. Charlotte. Fashion. Germany: Könemann. 2000, p. 350.

05 Seeling. Charlotte. Fashion. Germany: Könemann. 2000, p. 342.

06 Seeling. Charlotte. Fashion. Germany: Könemann. 2000, p. 353.

07 Bond. David. The Guinness Guide to 20th Century Fashion. London: Guinness Publishing Ltd.. 1992, p. 168.

08 Polhemus, Ted, Street Style, New York: Thames and Hudson. 1994, p. 65.

09 the 60s, p. 7.

10 Seeling. Charlotte. Fashion. Germany: Könemann. 2000, p. 353, 415.

11 Mulvey. Kate & Richards. Melisa. Decades of Beauty. London: Hamyln, Reed Consumer Books Limited. 1998, p. 174.

12 Buxbaum. Gerda. Icons of Fashion. Munich, London, New York: Prestel Verlag. 1999, p. 117.

13 Mulvey. Kate & Richards. Melisa. Decades of Beauty. London: Hamyln, Reed Consumer Books Limited. 1998, p. 175.

14 Lehnert. Gertrud. A History of Fashion. Germany: Könemann. 2000, p. 97.

15 마리 오마호니. 사라 E.브래독 지음. 차임선 옮김. 스포츠테크. 예경. 2004, p. 124.

16 토니 주트 지음. 조행복 옮김. 포스트워 1945-2005. 1권. 플래닛. 2008.

17 www.buffaloexchage.com.

18 마리 오마호니. 사라 E. 브래독 지음. 차임선 옮김. 스포츠테크. 예경. 2004, p. 139.

19 Seeling. Charlotte. Fashion. Germany: Könemann. 2000, p. 260, 353.

20 Black. J. Anderson and Garland. Madge. A History of Fashion. London: Orbis Publishing Ltd.. 1985, p. 248.

21 Seeling. Charlotte. Fashion. Germany: Könemann. 2000, p. 261, 353.

22 Bond. David. Glamour in Fashion. London: Guinness Publishing Ltd.. 1992, p. 117.

23 Bond. David. The Guinness Guide to 20th Century Fashion. London: Guinness Publishing Ltd.. 1992, p. 146.

24 Bond. David. The Guinness Guide to 20th Century Fashion. London: Guinness Publishing Ltd.. 1992, p. 141.

25 Bond. David. Glamour in Fashion. London: Guinness Publishing Ltd.. 1992.p.117..

26 Tortora. P. and Eubank. K. Survey of Historic Costume. New York: Fairchild Publication. 1995, p. 444.

27 Worsley. Harriet. Decades of Fashion. Germany: Könemann. 2004, p. 465.

28 Heimann. Jim(edited). 50's Fashion. Köln: Taschen. 2007.

29 Heimann. Jim(edited). 50's Fashion. Köln: Taschen. 2007.

30 Chenoune. Farid. A History of Men's Fashion. Paris: Flammarion. 1993, p. 223.

31 Steele. Valerie. Fifty Years of Fashion. New Haven and London: Yale University Press. 2000, p. 42.

32 Heimann. Jim(edited). 50's Fashion. Köln:Taschen. 2007.

33 Buxbaum. Gerda. Icons of Fashion. Munich, London, New York: Prestel Verlag. 1999, p. 77.

34 Tortora. P. and Eubank. K. Survey of Historic Costume. New York: Fairchild Publication. 1995, p. 443.

35 Polhemus, Ted, Street Style, New York: Thames and Hudson. 1994, p. 37.

36 Steele. Valerie. Fifty Years of Fashion. New Haven and London: Yale University Press. 2000, p. 38.

37 Heimann. Jim(edited). 50's Fashion. Köln:Taschen. 2007.

38 Buxbaum. Gerda. Icons of Fashion. Munich, London, New York: Prestel Verlag. 1999, p. 89.

39 Seeling. Charlotte. Fashion. Germany: Könemann. 2000, p. 353, 376.

40 Seeling. Charlotte. Fashion. Germany: Könemann. 2000, p. 353, 399.

41 Seeling. Charlotte. Fashion. Germany: Könemann. 2000, p. 353, 410.

42 Mulvey. Kate & Richards. Melisa. Decades of Beauty. London: Hamyln, Reed Consumer Books Limited. 1998, p. 161.

43 Worsley. Harriet. Decades of Fashion. Germany: Könemann. 2004, p. 604.

44 Buxbaum. Gerda. Icons of Fashion. Munich, London, New York: Prestel Verlag. 1999, p. 92.

45 Worsley. Harriet. Decades of Fashion. Germany: Könemann. 2004, p. 529.

46 Seeling. Charlotte. Fashion. Germany: Könemann. 2000, p. 353, 362.

47 Polhemus, Ted, Street Style, New York: Thames and Hudson. 1994, p. 51.

48 Heimann. Jim(edited). 60's Fashion. Köln:Taschen. 2007.

49 Bond. David. Glamour in Fashion. London: Guinness Publishing Ltd., 1992, p. 148.

50 Heimann. Jim(edited). 70's Fashion. Köln: Taschen. 2009.

51 Seeling. Charlotte. Fashion. Germany: Könemann. 2000, p. 395.

53 Heimann. Jim(edited). 60's Fashion. Köln: Taschen. 2007.

54 Worsley. Harriet. Decades of Fashion. Germany: Könemann. 2004. p.685.

55 Buxbaum. Gerda. Icons of Fashion. Munich, London, New York: Prestel Verlag. 1999, p. 12.

56 Douarinou. Jean. Les Modèles Hiver 86/87. Paris: m.p.g.l.. 1985, p. 58.

57 Tortora. P. and Eubank. K. Survey of Historic Costume. New York: Fairchild Publication. 1995. 속지

58 Seeling. Charlotte. Fashion. Germany: Könemann. 2000, p. 359.

59 Bond. David. Glamour in Fashion. London: Guinness Publishing Ltd., 1992, p. 159.

61 Foundation Cartier pour ['art contemporain, Issey Miyake, Zurich, Berlin, New York: Scalo. 1999, p. 72.

62 Seeling. Charlotte. Fashion. Germany: Könemann. 2000, p. 590.

63 Chenoune. Farid. A History of Men's Fashion. Paris: Flammarion. 1993, p. 312.

64 Lehnert. Gertrud. A History of Fashion. Germany: Könemann. 2000, p. 90.

65 The 1980s

66 Worsley. Harriet. Decades of Fashion. Germany: Könemann. 2004, p. 677.

67 Chenoune. Farid. A History of Men's Fashion. Paris: Flammarion. 1993, p. 293.

68 Bond. David. The Guinness Guide to 20th Century Fashion. London: Guinness Publishing Ltd.. 1992, p. 208.

69 Mulvey. Kate. Richards. Melisa. Decades of Beauty. London: Hamyln. 1998, p. 153.

70 Polhemus, Ted, Street Style. New York: Thames and Hudson. 1994, p. 89.

71 Polhemus, Ted, Street Style. New York: Thames and Hudson. 1994, p. 91.

72 Steele. Valerie. Fifty Years of Fashion. New Haven and London: Yale University Press. 2000, p. 131.

73 Mulvey. Kate. Richards. Melisa. Decades of Beauty. London: Hamyln. 1998, p. 177.

74 Buxbaum. Gerda. Icons of Fashion. Munich, London, New York: Prestel Verlag. 1999, p. 152.

75 Steele. Valerie. Fifty Years of Fashion. New Haven and London: Yale University Press. 2000, p. 149.

76 Collezioni. 2000 S/S.

77 Buxbaum. Gerda. Icons of Fashion. Munich, London, New York: Prestel Verlag. 1999, p. 148.

78 Buxbaum. Gerda. Icons of Fashion. Munich, London, New York: Prestel Verlag. 1999, p. 164.

79 Fashion New, 1997 S/S.

80 Buxbaum. Gerda. Icons of Fashion. Munich, London, New York: Prestel Verlag. 1999, p. 162.

81 Buxbaum. Gerda. Icons of Fashion. Munich, London, New York: Prestel Verlag. 1999, p. 155.

82 Cawthorne. Nigel. Evans. Emily. Kitchen-Smith. Marc. Kate. Mulvey. and Richards. Melissa. Key Moments of Fashion. London: Hamlyn,

1998, p. 29.

83 Mulvey. Kate. Richards. Melisa. Decades of Beauty. London: Hamyln. 1998, p. 202.

84 Chenoune. Farid. A History of Men's Fashion. Paris: Flammarion. 1993, p. 317.

85 캘빈 클라인 카탈로그, 1996년

86 Lehnert. Gertrud. A History of Fashion. Germany: Könemann. 2000, p. 105.

87 Collezioni. 1996 S/S.

Tortora. P. and Eubank. K. Survey of Historic Costume. New York: Fair-
88 child Publication. 1995, p. 505.

Mulvey. Kate. Richards. Melisa. Decades of Beauty. London: Hamyln.
89 1998, p. 199.

Cawthorne. Nigel. Evans. Emily. Kitchen-Smith. Marc. Kate. Mulvey.
90 and Richards. Melissa. Key Moments of Fashion. London: Hamlyn, 1998, p. 174.

91 Buxbaum. Gerda. Icons of Fashion. Munich, London, New York: Pres-
tel Verlag. 1999, p. 161.

92-107 www.firstviewkorea.com.

젊음의 시대 복식의 패턴 Broby-Johansen, R., Body and Clothes, London: Faber and Faber Ltd., 1968.

Historical mode Louis Vuitton 2010 F/W ; Hermes 2010 F/W ; Iceberg 2011 S/S ; YSL 2009 F/W ; Bottega Veneta 2008 S/S ; Fendi 2008 S/S ; Costume National 2008 F/W ; Donna Karan 2008 S/S ; Celine 2010 F/W ; www. firstviewkorea.com

찾아보기

저자 소개

김민자
서울대학교 생활과학대학 의류학과 교수

최현숙
동덕여자대학교 디자인대학 패션디자인전공 교수

김윤희
한남대학교 이과대학 의류학과 교수

하지수
서울대학교 생활과학대학 의류학과 교수

최수현
서울대학교 생활과학대학 의류학과 강사

고현진
건국대학교 예술문화대학 디자인학부 조교수

서양패션 멀티콘텐츠

2010년 9월 10일 초판 발행 │ 2021년 2월 15일 6쇄 발행

지은이 김민자 외 │ **펴낸이** 류원식 │ **펴낸곳 교문사**

편집팀장 모은영 │ **디자인** 베이퍼

주소 (10881)경기도 파주시 문발로 116 │ **전화** 031-955-6111 │ **팩스** 031-955-0955

홈페이지 www.gyomoon.com │ **E-mail** genie@gyomoon.com

등록 1960. 10. 28. 제406-2006-000035호

ISBN 978-89-363-1052-3(93590) │ 값 26,000원